U0038861

"十四五"时期国家重点出版物出版专项规划项目
机械工业出版社高水平学术著作出版基金项目
中国能源革命与先进技术丛书
储能科学与技术丛书

飞轮储能与火电机组联合调频控制

洪 烽 房 方 郝俊红 刘吉臻 著

机械工业出版社

新能源的大规模并网给新型电力系统的频率安全带来了严峻挑战，充分挖掘电源侧调频资源对提升电网支撑能力具有重要意义。新型储能是构建新型电力系统的重要技术和基础装备，是实现碳达峰、碳中和目标的重要支撑之一，作为一种新兴的物理储能，飞轮储能系统在电力系统调频领域广受关注。飞轮储能-火电机组联合参与调频能够较好地提升新型电力系统频率稳定性以及火电机组运行安全性和经济性。本书旨在总结作者在飞轮储能联合火电机组参与电网调频运行控制方面取得的研究成果，为推进飞轮储能在新型电力系统中的相关理论研究与技术应用提供了研究思路。本书第1章介绍了新型电力系统背景下火电机组调频现状及挑战；第2章介绍了飞轮储能系统基本原理与控制技术；第3章介绍了飞轮储能系统阵列控制技术；第4章和第5章分别介绍了飞轮储能-火电机组联合系统参与电网一次、二次调频控制；第6章介绍了飞轮储能-火电机组联合系统调频容量优化配置。

本书适合从事飞轮储能技术应用、火电机组调频优化以及电网一次、二次调频优化控制等方面研究的科技工作者阅读，也适合高等院校储能工程、能源动力工程以及自动化等专业的高年级本科生、研究生和教师阅读。

图书在版编目（CIP）数据

飞轮储能与火电机组联合调频控制 / 洪烽等著.
北京 ：机械工业出版社，2024. 7. --（中国能源革命与先进技术丛书）. -- ISBN 978-7-111-76037-5

Ⅰ. TH133. 7；TM621. 3

中国国家版本馆 CIP 数据核字第 2024F4S429 号

机械工业出版社（北京市百万庄大街22号　邮政编码100037）
策划编辑：杨　琼　　　　责任编辑：杨　琼
责任校对：龚思文　梁　静　　封面设计：马精明
责任印制：邓　博
北京盛通数码印刷有限公司印刷
2024年10月第1版第1次印刷
169mm×239mm · 20.25印张 · 6插页 · 393千字
标准书号：ISBN 978-7-111-76037-5
定价：129.00元

电话服务
客服电话：010-88361066
010-88379833
010-68326294

网络服务
机　工　官　网：www.cmpbook.com
机　工　官　博：weibo.com/cmp1952
金　　书　　网：www.golden-book.com
机工教育服务网：www.cmpedu.com

序　　言

全球气候变化使人类社会面临严峻挑战，推动以清洁能源为主体的能源结构转型的理念已经成为国际社会的普遍共识，为践行可持续发展战略目标，我国明确提出了2030年“碳达峰”和2060年“碳中和”的目标愿景。2023年7月11日，习近平总书记在中央全面深化改革委员会第二次会议上强调，要加快构建清洁低碳、安全充裕、经济高效、供需协同、灵活智能的新型电力系统。

新型储能技术是构建新能源电力系统的重要技术装备。高比例新能源并网导致电力系统惯量下降，新能源的不确定性进一步加剧电网频率波动，电力系统频率稳定性下降。火电机组经灵活改造拓宽了调节深度，但低负荷下机组的调频能力下降，电力系统对火电机组的调频要求进一步提高，调频考核更加严格。飞轮储能作为一种新型储能，通过机电能量转换方式完成能量的储存与释放，具备功率密度高、响应速度快、循环寿命长(完全匹配火电全生命周期)、安全性较好的优势，适合耦合火电机组支撑一二次调频的需求。

目前已有各类飞轮储能技术相关的书籍相继问世，内容涵盖飞轮储能本体技术原理、单体设计优化等方面，构建新型电力系统对飞轮储能提出了新要求，从电力系统、能源领域实际运行控制角度出发的飞轮储能相关书籍较为缺乏。本次通过撰写《飞轮储能与火电机组联合调频控制》一书，系统阐述了飞轮储能耦合火电机组调频系统建模、阵列控制、一二次调频协同控制策略和容量配置等内容，结合工程应用和实际运行效果，重点说明了新型电力系统需要什么样的飞轮储能、飞轮储能如何协同火电机组支撑电网调频，分析验证了阵列控制和火储协同控制的重要性，可谓是“为火电机组插上了灵活的翅膀”，进一步拓宽源侧灵活性，也有利于推动飞轮储能这一新型储能在电力系统中的应用和标准化。

该书既有丰富的基础理论，又有工程应用数据和案例，展现了飞轮储能耦合火电机组联合支撑电网调频方面的最新研究成果。该书的出版可为电气、能源、控制、储能等领域的工程技术人员和高校师生提供有价值的参考。

刘吉臻

前　言

规模化新能源高效利用是实现碳达峰、碳中和的关键。大规模可再生能源并网给电网频率安全稳定带来了巨大冲击和挑战，亟需快速高效的大型频率支撑设备。火力发电是构建新能源体系下保障我国电力安全稳定供应的“压舱石”，然而，火电机组灵活性运行过程中存在长期偏离设计工况运行、频繁变负荷等问题，机组涉网调频能力将进一步减弱。提升火电机组的运行灵活性是能源转型关键时期改善新能源接入带来电网频率波动的有效途径之一。

随着新型储能技术的快速发展，近年来，“火电＋储能”调频模式进入行业视野，迅速成为热点研究领域。飞轮储能系统作为一种新兴物理储能技术，通过将电能转换为转子动能的方式储存，具有响应速度快、功率密度高等优势，此外飞轮的运行寿命更长，循环充电次数可达百万次，具有良好的设备安全性。对火电机组侧进行灵活性改造、耦合飞轮储能技术参与调频，可以有效增强火电机组灵活调节能力和提高电力系统频率稳定性。通过飞轮储能系统和火电机组联合运行，构成新的调频电源，既解决了传统火电机组调节速率慢、折返延迟和误差大的缺点，又弥补了飞轮储能系统容量有限的劣势。

近年来，我国出台了一系列相关文件和指导意见，推动新型储能的规模化发展。《国家发展改革委 国家能源局关于加快推动新型储能发展的指导意见》（发改能源规〔2021〕1051 号）提出新型储能的发展目标：到 2025 年，实现新型储能从商业化初期向规模化发展转变，到 2030 年，实现新型储能全面市场化发展。《国家发展改革委 国家能源局关于印发〈“十四五”新型储能发展实施方案〉的通知》（发改能源〔2022〕209 号）提出了更高要求，到 2025 年，新型储能技术创新能力显著提高，核心技术装备自主可控水平大幅提升，标准体系基本完善，产业体系日趋完备，市场环境和商业模式基本成熟。《国家发展改革委 国家能源局关于加强新形势下电力系统稳定工作的指导意见》（发改能源〔2023〕1294 号）中指出要夯实电力系统稳定基础，科学安排储能建设，按需科学规划与配置储能，积极推进新型储能建设。发挥新型储能的优势，构建储能多元融合发展模式，提升安全保障水平和综合效率，最后推动新型储能技术向高安全、高效率、主动支撑方向发展。

本书通过深入探讨飞轮储能技术与火力发电系统在电网调频领域的结合应用，为当下同行科技工作者提供一个全面的理论和实践指导，帮助读者了解飞轮储能技术联合火力发电系统在电网调频领域的相关技术，并为飞轮储能联合火电机组参与调频的控制策略及容量配置等方面提供了研究思路。希望通过本书的出版，对推动飞轮储能-火力发电联合系统的相关理论和技术研究起到积极的作用。作者编写本书主要出于以下 5 个目的：

1）推动能源转型：为了减少碳排放和应对气候变化，许多国家正在逐渐减少对火力发电等高碳能源的依赖，并增加可再生能源的比例。本书出版的目的之一是探讨如何将飞轮储能与火力发电系统相结合，以促进电力系统的可持续发展和能源转型。

2）提高电网稳定性：电网调频是维护电力系统稳定性和频率的关键要素。本书探讨了飞轮储能如何参与电网调频，以确保电力系统在大规模可再生能源集成的情况下仍然能够维持稳定的频率，实现碳达峰、碳中和下电力系统的安全稳定运行。

3）提供实际应用指南：本书中包含部分应用于工程实践的技术实例，可以为电力系统工程师、运营商和决策者提供有关如何设计、部署和操作飞轮储能-火力发电联合系统的详细指南。这将有助于专业工程师在实际工程中更好地理解和利用这项技术。

4）促进研究和创新：本书内容包括作者团队的最新研究成果、案例研究和创新技术，以鼓励学者、工程师和科学家继续研究飞轮储能系统在电网调频领域的应用，提升电力系统安全可靠性。希望本书能够起到抛砖引玉的作用，推动未来相关方面的技术进步。

5）贡献知识和经验分享：编写这本书的目的之一是分享作者在关于飞轮储能在电网调频中的实践经验和相关成果，通过整合前人的杰出贡献，以帮助其他人更好地理解相关理论，并在日后的研究实践上加以运用。

本书第 1 章由刘吉臻院士执笔，第 2 章由郝俊红副教授执笔，第 3 章由房方教授执笔，第 4 章由房方教授、洪烽副教授执笔，第 5 章由郝俊红副教授、洪烽副教授执笔，第 6 章由洪烽副教授执笔，全书由洪烽副教授统稿。本书在写作过程中，参考了高耀岿、杜鸣、陈玉龙、梁璐等的学位论文以及李佳玉、宋杰、逄亚蕾、贾欣怡、孙风东、罗志炜等的研究成果，他们为这本书的呈现做了很多相关的研究工作，并且季卫鸣、赵璐、赵宇峥、魏宽畅、杜浩、左文淏、梁博洋、费聿浩、丁明志、杨正广等对各部分内容进行了整理，在此对为本书做出贡献的各位老师和学生表示衷心感谢。

本书在编写过程中，刘吉臻院士对全书内容的组织架构进行了深入剖析，在各章节撰写的关键节点上提出了许多富有洞察力的建议，提供了很多专业的技术指导，使得本书在学术性和可读性上均达到了较高的水平，在此对刘吉臻院士表示诚挚的感谢。

飞轮储能系统在电力系统调频领域的研究与工程应用还处于起步阶段，本书中的很多研究内容虽然对近年来规模化飞轮储能系统在电网调频中的工程实践进行了一定的应用和验证，但其中飞轮储能系统的本体建模还不够深入，飞轮的应用场景还不够广阔，本书内容仅作为一次飞轮储能系统在火电机组侧应用研究的探索，希望可以对飞轮储能行业的发展起到一定的促进作用。此外，由于作者水平有限，书中难免存在疏漏和不足之处，敬请读者批评指正。

作者简介

洪烽，1991年3月出生，浙江绍兴人，现任华北电力大学副教授。主持国家自然科学基金面上项目1项、青年项目1项、中央高校基本科研面上项目1项、国家重点研发计划子课题1项、国家电网科技项目及企业横向项目多项，作为研究骨干参与973计划项目1项、国家重点研发计划2项、中国工程院重点咨询项目1项、国家自然科学基金面上项目2项。发表高水平论文70余篇，其中作为第一作者/通讯作者发表SCI/EI论文40余篇，多次参加国际会议，受邀担任部分分会场主持人并作报告，授权发明专利20余项，获2023年度电力科学技术进步一等奖，2023年度电力科技创新二等奖，2022年度电力科学技术进步三等奖。入选北京市科协青年人才托举工程、中国电机工程学会青年人才托举工程。

房方，1976年3月出生，河南开封人，现任华北电力大学副校长，兼控制与计算机工程学院院长，教授，博士生导师。IET Fellow/IET国际特许工程师，中国电力优秀科技工作者，北京市教学名师，享受国务院政府特殊津贴专家。担任教育部“111”创新引智基地负责人、新能源发电国家工程研究中心主任、中国电机工程学会海上风电技术专委会副主任委员、中国电工技术学会能源智慧化专委会副主任委员，主持国家重点研发计划项目2项、国家重大专项课题1项、国家自然科学基金项目3项，获得国家科技进步二等奖1项、省部级科技成果一等奖5项、省部级教学成果一等奖3项。

郝俊红，1988年9月出生，山西晋中人，现任华北电力大学储能科学与工程教研室副主任，副教授，博士生导师。主要从事储能与燃料电池、分布式能源系统中跨尺度建模的平衡与耗散、能量流法等理论方法与用能企业能效碳效诊断应用研究。近年来主持国家自然科学基金面上/青年项目、国家电网总部科技项目等10余项，重点参与国家重点研发计划、国家自然科学基金重点项目等基础研究项目及国电投等众多单位技术合作项目。迄今已发表 SCI/EI 论文 100 余篇，申请/授权国内外发明专利 30 余项，出版专著 1 部，入选华北电力大学“青年骨干培育计划”，中国电科院期刊中心青年专家团第二届成员、北京市碳中和学会会员、北京市科学技术协会产业特派员等，《中国电机工程学报》2021—2023 年优秀审稿专家，担任清华大学专业硕士校外导师等。

刘吉臻，1951 年 8 月出生，山西岚县人，能源电力专家，中国工程院院士，现任华北电力大学教授，新能源电力系统国家重点实验室主任。曾任武汉水利电力大学校长、华北电力大学校长。长期从事发电厂自动化、新能源电力系统理论与技术研究，取得了具有开创性、系统性的研究成果。获国家科技进步一等奖 1 项、二等奖 2 项。培养指导博士、硕士研究生 200 余名。

目　　录

第1章 新型电力系统背景下火电机组调频现状及挑战

1

1.1 电力系统频率控制技术基础

1.1.1 电力系统频率波动

电力系统频率主要和系统负荷有关。大型机组的投切、大功率负荷的变化都可能会引起电力系统频率的变化；当发电量大于用电负荷或有部分线路跳闸时，系统频率会升高，当负荷突增或发电机跳闸时，系统频率会下降。

电力系统频率波动的直接原因是发电机输入功率和输出功率之间的不平衡。众所周知，单一电源的系统频率是同步发电机转速的函数：

$$f = np/60 \tag{1-1}$$

式中，f 为电力系统频率，单位为 Hz；n 为发电机的转速，单位为 r/min；p 为发电机的极对数；60 为分钟转换为秒的转换系数。

对于一般的火力发电机组，发电机的极对数为 1，额定转速为 3000r/min，即额定频率为 50Hz。

此时系统频率又可以用同步发电机角速度的函数来表示

$$f = \omega/2\pi \tag{1-2}$$

为了研究系统频率变化的规律，需要研究同步发电机的运动规律。同步发电机组的运动方程为

$$T_m - T_e = \Delta T = J\mathrm{d}\omega/\mathrm{d}t \tag{1-3}$$

式中，T_m 为输入机械力矩；T_e 为输出电磁力矩；J 为发电机组的转动惯量；$\mathrm{d}\omega/\mathrm{d}t$ 为发电机组的角加速度。

由于功率与力矩之间存在转换关系（$P = \omega T$），由式（1-3）可得传递函数为

$$P_m - P_e = 2H_s\Delta\omega \tag{1-4}$$

式中，P_m 为原动机功率；P_e 为发电机电磁功率；H_s 为发电机的惯性常数；$\Delta\omega$ 为角速度变化量。

由此可知，当原动机功率和发电机电磁功率之间产生不平衡时，必然引起发电机转速的变化，即引起系统频率的变化。

在众多发电机组并联运行的电力系统中，尽管原动机功率 P_m 不是恒定不变的，但它主要取决于本台发电机的原动机和调速器的特性，因而是相对容易控制的因素；而发电机电磁功率 P_e 的变化则不仅与本台发电机的电磁特性有关，更取决于电力系统的负荷特性，是难以控制的因素，而这正是引起电力系统频率波动的主要原因。

1.1.2 电力系统频率一次调节

1. 电力系统频率一次调节基本概念

电力系统频率一次调节是指利用系统固有的负荷频率特性，以及发电机组的调速器的作用，来阻止系统频率偏离标准的调节方式。

（1）电力系统负荷频率一次调节作用

当电力系统中原动机功率或负荷功率发生变化时，必然引起电力系统频率的变化。此时，存储在电力系统负荷（如电动机等）的电磁场和旋转质量中的能量会发生变化，以阻止电力系统频率的变化，即当电力系统频率下降时，电力系统负荷会减少；当电力系统频率上升时，电力系统负荷会增加。这种现象称为电力系统负荷的惯性作用，一般用负荷的频率调节效应系数（又称电力系统负荷阻尼常数）D 来计算

$$D = \Delta P/\Delta f \tag{1-5}$$

式中，Δf 为电力系统频率变化值，单位为 Hz；ΔP 为电力系统频率变化引起的电力系统负荷变化，单位为 MW。

电力系统负荷阻尼常数 D 常用标幺值来表示，其典型值为 1 ~ 2。$D=2$ 意味着 1% 的电力系统频率变化会引起电力系统负荷 2% 的变化。

（2）发电机组一次调频作用

当电力系统频率发生变化时，电力系统中所有的发电机组的转速也会发生变化，如转速的变化超出发电机组规定的不灵敏区，该发电机组的调速器就会动作，改变其原动机的阀门位置，调整原动机的功率，力求改善原动机功率或负荷功率的不平衡状况。即当电力系统频率下降时，汽轮机的进汽阀门或水轮机的进水阀门的开度就会增大，增加原动机的功率；当电力系统频率上升时，汽轮机的进汽阀门或水轮机的进水阀门的开度就会减小，减少原动机的功率。原动机调速器的这种特性称为发电机组的调差特性，通常用调差率 δ 来表示

$$\delta = [(n_0 - n)/n_e] \times 100\% \tag{1-6}$$

式中，n_0 为空载静态转速；n 为满载静态转速；n_e 为额定转速。

调差率 δ 的实际含义是，如 $\delta=5\%$，则当系统频率变化 5% 时，将引起原动机阀门位置变化 100%。

(3) 电力系统频率一次调节特点

除了电力系统负荷固有的频率调节特性外，发电机组也参与电力系统频率的一次调节，具有以下特点：

1) 电力系统频率一次调节由原动机的调速系统实施，对电力系统频率变化的响应快，电力系统综合的一次调节特性时间常数一般在 10 ~ 30s 之间。

2) 火力发电机组的一次调节仅作用于原动机的进汽阀门位置，而未作用于火力发电机组的燃烧系统。当阀门开度增大时，使锅炉中的蓄热暂时改变了原动机的功率，由于燃烧系统中的化学能量没有发生变化，随着蓄热量的减少，原动机的功率又会回到原来的水平。因而，火力发电机组参与电力系统频率一次调节的作用时间是短暂的。对于不同类型的火力发电机组，由于蓄热量的不同，其一次调节的作用时间为 0.5 ~ 2min 不等。

3) 发电机组参与电力系统频率一次调节采用的调整方法是有差特性法，其优点是所有机组的调整只与一个参变量即与电力系统频率有关，机组之间相互影响小。但是，它不能实现对电力系统频率的无差调整。

(4) 电力系统频率一次调节作用

从电力系统频率一次调节的特点可知，它在电力系统频率调节中的作用有以下几点：

1) 自动平衡电力系统的第一种负荷分量，即那些快速的、幅值较小的负荷随机波动。

2) 频率一次调节是控制电力系统频率的一种重要方式，但由于其调节作用的衰减性和调整的有差性，因此不能单独依靠它来调节电力系统频率。要实现频率的无差调整，必须依靠频率的二次调节。

3) 对异常情况下的负荷突变，电力系统频率的一次调节可以起某种缓冲作用。

2. 负荷频率特性

(1) 负荷的分类

对于电力系统中的各种有功负荷，根据其与频率的关系，可以分为以下几类：

1) 与频率变化无关的负荷，如白炽灯、电弧炉、电阻炉、整流负荷等。

2) 与频率成正比的负荷，如切削机床、球磨机、往复式水泵、压缩机、卷扬机等。

3) 与频率的二次方成比例的负荷，如变压器中的涡流损耗等。

4）与频率的三次方成比例的负荷，如通风机、静水头阻力不大的循环水泵等。

5）与频率的更高次方成比例的负荷，如静水头阻力很大的循环水泵等。

（2）负荷的静态频率特性

电力系统全部有功负荷与频率的关系为

$$P_{\mathrm{f}} = a_0 P_{\mathrm{f_e}} + a_1 P_{\mathrm{f_e}} \left(\frac{f}{f_{\mathrm{e}}}\right) + a_2 P_{\mathrm{f_e}} \left(\frac{f}{f_{\mathrm{e}}}\right)^2 + \cdots + a_n P_{\mathrm{f_e}} \left(\frac{f}{f_{\mathrm{e}}}\right)^n \tag{1-7}$$

$$a_0 + a_1 + a_2 + \cdots + a_n = 1 \tag{1-8}$$

式中，P_{f} 为频率等于 f 时电力系统的全部有功负荷；$P_{\mathrm{f_e}}$ 为频率等于额定值 f_{e} 时电力系统的全部有功负荷；$a_i(i=0,1,2\cdots)$ 为与频率的 i 次方成比例的负荷占额定负荷的百分比。

式（1-7）即电力系统负荷的静态频率特性的数学表达式，若以 $P_{\mathrm{f_e}}$ 和 f_{e} 分别作为功率和频率的基准值，以 $P_{\mathrm{f_e}}$ 去除式（1-7）的各项，便得到用标幺值表示的电力系统功率频率特性：

$$P_{\mathrm{f}_*} = a_0 + a_1 f_* + a_2 f_*^2 + \cdots + a_n f_*^n \tag{1-9}$$

由于与频率的更高次方成比例的负荷所占的比重很小，可以忽略不计，因此式（1-7）和式（1-9）通常只取到频率的三次方为止。

（3）负荷频率特性系数

当频率偏离额定值不大时，负荷的静态频率特性常用一条直线近似表示，如图 1-1所示，直线的斜率为

$$K_{\mathrm{l}} = \tan\alpha = \frac{\Delta P}{\Delta f} \tag{1-10}$$

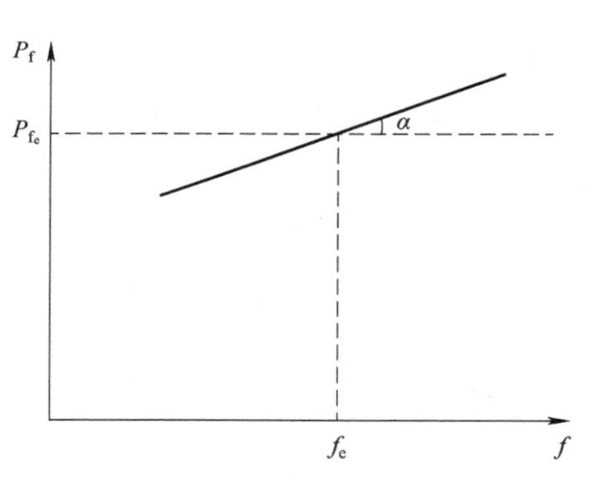

图 1-1　有功负荷的静态频率特性

或用标幺值表示为

$$K_{\mathrm{l}_*} = \frac{\Delta P / P_{\mathrm{f_e}}}{\Delta f / f_{\mathrm{e}}} = \frac{\Delta P_*}{\Delta f_*} \tag{1-11}$$

式中，K_{l}、K_{l_*} 为负荷的频率调节效应系数，它代表电力系统单位频率变化所引起的负荷变化量。K_{l_*} 的数值取决于电力系统中各类负荷的比重，因此 K_{l_*} 是一个随时间变化的数值，但无论如何变化，系统负荷总是随系统频率的升高而增加；随系统频率的降低而减少。由于负荷变化与频率变化的方向一致，因此 K_{l} 恒为正数。

3. 发电机组频率特性

（1）发电机组调速系统的工作原理

前面已说明，当发电机组的原动机功率与输出功率不平衡时，必然引起发电

机转速的变化。为了控制发电机的转速，发电机组均安装有调速系统。根据测量环节的工作原理，调速系统可分为机械式和电气液压式两大类。

1）机械式调速系统。

在早期的发电机组上安装的调速系统基本上是机械式的，机械式调速系统的原理如图 1-2 所示。在机械式调速系统中，转速测量元件由离心飞摆、弹簧和套筒组成，它与原动机转轴相连接，能直接反映原动机转速的变化。当原动机有某一恒定转速时，作用在离心飞摆上的离心力、重力和弹簧力在飞摆处于某一位置时达到平衡。当负荷增加时，发电机的有功功率输出也随之增加，原动机的转速降低，使离心飞摆的离心力减小。在重力和弹簧力的作用下，离心飞摆靠拢到新的位置才能使各力重新达到平衡。离心飞摆的运动，使套筒的位置下降，通过杠杆的作用，增大了调节汽门（或导水翼）的开度，增加了进汽（水）量，使原动机的输入功率增加，转速开始回升。如此反复动作，直至在阻尼作用过后的下一个新的位置达到平衡。

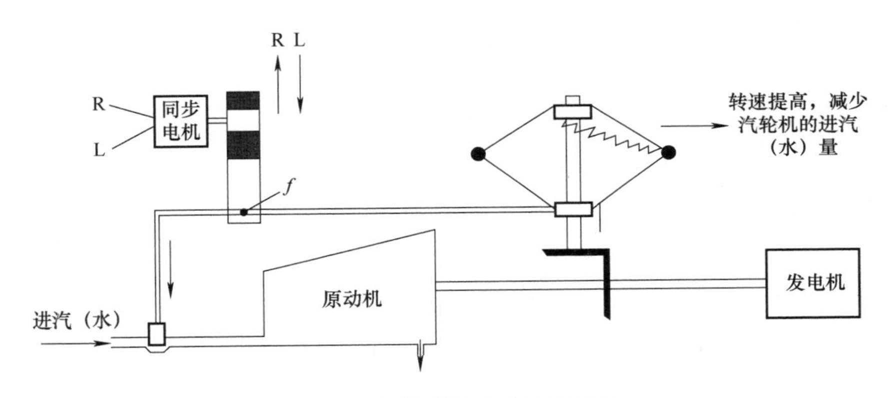

图 1-2　机械式调速系统的原理

2）电气液压式调速系统。

电气液压式调速系统的原理如图 1-3 所示。在电气液压式调速系统中，转速测量元件由装在发电机组轴上的齿轮和脉冲传感器等组成。当发电机转速下降时，脉冲传感器感应的脉冲频率减小，频率变送器的输出也下降，经信号整形和放大后，起动阀控，增大调节汽门（或导水翼）的开度，增加进汽（水）量，以达到增加原动机的输入功率，提高发电机转速的目的。

3）调速系统调差系数。

当发电机组并联运行于电力系统时，在机组调速系统的作用下，发电机组输出功率随电力系统频率的变化而变化，这就是发电机组的频率一次调节作用。反映发电机组的频率一次调节过程结束后，发电机组输出功率和频率关系的曲线称为发电机组的功率频率静态特性，它可以近似地用直线来表示。如图 1-4 所示，发电机组在频率f_0下运行时，其输出功率为P_0，相当于图中的a点；当电力系统负荷增加而使系统频率下降到f_1时，发电机组由于调速系统的作用，使机组输出功率增加到P_1，相当于图中的b点。如果原动机的调节汽门（或导水翼）的开度已达到最大位置，即相当于图中的c点，则频率再下降，发电机组的输出功率也不会增加。

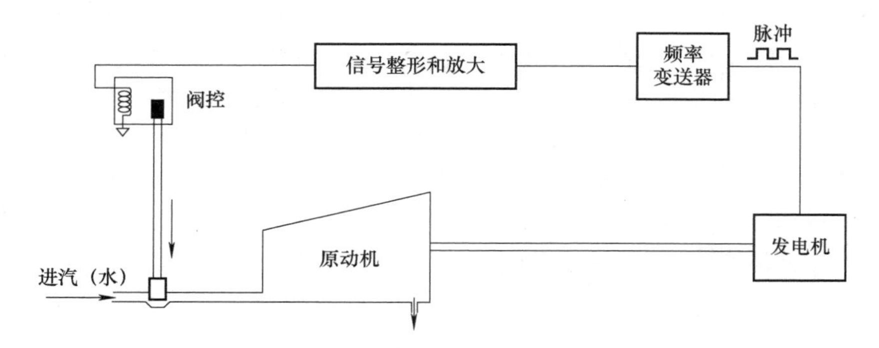

图1-3　电气液压式调速系统的原理

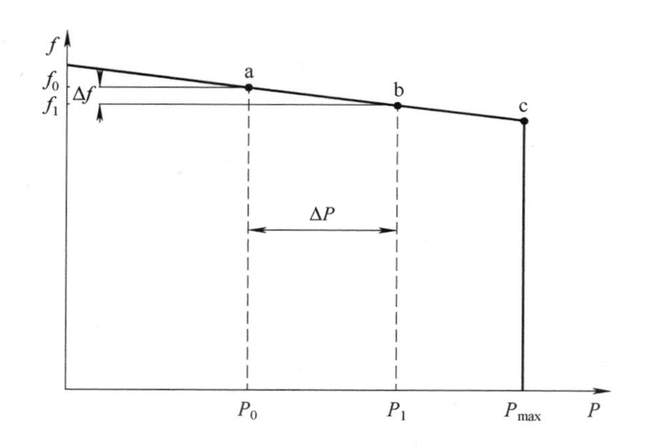

图1-4　发电机组的功率频率静态特性

发电机组的功率频率静态特性曲线的斜率为

$$K_g = -\frac{\Delta P}{\Delta f} \tag{1-12}$$

式中，K_g是发电机组的单位调节功率（或称发电机组的功率频率静态特性系数），K_g的数值表示频率发生单位变化时，发电机组输出功率的变化量；负号表示发电机输出功率的变化和频率的变化方向相反。K_g的标幺值表示为

$$K_{g*} = -\frac{\Delta P/P_0}{\Delta f/f_0} = -\frac{\Delta P_*}{\Delta f_*} \tag{1-13}$$

与负荷的频率调节效应系数 K_{1*} 不同，发电机组的功率频率静态特性系数 K_{g*} 是可以整定的，K_{g*} 的整定范围通常取为 14.4～25。在实际应用中更常用的是 K_g 的倒数，称为发电机组的调差系数 $\delta\%$，它的整定范围为 4%～7%，一般情况下，水轮发电机组调差系数的整定范围为 4%～5%；汽轮发电机组调差系数的整定范围为 5%～7%。

根据国外电力系统的运行经验，相同类型、相同容量的机组的调差系数 $\delta\%$ 宜取得一致，图 1-5 表示两台相同容量 600MW 但不同调差系数的机组的工作情况。机组 A 的调差系数设定为 5%，机组 B 的调差系数设定为 3%。在初始状态，系统频率为 50Hz，两台机组均满负荷运行。由于某种原因，系统失去了一部分负荷，系统频率上升到 50.5Hz，机组 A 的输出功率下降了 100MW，而机组 B 的输出功率下降了 167MW，造成同类型、同容量机组之间的不平衡，对系统的稳定、经济运行不利。因此，国外某些电力系统，如北美电力系统可靠性协会的部分区域协会就要求，在同一个交流互联的电力系统中采用统一的机组调差系数。

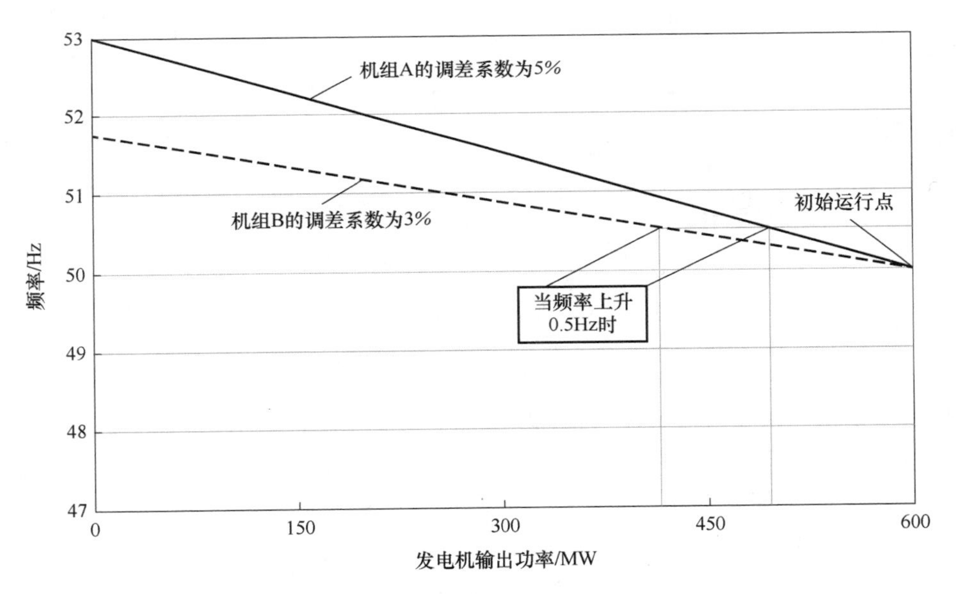

图 1-5　调差系数取值不同的工作情况

（2）调速系统不灵敏区

发电机组调速系统不灵敏区的标准定义是，“在速度持续变化的总范围内，由调速系统控制的阀门位置没有可测量的变化”。发电机组调速系统不灵敏区用额定速度的百分数表示。在发电机组调速系统中，存在两种不灵敏区，即固有的和可整定的。对不同类型的调速系统的测试表明，机械式调速系统固有的不灵敏区较大，通常为0.02Hz，而电气液压式调速系统固有的不灵敏区很小，一般可小于0.005Hz。调速系统可整定的不灵敏区，则是由运行人员在电力系统频率正常偏差的范围内设定的，以减少调速系统控制器在此范围内的频繁动作。

发电机组调速系统设置不灵敏区，一方面可以躲开电力系统频率幅度较小而又具有一定周期的随机波动，减少调速系统的动作，减少阀门位置的变化，提高发电机组运行的稳定性；同时也可满足电力系统正常运行中某些使频率偏离额定值的需要（如调整电力系统时间偏差的需要）。另一方面，由于不灵敏区的存在，在系统扰动的情况下，频率和联络线功率振荡的幅值和时间都将增加，将加重二次调频的负担。因此，合理设定发电机组调速系统不灵敏区非常重要。某些电力系统为了调整电力系统同步时间偏差的需要，允许一段时间内频率偏差0.02Hz，以便将走快或变慢的同步时间误差纠正过来。

4. 电力系统综合频率特性

（1）电力系统的综合功率频率静态特性

要确定电力系统的负荷变化引起的频率变化，需要同时考虑负荷及发电机组的调节效应。图1-6所示为电力系统的综合功率频率静态特性。在初始运行状态下，负荷的功率频率特性为$L_1(f)$，它与发电机组的等效功率频率静态特性$G(f)$交于a点，确定了系统频率为f_0，发电机组的输出功率（即负荷功率）为P_0。当负荷功率增加了ΔP_1，负荷的功率频率特性变为$L_2(f)$，那么系统新的稳定运行点由$L_2(f)$与$G(f)$的交点c决定。此时系统频率为f_1，发电机组的输出功率为P_1。由于频率变化了Δf，且$\Delta f=f_1-f_0<0$，发电机组输出功率的增量为$\Delta P_g=K_g\Delta f$。由于负荷的频率调节效应所产生的负荷功率变化为$\Delta P_d=K_l\Delta f$，负荷功率的实际增量为$\Delta P_1-\Delta P_d=\Delta P_1-K_l\Delta f$。它应同发电机组输出功率增量相平衡，即$\Delta P_1-K_l\Delta f=\Delta P_g=K_g\Delta f$。由此可得

$$\Delta P_1=(K_g+K_l)\Delta f=\beta\Delta f \tag{1-14}$$

式中，$\beta=K_g+K_l$为系统的频率响应特性，单位为MW/Hz。式（1-14）反映了真实的负荷功率变化量与实际频率变化量之间的关系。电力系统的综合功率频率静态特性，是负荷和发电机组功率频率特性的总和。

（2）电力系统功率频率动态特性

在研究电力系统功率频率动态特性之前，为便于讨论，要做如下的假定：

1）系统受到扰动以后，各负荷的扰动量迅速传递到各个发电机组，其速度远大于调速系统的反应速度，在这期间，调速系统实际上还来不及做出任何反应。

2）在发电功率和负荷不平衡的情况下，各发电机组根据其自身的转动惯量产生作用，其速度又远大于自动发电控制系统的速度，即在这期间，自动发电控制系统还来不及做出任何反应。

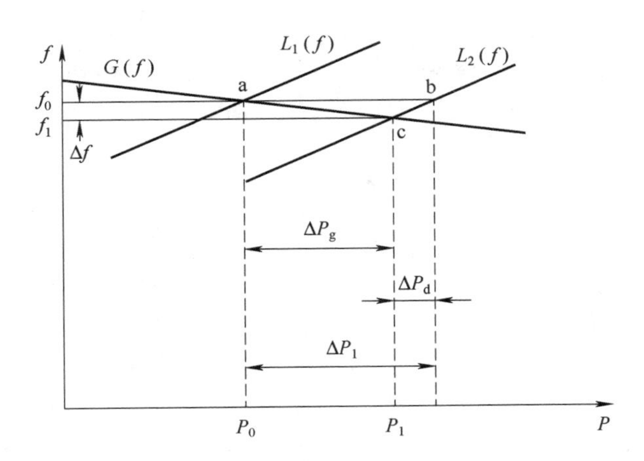

图 1-6　电力系统的综合功率频率静态特性

以上的关系，在时间上是成立的，但它们之间又不是绝然分开的，而是共同产生作用的，只是在某一时段内以某一作用为主而已。接下来将讨论电力系统负荷扰动量的变化过程。

在电力系统正常运行情况下，且出现负荷扰动，假定负荷扰动量的无功分量很小，节点电压幅值可以当作恒定不变。负荷扰动量的有功分量将使扰动点的电压相角发生变化，并由这个相角的改变把负荷扰动量传递到系统中的所有发电机组。

设有 m 台发电机的电力系统，在 k 节点处发生了负荷扰动量 ΔP_1，第 i 台发电机输出的电磁功率应为

$$P_{ei} = E_i'^2 G_{ii} + \sum_{\substack{j=1 \\ j\neq i,k}}^{m} E_i' E_j' (B_{ij}\sin\delta_{ij} + G_{ij}\cos\delta_{ij}) + E_i' U_k (B_{ik}\sin\delta_{ik} + G_{ik}\cos\delta_{ik}) \tag{1-15}$$

式中，E_i' 为第 i 台发电机暂态电抗后的恒定电动势；U_k 为扰动点的电压；B_{ik}，G_{ik} 为 i、k 两节点间的转移电纳和电导。

当线路的电阻被忽略时，则有

$$P_{ei} = \sum_{\substack{j=1 \\ j\neq i,k}}^{m} E_i' E_j' B_{ij}\sin\delta_{ij} + E_i' U_k B_{ik}\sin\delta_{ik} \tag{1-16}$$

而流入 k 节点的功率应为

$$P_k = \sum_{\substack{j=1 \\ j\neq i,k}}^{m} U_k E_j' B_{kj}\sin\delta_{kj} \tag{1-17}$$

由于 ΔP_1 的突然变化，引起 k 节点电压相角由 $U_k\angle\delta_{k0}$ 变为 $U_k\angle(\delta_{k0}+\Delta\delta_k)$，而所有发电机转子的内角 $\delta_1,\delta_2,\cdots,\delta_m$ 则不可能突变。

在小扰动作用下，可对电磁功率的方程线性化，即

$$\Delta P_{ei} = \sum_{\substack{j=1 \\ j\neq i,k}}^{m} (E_i' E_j' B_{ij} \cos\delta_{ij0}) \Delta\delta_{ij} + (E_i' U_k B_{ik} \cos\delta_{ik0}) \Delta\delta_{ik} = \sum_{\substack{j=1 \\ j\neq i,k}}^{m} P_{sij} \Delta\delta_{ij} + P_{sik} \Delta\delta_{ik} \tag{1-18}$$

$$\Delta P_k = \sum_{\substack{j=1 \\ j\neq k}}^{m} (U_k E_j' B_{kj} \cos\delta_{kj0}) \Delta\delta_{kj} = \sum_{\substack{j=1 \\ j\neq k}}^{m} P_{skj} \Delta\delta_{kj} \tag{1-19}$$

式中，δ_{ij0}为扰动前i、j两节点电压的相位差；P_{sij}为整步功率系数。

当$t=0^+$时，由于发电机转子存在惯性，电压相角不能突变，故$\delta_{ij}=0$，即

$$\Delta\delta_{ik} = -\Delta\delta_k(0^+) \tag{1-20}$$

$$\Delta\delta_{ik} = \Delta\delta_k(0^+) \tag{1-21}$$

将式（1-20）代入式（1-16），式（1-21）代入式（1-19），得

$$\Delta P_{ei}(0^+) = -P_{sik}\Delta\delta_k(0^+) \tag{1-22}$$

$$\Delta P_k(0^+) = \sum_{i=1}^{m} P_{sik}\Delta\delta_k(0^+) \tag{1-23}$$

将式（1-22）从$i=1,2,\cdots,m$总加，得

$$\sum_{i=1}^{m} \Delta P_{ei}(0^+) = -\sum_{i=1}^{m} P_{sik}\Delta\delta_k(0^+) \tag{1-24}$$

比较式（1-23）和式（1-24）可得

$$\Delta P_k(0^+) = -\sum_{i=1}^{m} \Delta P_{ei}(0^+) \tag{1-25}$$

因为扰动发生在k节点，所以$\Delta P_1 = -\Delta P_k(0^+)$，则

$$\Delta\delta_k(0^+) = -\frac{\Delta P_1}{\sum_{i=1}^{m} P_{sik}} \tag{1-26}$$

将式（1-26）代入式（1-22），可得

$$\Delta P_{ei}(0^+) = \left(\frac{P_{sik}}{\sum_{i=1}^{m} P_{sik}}\right)\Delta P_1 \tag{1-27}$$

由以上分析可知，在扰动发生瞬间，负荷的扰动量按各发电机组的整步功率系数在发电机组之间进行分配这一过程是迅速完成的。同时可以知道，这一过程的完成，并不受联合电力系统的任何限制，即负荷扰动量的转移不仅在扰动的本区域内发电机间进行，同时还穿越联络线向邻近区域转移。由于此时任何区域控制方式还来不及发挥作用，某一区域系统内发生的负荷扰动会在联络线上反映出来。

以上所讨论的是第一阶段的过程。当发电机组承受了扰动分量后，突然改变

了原有的电磁功率输出，而在这一瞬间，由于机械惯性的关系，机械功率不可能突然改变，仍为原来的数值，这时造成功率的不平衡，必然引起发电机组转速的改变，并有以下关系

$$\frac{J_i}{\omega_0}\frac{\mathrm{d}\Delta\omega_i}{\mathrm{d}t} = -\Delta P_{ei}(t) \tag{1-28}$$

将式（1-28）代入式（1-27），得

$$\frac{1}{\omega_0}\frac{\mathrm{d}\Delta\omega_i}{\mathrm{d}t} = -\frac{P_{sik}}{J_i}\left[\frac{\Delta P_1}{\sum_{i=1}^{m} P_{sik}}\right] \tag{1-29}$$

式中，J_i 为第 i 台发电机组的转动惯量；ω_i 为第 i 台发电机组的转速；ω_0 为基准转速。

在此期间，各发电机组将由转动惯量起主导作用，开始改变转速。由于负荷扰动点、各发电机组整步功率系数以及转动惯量的不同，各发电机组将按各自的有关参数，并伴随着相互之间的作用，来改变机组的功率和系统潮流的分布。由于发电机组的整步功率系数的作用，在改变中使所有发电机组逐渐进入系统的平均转速。设系统的加权平均转速为 $\overline{\omega}$，则

$$\overline{\omega} = \left(\frac{\sum_{i=1}^{m}\omega_i J_i}{\sum_{i=1}^{m} J_i}\right) \tag{1-30}$$

$$\frac{1}{\omega_0}\sum_{i=1}^{m}\frac{\mathrm{d}}{\mathrm{d}t}(J_i\Delta\omega_i) = -\Delta P_1$$

因此，

$$\frac{1}{\omega_0}\frac{\mathrm{d}\Delta\overline{\omega}}{\mathrm{d}t} = -\frac{\Delta P_1}{\sum_{i=1}^{m}(J_i)} \tag{1-31}$$

将式（1-28）和式（1-31）合并，则得

$$\Delta P_{ei}(t) = \left(\frac{J_i}{\sum_{i=1}^{m} J_i}\right)\Delta P_1 \tag{1-32}$$

由以上分析可知，当发电机组进入平均转速时，发电机组电磁功率的变化由它的转动惯量系数来决定。比较式（1-27）和式（1-32）可知，负荷扰动量首先按发电机组整步功率系数在机组间进行分配，而后转为按机组转动惯量系数进行分配。在这一过程中，随着发电机组转速的变化，调速系统感受到信号，并按它的特性进一步改变机组的功率，最后按照系统的综合调速特性决定系统的频率和

各发电机组的功率。

（3）互联电力系统联络线功率频率特性

在多个控制区互联的电力系统中，电力系统的功率频率特性不仅体现在功率和频率的相互关系上，还体现在控制区之间的联络线交换功率上。图 1-7 所示为两个具有一次调节作用的控制区互联的电力系统传递函数框图。图 1-7 中 K_{g1}、K_{g2}分别表示控制区 1 和控制区 2 的发电机频率调差系数；K_{l1}、K_{l2}分别表示控制区 1 和控制区 2 的负荷频率调差系数；H_1、H_2 分别表示控制区 1 和控制区 2 的系统惯性系数；T 表示控制区 1 和控制区 2 之间的功率同步系数；ΔP_{tl2}表示控制区 1 和控制区 2 之间联络线上的交换功率变化量。现在考虑控制区 1 负荷增加 ΔP_{l1}，控制区 2 负荷增加 ΔP_{l2}之后频率的静态变化值。由于两控制区互联，则频率的静态变化值为

$$\Delta f_1 = \Delta f_2 = \Delta f_3 \tag{1-33}$$

对控制区 1

$$\Delta P_{m1} - \Delta P_{tl2} - \Delta P_{l1} = \Delta f_1 K_{l1} = \Delta f K_{l1} \tag{1-34}$$

对控制区 2

$$\Delta P_{m2} + \Delta P_{tl2} - \Delta P_{l2} = \Delta f_2 K_{l2} = \Delta f K_{l2} \tag{1-35}$$

发电机组静态功率的变化取决于调差率:

$$\Delta P_{m1} = -K_{g1}\Delta f \tag{1-36}$$

$$\Delta P_{m2} = -K_{g2}\Delta f \tag{1-37}$$

将式（1-36）和式（1-37）分别代入式（1-34）和式（1-35），得

$$\Delta f(K_{g1} + K_{l1}) = -\Delta P_{tl1} - \Delta P_{l1} \tag{1-38}$$

$$\Delta f(K_{g2} + K_{l2}) = \Delta P_{tl2} - \Delta P_{l2} \tag{1-39}$$

解式（1-38）和式（1-39），得

$$\Delta f = -\frac{\Delta P_{l1} + \Delta P_{l2}}{(K_{g1} + K_{l1}) + (K_{g2} + K_{l2})} = -\frac{\Delta P_{l1} + \Delta P_{l2}}{B_1 + B_2} \tag{1-40}$$

$$\Delta P_{tl2} = \frac{\Delta P_{l2}(K_{g1} + K_{l1}) - \Delta P_{l1}(K_{g2} + K_{l2})}{(K_{g1} + K_{l1}) + (K_{g2} + K_{l2})} = \frac{B_1\Delta P_{l2} - B_2\Delta P_{l1}}{B_1 + B_2} \tag{1-41}$$

推广到 N 个控制区互联的电力系统中，令 $B_c = B_1 + B_2 + \cdots + B_n$；$\Delta P_{ti}$为第 i 个控制区与其他控制区联络线交换功率增量的总和，并定义其符号送出为正；ΔP_{lc}为整个互联电力系统中的负荷功率增量之和，则

$$\Delta f = \frac{\Delta P_{lc}}{B_c} \tag{1-42}$$

$$\Delta P_{ti} = \frac{B_i\Delta P_{lc} - B_c\Delta P_{li}}{B_c} \tag{1-43}$$

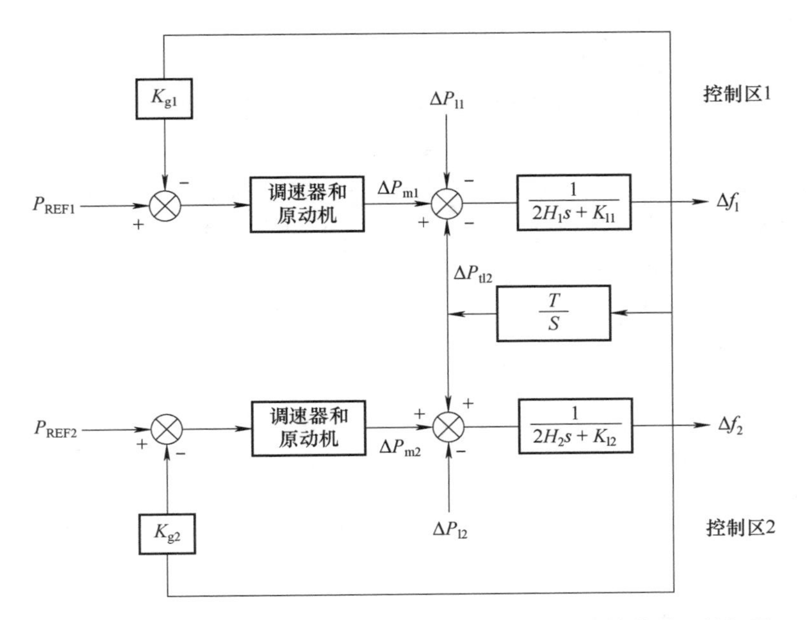

图 1-7　两个具有一次调节作用的控制区互联的电力系统传递函数框图

将式（1-42）代入式（1-43），经整理后可得

$$\Delta P_{li} = -(\Delta P_{ti} + B_i \Delta f) \tag{1-44}$$

式（1-44）表明，判断某控制区是否发生扰动的正确方法是，通过测量系统频率增量 Δf 和联络线交换功率增量 ΔP_{ti}，来计算该控制区的负荷功率增量 ΔP_{li}。

（4）电力系统频率偏差系数

用 β 表示电力系统固有的频率响应特性，其反映了系统中功率与频率实际的静态变化关系，它具有以下性质：

1）电力系统的频率响应特性 β 是随时间变化的。β 是电力系统内负荷和发电机组频率特性的总和，而电力系统中负荷和运行中的发电机组又是随时间变化的。

2）电力系统的频率响应特性 β 是非线性的。由于电力系统负荷功率与频率的关系可以用多项式来表达，因而是非线性的；而发电机组由于调速系统不灵敏区的影响，其发电功率与系统频率的关系也是非线性的。因此，它们的总和 β 是非线性的。

在电力系统计算和控制中所使用的电力系统频率偏差系数 B（有时用系统的频率响应特性系数 K_s 表示）是一个近似于 β 的常数。频率响应特性 β 与频率偏差系数 B 的关系如图 1-8 所示。

从图 1-8 可以看出，当系统频率偏差较小时，用式（1-14）和式（1-44）计算所得的负荷功率增量 ΔP_1 的绝对值大于真实的负荷功率增量的绝对值（标注“1”的部分），采用该值进行频率的二次调节，有利于系统频率的迅速恢复，但可能会产生一些过调；当系统频率偏差较大时，计算所得的负荷功率增量 ΔP_1 的绝对值小于真实的负荷功率增量的绝对值（标注“2”的部分），采用该值进行频率的二次调节，不利于系统频率的迅速恢复，特别是当扰动发生在本控制区之外，会朝恢复频率的反方向调节，因而称该区域为危险区。

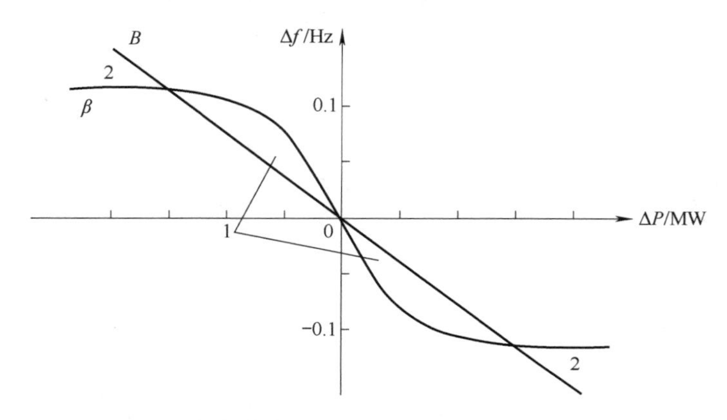

图 1-8　频率响应特性 β 与频率偏差系数 B 的关系

（5）发电机组类型及其在电力系统频率调节中的作用

1）影响发电机组参与自动发电控制运行的因素。

自动发电控制的执行依赖于发电机组对其控制指令的响应，而发电机组的响应特性又与机组的类型和其控制方式有关，其中主要的因素有以下几条：

① 发电机组的类型，如蒸汽发电机组、燃气机组、核电机组和水电机组等。

② 发电机组的结构，如汽包炉还是直流炉的蒸汽发电机组、单循环还是联合循环的燃气机组、沸水堆还是压水堆的核电机组、低水头还是高水头的水电机组等。

③ 发电机组的控制方式，如汽机跟随、锅炉跟随、协调控制；再如滑压控制、定压控制等。

④ 发电机组的运行点，如阀门的位置、磨煤机的启停等。

2）各类发电机组响应特性。

① 蒸汽发电机组。大多数汽包炉的蒸汽发电机组采用汽机跟随或锅炉跟随的控制方式，锅炉跟随控制方式的发电机组一般能在 30% 额定出力的变化范围内，以每分钟 3% 额定出力的速率响应自动发电控制指令。

直流炉的发电机组一般都采用协调控制方式，它能协调控制燃料、汽温、汽压和阀门位置的变化，以避免对机组部件产生不利的应力。这类发电机组能在

10min 内改变 20% 额定出力的发电功率。

② 燃气机组。单循环的燃气机组具有较高的响应速率，根据 IEEE 的统计资料，单循环燃气机最大瞬间响应平均为额定容量的 52%，其后续响应速率平均为每秒 0.8% 额定出力，但由于其发电成本较高，一般用来带尖峰负荷，或用作紧急事故备用，而较少参与自动发电控制运行。

联合循环燃气机组排出的高温气体用于产生蒸汽来驱动汽轮发电机组，发电成本低于单循环机组，故联合循环燃气机组的响应速率低于单循环机组，常参与自动发电控制运行。

③ 核电机组。核电具有安全要求高、单机容量大、功率调节受限等特点。对核电参与电力系统调频的相关研究尚未成熟，故不在本书讨论的范围内。

④ 水电机组。水电机组具有起动速度快、并网时间短、运行调度灵活等特点。但水电机组在追求调频考核指标时存在超低频振荡现象的问题，故不在本书讨论的范围内。

1.1.3　电力系统频率二次调节

1. 电力系统频率二次调节的基本概念、特点和作用

（1）电力系统频率二次调节的基本概念

由于发电机组一次调节实行的是频率的有差调节，因此早期的电力系统频率二次调节，是通过控制发电机组调速系统的同步电机，改变发电机组的调差特性曲线的位置，实现频率的无差调整。但此时并未实现对火力发电机组的燃烧系统的控制，为使原动机的功率与负荷功率保持平衡，需要依靠人工调整原动机功率的基准值，达到改变原动机功率的目的。随着科学技术的进步，火电机组普遍采用了协调控制系统，由自动控制来代替人工进行此类操作，在现代化的电力系统中，各控制区常用集中的计算机控制。这就是电力系统频率二次调节。

（2）电力系统频率二次调节的特点

根据电力系统频率二次调节的实现方法，不难看出它具有以下特点：

1）电力系统频率二次调节不论是采用分散的还是集中的调整方式，其作用均是对系统频率实现无差调整。

2）在具有协调控制的火力发电机组中，由于受能量转换过程的时间限制，电力系统频率二次调节对系统负荷变化的响应比一次调节要慢，它的响应时间一般需要 1 ~ 2min。

3）在电力系统频率二次调节中，对机组功率往往采用简单的比例分配方式，常使发电机组偏离经济运行点。

（3）电力系统频率二次调节的作用

根据电力系统频率二次调节的特点可知，其调节作用在于以下几点：

1）由于电力系统频率二次调节的响应速度较慢，因此不能调整那些快速变化的负荷随机波动，但它能有效地调整分钟级和更长周期的负荷波动。

2）电力系统频率二次调节的作用可以实现电力系统频率的无差调整。

3）由于响应时间的不同，电力系统频率二次调节不能代替电力系统频率一次调节的作用；而电力系统频率二次调节的作用开始发挥的时间，与电力系统频率一次调节作用开始逐步失去的时间基本相当，因此两者若在时间上配合好，对系统发生较大扰动时快速恢复系统频率相当重要。

4）电力系统频率二次调节带来的使发电机组偏离经济运行点的问题，需要由电力系统频率三次调节（功率经济分配）来解决；同时，集中的计算机控制也为电力系统频率三次调节提供了有效的闭环控制手段。

2. 电力系统频率二次调节的基本原理

当电力系统发生扰动后，由于电力系统固有频率响应特性的作用，系统频率和系统负荷均会发生变化。电力系统的频率特性是由系统负荷本身的频率特性和发电机组频率特性两部分组成的。系统的频率响应特性越大，系统就能承受越大的负荷冲击。换句话说，在同样大的负荷冲击下，系统的频率响应特性越大，所引起的系统频率变化越小。为了使系统的频率偏差限制在较小的范围内，总是希望系统有较大的频率响应特性。

如前所述，电力系统的频率响应特性系数以 K_s 表示，它由两部分组成，一部分由负荷本身的频率特性决定，运行人员是无法改变的；另一部分由发电机组的频率响应系数决定，它是发电机组调差系数的倒数。运行人员可以调整发电机组的调差系数 $\delta\%$ 和运行方式来改变其大小。但是从运行角度考虑，机组的调差系数不能取得太小，以免影响机组的稳定运行。

频率响应特性系数 K_s 是随着系统负荷的变动和运行方式的变动而变化的。也就是说，仅靠系统的一次频率调整，没有任何形式的二次调节（包括手动和自动两种方式）的作用，系统频率不可能恢复到原有的数值。

为了使系统的频率恢复到额定频率运行，必须进行电力系统频率二次调节。电力系统频率二次调节就是移动发电机组的频率特性曲线，改变机组有功功率，使其与负荷变化相平衡，从而使系统的频率恢复到原来的正常范围。

如图 1-9 所示，设发电与负荷的起点为 a，系统的频率为 f_2。当系统的负荷发生变化，如负荷增大，负荷特性曲线从 P_{la} 变化至 P_{lb} 时，若系统发电机组特性曲线为 P_{ga} 时，发电与负荷的交点从 a 点移至 b 点。此时，系统的频率从 f_2 降至 f_1。当增加系统发电，即发电机组的频率特性曲线从 P_{ga} 改变到 P_{gb} 时，就能使发电与负荷特性的交点从 b 点移至 d 点，可使系统的频率保持在原来的 f_2 运行。

反之，当系统的负荷降低时，负荷特性从 P_{lb} 变化至 P_{la}，当系统发电机组特性曲线为 P_{gb} 时，发电与负荷的交点从 d 点移至 c 点。此时，系统的频率从 f_2 上升至f_3。为了恢复系统的频率，适当减少系统发电，即发电机组的频率特性曲线从 P_{gb}改变到 P_{ga}，就能使发电与负荷特性的交点从 c 点移至 a 点，系统频率从f_3恢复到原来的f_2 运行。

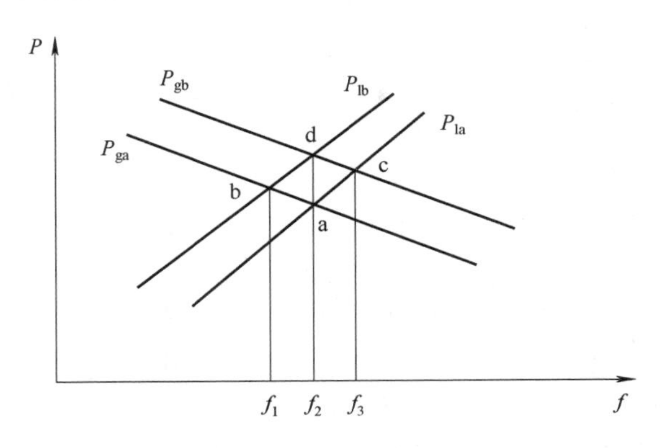

图 1-9　频率的二次调节

以上改变发电机组调速系统的运行点，增加或减少机组的有功功率使发电机组在原有额定频率条件下运行的方法，就是电力系统频率二次调节。

发电机组的频率调节器通常分为有差调节器、积分调节器和微分调节器三种类型。

有差调节器也称为比例调节器，是按频率偏差的大小控制调频，即按频率偏差的比例增加或减少机组的有功功率进行调节的方法。采用这种调节方式的调频机组，其机组有功功率随系统频率的变化而变化。因此，比例调节器只能减少系统频率的偏差，而无法达到消除系统频率偏差的根本目标。

积分调节器是按频率偏差对时间的积分控制调频器来增加或减少机组功率的调节方法。采用这种调节方式时，机组功率的增加/减少量 ΔP_g 与系统频率偏差 Δf 积分量的大小有关，用公式表示如下：

$$\Delta P_g = \int \Delta f \mathrm{d}t \tag{1-45}$$

积分调节器可达到无差调节，即 $\int \Delta f \mathrm{d}t = 0$，最终达到 $\Delta f = 0$。这一调节方式的最大缺点是在负荷变化的最初阶段，由于 $\int \Delta f \mathrm{d}t$ 的量很小，调频机组的功率变化也很小，导致最初阶段的系统频率偏差较大。

微分调节器是按频率偏差对时间的微分控制调频器来增加或减少机组功率的调节方法。采用这种调节方式时，机组功率的增加/减少量 ΔP_g 与系统频率偏差 Δf 微分量的大小有关，用公式表示如下：

$$\Delta P_{\mathrm{g}}=\frac{\mathrm{d}\Delta f}{\mathrm{d}t} \tag{1-46}$$

采用微分调节器的机组，在负荷变化的最初阶段，由于$\frac{\mathrm{d}\Delta f}{\mathrm{d}t}$的量较大，调频机组的功率变化也较大，这就阻止了系统频率偏差的进一步扩大。但是随着时间的推移，频率的变化量逐步变小，$\frac{\mathrm{d}\Delta f}{\mathrm{d}t}$也越来越小，以致于趋向于零。这时，微分调节器的作用也逐步减少，直至消失。这和积分调节器的作用正好相反。

以上三种调节方式各有优缺点，通常综合应用，可以取得良好的调节效果。

随着电力系统的不断发展，原先独立运行的单一电力系统逐步和相邻的电力系统实现互联运行。电力系统的互联运行给互联各方带来巨大的安全经济效益。对用户而言，也可使供电的可靠性有所提高。但在另一方面，电力系统的互联也带来了联络线交换功率的窜动。系统的容量越大，联络线功率窜动的容量越大。严重情况下，还会引起联络线过负荷。如果对互联的电力系统管理不善，也会产生许多不利的因素，使系统的安全、优质运行得不到保障。因此，互联的电力系统频率二次调节也有其缺点，需予以综合考虑。

3. 互联电力系统控制区和区域控制偏差

（1）电力系统控制区

电力系统控制区是指通过联络线与外部相连的电力系统的边界。如图 1-10 所示，在控制区之间联络线的公共点上，均安装了计量表计，用来测量并控制各区之间的功率及电量交换。计量表计采用不同的符号分送两侧，以有功功率送出为正（+），受进为负（-）。

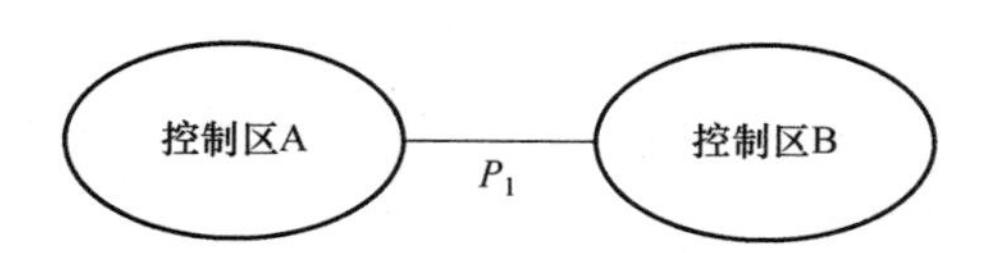

图 1-10　电力系统控制区概念

电力系统控制区可以通过控制区内发电机的有功功率和无功功率来维持与其他控制区联络线的交换计划，并且维持系统频率及电压在特定的范围之内，维持系统稳定的安全裕度。

（2）区域控制偏差（Area Control Error，ACE）

电力系统控制区是以区域的负荷与发电来进行平衡的。对于一个孤立的控制区，当其发电能力小于其负荷需求时，系统的频率就会下降；反之，系统的频率就会上升。

当电力系统由多个控制区互联组成时，系统的频率是一致的。因此，当某一控制区内的发电与负荷产生不平衡时，其他控制区通过联络线上功率的变化对其进行支援，从而使得整个系统的频率保持一致。

联络线的交换功率一般由系统控制区之间根据相互签订的电力电量合同协商而定，或由互联电力系统调度机构确定。在联络线的交换功率确定之后，各控制区内部发生的计划外负荷，原则上应由本系统自己解决。从系统运行的角度出发，各控制区均应保持与相邻的控制区间的交换功率和频率的稳定。换句话说，在稳态情况下，对各控制区而言，应确保其联络线交换功率值与交换功率计划值一致，系统频率与目标值一致，以满足电力系统安全、优质运行的需要。

区域控制偏差是根据电力系统当前的负荷、发电功率和频率等因素形成的偏差值，它反映了区域内的发电与负荷的平衡情况，由联络线交换功率与计划的偏差和系统频率与目标频率偏差两部分组成，有时也包括时差和无意交换电量。

ACE 的计算公式如下：

$$\mathrm{ACE}=\left[\sum P_{ti}-\left(\sum I_{0j}-\Delta I_{0j}\right)\right]+10B[f-(f_0+\Delta f_t)] \tag{1-47}$$

式中，$\sum P_{ti}$ 为控制区所有联络线交换功率的实际量测值之和；$\sum I_{0j}$ 为控制区与外区的功率交易计划之和；B 为控制区的频率响应系数，为负值，单位为 MW/0.1Hz；f 为系统频率的实际值；f_0 为系统频率的额定值；ΔI_{0j} 为偿还无意交换电量而设置的交换功率偏移；Δf_t 为校正时差而设置的频率偏移。

（3）互联电力系统的负荷频率控制

互联电力系统的负荷频率控制是通过调节各控制区内发电机组的有功功率来保持区域控制偏差在规定的范围之内。先以简单的互联电力系统为例进行分析。图 1-11 表示两个互联的电力系统之间的功率交换情况。

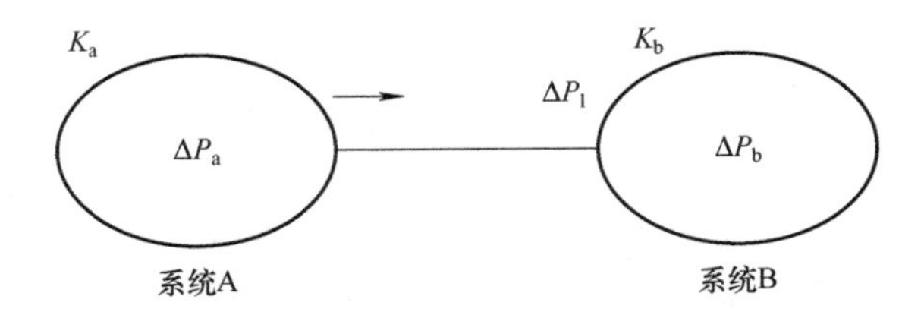

图 1-11　互联电力系统功率交换特性

假设 K_a 和 K_b 分别是系统 A 和系统 B 的调差系数，系统 A 和系统 B 的负荷变化分别为 ΔP_a 和 ΔP_b，A、B 两系统均设有二次调节的电厂，其发电的有功功率变化分别为 ΔG_a 和 ΔG_b，负荷变化为 ΔL_a 和 ΔL_b，联络线功率变化为 ΔP_t。

当系统 A 发生功率变化而引起频率变化 Δf，系统 B 功率无变化时，则

$$\Delta P_a = \Delta G_a - \Delta L_a = K_a \Delta f + \Delta P_t \tag{1-48}$$

$$\Delta P_b = \Delta G_b - \Delta L_b = K_b \Delta f - \Delta P_t = 0 \tag{1-49}$$

由式（1-48）和式（1-49）可解得

$$\Delta f = \Delta P_a / (K_a + K_b) \tag{1-50}$$

$$\Delta P_t = \Delta P_a K_b / (K_a + K_b) \tag{1-51}$$

当系统 A 和系统 B 同时有功率变化时，则

$$\Delta P_a = \Delta G_a - \Delta L_a = K_a \Delta f + \Delta P_t \tag{1-52}$$

$$\Delta P_b = \Delta G_b - \Delta L_b = K_b \Delta f - \Delta P_t \tag{1-53}$$

由式（1-52）和式（1-53）可解得

$$\Delta f = (\Delta G_a - \Delta L_a + \Delta G_b - \Delta L_b) / (K_a + K_b) \tag{1-54}$$

$$\Delta P_t = [(\Delta G_a - \Delta L_a) K_b - (\Delta G_b - \Delta L_b) K_a] / (K_a + K_b) \tag{1-55}$$

1）定频率控制（Flat Frequency Control，FFC）。

在定频率控制方式中，当系统 A 发生负荷扰动时，A、B 两系统按 Δf 的变化进行有功功率调节。只有当 $\Delta f = 0$ 时，才停止调节。由两系统的联络线功率特性的式（1-52）和式（1-53）可知，联络线上的功率变化量为 $\Delta P_t = (\Delta G_a - \Delta L_a) - K_a \Delta f = \Delta G_a - \Delta L_a$ 或 $\Delta P_t = (\Delta L_b - \Delta G_b) + K_b \Delta f = \Delta L_b - \Delta G_b$。

这也说明，在互联电力系统中，按定频率控制模式工作时，联络线交换功率 $\Delta P_t \neq 0$，它与系统一次调频的发电和负荷响应特性有关，有时甚至会很大。如果系统有足够的二次调频容量可抵消各自的负荷扰动变化，尚能保持系统的频率偏差和联络线交换功率偏差同时为零。即当 $\Delta G_a = \Delta L_a$，$\Delta G_b = \Delta L_b$ 时，可保持 $\Delta P_t = 0, \Delta f = 0$。

但是当某一系统负荷增加过多而不能依靠本系统的二次调频进行补偿时，即需要其他系统进行调节支援的情况下，会出现交换功率变化量不为零的现象。定频率控制模式一般用于单独运行的电力系统或互联电力系统的主系统中。

定频率控制的区域控制偏差（ACE）只包括频率分量，其计算公式如下：

$$\text{ACE} = -10B[f - (f_0 + \Delta f_t)] \tag{1-56}$$

式中，B 为系统控制区的频率响应系数，为负值，单位为 MW/0.1Hz；f 为系统频率的实际值；f_0 为系统频率的额定值；Δf_t 为校正时差而设置的频率偏移。

自动发电控制的调节作用是当系统发生负荷扰动时，根据系统频率出现的偏差调节自动发电控制机组的有功功率，将因频率偏差引起的区域控制偏差控制到规定的范围之内，从而使频率偏差也控制到零。

2）定联络线交换功率控制（Flat Tie-line Control，FTC）。

定联络线交换功率控制是通过控制调频机组有功功率来保持区域联络线净交换功率偏差 $\Delta P_t = 0$，即

$$\Delta G_a - \Delta L_a = K_a \Delta f \tag{1-57}$$

$$\Delta G_b - \Delta L_b = K_b \Delta f \tag{1-58}$$

利用这种模式进行控制，不论哪个系统的功率不平衡，都会影响互联电力系统的频率。由于直至 $\Delta P_t = 0$ 时，调节过程才停止，因此此时系统频率不可能保持在既定状态。所以，这种控制模式只适合于互联电力系统中小容量的电力系统，对于整个互联电力系统来说，必须有另一个控制区采用定频率控制模式来维持互联系统的频率恒定，否则互联电力系统不能进行稳定的并联运行。

在互联电力系统中，如果所有控制区均选择 FTC-FTC 模式，当系统 A 发生负荷扰动时，A、B 两系统按 ΔP_t 的变化进行功率调节。当 $\Delta P_t = 0$ 时停止调节，此时系统的频率变化为 $\Delta f = \dfrac{\Delta G_a - \Delta L_a}{K_a}$ 或 $\Delta f = \dfrac{\Delta G_b - \Delta L_b}{K_b}$。这也说明，在互联电力系统中，采用定联络线交换功率控制模式不能保证系统频率恒定。只有当 $\Delta G_a = \Delta L_a$，$\Delta G_b = \Delta L_b$ 时，才能同时保持 $\Delta P_t = 0$ 和 $\Delta f = 0$。

但是，当一个控制区负荷增加过多而不能依靠本系统的二次调频进行抵偿时，这时需要其他控制区进行调节支援，会出现交换功率变化量不能为零的现象。

定联络线交换功率控制的区域控制偏差只包括联络线交换功率分量，其计算公式表示为

$$\mathrm{ACE} = \left[\sum P_{ti} - \left(\sum I_{oj} - \Delta I_{oj} \right) \right] \tag{1-59}$$

式中，$\sum P_{ti}$ 为控制区所有联络线的实际量测值之和；$\sum I_{oj}$ 为控制区与外区的交易计划之和；ΔI_{oj} 为偿还无意交换电量而设置的交换功率偏移。

自动发电控制的调节作用是当系统发生负荷扰动时，将因联络线交换功率分量偏差所引起的区域控制偏差控制到规定的范围之内。

3）联络线功率频率偏差控制（Tie-line Bias Frequency Control，TBC）。

在联络线功率频率偏差控制模式中，需要同时检测 ΔP_t 和 Δf，并同时判别负荷的扰动变化是在哪个系统发生的，由两系统的联络线功率特性的式（1-58）和式（1-59）可知，这种控制模式首先要响应本系统的负荷变化。系统根据区域控制偏差来调节调频机组的有功功率。区域控制偏差的计算公式为

$$\begin{cases} \Delta f + K_{g1} \Delta P_{g1} = 0 \\ \Delta f + K_{g2} \Delta P_{g2} = 0 \\ \qquad \vdots \\ \Delta f + K_{gi} \Delta P_{gi} = 0 \\ \qquad \vdots \\ \Delta f + K_{gn} \Delta P_{gn} = 0 \end{cases} \tag{1-60}$$

式中，Δf 为系统频率的偏差量；ΔP_{gi} 为第 i 台调频机组的有功功率变化量；K_{gi} 为第 i 台调频机组有差调节器的调差系数。

$$\begin{aligned}\Delta P_{\mathrm{g}} &= \Delta P_{1} = \Delta P_{\mathrm{g1}} + \Delta P_{\mathrm{g2}} + \Delta P_{\mathrm{g3}} + \cdots + \Delta P_{gi} + \cdots + \Delta P_{gn} \\ &= -\Delta f\left[(1/K_{\mathrm{g1}}) + (1/K_{\mathrm{g2}}) + \cdots + (1/K_{gi}) + \cdots + (1/K_{gn})\right] = -\Delta f/K_{\mathrm{gs}}\end{aligned} \tag{1-61}$$

式中，K_{gs} 为系统的等值调差系数。

$$\begin{aligned}\mathrm{ACE} &= \left[\sum P_{\mathrm{t}i} - \left(\sum I_{oj} - \Delta I_{oj}\right)\right] - 10B[f - (f_0 + \Delta f_0)] \\ &= \Delta P_{\mathrm{t}} - 10B\Delta f\end{aligned} \tag{1-62}$$

式中，ΔP_{t} 为控制区所有联络线的实际量测值之和；$\sum I_{oj}$ 为控制区与外区的交易计划之和；B 为控制区的频率响应系数，为负值，单位为 MW/0.1Hz；f 为系统频率的实际值；f_0 为系统频率的额定值；ΔI_{oj} 为控制区偿还无意交换电量而设置的交换功率偏移；Δf_0 为校正时差而设置的系统频率偏移。

在 TBC-TBC 模式下，互联电力系统的特性如图 1-12 所示。

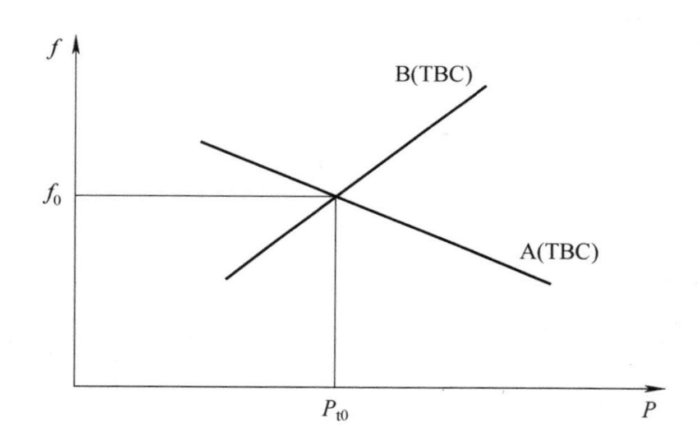

图 1-12　TBC-TBC 模式下互联电力系统的特性

当系统 A 发生负荷扰动时，A、B 两系统均按 ΔP_{t} 和 Δf 的变化进行有功功率调节。A、B 两系统调节后，各系统的变化如下：

$$\begin{cases}\Delta G_{\mathrm{a}} - \Delta L_{\mathrm{a}} = 0 \\ \Delta L_{\mathrm{b}} - \Delta G_{\mathrm{b}} = 0 \\ \Delta P_{\mathrm{t}} + K_{\mathrm{a}}\Delta f = 0 \\ \Delta P_{\mathrm{t}} - K_{\mathrm{b}}\Delta f = 0\end{cases} \tag{1-63}$$

如果 A、B 两系统均能达到系统负荷与发电出力就地平衡，则

$$\begin{cases}\Delta G_{\mathrm{a}} = \Delta L_{\mathrm{a}} \\ \Delta L_{\mathrm{b}} = \Delta G_{\mathrm{b}} \\ \Delta P_{\mathrm{t}} = 0 \\ \Delta f = 0\end{cases} \tag{1-64}$$

如果某一系统由于各种原因导致负荷与发电不平衡，则会出现 ΔP_{t} 和 Δf。如果系统 A 能达到系统负荷与发电出力就地平衡，而系统 B 仅有一次调频，则两系统出现以下情况。

系统 A：

$$\begin{cases}\Delta P_{\mathrm{t}} + K_{\mathrm{a}}\Delta f = 0 \\ \Delta G_{\mathrm{a}} - \Delta L_{\mathrm{a}} = 0\end{cases} \tag{1-65}$$

系统 B：

$$\begin{cases}\Delta L_{\mathrm{b}} - \Delta P_{\mathrm{t}} = -K_{\mathrm{b}}\Delta f \\ \Delta G_{\mathrm{b}} = 0\end{cases} \tag{1-66}$$

解方程组得出

$$\begin{aligned}\Delta f &= -\Delta L_{\mathrm{b}}/(K_{\mathrm{a}} + K_{\mathrm{b}}) \\ \Delta P_{\mathrm{t}} &= K_{\mathrm{a}}\Delta L_{\mathrm{b}}/(K_{\mathrm{a}} + K_{\mathrm{b}})\end{aligned} \tag{1-67}$$

当某一系统负荷与发电出力不能就地平衡时，系统频率和联络线功率均会产生一定的偏移。这就说明，在互联电力系统中，采用联络线功率频率偏差控制模式，不论哪个控制区发生负荷功率不平衡，都会使系统的频率和联络线交换功率产生一定的偏移。

由于控制区的频率响应系数与系统的运行状态有关，而机组的调差系数也并非一条直线，因此对频率偏差系数的整定往往比较困难。如果频率偏差系数不能整定为系统频率响应系数，调频机组对本系统的负荷变化响应将会发生过调或欠调现象。

联络线功率频率偏差控制模式一般用于互联电力系统中。当系统发生负荷扰动时，通过调节机组的有功功率，最终可以将因联络线功率偏差、频率偏差造成的区域控制偏差控制到规定范围内。

(4) 互联电力系统多区域控制策略的应用

互联电力系统进行负荷频率控制的基本原则是在给定的联络线交换功率条件下，各个控制区负责处理本区发生的负荷扰动。只有在紧急情况下，才给予相邻系统以临时性的事故支援，并在控制过程中得到最佳的动态性能。

根据这一概念，互联电力系统进行负荷频率控制的策略要充分考虑的因素有：一是每个控制区只能采用一种负荷频率控制策略；二是互联电力系统中，最多只能有一个控制区采用定频率控制模式；三是在两个互联控制系统中，不能同时采用定联络线交换功率控制模式。

下面以两个控制系统组成的互联电力系统为例，讨论各种负荷频率控制策略相配合的性能特点。

1）双定频率控制（FFC—FFC）模式。

图 1-13 所示为 FFC—FFC 模式示意图。当组成互联电力系统的 A、B 两系统均采用定频率控制模式时，由于互联电力系统频率是一致的，假设 K_a 和 K_b 分别为系统 A 和系统 B 的频率响应系数，正常情况下联络线的功率由系统 A 输入系统 B。此时，A、B 两系统的区域控制偏差分别为

$$\begin{aligned} ACE_a &= K_a \Delta f \\ ACE_b &= K_b \Delta f \end{aligned} \tag{1-68}$$

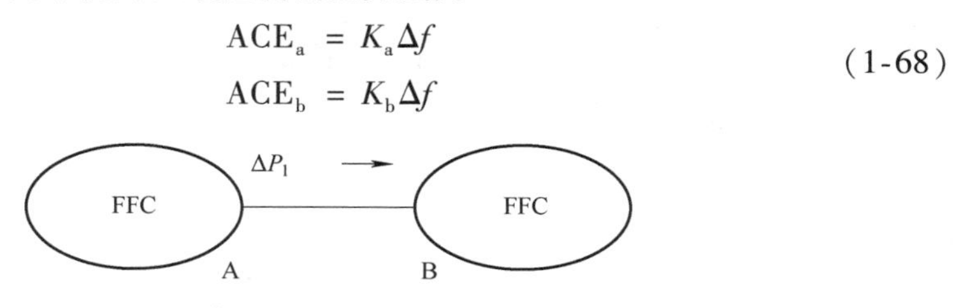

图 1-13　FFC—FFC 模式示意图

当系统 B 发生负荷扰动，引起系统频率下降时，由于 $\Delta f<0$，导致 A、B 两系统的区域控制偏差同时为负。此时，A、B 两系统同时增加机组的有功功率，以提高系统的频率。同时，系统 A 继续向系统 B 输送超额的联络线功率，致使 $\Delta P_t \neq 0$。当互联电力系统的频率恢复正常，即 $\Delta f=0$ 时，由于 A、B 两系统均不对联络线交换功率进行有效的控制，有可能使 $\Delta P_t \neq 0$，从而引起互联电力系统之间的功率交换发生紊乱。因此，在互联电力系统中，不推荐采用这种控制模式。

2）定频率—定联络线交换功率控制（FFC—FTC）模式。

图 1-14 所示为 FFC—FTC 模式示意图。在 A、B 组成的互联电力系统中，当系统 A 采用定频率控制模式，系统 B 采用定联络线交换功率控制模式时，由于互联电力系统频率是一致的，假设 K_a 和 K_b 分别是 A、B 两系统的频率响应系数，正常情况下联络线的功率由系统 A 输送到系统 B 时，A、B 两系统的区域控制偏差分别为

$$\begin{aligned} ACE_a &= K_a \Delta f \\ ACE_b &= -\Delta P_t \end{aligned} \tag{1-69}$$

当系统 A 发生负荷扰动，引起系统频率下降时，由于 $\Delta f<0$，导致系统 A 的区域控制偏差为负。此时，系统 A 开始增加机组的有功功率，以提高系统的频率。而系统 A 向系统 B 输送联络线交换功率 ΔP_t 下降，引起 $\Delta P_t<0$。系统 B 只对减少的（$-\Delta P_t$）进行控制，对系统 B 而言，必须减少调频机组的有功功率，

以确保联络线交换功率 $\Delta P_t=0$。系统 B 的这一控制行为加剧了整个系统的功率缺额。对互联电力系统而言，这种控制策略不能很好地进行配合。

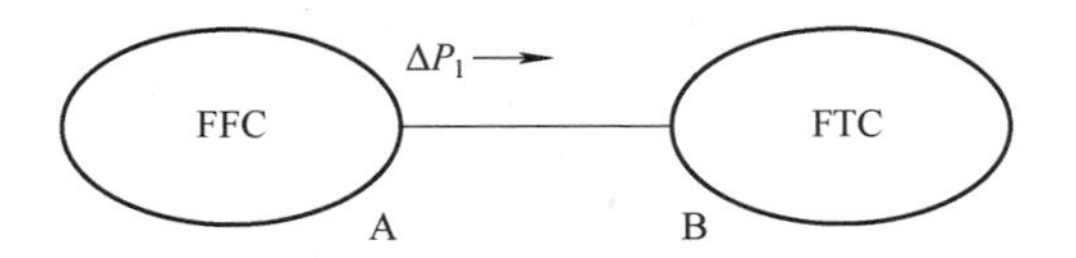

图 1-14　FFC—FTC 模式示意图

当系统 B 发生负荷扰动，引起系统频率下降时，由于 $\Delta f<0$，导致系统 A 的区域控制偏差为负。此时，系统 A 首先增加机组的有功功率，以提高系统的频率。系统 A 向系统 B 输送的联络线交换功率 ΔP_t 增加，即 $\Delta P_t>0$。对系统 B 而言，必须对增加的（$-\Delta P_t$）进行控制，系统 B 首先增加调频机组的有功功率，以阻止系统 A 输送的联络线功率增量。这种情况下的控制策略可以进行配合。

但在互联电力系统中，一般不推荐采用这种控制模式。这种控制模式只适合于大系统与小系统互联的电力系统中，大系统有足够的调节容量以确保互联系统的频率质量，小系统的控制目标主要是维持本系统的发用电平衡。

3）定频率—联络线功率频率偏差控制（FFC—TBC）模式。

图 1-15 所示为 FFC—TBC 模式示意图。在 A、B 两系统组成的互联电力系统中，当系统 A 采用定频率控制模式，而系统 B 采用联络线功率频率偏差控制模式时，由于互联电力系统的频率是一致的，假设 K_a 和 K_b 分别是系统 A 和系统 B 的频率响应系数，正常情况下联络线的功率由系统 A 输送到系统 B。此时，A、B 两系统的区域控制偏差分别为

$$
\begin{aligned}
\mathrm{ACE_a} &= K_a\Delta f \\
\mathrm{ACE_b} &= -\Delta P_t + K_b\Delta f
\end{aligned}
\tag{1-70}
$$

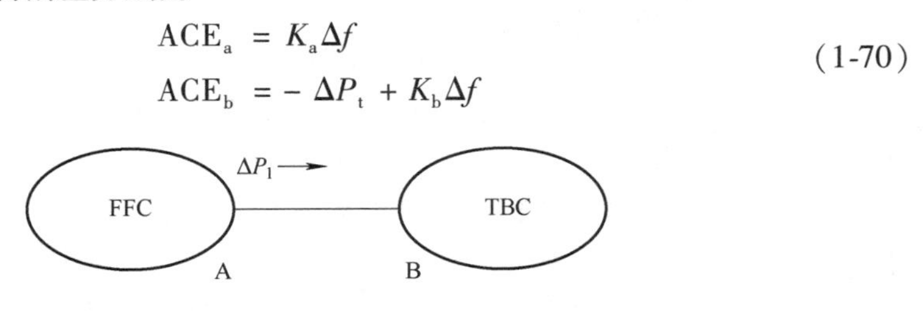

图 1-15　FFC—TBC 模式示意图

当系统 A 发生负荷扰动，引起系统频率下降时，由于 $\Delta f<0$，故系统 A 向系统 B 输送的联络线功率减少，即 $\Delta P_t<0$。此时，系统 A 的区域控制偏差为负，系统 A 增加调频机组的有功功率，以恢复系统的频率。对系统 B 而言，如果 K_b 选取合理，组成系统 B 的区域控制偏差两个分量将相互抵消，区域控制偏差为零，系统 B 不参与调整。这意味着系统 A 发生的负荷扰动，将由系统 A 独自负担，系统 B 机组的一次调频系统感受到频率下降而瞬时增加部分有功功率。

当系统 B 发生负荷扰动，引起系统频率下降时，由于 $\Delta f<0$，引起 A、B 两系统的区域控制偏差同时为负。此时，A、B 两系统同时增加机组的有功功率，以提高系统的频率。系统 A 继续向系统 B 输送超额的联络线功率。这一控制模式对系统 B 发生负荷扰动的初期是有效的，能迅速促使系统恢复频率。但是，由于系统 A 的功率支援，使交换功率过度增加，引起 $\Delta P_t \neq 0$。当频率恢复正常后，系统 B 再对 ΔP_t 进行控制，直至 $\Delta P_t=0$ 时恢复正常。

在互联电力系统中，可以采用这种控制模式。通常容量大的电力系统采用定频率控制模式。

4）双定联络线交换功率控制（FTC—FTC）模式。

图 1-16 所示为 FTC—FTC 模式示意图。当组成互联电力系统的 A、B 两系统均采用定联络线交换功率控制模式时，此时，A、B 两系统的区域控制偏差分别为

$$\begin{aligned} ACE_a &= \Delta P_t \\ ACE_b &= -\Delta P_t \end{aligned} \tag{1-71}$$

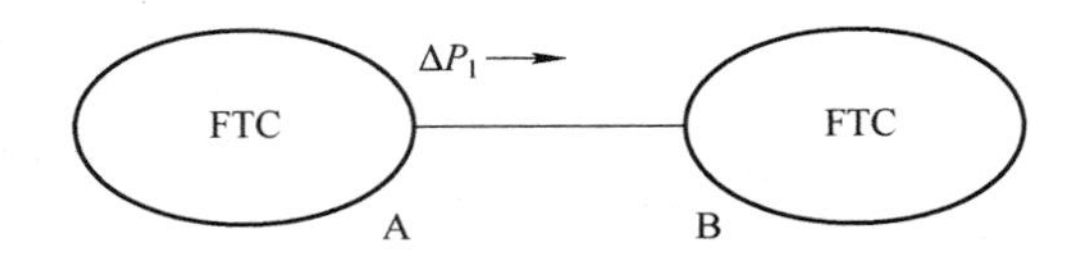

图 1-16　FTC—FTC 模式示意图

当 B 系统发生负荷扰动，引起系统频率下降时，由于 $\Delta f<0$，系统 A 向系统 B 输送的联络线功率增加，即 $\Delta P_t>0$。系统 A 的调频机组减少有功功率，系统 B 的调频机组增加有功功率，以阻止系统 A 向系统 B 输送功率的增加。A、B 两系统均不对系统频率进行有效的控制，情况严重时，可能造成系统的崩溃。因此，互联电力系统不允许采用 FTC—FTC 模式。

5）联络线功率频率偏差—定联络线交换功率控制（TBC—FTC）模式。

图 1-17 所示为 TBC—FTC 模式示意图。在 A、B 两系统组成的互联电力系统中，当系统 A 采用联络线功率频率偏差控制，系统 B 采用定联络线交换功率控制模式时，由于互联电力系统频率是一致的，假设 K_a 和 K_b 分别是系统 A 和系统 B 的频率响应系数，正常情况下联络线的功率由系统 A 输送到系统 B。此时，A、B 两系统的区域控制偏差分别为

$$\begin{aligned} ACE_a &= \Delta P_t + K_a \Delta f \\ ACE_b &= -\Delta P_t \end{aligned} \tag{1-72}$$

当系统 B 发生负荷扰动，引起系统频率下降时，由于 $\Delta f<0$，系统 A 向系统 B 输送的联络线功率 ΔP_t 增加。如果系统 A 的 K_a 系数选取合理，则系统 A 的区域控

制偏差将保持原值不变。系统 B 由于 ΔP_t 的增加，因此增加调频机组的有功功率来阻止系统 A 调频机组的功率支援，这不利于互联电力系统的频率恢复正常。

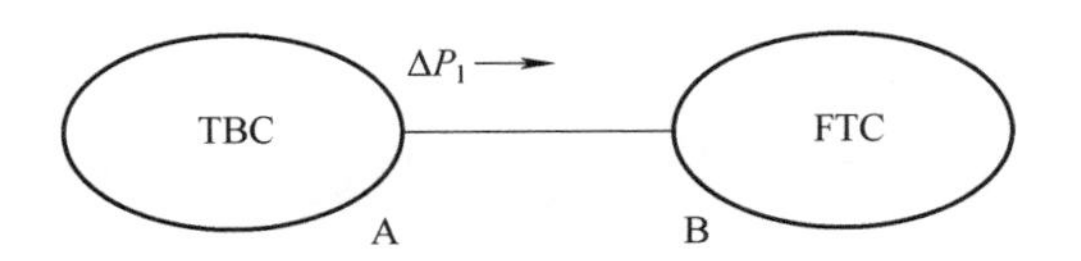

图 1-17　TBC—FTC 模式示意图

当系统 A 发生负荷扰动，引起系统频率下降时，由于 $\Delta f<0$，系统 A 向系统 B 输送联络线功率 ΔP_t 减少。系统 A 将增加调频机组的有功功率，以恢复系统频率和阻止联络线交换功率的下降。对系统 B 而言，由于 ΔP_t 减少，为使交换功率恢复到计划值，系统 B 必须减少其调频机组的有功功率，这反而加重了互联电力系统恢复系统频率的负担，显然是不合理的。因而在互联电力系统中，不推荐采用这种控制模式。

6）双联络线功率频率偏差控制（TBC—TBC）模式。

图 1-18 所示为 TBC—TBC 模式示意图。当组成互联电力系统的 A、B 两系统均采用联络线功率频率偏差控制模式时，由于互联电力系统频率是一致的，假设 K_a 和 K_b 分别是系统的频率响应系数，正常情况下联络线的功率由系统 A 输送到系统 B，此时，A、B 两系统的区域控制偏差分别为

$$\begin{aligned} \mathrm{ACE_a} &= \Delta P_t + K_a \Delta f \\ \mathrm{ACE_b} &= -\Delta P_t + K_b \Delta f \end{aligned} \tag{1-73}$$

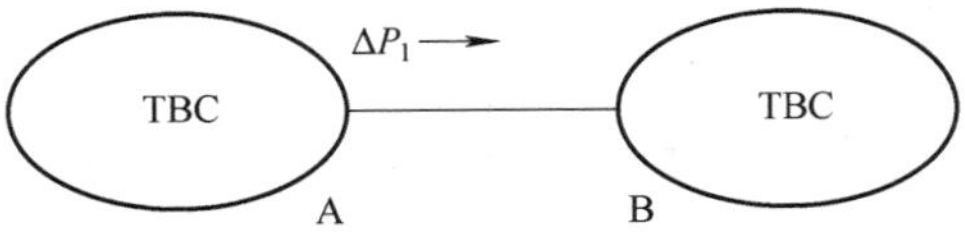

图 1-18　TBC—TBC 模式示意图

当系统 B 发生负荷扰动，引起系统频率下降时，由于 $\Delta f<0$，系统 A 向系统 B 输送的联络线交换功率增加，即 $\Delta P_t>0$。如 K_a 和 K_b 的值选取合理，则系统 A 的区域控制偏差基本为零。系统 B 的区域控制偏差为负，因此系统 B 的调频系统将增加机组的有功功率，以提高系统的频率和减少 ΔP_t 值，直至系统 B 的频率和联络线交换功率恢复正常。这一控制方式正是所希望的。反之，系统 A 发生负荷扰动导致系统频率下降的过程亦然。

对于 TBC—TBC 模式，在控制系数选取合理的前提下，不论负荷扰动发生在哪个控制区，在频率波动较小的情况下，只有发生扰动的控制区才产生控制作用，

其他控制区一般不会进行控制。在互联电力系统中，一般推荐采用这种控制模式。

以上分析两个控制区之间的控制策略的配合问题，对具有多个控制区的互联电力系统而言，其情况也是类似的。

1.2 在新型电力系统下火电机组调频面临的挑战

通过考虑频率最低点、稳态偏差、动态滚动窗口和4次频率变化率，评估频率调节作为扰动故障后电网频率特征的一种手段。为了应对不断增加的可再生能源（Renewable Energy Source，RES）渗透率所带来的挑战，开展了广泛的研究工作。由于与可再生能源和电子设备相关的不确定性增加，电力系统频率调节变得越来越具有挑战性。惯性响应过去被看作是阻碍频率变化的阻力，而惯性通常是同步发电机旋转转子中的动能储备。电力系统的惯性越大，频率就越有可能保持不变。从发电来源的角度来看，它们可以分为两类：传统化石燃料驱动的发电机和可再生能源。本节将讨论电力系统惯性估计、常规发电机频率控制和可再生能源电厂频率调节方面的挑战。

1.2.1 低惯量给频率稳定带来的冲击

系统惯性可以定义为与电力系统直接耦合的发电机旋转质量中能量的可用性[1]。系统惯量决定了电力系统对频率扰动的响应，例如发电或负载的突然损失。表1-1给出了英国不同惯量和发电损耗值对频率响应要求的一些示例。传统发电机产生最小可用惯性以确保频率响应能力[2]。然而，这些发电机运行成本昂贵，并产生大量温室气体排放[3]。

表1-1 不同惯量和发电损耗值的频率响应要求

系统惯量/(GVA·s)	响应要求/MW	
	500MW_{loss}	600MW_{loss}
100	590	1285
150	365	575
200	365	365

在一些新能源（如风能和太阳能）中，由于其电力电子器件、机器和电力系统之间没有直接耦合，因此阻止了它们的旋转质量对系统惯性的贡献[4]。由于风速和太阳能功率的变化，新能源并网会产生功率波动，对频率偏差的稳定性造成重大影响。为了最大限度地减少新能源并网的负面影响，可以考虑使用不同的频率控制技术来控制有储能系统和没有储能系统的新能源发电系统，这些技术

使风力发电机和太阳能光伏电站等新能源能够促进频率调节[120]。

风能是世界上应用最广泛的可再生能源之一，许多有风能潜力的国家开始用风电场取代传统发电厂。统计数据显示，未来 20 年内，美国和欧洲的风电渗透率将超过 20%[5]。定速风力发电机组一般使用直接与电网相连的感应发电机，该发电机可以对频率偏差提供惯性响应，尽管该惯性与同步发电机相比较小[6]。双馈式感应发电机（DFIG）除了通过转子电路连接到电网外，与永磁同步发电机（PMSG）类似。电力电子变换器用于变速风力机，使风力机能够在很宽的风速范围内调节输出功率[7]。然而，这种耦合将风力机与干扰下的频率响应隔离开来。特别是，太阳能光伏进入配电网的渗透率显著增加。因此，在孤岛条件下，来自剩余常规电源单元的备用功率不足以调节系统频率[8]。

当系统受到突然干扰时，系统惯量的减小将增加频率变化率。在频率偏差较大的情况下，建议尽量减少运行期间的沉降时间[9]。因此，需要从发电侧进行额外的频率控制来缓解频率增加的问题[10]。控制系统负责控制频率，提供快速可靠的响应[11-12]。然而，非常快的响应则有系统振荡的风险，虽然能够满足高灵活性和低成本，但不能应对干扰。新颖的方案最好是具有快速的控制器延迟，以创建新的自适应保护系统，能够抵御未来能源网络中的频率崩溃[13]。

1.2.2　电源侧在低碳转型阶段频率安全稳定面临的挑战

1. 常规电厂面临的挑战

频率由传统发电机控制，采用经典的自动发电控制，图 1-19 展示了单区域频率控制的控制策略，该控制策略由一次和辅助两个控制回路组成[14]。由同步发电机的原动机产生的机械动力是通过调节进入涡轮机的水或蒸汽流量来控制的。由于与调速器和涡轮机相关的几个时间延迟，一次频率控制是不够的。一次回路由于同步发电机的下垂特性而运行。因此，根据控制器模块的要求，在主控制回路的基础上增加二次频率控制回路[15]。

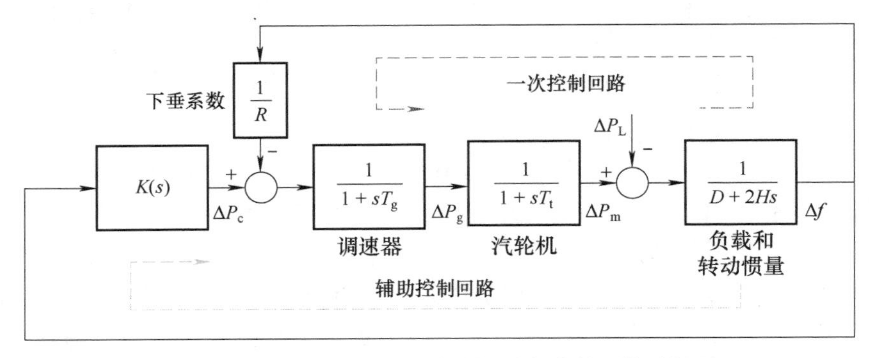

图 1-19　采用经典自动发电控制的频率控制策略框图

另一种通过常规发电进行频率调节的方法是通过保持预定的系统惯性量来调度发电机。在最近的研究中，采用了各种数据驱动的方法。参考文献［14］利用 DBN（深度置信网络）建立了在线频率安全评估框架，提出的样本生成方法有效地提高了评估精度。参考文献［11］使用基于深度学习框架的数据驱动工具进行了快速在线暂态频率稳定性评估，有效地实现了自动降维和特征提取。

为了实现对 RES 高渗透系统安全性的快速评估，将灵活性定义为系统对净负荷偏差的适应能力，需要对需求和发电偏差进行管理[15]。在供应方面有许多类型的灵活性选择，最主要的主体是传统火电厂，提供供需侧平衡服务[16]，这种发电厂的灵活性可以调整输出功率以平衡供需。面对日益增长的灵活性需求，传统火电厂需要建立提高其爬坡能力的机制[17]。此外，包括天然气和水力发电厂，由于其快速响应，启动和斜坡能力，可作为即时平衡单元。此外，热电联产（CHP）电厂被认为是扩大可再生能源灵活性和集成的有效技术[18]。由于热电联产电厂采用热泵、储热和电锅炉的组合组件，因此同时产生电力和热量。

2. 可再生能源面临的挑战

由于气候问题日益严重，未来传统机组将被 RES 所取代。统计数据显示，2014 年印度火电厂的平均电厂负荷系数（PLF）为 66.36%，但 PLF 暴跌至最低水平，2019 年达到 57.2%[19]。热单位 PLF 的下降是由于 RES 在整体混合中的份额增加。随着可再生能源在未来电力系统中的主导地位，所有热电机组都认为不经济而最终退出运行。另外，电力电子技术的进步为 RES 参与 FR（频率调节）服务铺平了道路[20]，最常用的 6 种 RES 是 PV（光伏）和 WT（风力发电机），而变速 WT 和 PV 完全从电网与电力电子接口解耦[21]。因此，RES 对系统惯性没有贡献，对频率变化无响应。据报道，在电力系统中，减振和惯性仿真是用于小波变换的两个主要控制方法[22-23]。另外，负载技术也可以应用于光伏电站 FR 服务[24]。

在本节中，总结了与风电场惯性仿真相关的频率调节方法。风力发电机一般可分为笼型感应发电机、绕线转子感应发电机、双馈式感应发电机和全尺寸变流器风力发电机 4 种[25]。在这 4 种发电机中，笼型感应发电机和绕线转子感应发电机直接并网，可以增加系统惯性[26]。而双馈式感应发电机和全尺寸变流器风力发电机通过电力电子变流器连接到主电网，可以在很宽的速度范围内运行。

即使光伏电站没有机械地连接到主电网，它也可以通过各种与减载运行和输出储备相关的控制技术，如光伏减载、光伏限电、增量功率控制、直流链路电容等，为系统频率控制做出贡献。据报道，光伏电站可以通过远离其最大功率点运行来促进频率调节。为了提取最大可用功率，传统的并网光伏系统通常采用最大功率点跟踪（MPPT）算法。参考文献［27］提出了一种采用下垂控制器、有源功率电压匹配控制器、矢量控制器 3 个控制器环的自适应卸载技术。这些额外的回路能够调节 PV 的输出功率，以实现快速的频率调节。然而，光伏减载运行由于持续运行在最大功率点以下，会带来恒定的损失余量，因此该方法尚不适合大规模电网。近年来，一些研究人员报道了通过直流链路电容控制可以模拟并网变流器的虚拟惯性。这种提取出来的虚拟惯量可以增强系统的整体惯量，减少干扰后的频率变化率和频率偏差[28]。图 1-20 所示为直流链路电容惯性仿真过程的操作框图。参考文献［29］提出可以利用直流链路电容来模拟惯性，通过在预定范围内控制直流链路电容的充放电，并在可行时调整光伏输出。参考文献［30］报道，使用双层电直流链路电容可以缓解光伏输出的快速波动，同时使电压保持在预设范围内。然而，这种方法还不适合大规模电网。

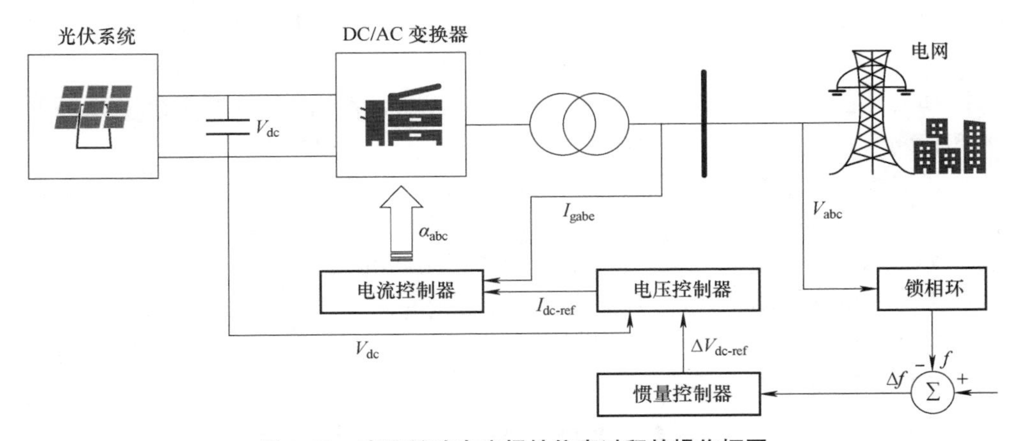

图 1-20　直流链路电容惯性仿真过程的操作框图

大量 RES 并入电网后，由于系统惯性容量小、分布式发电的随机性，电网可能出现电能质量、供需不平衡、频率偏差等挑战。储能系统是一种可选的解决方案，它可以在需要的时候注入和储存能量。近年来，随着超级电容器、压缩空气储能系统、电池储能系统等先进 ESS（储能系统）在各种场合的应用，该技术得到了发展。飞轮储能系统以其响应速度快、自耗能量低、寿命长等特点，能够解决电网和电力系统中的诸多问题而受到世界各国的关注。

1.3　火电机组调频研究现状

全球气候变暖趋势使得人类的生态环境面临严峻挑战，能源领域中排放因化石能源燃烧所产生的二氧化碳、氮氧化合物等加剧了气候问题。当进入 21 世纪之后，我国经济的高速发展再次被证明与化石能源（尤其是煤炭）消费和能源效率存在“负脱钩”关系时，政府决定调整能源战略，在节能和提高能效的同时限制化石能源使用，积极发展可再生能源，保证非水电类可再生能源发电收购，积极发展天然气和核能，降低经济发展的二氧化碳排放强度[31-32]。2016 年，我国正式签署《巴黎协定》，承诺二氧化碳排放 2030 年左右达到峰值，并争取尽早达峰，单位国内生产总值二氧化碳排放比 2005 年下降 60% ~65%，非化石能源占一次能源消费比重达到 20%左右，森林蓄积量比 2005 年增加 45 亿立方米左右。2020 年 9 月和 12 月，习近平主席分别在第七十五届联合国大会一般性辩论上和气候雄心峰会上宣布将提高国家自主贡献力度，提出到 2030 年，非化石能源占一次能源消费比重将达到 25%左右，风电、太阳能发电总装机容量将达到 12 亿 kW 以上；二氧化碳排放力争于 2030 年前达到峰值，努力争取 2060 年前实现碳中和。这一系列承诺进一步明确了新时代我国能源发展的方向，然而，要实现这些目标需要国家整个能源系统发生革命性的改变，可再生能源和清洁能源技术依托下的可再生能源产业也被提升到国家战略性新兴产业的地位[33-34]。

在“十二五”“十三五”的发展过程中，我国积极推进以风电、太阳能为代表的可再生能源的快速发展，在 2019 年分别达到 2.1 亿 kW 和 2.0 亿 kW。2019 年我国可再生能源发电装机持续增长，可再生能源发电装机总容量达到 4.1 亿 kW，同比增长 16%，占全国总装机容量的比重达到 20.6%。可再生能源发电新增装机容量 5610 万 kW，占全国新增装机容量一半以上（58%），连续第三年超过火电新增装机容量。风电新增装机容量持续提升，太阳能发电继续保持稳步增长，分布式光伏发电累计装机容量突破 6000 万 kW，海上风电提前一年完成“十三五”规划目标。可以看到，在“十二五”“十三五”的规模化发展下，可再生能源逐渐从补充电源向主力电源过渡。

近年来，我国电源结构变化如图 1-21 所示。从电源构成的角度看，风电装机从 2010 年的 3%变化至 2023 年的 14%，太阳能发电装机变化至 2023 年的 17%。火电机组装机从 2010 年的 73%下降到 2023 年的 51%，装机占比下降较多，但是仍具有较大的基数，是我国电源装机中的主力。

为了减少碳排放、实现国家能源安全等，我国积极推动能源转型，大力发展可再生能源，但是伴随着高比例可再生能源的接入，出现了以下相关问题：

（1）弃风、弃光问题

风电、光伏对电力系统渗透率不断提高，同时，出现了风电、光伏发电送出和消纳困难的问题。提升可再生能源利用率，降低弃风、弃光率已引起社会高度关注。近年来，为了解决可再生能源消纳问题，国家发展改革委、国家能源局和国家电网公司等部门先后采取了一系列措施，包括辅助服务市场、火电灵活性、可再生能源优先调度、特高压输电等手段[5]，可再生能源消纳矛盾持续缓解，2023—2024 年我国可再生能源弃电量和利用率如图 1-22 所示。

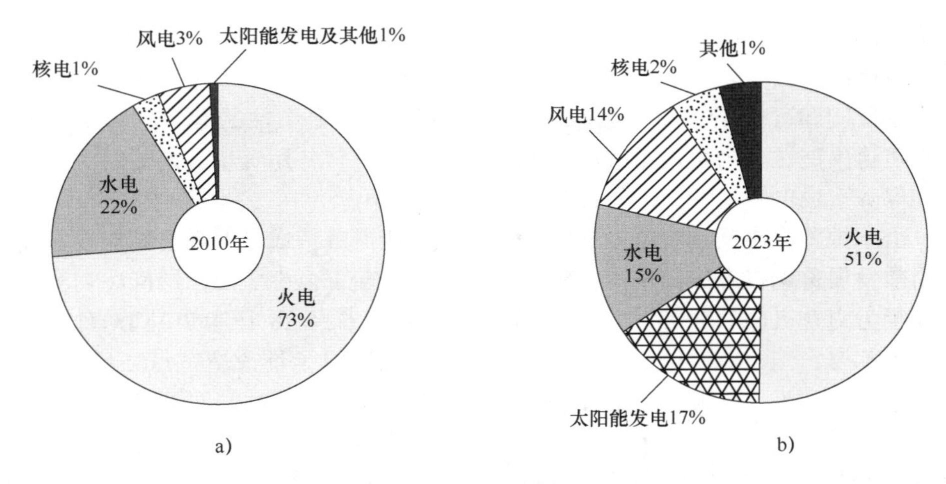

图 1-21　我国电源结构变化

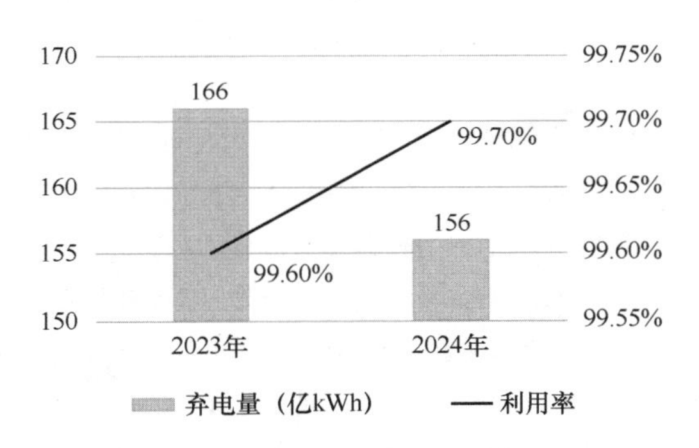

图 1-22　2023—2024 年我国可再生能源弃电量和利用率

（2）电网稳定性问题

目前，我国部分省级电网的可再生能源发展快，规模较大，而相关的电网稳定性未能得到充足的保障。可再生能源出力波动较大，对电网电压、频率影响较大，一旦发生故障，将会对电网的安全产生重大影响。2019 年 8 月，英国电网发生大规模停电事故，事故造成英国包括伦敦在内的部分重要城市出现停电现象，影响人口约 100 万。此次事故过程中，风电机组与分布式电源的低抗扰性导致大幅功率缺额、燃气机组的控制保护隐藏缺陷、系统故障过程中损失的电源功率累计超出了英国电网的设防标准是事故的主要原因[35-36]。2020 年 8 月至 9 月美国加利福尼亚州发生轮流停电事故，加利福尼亚州电网进入紧急状态，至少 81 万居民用户的正常用电受到影响，根本原因是加利福尼亚州在实现 100% 可再生能源的道路上过于激进，供给过程中未能实现传统能源、可再生能源和储能协调发展，灵活性装机容量不充分，未能应对极端天气等小概率事件[37]。2020 年

12 月，受到寒潮的影响，我国南方用电量激增，而此时由于外受电能力有限和火电机组故障增加了电力保供困难，我国南方多地开启“限电”模式，每日早晚高峰段实施可中断负荷，电力供应紧张[38-39]。以上事件的发生，实质上是由于在可再生能源大力发展过程中，电网稳定性、旋转备用容量等未能得到充分研究和保障造成的[40]。

由于抽蓄、燃气调峰电站的建设短期内不能完成，成本较高，储能技术受制于当前发展普遍具有较高成本，因此解决我国当前可再生能源消纳问题切实可行的路径为提升火电（供热）机组灵活性。2016 年 6 月 28 日和 7 月 14 日，国家发展改革委、国家能源局先后印发《关于下达火电灵活性改造试点项目的通知》以及《关于印发〈可再生能源调峰机组优先发电试行办法〉的通知》，公布了 22 个试点项目约 18GW 装机容量的火电机组。火电机组在我国能源结构中占比近六成，发电量占比近八成，火电机组变负荷能力对电网消纳可再生能源发电有重大影响。如果在负荷高峰时刻可再生能源发电量很少，对调峰机组向上调节能力的要求将超出常规调节范围；如果可再生能源发电量在低谷时刻出力超出调峰机组向下调节能力，调峰机组必须继续减小其出力至非常规出力状态，甚至可能需要通过启停部分调峰机组才能消纳多余的可再生能源发电。“十三五”期间我国明确提出，将实施 2.2 亿 kW 火电机组的灵活性改造，使机组具备深度调峰能力。目前，传统机组的出力调节范围一般为额定出力的 50% ~100%，若通过对火电机组进行灵活性改造，提升调峰能力，降低火电机组的最低运行负荷，将为可再生能源消纳提供技术支撑，有利于提高电网对风电、光伏等可再生能源发电的接纳能力。当纯凝火电机组处于宽负荷灵活运行下时，其电负荷调节特性随着工况点的变化而变化，将进一步对原有电力系统稳定性等造成影响。

火电机组的一次调频调节能力是支撑电力系统进行频率调节的重要能力。根据国家标准《火力发电机组一次调频试验及性能验收导则》（GB/T 30370—2022）对火电机组应具备的一次调频响应能力进行了规定：火电机组转速不等率应为 3% ~ 6%；火电机组达到 75% 目标负荷的响应时间应不大于 15s，达到 90% 目标负荷的时间应不大于 30s；机组参与一次调频的调频负荷变化幅度上限应限制在 6% ~10% 之间，额定负荷下运行的机组在增负荷方向最大调频负荷增量幅度不小于 3%。但是该试验准则是针对常规负荷运行火电机组而言的，低负荷下机组应具备的一次调频调节能力尚未有指导意见（本书所指的常规负荷为 50% ~100% 额定负荷，低负荷为 50% 额定负荷以下）。丁宁等人通过对 1000MW 机组在 35% ~50% 额定负荷时进行了频差扰动试验，发现当机组处于 35% 额定负荷下时，其频差扰动结果显示机组的实际转速不等率已经达到 12.1%，远远大于 50% 额定负荷下的 2.88%，机组在 35% 额定负荷下时的一次调频响应负荷不足 2.5% 额定负荷，显示机组的一次调频能力随着负荷的降低而降低[38-39]。因此，在高风电渗透率的电力系统中，提倡火电机组运行灵活性的同时，需要充分考虑机组一次调频响应能力变化对电力系统稳定性的影响。

同时，党的十九大报告提出要推进能源生产和消费革命，构建清洁低碳、安全高效的能源体系，推进互联网、大数据、人工智能和实体经济深度融合。本节将在火电机组灵活性改造的背景下，分析火电机组调节动态特性，并结合人工智能技术，研究基于火电机组灵活特性分析的电力系统负荷频率智能优化控制策略。

由于电能不能被大量储存，电力系统中的电能需要保持实时平衡，即发电机组发出的有功功率与负荷和损耗的总和之间保持实时相等的状态，否则将会引起频率振荡。自动发电控制（Automatic Generation Control，AGC）是调节系统频率的主要手段，广义上的 AGC 由时间响应尺度不同的三级频率控制相互协调补充组成[14]。一次调频主要是发电机根据转速偏差，经过下垂系数进行自动调节的过程，响应周期很短（秒级），通常是有差调节。二次调频为电网运营商在远端检测到电网频差，经过控制器计算，将频差信号转换成机组控制信号，传送给电厂，不同于一次调频，二次调频是无差调节，并且二次调频又称为狭义上的 AGC。三次调频则是通过经济调度、备用容量管理等方式对生产计划进行安排，时间尺度通常以小时计。一次、二次调频统称为负荷频率控制（Load Frequency Control，LFC），LFC 控制器的输入信号为区域控制偏差（Area Control Error，ACE），单区域系统的 LFC 模型通常可以用图 1-23 来表示。

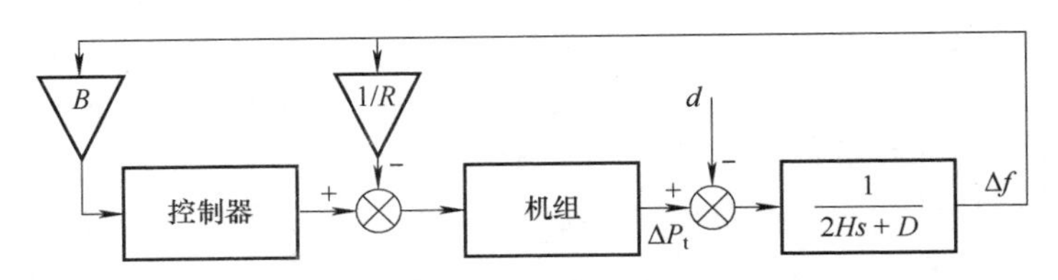

图 1-23　单区域系统的 LFC 模型

本节将通过研究灵活运行下的火电机组调节特性，求解机组动态模型，分析在不同工况下的最大 ΔP_t，以机组的调节特性分析为基础，展开对新背景下的系统频率控制策略的优化研究。

图 1-23 中，B 为频率偏差系数，R 为机组调差系数，H 为系统惯量常数，D 为负荷阻尼系数，Δf 为系统频差，d 为负荷扰动，ΔP_t 为机械功率增量。

1.3.1　火电机组灵活运行下调节特性差异化分析

1. 火电灵活性研究及调速系统模型研究

德国火电厂[43-44]通过系统设计以及优化控制等方法，在 40% 额定负荷的基础上，可将机组最小技术出力降低至20%～25%额定负荷，增强了机组深度调峰能力，平均变负荷速率约为3% Pe/min。北美一座原计划按照基荷运行的多机组火电厂[45]经过系统改造以及操作优化，转变成日内机组可循环启停的电厂。而我国火电机组普遍设计为带基本负荷运行，同时由于入炉煤质多变，低负荷燃烧稳定性差，主辅机设备低负荷适应性差，AGC自动投入困难等原因，现役火电机组的变负荷速率一般为1%～2% Pe/min，最小技术出力通常在40%～50%额定负荷[46]。由于普遍缺乏数据来源，也缺乏经济效益等的驱动力，关于我国火电机组低负荷下的研究内容在火电灵活性改造之前较少。

现阶段，牟春华等人总结了当前国内火电机组的灵活性运行现状：调峰能力不足、负荷响应速度迟缓和偏离设计工况，并针对深度调峰存在的问题提出了相应的解决方案[46]。张广才等人通过锅炉精细化运行调整技术，将锅炉最低不投油稳燃负荷在现有基础上降低了5%～10%，实现多家电厂在现有煤质和设备条件下对锅炉低负荷稳燃能力的挖掘[47-48]。聂鑫等人对参与深度调峰工况下的直流炉水冷壁进行了数据分析，提出了保障水冷壁低负荷安全性的应对策略[49]。为了解决脱硝系统不能正常投运的情况，众多改造技术被相继提出，包括省煤器外部烟气旁路技术、省煤器内部烟气旁路技术、省煤器给水旁路技术、热水再循环技术、分级省煤器技术和宽温差脱硝催化剂等[51-52]。在宽负荷电出力控制方面，Gao等人研究了广义预测控制的现场应用并开发了精准能量平衡策略，成功提升了机组变负荷速率[53,56-57]；高明明等人针对循环流化床机组建立了循环流化床协调控制模型，并设计了先行能量平衡控制策略和应用了模型预测控制[58]。洪烽研究了机组蓄热的深度利用方法，结合新的控制策略提升了循环流化床机组快速变负荷速率的效果[59]。在当前灵活性改造的背景中，火电机组相关的研究内容普遍以保障低负荷机组安全性和提升调峰调频能力的改造技术手段介绍与应用为主，对机组本身调节特性的研究内容相对较少。

模型是反映机组调节特性的重要形式，正如前文所述，在灵活性运行下对机组一次调频性能进行研究具有重要的意义，而建立调速系统模型是研究机组一次调频调节性能的重要途径。火电机组调速系统主要由控制器、执行机构（电液转换器和油动机）以及被控对象（汽轮机）3部分组成，主要结构如图1-24所示。

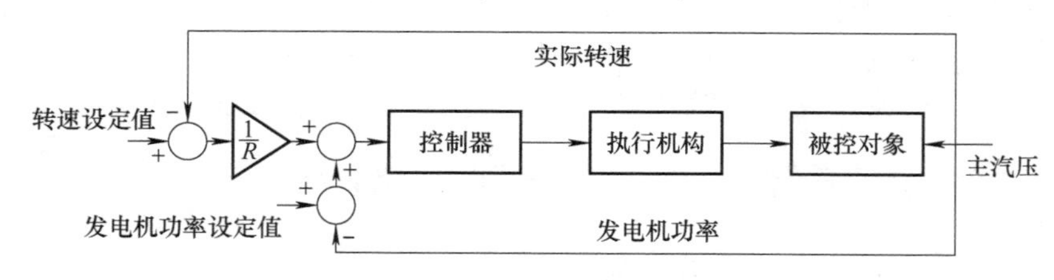

图1-24　火电机组调速系统框图

控制器主要由比例积分微分（Proportional Integral Derivative，PID）构成，而执行机构通常包含伺服放大器、电液转换器、油动机等多个环节，由多个环节的传递函数构成。

相较于复杂火电机组模型，汽轮机本体在工况点附近的线性模型有利于电力系统稳定性分析，针对中间一次再热汽轮机而言，IEEE Committee 在 1973 年提出了图 1-25a 所示的汽轮机模型[60]。Kundur[61] 考虑到低压缸蒸汽连通管容积系数远小于再热器的惯性时间常数，将其简化成图 1-25b 所示的汽轮机模型。汽轮机模型参数含义见表 1-2，以上两种模型均得到了国内外普遍的认可。

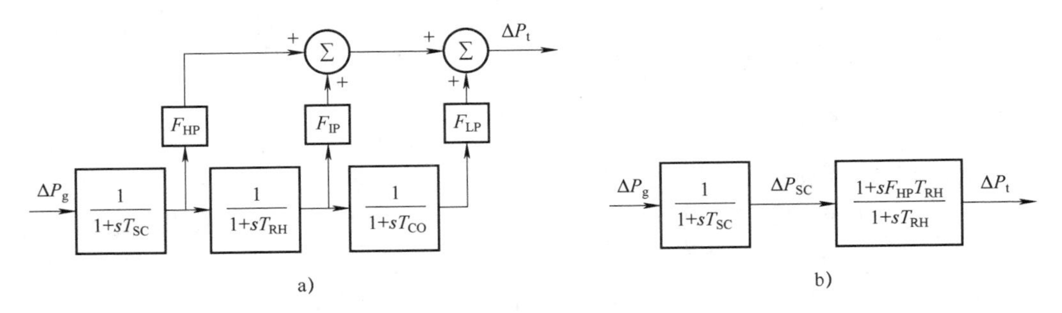

图 1-25　汽轮机模型

表 1-2　汽轮机模型参数含义

参数符号	参 数 含 义	参数符号	参 数 含 义
ΔP_g	综合阀位指令增量	F_{HP}	高压缸功率系数
T_{CO}	低压连通管蒸汽容积系数	F_{IP}	中压缸功率系数
T_{SC}	高压蒸汽室容积系数	F_{LP}	低压缸功率系数
T_{RH}	再热器蒸汽容积系数	—	—

根据机理分析，Kundur 提供了汽轮机模型中惯性时间常数的计算方法[61]。谷俊杰等人利用该方法，基于机组热平衡图，完成了图 1-25a 中模型在多个工况下的计算[62]，但是对其中参数含义的理解存在着明显的误差。Pathak 等人再次利用该方法，基于图 1-25b 中的模型，计算了汽轮机在滑压、定压等不同运行方式下的模型[63]。除此之外，为减少计算复杂程度和提高数据利用率，基于图 1-25 中模型结构的参数求取大多采用试验数据与优化算法相结合的解决思路[63]。

之后，在丰富的现场试验的基础上，参考文献［38］中发现现有机组模型在高调阀门动作时的高压缸功率输出与实际数据存在较大误差。当机组高调阀门突然动作时，实际数据显示，高压缸排汽压力只能慢慢变化，高压缸功率在这个过程中出现了超调现象，针对该现象，提出了高压缸功率自然过调系数 λ，得到了实际数据的验证。这个模型在 BPA、PSASP 等软件中得到了充分的应用，参考文献［66］和参考文献［67］均介绍了基于试验并利用优化算法求取该模型中未知参数的方法。

参考文献［68］和参考文献［69］考虑深度调峰工况下锅炉的作用，建立了考虑锅炉的机组模型，用于 BPA 中电力系统稳定性分析，并利用改进型引力算法对模型参数进行了求取。Gao 等人考虑了主汽压力和汽机焓降变化的影响，对经典模型进行修正，建立了一种可替代的线性模型，通过仿真对比，该模型具有较高精度，能够满足在电力系统中分析应用[70]。

2. 火电机组一次调频能力评估研究现状

于达仁等人给出了电网一次调频能力的定义，并由定义结合方差分析介绍了一次调频能力的计算方程，但是未对单台机组进行分析计算[71]。李端超等人提出通过贡献电量这一指标来反映机组一次调频响应性能[72]。杨建华设计了一套完整的考核系统对系统内机组一次调频效果进行量化考核[73]。高林等人通过对电网实时数据处理提出了一种并网运行机组一次调频特性参数的在线估计算法[74]。廖金龙通过丰富的现场试验数据再次说明了现有深度调峰运行机组已经无法适应 3% ~6% 的电网速度不等率规定范围，同时，廖金龙对 CCS（碳捕获与储存）技术和 DEH（数字式电液）技术耦合模型进行测试获得测试数据，视作标准训练和测试数据，并设计了神经网络对机组一次调频响应能力进行评估。首先该方法的测试数据来自于仿真系统，与现场实际有较大区别，其次该方法以 15s 处的最大负荷作为目标，无法对更多信息进行展示，而且这种方法对数据来源要求比较严格，否则误差容易过大[78]。机组一次调频响应总量是进行机组一次调频性能评估的重要指标，以上研究对此进行了充分的说明。

但是在一次调频响应过程中，从火电机组角度来看，除了响应总量以外还有另一个量值得关注，即转速不等率。转速不等率通常采用 δ 表示，定义为汽轮机空负荷时所对应的最大转速 n_{max} 与额定负荷时所对应的最小转速 n_{min} 之差，与额定转速 n_0 的比值。

$$\delta = \frac{n_{max} - n_{min}}{n_0} \times 100\% \tag{1-74}$$

转速不等率代表了单位转速变化所引起的汽轮机功率的增（减）量，同时形成比值控制方式，能够最快地产生控制信号，符合一次调频的需求。如果当前转速与额定转速的偏差量为 Δn，那么由定义可求得机组功率改变的相对量为

$$\frac{\Delta P}{P_0} = \frac{\Delta n}{n_0}\frac{1}{\delta} = \frac{\Delta f}{f_0}\frac{1}{R} \tag{1-75}$$

式中，P_0 为机组的额定功率；n_0 为额定转速；f_0 为系统额定频率。上式表明，转速不等率越大，单位转速变化所引起的功率变化就越小。

根据定义，调差系数 R 反映的是机组应对频率变化时维持系统稳定的能力

大小[76]，王琦等人分析了机组调差系数的取值对电力系统频率稳定性的影响，当调差系数较小的时候，系统将获得较强的抗扰动能力，但是不能设置过小，然后根据分频原理提出了机组动态一次调频控制策略，来降低系统在接受大规模风电时产生的频率振荡[79]。除了现场实验以外，Fahmilia 等人提出了一种基于蓄热量来计算不同机组调差系数的方法[80]。但是 Fahmilia 等人在计算过程中只考虑汽包却忽视了其他部分如水冷壁/汽包金属、大型过热器等释放的蓄热量，将锅炉入炉煤量在调频前后散发的热量计入一次调频动作中，实际过程中一次调频动作只有秒级，锅炉煤量对热量的反映通常在分钟级，故对一次调频响应过程中热量释放来源的理解有所偏差[81]，同时求解方法没有考虑机组动态模型所带来的影响。

本节将在更加完善的蓄热量计算方法上，结合机组动态模型和极限维持时间，对不同工况下的火电机组极限一次调频响应性能进行分析计算，全面、定量分析全工况下的调节总量、调差系数等。

1.3.2　电力系统负荷频率优化控制研究现状

1. 不同风电渗透率下系统频率调节效果分析的研究现状

未来以新能源为主的新型电力系统将面临高比例新能源的并网，特别是大规模的风电。由于新能源机组采用电力电子变流器接口，原动机输入功率与电网侧输出电磁功率近乎解耦，不再具备传统机组的惯量响应特性[82]。传统上，基于双馈式感应发电机的风电机组是不提供系统频率支持功能的[83]，即风电机组的输出受风速的影响，不受系统频率的影响。但是随着风力发电在电力系统中的普及，电网运营商要求风电机组提供一定的频率支持，当负载扰动存在时，频率敏感型的风电机组将提供短期额外的有功功率支撑，称为虚拟惯量支撑[84-85]。因此，当更多的风电机组集成到电力系统中时，电力系统在面临负荷扰动时的短期频率支持就更强，这将有助于频率调节。然而，高风电渗透率通常会导致常规机组退役，特别是火电机组。这种现象将会导致系统转动惯量变差，进一步导致频率调节性能变差。此外，由于风速的自然随机性，随着风电机组的进一步集成，风速的扰动将导致更高比例的不确定负荷扰动。

风力发电的引入将会降低频率调节的效果，报道最多的原因是电力系统转动惯量随着风电渗透率的增高而降低[86-87]。系统转动惯性代表抵抗频率偏差的能力，是系统内单个发电机惯性常数加权和的比值[88]。在 LFC（负荷频率控制）模型的基础上，Aziz 等人考虑多种可再生能源发电形式，在 LFC 的框架内建立了广义 AGC 仿真模型，在模型中设定系统转动惯量随着风电渗透率的增加而成比例减小。仿真结果表明，随着风电渗透率的增加，在应对负荷扰动的过程中，系统频率偏差将会增加[89]。Bevrani 等人建立了一个包含可再生能源发电的 LFC

模型，仿真结果显示在风电渗透率较高的情况下，风电功率的波动也会导致频率性能变差[90]。针对这种风电功率波动情况，Jia 等人提出了一种考虑波动特性的增强型 WECS（风能转换系统）最优转矩控制方法，实现了风电机组功率的平滑输出[91]。当前也有众多的工作借助了 LFC 的框架来确定系统内风电允许的最大渗透率，在这些研究中，系统转动惯量通常随着风电渗透率的上升而减少。对于频率允许波动，通常使用的标准是频率变化率[92]或最大频率偏差[93]。当选择的标准是在不超过 1% 频率偏差的情况下，则可以容忍火电厂总容量的 5% 的功率波动，测试模型的最大风电渗透率将在 50% ~ 80% 之间[94]。除此之外，最大可再生能源渗透率需要同时考虑网络拓扑、电气和机械限制[95]。Nguyen 等人在 LFC 模型的基础上建立了频率调节的仿真模型，并在不同的风电渗透率下进行了仿真分析，在保持控制器参数不变的前提下，随着风电接入量的增加，系统转动惯量和等效调节常数也随之变化。仿真结果表明，随着风电渗透率的增加，频率变化率呈上升趋势[96]。在另一项工作中，Aziz 等人在 LFC 建模时考虑了频率敏感型风电机组以及水力和天然气发电厂[97]。系统主要参数，如惯性和下垂调节系数，随风电渗透率的变化而变化。该研究采用积分控制器，在不同的穿透力下，控制器增益在试验过程中均保持不变。在上述研究中，LFC 模型被广泛用来直接研究有功功率和频率响应效果之间的关系。在高风电渗透率的情况下，系统转动惯量普遍减少，表明传统机组，一般是火电机组，正在进行起动或者停机来适应电力需求。并且，以上研究中的火电机组模型和控制器参数在不同风电渗透率下均保持不变。

如前所述，随着火电灵活性改造的进行，火电机组在高风电渗透率的系统中能够拥有深度和启停两种不同运行方式，称作深度调峰和启停调峰运行方式，显然这两种运行方式具有不同的调节特性，对电力系统频率调节的影响是不一样的。但是以上文献显示，火电机组在以往不同风电渗透率的场景下只考虑了单一的运行模式（单一动态模型和单一调差系数），忽略了火电机组运行方式不同带给系统频率调节的影响，这与实际情况不符。

2. 多机协调研究现状

参与深度调峰之后，火电机组在不同工况下的负荷响应特性有所不同，并且同一台机组在不同工况下的运行经济性也会出现很大的差别，这将会进一步加剧系统内多机协调的复杂度。

传统电力系统的频率主要由传统机组（如水、火电机组等）来进行调节，传统机组具有出力稳定、备转容量高等优点[98]。随着储能技术的提升，储能电池在频率支撑方面具有重要的作用，可以稳定吸收、提供电能，并且响应速度极快，逐渐成为电网调频不可或缺的重要手段[99]。另外，可以响应电网 AGC 的风电控制技术[100]以及需求侧响应技术[101]等逐渐变得成熟，电网运营商进行系统调峰调频将具有更多的选择。对于负荷频率控制而言，多种调频资源的并入就引发了多机协调问题。对于集中式控制系统，往往采用功率分配因子完成调节量的分配，在传统电力市场中，功率因子往往取相等值。但是随着电力市场改革，电网运营商逐渐将调节过程中的经济性引入多机协调问题中。Kumar 等人针对基于价格影响的负荷频率控制框架，提出了双边交易、集中式交易和混合式交易 3 种方式[102-103]。Donde 等人考虑了不同机组在不同电网中调峰调频程度不一样的问题，首次在负荷频率控制的框架下引入了机组参与矩阵和合同参与因子[104]。Debbarma 和 Parmar 等人针对这种考虑机组参与矩阵的系统，分别利用分数阶 PID 控制器[105]和基于实用主义观点的最优反馈控制器[106]完成了多机组系统优化控制研究。Zhao 等人通过分析 AGC 容量需求和服务的随机性特征，建立了确定 AGC 容量需求的决策模型，并提出了调度求解算法[107]。Boonchuay 提出了电力市场中各种临界负荷的概念，当处于临界负荷时应该及时调整所有机组的功率因子以维护基于节点边际价格市场的稳定[108]。更新的功率因子数值由系统运营商决定。Li 等人提出了一种分布式算法，将经济调度并入 AGC 中，提升了 AGC 调节过程中的经济性[109]。陈春宇等人将多机协调问题转化成考虑区域控制误差指标和调节费用指标的多目标优化问题，对功率因子进行了优化，实现了多机协调控制求解方案[110-111]。Zhang 等人基于分布式经济预测控制算法，将经济性因素导入 LFC 多机协调的优化控制中，对合同参与因子和控制器进行了优化，提升了三区域系统的运行效率[112]。除此之外，借用包含合同参与因子的 LFC 模型来研究控制器设计的相关文献就更多了，但是这些文献并不包含功率因子的优化，例如 Tan 等人提出了基于内模控制的 PID 控制器[113]，Parmar 等人提出了最优输出反馈控制器[114]，Selvaraju 等人提出了基于自适应网络的模糊推理系统[115]等。

集中式多机系统协调控制的本质在于设计有功分配方案[110]，以往研究通常结合经济调度，基于优化算法[116]或者模型预测控制算法[112,117]等，系统运营商在 LFC 响应前确定功率因子，将功率因子固定为一个定常数，让每台机组在进行 AGC 响应过程中提供固定比例的电量，然后功率因子在下一阶段进行持续更新[118]。其实这类似于经济调度的一种准稳态算法，限制了每台机组进一步优化的空间，本节将关注在更小时间尺度上的多机互补协调问题，研究功率因子在动态响应过程中的优化方法，借用动态轨迹规划的思想设计功率因子的优化策略，充分调用不同机组的经济性优势和频率响应速度优势，互补协调不同机组的输出响应用以提升负荷频率控制中整体过程的经济性和安全性。

3. 基于智能算法的负荷频率控制研究现状

LFC 的控制优化研究一直以来是研究的重点，应用的控制理论包括：经典控制理论、鲁棒控制、自适应控制、模型预测控制、滑模控制、网络化控制、非线性控制、自抗扰控制，以及以上控制算法的相互结合[119-120]。随着火电灵活性、风电、光伏、储能、电动汽车等接入设备类型的增加，电网负荷频率控制的复杂度也因此明显地增加。未来以新能源为主的新型电力系统将以高度信息化和智能化为基础，研究人工智能技术在能源电力系统中的应用将有助于能源转型等国家战略，并且人工智能技术在面对复杂被控对象时具有明显的优势，人工智能技术在 LFC 中的应用主要分为两部分。

一方面，利用智能优化算法完成控制器参数整定。各种仿生类优化算法及其算子、结构等的改进型算法层出不穷，由于 LFC 被控对象是一个复杂的非线性过程，优化算法适合此类对象的控制器参数整定。优化算法在负荷频率控制器参数整定过程中的应用一直以来是重点，常见的成功应用案例包括遗传算法（Genetic Algorithm，GA）[122]、粒子群（Particle Swarm Optimization，PSO）算法[123]、差分进化（Differential Evolution，DE）[124]、灰狼算法（Grey Wolf Algorithm，GWA）[125-126]、萤火虫算法（Firefly Algorithm，FA）[127]、人工蜂群（Artificial Bee Colony，ABC）算法[128]、人工协同搜索（Artificial Cooperative Search，ACS）[129]等。不同优化目标的设定能够使频率表现出想要的控制效果，基于智能优化算法的控制器参数整定有效地降低了参数整定难度，提升了含复杂对象的负荷频率控制效果。除此之外，为应对日趋复杂的电力系统被控对象，强化学习（Reinforcement Learning，RL）逐渐被应用到 LFC 的控制中，其中以 Q 学习算法为代表[130-131]。Q 学习以离散时间马尔可夫决策过程（Discrete Time Markov Decision process，DTMDP）为数学基础，通过与环境的不断试错探索来获得知识，使智能体得到的期望折扣报酬总和最大，是一种基于值函数迭代的在线学习和动态最优技术。在自适应控制器参数整定方面，强化学习逐渐得到了相关研究。Lee 等人利用深度强化学习对 PID 控制器参数进行了整定，整定过程不需要任何关于船舶或动态定位系统（Dynamic Positioning System，DPS）动力学的先验知识，达到了良好的自适应调节效果[123]。Chen 等人将强化学习与自抗扰控制（Active Disturbance Rejection Controller，ADRC）结合起来，实现了 LFC 和船舶的自适应自抗扰控制。使用强化学习完成对控制器参数的整定区别于优化算法，能够明显地提升自适应控制水平，提升控制效果[124]。

另一方面，利用智能控制器完成对 LFC 的优化控制。模糊控制和神经网络控制能够很好地处理非线性以及不确定系统，而且通常会与其他控制算法进行结合[135-136]，共同完成被控对象的优化控制。Liu 等人将线性二次型调节器（Linear Quadratic Regulator，LQR）与模糊控制结合，经仿真验证，提出的新型控制器能够在需求侧响应回路上取得比任何传统控制器更优异的控制效果[137]。Hosseini 等人提出了一种基于自整定模糊 PD 控制器的负载频率控制方法，在动态频率变化下自动调节增益，完成系统的优化控制[138]。Obaid 等人采用了分层神经网络完成了 LFC 控制器设计，取得了比传统控制器更优的扰动抑制效果[139]。由于发电机组普遍具有出力约束、爬坡约束等非线性特点，相比于经典控制器，强化学习适合于具有复杂非线性和不确定性的可持续能源和电力系统，因此被用来代替原有控制器，不需要模型对象，完成对象的优化控制[140-141]。Alhelou 等人利用 Q 学习设计了 LFC 的控制器[142]。Thresher 利用采用强化学习的多层感知神经网络控制器完成了三不相等区域的优化，并研究了控制器的鲁棒性[143]。Mauricio 等人利用 AGC 环境中的已有信息，获得先验知识，加快了 Q 学习的收敛速度，提高了学习效率[144]。Revel 等人提出了在线强化学习算法，并将其利用到风电的负荷频率控制中[145]。Gomes 等人利用多智能体强化学习算法进行了电网分布式二次优化控制研究[146]。强化学习在能源电力系统中的应用研究大多还处于实验室研究阶段，尚未在可持续能源和电力系统中得到实际应用[147]，因此具有进一步研究的空间与需求。

本节在前人研究的基础上[148-149]，提出一种基于强化学习的模糊自适应线性自抗扰控制器（Fuzzy-Adaptive-LADRC，FALADRC）。在 IEEE 9 节点模型上搭建了模糊自抗扰控制器，利用 Q 学习方法完成离线参数整定，在线完成被控对象的自适应调节。

1.4　火电机组一次调频极限响应特性分析

火电机组提供的一次调频能力是支撑电力系统稳定性的重要手段，而当火电机组参与灵活性改造之后，在低负荷区间段内运行的时候，其一次调频能力较中高负荷下的调节能力发生了较大的减弱，实测 1000MW 机组在 35% 额定负荷下的一次调频响应幅度不足 2.5% 额定负荷，实际速度不等率为 12.1%[150]。因此，进行火电机组一次调频能力综合评估，尤其是火电机组低负荷下的评估，在未来以新能源为主的新型电力系统运行中具有重要意义。现有研究针对一次调频能力评估的方法往往采用现场试验的方式，基于实际运行数据评估的手段往往不能描述机组极限状态，而且现有的方法往往采用一次调频响应总量来表征机组一次调频响应能力，并且对同一机组在不同工况下的表现形式缺乏研究。本节将结合机理分析提出一种一次调频极限响应评估方法，全面描述机组一次调频动作时的变化，然后将基于某一台具体机组，定量且系统性地分析多个工况点下机组的响应特性，对机组一次调频能力随机组工况的变化趋势进行表征。此外，本节的结论将会推导出机组调差系数随机组工况的变化规律，为后文基于火电灵活性的频率控制优化提供模型变化时的理论支撑。

1.4.1　火电机组一次调频能力理论分析

电力系统是一个需要做到发电功率与机组负荷实时相匹配的过程，一旦发电功率与机组负荷某一方发生扰动，打破了实时平衡，则系统频率将会发生变化。在用户负荷不变的前提下，发电机组的有功功率直接影响了电力系统的频率，对机组有功进行控制就能保持频率稳定，这也就是 LFC 的由来。为分析方便，在此将二次调频信号省略，只分析一次调频的动作过程。如图 1-26 所示，在火电厂内，当火电机组检测到转速已经偏离 3000r/min 时，将转速偏差信号 Δn 经过机组调差系数转换传送给调速系统，然后汽轮机阀组开始动作，汽轮机开始改变功率将转速向 3000r/min 靠近，最终实现无差调节需要二次调频的参与。图 1-27 所示为电厂实际一次调频响应示意图，通常对频差响应会有一定的死区，以避免频繁波动，受到传热过程的惯性影响，锅炉蓄热不会一下子传递到汽轮机进行做功，中间负荷也会有一定的波动。由于机组在进行一次调频时，往往会受到机组协调控制系统（Coordinated Control System，CCS）的干扰，CCS 干扰的手段主要有两方面，一方面是改变锅炉主控，增加或者减少给煤量，另一方面受到主汽压力等的变化，压力拉回等安全保护措施开始行动，不再允许阀门自由调节。在没有接收到新的能量或者受到 CCS 的干扰时，当锅炉蓄热释放殆尽或者阀门逐渐关小调节主汽压或负荷返回设定值时，一次调频电量在 1min 以后逐渐减小。在这个实际响应过程中，电网考核比较关注频差扰动信号添加后 15s、30s 和 60s 的实时响应功率，必须到达指定负荷下的 75% 以上。

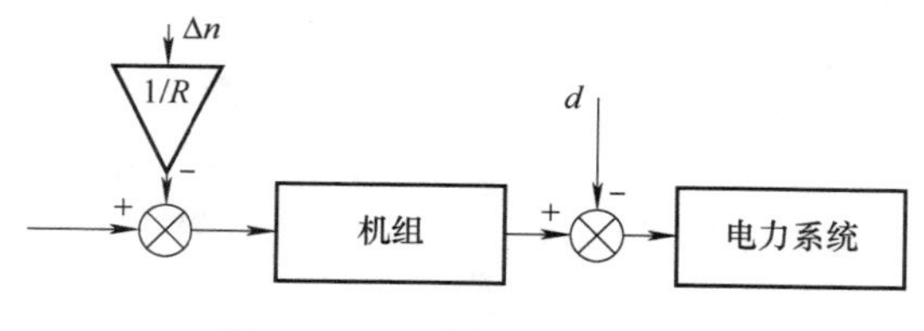

图 1-26　一次调频示意简图

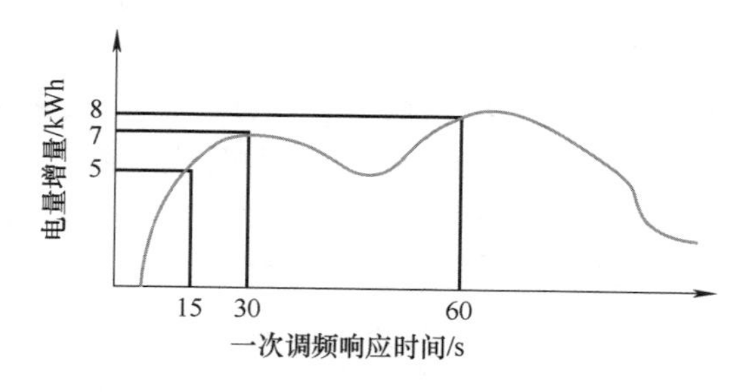

图 1-27　电厂实际一次调频响应示意图

假设转差为阶跃信号，忽略锅炉蓄热传递的时间，一般情况下的一次调频响应电量理想形状类似于图 1-27，其中横坐标表示时间，纵坐标表示火电机组在一次调频动作过程中的瞬时电量增量。当汽轮机阀门开大时，过热器中的主蒸汽将会涌入汽轮机中做功，由于一次调频响应过程时间极短，其中消耗的能量来自水冷壁、过热器等的蓄热，因此一次调频实质是短时间利用锅炉蓄热的过程。当一次调频信号施加到汽轮机主控上时，CCS也开始动作，改变锅炉主控增加或减少给煤量、给水量等来配合汽轮机的动作，最终弥补在本次调频动作中的系统能量损失，保持火电机组的运行参数与AGC指令相等。根据理论分析，图1-27中的形状符合一般情况下的变化。但是由于炉侧反应迟缓，常以分钟级来计算，跟不上机侧的秒级动作，因此在一次调频过程中消耗的是锅炉部分的蓄热量，燃料量仅在后续进行补充。如果阀门开得过大，机组蓄热量支撑不到锅炉给煤增量中的热量到来，则一次调频中的实时电量会瞬间下降，当CCS调控的给煤量热量对机组蓄热量补充时，一次调频实时电量才会跟上，这种条件下的一次调频响应瞬时电量形状如图1-27所示。图1-27的运行方式过度利用了机组蓄热，造成某些时刻下能量的不足，实际上这是进行一次阀门阶跃扰动通常会出现的形状，如果不进行其他动作，负荷将会回落至动作前的数值，体现输入输出能量平衡。但是从实现消除转差等一次调频实际目的上来说，这种方式是达不到要求的，因为转差还在，而电量却没有得到持续的支撑。并且低负荷下机组安全性裕度小，如果采用这种方式会造成机组稳定性失衡，危害机组安全，因此图1-28b的运行方式不是满足要求的运行方式。当机组设置的调差系数较大，阀门开启幅度小，或者机组当前蓄热量充足，则有相当一部分热量未被充分利用，将会如图1-28c中的阴影部分所示。图1-28b和图1-28c都不是最优的锅炉蓄热利用形式。因此，我们认为图1-28是在一次调频过程中机组蓄热量极限且安全的利用形状。图1-28b中的F表示的是负荷回落到动作前的数值。

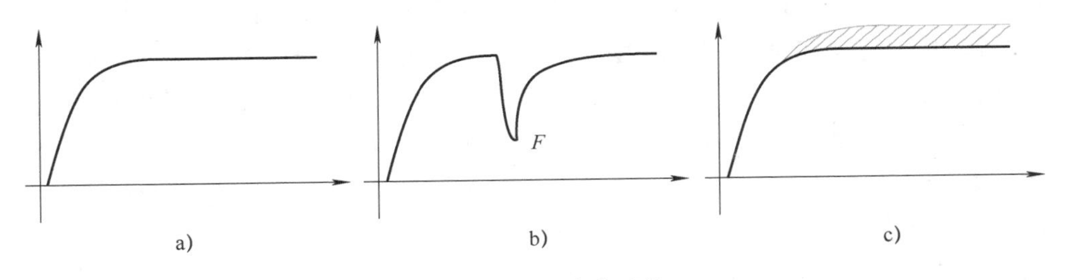

图1-28　几种响应形状

1.4.2　火电机组一次调频评估算法描述

图1-29所示为一次调频极限响应示意图。由图可知，当发生转差扰动Δn时，机组调速系统开始动作，受到机组模型$G_T(s)$的影响，发出的电量近似地呈现出类似AB的曲线效应，机组一直保持最大的响应幅度P_n经历时间τ到达D

点，将机组蓄热使用完，并且在 D 点开始接收到来自锅炉主控的能量补充，整个能量切换过程在 CD 处实现理想状态下的切换。此种条件下的机组一次调频极限利用方式完整地利用了机组蓄热变化量，并且完成了机组蓄热与 CCS 中锅炉主控能量供给的理想衔接，保证了机组安全。因此，关于如何对不同工况下的机组一次调频极限响应进行评估转化成计算不同工况下图 1-29 中的 $ABCD$ 区域。

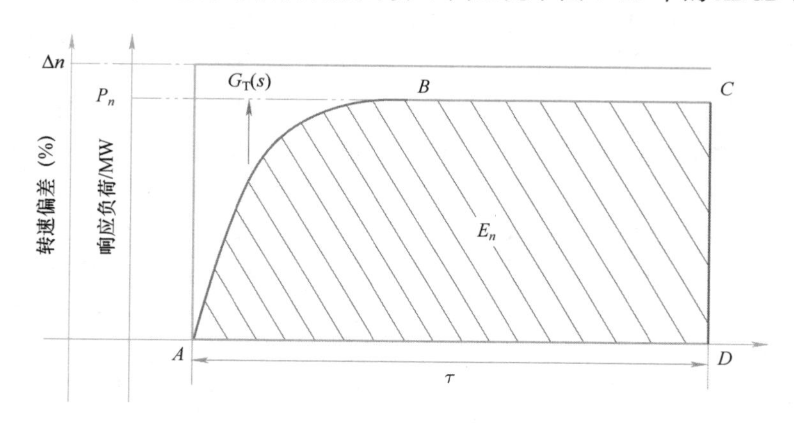

图 1-29　一次调频极限响应示意图

图 1-29 中包含若干数值和变量。E_n 代表本次调频动作所释放的锅炉总蓄热量转化成的总电量，在主汽阀门进行变化的过程中，机组的蓄热量需要进行计算，这个过程中的蓄热量主要来自水冷壁中的工质和金属，以及过热器中的工质和金属，蓄热量转化成电量中间还有效率的问题，不同工况下相同的阀门开度释放的机组蓄热量不相同，并且不同工况下汽轮机的效率也不相同。τ 表示锅炉指令到阀门处能量传递的响应时间，锅炉指令下达到汽轮机阀门处的热量得到补充的这段时间是机组本身蓄热量需要支撑的时间，在锅炉主控提供的额外能量到达之前，一次调频响应能量不能发生断裂，否则认为这不是安全的运行方式。这其中经历了给煤指令下达，磨煤机研磨，皮带传送，入炉燃烧，各受热面吸收热量，最后热量得到补充等过程，指令下达到入炉燃烧这一阶段的时间不会受到工况不同的影响，但是低负荷下烟气流速慢、流量小，势必会影响热量的吸收和传递，延长能量传递的时间，这一点将会导致不同负荷下的蓄热量需要支撑时间长短不同。若 $G_T(s)$、E_n 和 τ 确定了，则 P_n 便可求解，P_n 和机组实际调差系数相关。因此，本节提出了如图 1-30 所示的一次调频极限响应综合评估算法。本算法分为三部分，第一部分将利用建模仿真的手段，根据历史运行数据来计算锅炉主控到汽轮机前的能量传递时间 τ。根据初步分析，时间 τ 应该是随着机组负荷的下降而增加的。第二部分为计算调速系统动态模型，动态模型关乎曲线 AB。第三部分为计算主汽阀门变化过程中的锅炉蓄热变化总量，蓄热变化量的来源为

水冷壁中的工质、金属和大型过热器中的工质、金属。此外，还需要计算不同工况下的汽轮机能量转换效率，将锅炉蓄热变化量折合成一次调频响应电量。当 $G_T(s)$、E_n 和 τ 确定时，就可以计算 P_n。确认所有工况完成后，即可完成对不同工况下机组一次调频极限响应能力的综合评估。

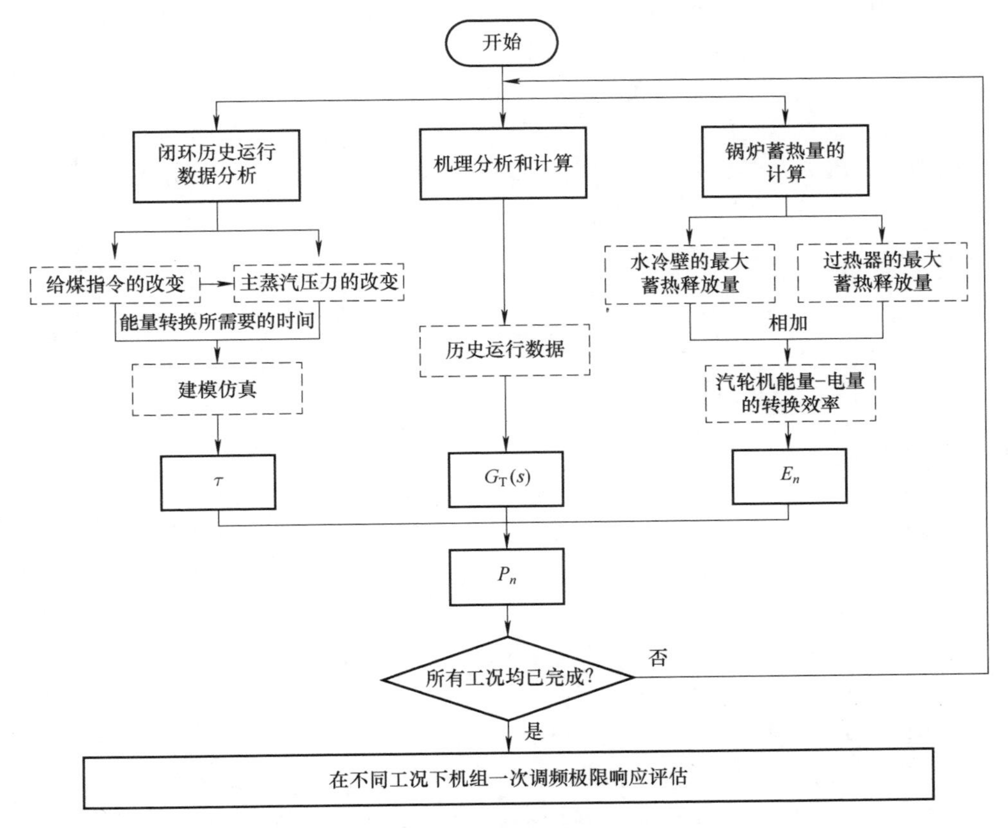

图 1-30　一次调频极限响应综合评估算法

1.5　火电机组二次调频蓄能应用与控制策略

1.5.1　火电机组蓄能系统特性分析

在火电机组运行过程中，给煤量、送风量与给水量是锅炉侧的主要可调节变量，汽轮机调门开度是汽轮机侧可调节的变量。实际上，在主汽门动作过程中，机组蒸汽流量和负荷变化主要是通过释放锅炉侧管道金属和汽水工质实现的，然而这种蓄能的释放过程是短暂的。事实上，火电机组中除了锅炉侧蓄能外，制粉侧的磨煤机系统、汽轮机侧的回热系统和冷端系统、供热侧的热网系统都存储有一定量的蓄能，充分挖掘和利用各系统蓄能，将能够大幅提升火电机组的爬坡速率。本节将首先研究火电机组热力系统及蓄能分布，构建机组及各系统蓄能非线性动态模型，并基于模型分析火电机组各系统蓄能特性，为蓄能状态在线评估及设计适当的蓄能利用控制系统奠定基础。

1. 火电机组热力系统与蓄能分布

以典型亚临界汽包炉抽汽式热电机组为例，对机组各系统蓄能进行分析，其结构为：①锅炉为一次中间再热式；②汽轮机为多级抽汽式；③给水系统包含低加–除氧–高加等；④制粉系统是正压直吹式。亚临界机组热力系统图如图 1-31 所示。

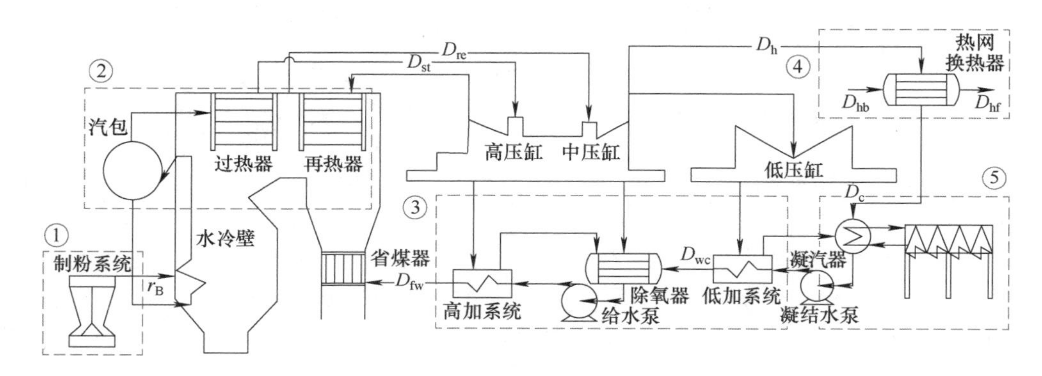

图 1-31　亚临界机组热力系统图

由图 1-31 可见，火电机组中存储的蓄能大致分为 5 类：①制粉系统蓄能，主要为磨煤机中蓄粉包含的化学能；②锅炉系统蓄能，主要为锅炉受热面管道金属的蓄能和管内汽水工质的蓄能；③回热系统蓄能，主要为各级回热加热器，尤其是除氧器中蓄水包含的物理热能；④热网系统蓄能，主要为供热用和工业用蒸汽的蓄能；⑤冷端系统蓄能，主要为汽轮机凝汽器冷却工质中存储的蓄能。

在实际运行过程中，协调控制系统主要依赖于锅炉系统蓄能，它通过快速开启主汽调门，调动锅炉系统中的管道金属蓄能和汽水工质蓄能，快速改变进入汽轮机做功的蒸汽流量，实现电负荷快速调节，以适应电网 AGC 和一次调频的调度需求；同时由于锅炉系统蓄能有限，并且燃料侧的制粉、燃烧、吸热过程存在较大的迟延和惯性，过量地利用锅炉蓄能进行电负荷调节，可能会引起蒸汽压力和温度大幅波动，影响机组的安全稳定运行。因此，在优化机组协调控制系统性能的同时，还需深入挖掘火电机组中存储的其他形式蓄能，提升火电机组爬坡速率的同时，能更好地保障机组汽水侧参数平稳过渡。

2. 制粉系统蓄能

在锅炉响应速率的影响因素中，制粉系统动态特性起着不可或缺的重要作用。当锅炉的制粉系统开始进行实时运行的时候，煤粉往往会存在于磨煤机的内部，通过挖掘和利用制粉系统中的存粉，将有助于大幅提升锅炉响应速率，从而在某种意义上说，机组的快速爬坡能力能够得到有效的提高。如今在国内的火电机组的工业现场下，大多为直吹式的制粉系统，并且以中速磨煤机直吹式制粉系统为主。在本次研究中，对象即为中速磨煤机正压直吹式制粉系统（见图 1-32）。

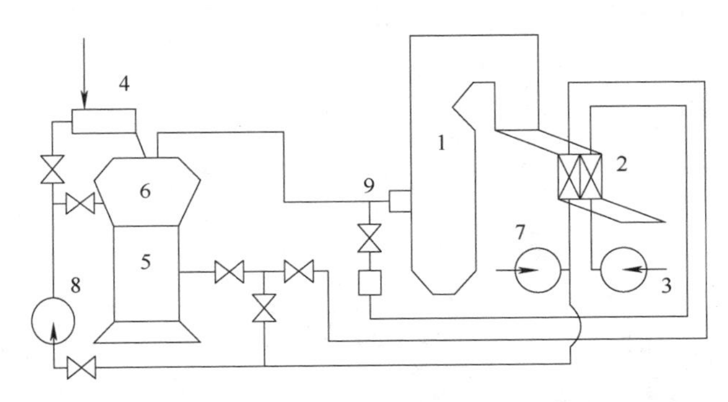

图 1-32　中速磨煤机正压直吹式制粉系统的结构示意图

1—锅炉炉膛　2—空气预热器　3—送风机　4—给煤机　5—磨煤机　6—粗粉分离器
7—一次风机　8—密封风机　9—燃烧器

给煤机、磨煤机、一次风机、密封风机、粗粉分离器以及燃烧器等共同构成了中速磨煤机正压直吹式制粉系统。其中给煤机的主要功能是将原煤送至磨煤机，在磨煤机内碾磨之后转换为煤粉颗粒。而一次风机给空气加压后分离变成双通道，其中一路通道的空气在空气预热器受热升温后到达热一次风管（磨煤机前），剩余一路通道的空气直接到达冷一次风管（磨煤机前）。这双通道中的一次风经过混合后再到达磨煤机，使得在粗粉分离器（磨煤机顶部）中，煤粉被一次风吹入，在粗粉分离器里面，由于离心力的作用，拥有较大直径颗粒的煤粉会被分离出并回到磨煤机内部继续受到碾磨，而对于较小直径颗粒的煤粉将会被一次风吹至锅炉的炉膛内部开始燃烧过程。此外，为了让煤粉不外露，需要对磨煤机进行密封。

在存粉深度利用方法的研究中，一次风流量在制粉系统过程中起着重要的作用，并且作为燃烧过程优化的基础，是其中一个至关重要的参数。通常，由给煤量指令按一次风煤比折算即可算得一次风流量。但是，由于给煤量的扰动会影响到一次风流量的具体数值，因此通常火电机组模型会将一次风流量与给煤量共同作为锅炉机组的燃料量。从静态角度上来说，锅炉热量不会因为一次风流量的增加而增加，所以主蒸汽压力和机组负荷不会受到一次风流量的影响。但从动态角度上可以发现，由于在实际运行过程中，中速磨煤机会有部分存粉量，在给煤量不变的情况下，磨煤机内的存粉会被增加的一次风流量带出，从而在短期范围内对机组负荷和主蒸汽压力造成一定量的影响。因此可以得出，对于一次风流量的动态补偿可以有效地对存粉进行利用，不但有利于抑制锅炉迟延和惯性的特性，也有利于使机组快速变负荷能力得到有效的改善。

在中速磨煤机正压直吹式制粉系统中，旋转分离器转速起着重要的作用。它的主要功能是保证吹入炉膛内燃烧的煤粉细度，对实现制粉系统存粉利用同样起着至关重要的作用，因此可以作为另一个重要参数。在实际的工业现场中，当煤质或者煤种不发生变化的时候，旋转分离器转速通常保持为一个定值，不发生改变，只有当煤种改变时，为了能够提高分离效率，减小循环倍率，旋转分离器转速才会依据具体的煤种发生相应的变化。事实上，煤粉的分离效率直接受到旋转分离器转速的影响，从而直接决定制粉过程的迟延和惯性时间。如果机组运行在升负荷的状态下，短周期内给予旋转分离器降低转速的指令，可以将拥有较大直径的颗粒存粉吹进锅炉中进行燃烧，显然这一定程度上对锅炉的响应速率进行了提升，以此类推，如果机组运行在降负荷状态下，短周期内给予旋转分离器提高转速的指令，同理会使得进入锅炉的煤粉量降低。显然，通过旋转分离器转速的动态前馈也能够深度利用制粉系统存粉，实现锅炉响应速率的快速提升。

3. 锅炉系统蓄能

在机组协调控制过程中，系统变负荷速率及能力往往会受到锅炉蓄能的影响。在实际的工业现场里，锅炉侧的汽水工质和管道金属往往会蓄有大量的蓄能，因此如果将锅炉蓄能充分利用起来，在变负荷初期快速调节主汽门开度，就在一定程度上改善了机组变负荷速率。事实上在以“炉跟机”为基础的机炉协调控制系统中就是利用了锅炉蓄能，根据电网调度初期的需求，快速调节主汽门开度以实现满意的效果。

图 1-33 给出了典型汽包炉机组的结构示意图，显然燃料量对锅炉蒸发量起着重要的作用。由于汽包可以暂时维持能量平衡，蒸汽温度可以保持基本不变；而当汽轮机调门开度变化时，机组负荷、机前压力、汽包水位经过波动后会恢复稳定。因此可以看出，给水控制系统、汽温控制系统与机炉协调控制系统呈现出弱耦合关系，进行单独控制也十分合适，故将汽包锅炉单元机组视为双输入双输出的被控对象。

4. 回热系统蓄能

1995 年，“Condensate Throttling（凝结水节流）”由 SIEMENS 提出，迅速运用到火电机组控制之中。在快速变负荷工况下，“Condensate Throttling”首先被阐述为利用短时间内迅速切断各级低压加热器的抽汽量，而达到瞬间可以使得机组升荷。在 SIEMENS 节流策略中，首先应利用快关阀来满足快速变负荷的目的，这就要求在各级低压缸抽汽管道中加装快关阀。但是在国内绝大部分火电机组设计中，低压缸抽汽管道中还未加装调阀，所以造成 SIEMENS 策略无法在国内的火电机组内使用。

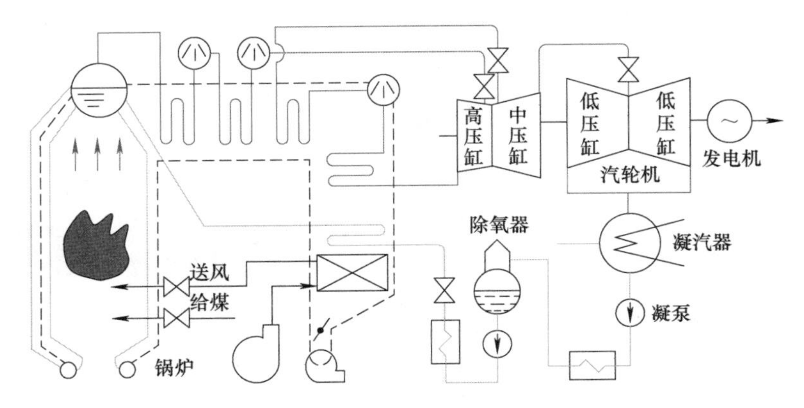

图 1-33　典型汽包炉机组的结构示意图

事实上，在凝结水系统中，可以利用短时间内迅速控制除氧器上水电动门开度范围或者凝泵频率大小，改变凝结水流量就能达到相对应的快速变负荷的要求。图 1-34 所示为火电机组汽轮机低压缸回热加热系统结构。

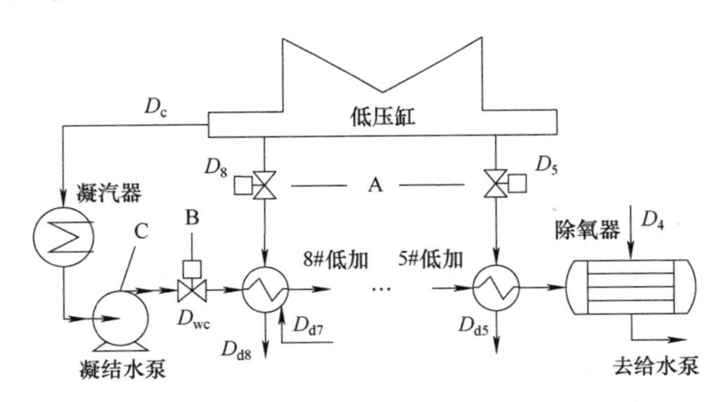

图 1-34　火电机组汽轮机低压缸回热加热系统结构

由图可见，在回热系统中，热源是汽轮机抽汽，它用来加热锅炉给水/凝结水，而后冷凝成为饱和水。同时利用逐级回流的结构将饱和水逐级进入下一级加热器，其中高压加热器的疏水最终至除氧器，而低压加热器的疏水最终至凝汽器热井。

5. 热网系统蓄能

热网系统的热源来自中压缸排汽（见图 1-35）。排汽将会被分成两路去往两个串联在一起的热网加热器，经过加热释放能量之后再经热网疏水泵进入除氧器。逆止阀、EV 阀、隔离阀都安装在两路管道上。此外，两个热网加热器连续加热热网回水，回水通过热网循环泵升压后再至管网供热。

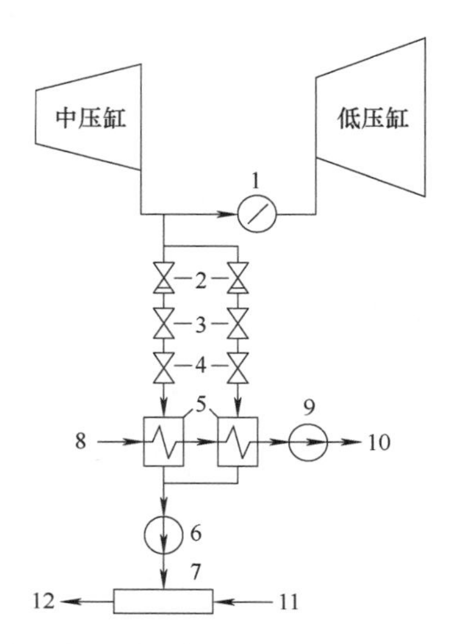

图 1-35　抽汽式热电机组供热部分热力系统图

1—调节阀　2～4—抽汽阀　5—热网加热器　6，9—逆止阀　7—除氧器
8，10—热网输入　11—除氧器入口　12—除氧器出口

不一样的执行机构都可以被选择用热网蓄能来使机组发电负荷产生变化。在实际工业现场中，通常可以使用 LV 蝶阀开度控制，从而使得供热负荷与发电功率的比例在理想范围之内。然而 LV 蝶阀也有一定的缺点，比如机组工作在高负荷时灵敏度不够高，这就使得有一些机组会用 EV 阀作为替代用来使机组负荷快速变化。

6. 冷端系统蓄能

在保持汽轮机入口蒸汽参数和各级抽汽参数不变的情况下，排汽压力变化时，会直接改变低压缸末级的排汽压力比，进而改变低压缸末级的级间效率，这种情况下，低压缸的有效焓降就会发生变化，进而影响机组功率。以排汽压力降低为例，排汽压力降低会直接增加蒸汽在低压缸内的有效焓降，换句话说，就会增加蒸汽在低压缸内的做功能力，这种情况下，短时间的排汽压力下降会快速增加汽轮机的功率输出；反之短时间内排汽压力的升高会快速降低汽轮机的功率输出，这种情况下，在升降负荷过程中，可以通过快速改变低压缸排汽压力，以实现机组负荷的快速调节。

汽轮机排汽压力的大小取决于凝汽器的冷却效果，一般情况下，冷却效果取决于两个方面：①冷却工质流量；②冷却工质温度。对于湿冷机组而言，影响冷却效果的就是循环水流量和循环水温度；对于空冷机组而言，影响冷却效果的就是循环风机循环风流量和环境风温度。考虑到冷却工质温度是一个不可控参数，它可能受季节交替、昼夜温差等多重因素的影响，因此它只能作为一个外部扰动因素来考虑。相比而言，冷却工质流量是可控参数，可以通过改变变频循环泵频率或工频泵组合台数、循环风机频率改变冷却工质流量，进而影响冷却效果，短时间内增减低压缸的做功能力，这就是机组冷端系统蓄能利用辅助参与机组快速变负荷的基本原理。

本节主要针对空冷机组冷端系统蓄能利用展开研究，空冷机组变频调节方便，且可以实现循环风流量的连续调节，直接式空冷机组结构示意图如图 1-36 所示。

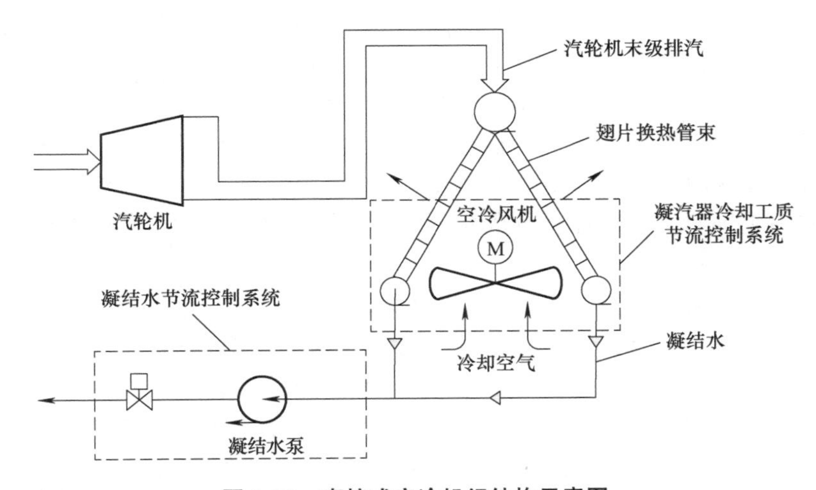

图 1-36　直接式空冷机组结构示意图

由图可见，直接空冷机组的排汽通过管道连接到翅片换热管束，翅片换热管束呈屋脊式分布，在循环风机的鼓吹作用下，冷却空气从下方吹向翅片换热管束，实现对排汽的冷却作用，蒸汽经冷却后凝结成水，再通过凝结水泵打到除氧器中，形成闭环。

1.5.2　火电机组多蓄能协同调度控制技术

本节在研究火电机组蓄能特性分析及建模的基础上，提出了一种火电机组多蓄能协同调度控制关键技术，该技术提供了一套多蓄能协同调度全局优化解决方案，通过设计应用多蓄能协同调度系统、分布式蓄能控制系统以及多蓄能在线评估系统，系统全面地提升火电机组快速爬坡能力，以适应新形势下的电网调度要求。

1. 多蓄能调度控制全局优化方案

(1) 多蓄能系统特点及局限性

想要设计多能源协同控制策略，需要先了解多蓄能系统的优缺点，由于多蓄能控制系统由锅炉控制系统、回热控制系统、冷端控制系统、热网控制系统和制粉控制系统等部分组成，因此要了解多蓄能系统就必须对其组成部分的每个子系统加以了解，以下将对其子系统逐个进行分析。

1）制粉控制系统蓄能。指的是磨煤机的磨盘上残留煤粉中储存的能量。在磨煤机正常运行过程中，如果增大一次风压，同时降低磨煤机的转速，磨煤机上残留的煤粉会迅速地吹到锅炉中燃烧，并迅速产热，煤粉中蓄能弥补了磨煤机给煤、磨煤、制粉过程中产生的大迟延和大滞后，改善了系统的响应。但是，该系统中存在着严重的耦合现象，在增大一次风压、降低给煤机转速的同时，磨煤机的出口温度和一次风流量可能会出现较大的波动，所以此时需要设计合理的解耦系统，以解除耦合现象。另外，在增大一次风压的同时为了保证系统的安全运行，需要考虑一次风机的额定电流，如果电流超过额定值，则在保证安全运行的条件下需要合理地设置一次风压前馈补偿装置对一次风压进行补偿。同时，磨煤机的转速会影响磨煤的快慢和煤粉的粗细，所以应该考虑锅炉的炉壁温度、蒸汽温度、锅炉负荷以及飞灰中的含碳量等因素，从而合理地设置磨煤机转速前馈补偿装置。

2）锅炉系统蓄能。指的是锅炉中的水、水蒸气以及金属管等包含的能量。电厂协调控制系统中的“炉跟机”控制方案就是运用了这一部分的蓄能，在电厂负荷增加时，打开主蒸汽压力调节阀使锅炉蓄能快速地满足负荷的需要，从而快速响应电网一次调频和 AGC 指令。但是锅炉控制系统蓄能是有限的，同时锅炉侧从磨煤制粉、燃烧放热、给水蒸发产生水蒸气的过程反应慢，存在较大的迟延，是一个大迟延、大滞后系统，所以如果锅炉协调控制系统过度地利用锅炉控制系统的蓄能，可能会导致主蒸汽压力波动振荡较大，甚至不稳定的情况。但在锅炉负荷响应起始阶段可以通过调节主蒸汽阀门开度使系统的响应快速地跨越调节死区，同时可以在锅炉侧设置合理的燃料量前馈补偿系统，在主蒸汽压力偏小时，增加燃料量的供给，使主蒸汽压力回到正常值，前馈补偿具有快速作用以弥补反馈控制系统调节缓慢的缺点。在对控制性能指标要求不严格时，可以通过调节主蒸汽阀门的开度，利用锅炉侧储蓄的能量来快速地满足外界负荷的需求，这时需要配合锅炉侧燃料控制系统加大给煤量以迅速弥补蓄能的消耗，燃料通过燃烧可产生更多的热量，从而快速地提升主蒸汽压力。但主蒸汽压力长期地偏离正常值，会影响系统的寿命和安全性，因此需要设计合理的锅炉协调控制系统。

3）回热系统蓄能。指的是发电过程中凝结器、除氧器和各级加热器等设备所储蓄的能量。凝结器节流快速变负荷控制技术就是利用了回热控制系统的蓄能，通过快速地改变凝结水的流量来打破各级加热器的能量平衡，从而提升机组变负荷运行的能力。在变负荷控制的初期阶段，凝结器通过节流可以在

15min 以内完成对机组变负荷运行的调节。机组负荷变化的速率最快可以达到每分钟 6% 额定功率的变化。凝结水节流调节法适用性强，可以运用在各种发电机组中，在除氧器水位调节有一定控制裕度的情况下，只要凝结水能够跟踪除氧器给水指令或凝结水泵变频指令的情况下，都可用凝结水节流策略跟踪外界负荷变化。但是凝结水节流变负荷控制会受到除氧器蓄能能力的制约，调节时间比较短，在正常运行状态下，凝结水节流控制能持续 2min 左右，当除氧器水位到达正常水位时，凝结水节流提升机组响应负荷能力的作用就会消失。此外，凝结水节流调节能力还受到机组稳态工况时凝结水流量的制约。当机组处于高负荷时，凝结水流量高，此时除氧器给水阀门开度和凝结水泵几乎处于最大工作状况下，凝结水节流反向能力受到制约；当机组处于低负荷时，虽然除氧器给水阀门和凝结水泵还有调节的裕度，但此时凝结水流量较低，凝结水节流正向能力受到制约。

4）热网系统蓄能。指的是系统热网管道中热网水所含有的能量。利用供热用户对供热品质不敏感的特点，机组可以通过供热抽汽节流的方式，从而利用热网控制系统的蓄能短时间内快速地调节 LV 阀门和 EV 阀门来改变进入低压缸的蒸汽量，进而快速响应电网的一次调频和 AGC 指令。通过供热抽汽节流的方式，在低压缸安全运行的条件下，热网控制系统储能协同方式可以有效地提升系统响应外界负荷变化的速度。在浅度供热期，供热流量小，通过抽汽节流的方式调节的流量也较小，对机组的正向调节能力小，方向调节能力大；相反，在深度供热期，供热流量大，通过抽汽节流的方式调节的流量也较大，此时对机组的正向调节能力大，反向调节能力小。同时，热网系统蓄能协同控制也受季节的影响，在非供热的季节，就不能通过抽汽节流的方式改善系统响应外界负荷变化的速度。即使在供热季节，热网控制系统蓄能协同控制也会受到供热公司对供热品质要求的影响，这是因为在热网蓄能协同控制时，需要考虑供热温度偏移正常指标的程度以及时间，当然，在供热公司对性能指标要求不严格时，通过抽汽节流的方式改善系统响应外界负荷变化的速度不失为一种有效的方式。但是，如今对供热品质的要求越来越高，通过抽汽节流方式改善系统响应外界负荷变化的速度已不是长久之计。

5）冷端系统蓄能。指的是凝汽器中工质所包含的能量。当蒸汽初参数不变的条件下，凝汽器的冷却效果能够决定汽轮机末级排汽焓等乏汽终参数和汽轮机的末级排汽压力的值，对于固定的凝汽器和机组，冷却工质的入口温度和流量能够决定冷却效果。当空冷机组的环境在已知的温度条件时，冷却工质的流量能够确定乏汽终参数。所以，对机组输出功率的调节可以通过控制凝汽器的冷却工质流量大小，进而控制汽轮机乏汽终参数来实现。若要通过凝汽器内部冷却工质的节流控制实现对机组功率的连续、快速调节的目的，则需要保证凝汽器冷却工质的流量能够实现连续、快速的变化。机组功率的快速调节，对于空冷机组而言，采用变频调节方式就能快速地、高效地改变循环风流量。但季节因素对空冷机组采用节流快速变负荷控制的影响比较大，在冬季时，环境温度比较低，需要对空冷机组做防冻保护处理，会使凝汽器工质节流的调节裕度降低。在夏季时，环境温度比较高，机组背压较高，即使在循环风机转速全开的情况下，依然会出现背压过高进而被迫降负荷运行的情况，导致凝汽器的冷却工质节流无法施展。

（2）多蓄能协同控制解决方案

由上述多蓄能系统的优缺点可知，各控制系统蓄能在一定程度上都可以改善火电机组响应外界负荷的能力，但系统运行的安全性和经济性或多或少都会受到制约。因此，综合考虑各控制系统蓄能特性，提出了一种火电机组多蓄能协同控制解决方案，该方案包括多蓄能协同调度系统、分布式蓄能控制系统以及多蓄能在线评估系统，具体结构框图如图 1-37 所示。

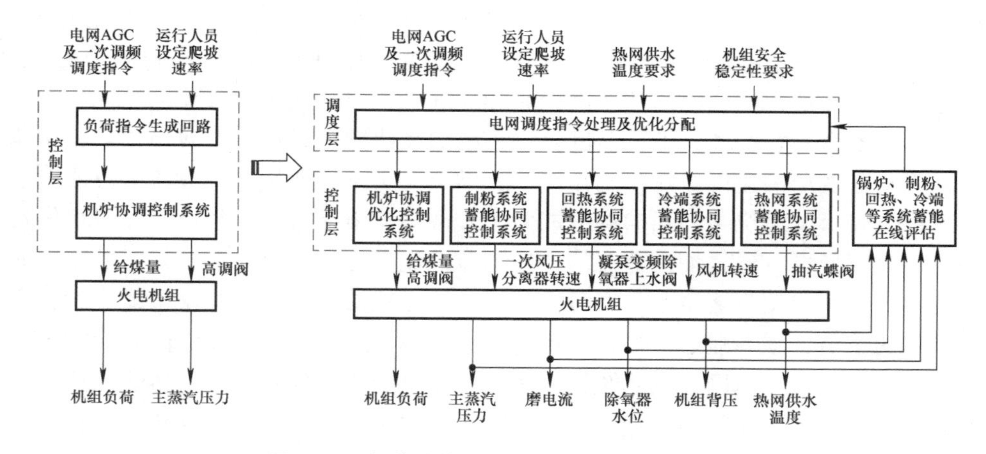

图 1-37　多蓄能协同控制解决方案结构框图

由图可知，该方案改变了传统仅机炉协调控制系统参与响应电网调度指令的局面，提出了全新的火电机组多蓄能协同控制调度两层体系结构。在调度层，考虑各系统蓄能的耦合关联性，通过蓄能间的有机协作，提升火电机组的爬坡速率。在控制层，将传统的机炉协调控制系统发展为分布式蓄能控制系统，在机炉协调优化的基础上，充分利用各系统蓄能潜力提升火电机组的爬坡速率。方案包括承担上层电网调度指令处理及优化分配任务的多蓄能协同调度系统，承担下层具体控制任务的分布式蓄能控制系统以及承担蓄能状态检测任务的多蓄能在线评估系统。

1）多蓄能协同调度系统。多蓄能协同调度系统中的电网调度指令处理及优化分配模块，接收一次调频调度指令和电网 AGC 指令、机组安全稳定性要求、热网供水温度要求以及运行人员设定爬坡速率，根据多蓄能在线评估的结果，结合电网“两个细则”指标对电网调度指令进行处理及优化分配。负荷指令处理过程采用信号多尺度分解的方式，将电网调度指令分解为适应各系统蓄能响应特性的协同调度指令。对于下发到制粉系统蓄能协同控制系统的调度指令，主要以前馈的方式叠加在旋转分离器转速和一次风压的设定值上。对于下发到机炉协调控制系统的协同调度指令则充分考虑锅炉蓄能潜力，构造能够跨出负荷调节死区的负荷预调节指令，并叠加在限速后负荷指令上。对于下发到冷端系统、热网系统以及回热系统的协同调度指令要根据各系统的响应能力及速率进行构造。为了获得最优的负荷指令处理和分配结果，还应当对信号多尺度分解中的关键参数进行寻优，目标函数取机组稳定性指标、供热性能指标以及电网“两个细则”指标的加权和，约束条件取各系统蓄能响应能力及速率的高低限，寻优算法可采用粒子群算法、遗传算法等人工智能算法。

2）分布式蓄能控制系统。分布式蓄能控制系统主要由冷端系统蓄能协同控制系统、回热系统蓄能协同控制系统、制粉系统蓄能协同控制系统、机炉协调优化控制系统以及热网系统蓄能协同控制系统等组成。由于从锅炉侧给煤量变化到主蒸汽压力的响应过程存在较大的惯性和迟延，因此融合传统的解耦控制理念和前馈控制，采用基于预测控制算法设计机炉协调优化控制系统。由于制粉系统是一个传统的单回路、多变量控制系统，难以适应快速变负荷时磨出口温度耦合扰动和一次风流量的影响，因此提出了制粉控制系统解耦控制方案，并根据制粉系统蓄能协同调度指令构造旋转分离器和一次风压的前馈补偿量，叠加在相应的设定值上，以提高变负荷初期的磨煤机的出粉速度。对于冷端系统、热网系统蓄能协同控制技术，根据各系统的安全运行边界，设计了详细的蓄能协同控制的首出切除调节和投入允许条件，同时在机炉协调控制中将各系统蓄能产生的负荷增量刨除，避免蓄能利用过程对机炉协调控制系统的耦合影响。

3）多蓄能在线评估系统。多蓄能在线评估主要对蓄能系统蓄能的响应能力、蓄能的响应速率和安全边界进行评估；锅炉蓄能的响应能力主要根据蒸汽参数的安全裕度和锅炉蓄能系数进行评估，以降负荷为例，主蒸汽压力允许欠压越小，锅炉蓄能系数越小，锅炉蓄能的响应能力越小；锅炉蓄能的响应速率主要根据节级的振动情况以及综合阀位的线性度来评估，阀门线性度越好，快开过程中调节级振动越小，锅炉蓄能的响应速率就越快。对于制粉蓄能，其响应能力主要根据磨电流和磨差压表征磨内存粉量的关键参数，即磨内存粉量来评估，排除旋转分离器转速、一次风压以及磨煤机出力的影响，磨差压和磨电流越高，磨内存粉量越多，制粉系统蓄能的响应能力就越大；其响应速率主要根据炉内燃烧吸热特性、旋转分离器和一次风压进行评估，在实施时，一次风压和旋转分离器转速扰动由现场试验获得。对于回热系统，除氧器水位的安全裕度决定了其响应能力，除氧器水位报警限制越宽，回热系统凝结水节流快速变负荷控制的响应能力就越强，即持续时间越长；凝结水流量的变化速率及加热器的换热特性可影响其响应速率，具体需要根据实际机组的凝结水节流试验获得。对于热网系统，其响应能力主要与供热公司考核温度裕度及持续时间有关，供热公司考核的供热温度裕度越宽，且允许偏离时间越长，热网蓄能的响应能力就越强；供热抽汽调门特性及热网加热器的换热特性可影响其响应速率，需要根据实际机组进行试验获得。对于凝汽器冷端系统，其响应能力由环境温度、冷风机转速上下限以及机组背压等诸多因素决定，需根据环境温度、季节以及背压允许值进行评估；冷却效果变化情况和风机转速调节速率会影响其响应速率，具体需要根据实际转速的扰动试验获得。

2. 火电机组多蓄能协同调度

单一速率的电网调度指令构造方式对于多类型蓄能参与下的机组变负荷控制系统不再适用。由于不同的蓄能系统的动态特性不同，因此不能获得统一的限速率匹配结果。接下来将提出一种基于信号多层分解的机组电网调度指令重构方式，根据参与电网调度指令调节的多类型蓄能系统动态特性，对机组实际负荷指令进行多尺度分解。推导利用信号处理环节 $N(x)$ 的信号多层分解方法原理如下。

信号 $x_0(s)$ 可分解为

$$x_0(s) = N_1(x)x_0(s) + [1 - N_1(x)]x_0(s) \tag{1-76}$$

令 $x_1(s)=[1-N_1(x)]x_0(s), x_{c1}(s)=N_1(x)x_0(s)$，对 $x_1(s)$ 继续分解得到：

$$x_1(s) = N_2(x)x_1(s) + [1 - N_2(x)]x_1(s) \tag{1-77}$$

同理令 $x_i(s)=[1-N_i(x)]x_{i-1}(s)$，$x_{ci}(s)=N_{i-1}(x)x_{i-1}(s)$，则：

$$x_i(s) = N_{i+1}(x)x_i(s) + [1 - N_{i+1}(x)]x_i(s) \tag{1-78}$$

以此类推，将 $x_0(s)$ 分解 n 次可得：

$$x_0(s) = x_{c1}(s) + x_{c2}(s) + \cdots + x_{cn}(s) + x_n(s) \tag{1-79}$$

以上公式中，信号处理环节可以是非线性环节，如速率限制环节，也可以是线性环节，如滤波器组。选择不同的速率限制环节 $N_i(x)$，可以构造速率组，速率组 $\{R_1, R_2, \cdots, R_n\}$ 包含了不同速率的速率限制环节，其中编号 i 越大，输出信号的最大变化速率 R_i 越大，输出信号特性就越接近于原始信号。

根据模型特性及经验给出上述电网调度指令的多尺度分解，最优的运行效果在实际投运过程中很难达到。为了更加针对性地提高负荷指令处理及分配效果，提出一种在线优化分配的负荷指令方法，该方法借助遗传算法，以给煤量超调量指标、AGC“两个细则”指标 K_p、供水温度平均 IAE 指标、主蒸汽压力平均 IAE 指标的加权和为适应度，对限速值和限幅值在负荷指令处理过程中进行寻优。负荷指令在线优化分配流程如图 1-38 所示。

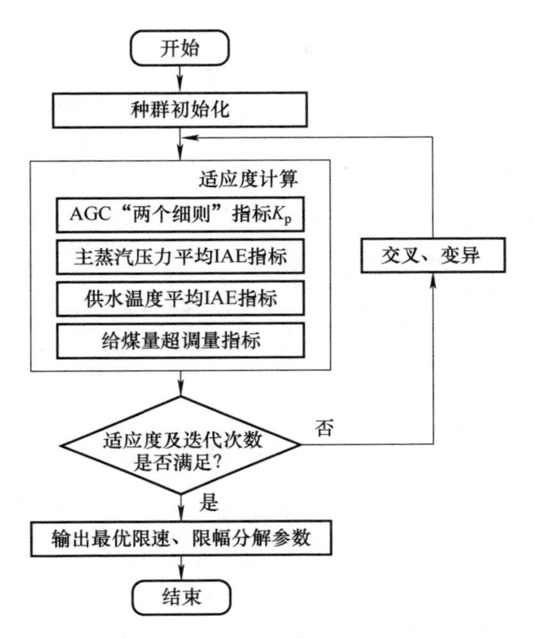

图 1-38　负荷指令在线优化分配流程

理论上，对于单次变负荷过程而言，适应度函数不应当考虑 IAE 指标，而是考虑 ITAE 指标，但机组在实际变负荷过程中，由于每次变负荷增量不同，统计时间也不同，不同变负荷增量下的 ITAE 不同，并且 ITAE 指标又无法像 IAE 指标那样取平均值，因此采用平均 IAE 指标对主蒸汽压力和供水温度统计。基于上述分析，构造的适应度函数为

$$f_{\mathrm{fit}} = W_1 \frac{1}{K_{\mathrm{p}}} + W_2 \overline{\mathrm{IAE}_{p_{\mathrm{t}}}} + W_3 \overline{\mathrm{IAE}_{t_{\mathrm{s}}}} + W_4 M_{u_{\mathrm{b}}} \tag{1-80}$$

$$\overline{\mathrm{IAE}_{p_{\mathrm{t}}}} = \frac{\mathrm{IAE}_{p_{\mathrm{t}}}}{\Delta t} \tag{1-81}$$

$$\overline{\mathrm{IAE}_{t_{\mathrm{s}}}} = \frac{\mathrm{IAE}_{t_{\mathrm{s}}}}{\Delta t} \tag{1-82}$$

式中，W_1、W_2、W_3、W_4为权重；$\overline{\mathrm{IAE}_{p_{\mathrm{t}}}}$、$\overline{\mathrm{IAE}_{t_{\mathrm{s}}}}$分别为主蒸汽压力和热网供水温度的平均 IAE 指标；$M_{u_{\mathrm{b}}}$为给煤量超调量；$\mathrm{IAE}_{p_{\mathrm{t}}}$、$\mathrm{IAE}_{t_{\mathrm{s}}}$分别为主蒸汽压力和热网供水温度的 IAE 指标；$\Delta t$ 为 IAE 指标的统计时间。

采用信号多尺度分解的方法，分解某 600MW 机组的电网调度指令，则可以得到各系统蓄能调度指令（见图 1-39）。

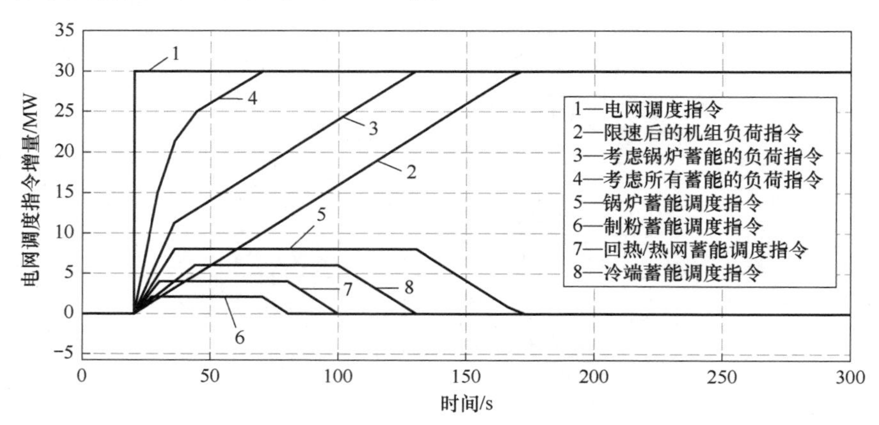

图 1-39　适应各系统蓄能响应特性的协同调度指令

由图可见，相比于限速后的机组负荷指令，考虑所有蓄能的负荷指令更超前，整体调节速率和响应时间指标得到了大幅提升。在实际运行过程中，下发到制粉系统的蓄能调度指令是一个短时间内的超调指令，其主要用于折算一次风压和旋转分离器前馈补偿量，叠加在一次风压设定值和旋转分离器设定值上；下发到机炉协调控制系统的协同调度指令是“考虑锅炉蓄能的负荷指令”，相比原来的限速后的机组负荷指令，考虑锅炉蓄能的负荷指令叠加了锅炉蓄能调度指令，在变负荷初期充分利用锅炉蓄能，通过快开主汽门，迅速跨出负荷调节死区，在变负荷后期恢复至原有的变负荷速率；考虑到回热系统和热网系统蓄能的响应速率较快，构造了一个响应较快的蓄能调度指令，相反，冷端系统蓄能响应速率较慢，所构造的蓄能调度指令也较平缓。

3. 制粉系统蓄能协同控制

（1）磨出口煤粉流量预估补偿控制

在火电机组实际运行过程中，即使将锅炉主控和汽机主控解除转为手动控制，保持给煤量、送风量、给水量（直流炉）和主汽门开度等指令不变，机组主蒸汽压力、中间点焓/温度（直流炉）和机组负荷仍然在波动，这是由于火电机组运行在一个极其复杂恶劣的环境中。在这个环境中，能够打破火电机组稳态运行的因素太多，如煤质煤种变化、给煤量内扰、燃烧火焰脉动、火焰中心偏移、受热面结焦等。理论上讲，在火电机组实际运行过程中，根本不存在绝对的稳态工况，所谓的稳态工况也只是人为设定的一个可容忍范围。从制粉系统层面来讲，克服给煤量内扰是提升其出力控制精度的关键，也是火电机组稳定运行的保障，尤其在低负荷工况下，炉膛内温度场温度水平下降，给煤量内扰很容易引起锅炉灭火事故，引起不必要的经济损失。

为了克服给煤量内扰，深入分析了磨出口煤粉流量产生机理，发现磨出口煤粉流量与磨出入口差压和磨内煤粉存储量成正比，而磨出入口差压又与一次风流量的二次方成正比，与给煤量相比，一次风流量的迟延时间小，所以一次风流量的变化特性更能够反映磨出口煤粉流量的变化。基于这一结论，提出了一种磨出口煤粉流量预估补偿控制方法，该方法根据磨出口煤粉流量设定值与预估值的偏差，对一次风流量设定值进行补偿校正，达到最佳一次风流量设定值。使得当给煤量内扰发生，磨出口煤粉流量偏离时，能够迅速增减一次风流量，来克服给煤量内扰对制粉系统出力的影响，从而提高制粉系统出力的控制精度。

图 1-40 所示为磨出口煤粉流量预估补偿控制原理框图。由图可见，首先将磨出口煤粉流量设定值与基于制粉系统模型状态估计获得的磨出口煤粉流量预估值做差，而后对其差值进行标定和限幅，其结果与一次风流量设定值做和，经限幅后形成最佳的一次风流量设定值。当机组负荷处于动态变化过程时，以降负荷为例，单台磨的出力要求迅速降低，即磨出口煤粉流量设定值降低，但由于制粉过程存在迟延和惯性，使得基于模型状态估计获得的磨出口煤粉流量降低缓慢，此时磨出口煤粉流量设定值和预估值形成反向偏差，经 $F(x)$ 标定和限幅后，向一次风流量设定值叠加一个负的偏差，使得一次风流量的设定值迅速降低，磨内存粉吹出量减少，从而降低锅炉响应慢对机组变负荷能力的影响。当机组处于稳态运行时，倘若发生给煤量内扰，导致磨出口煤粉流量预估值暂时偏离其设定值，以预估值升高为例，则磨出口煤粉流量的设定值和预估值会形成反向偏差，经 $F(x)$ 标定和限幅后，向一次风流量设定值叠加一个负的偏差，使得一次风流量的设定值迅速降低，磨出口煤粉流量迅速降低，减少机组主蒸汽压力等主要运行参数的波动。

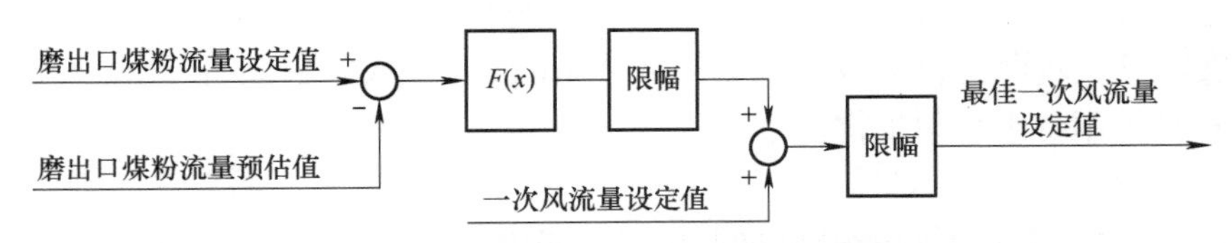

图 1-40　磨出口煤粉流量预估补偿控制原理框图

（2）一次风压和分离器转速前馈补偿控制

在动态变负荷过程中，为了充分利用磨煤机中的存粉，还提出了一种一次风压和分离器转速动态前馈补偿控制策略，该方法根据制粉系统蓄能协同控制指令，折算成能够与一次风压和旋转分离器转速叠加的动态前馈，当变负荷信号来临时，提前改变一次风压和分离器转速，迅速改变磨煤机的出粉量，从而提高锅炉响应速率，具体控制过程如图 1-41 所示。

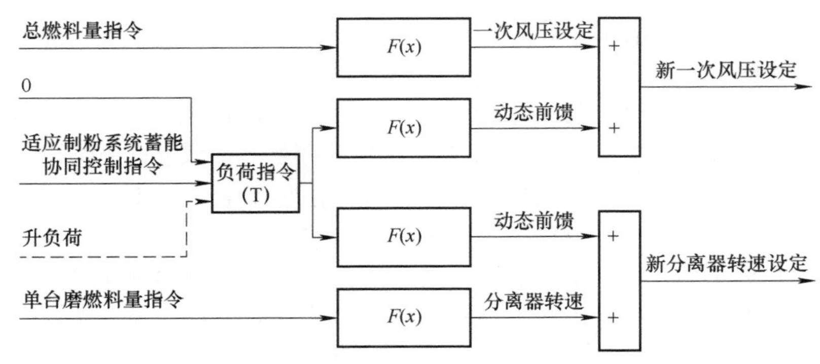

图 1-41　一次风压和分离器转速前馈补偿控制

1.5.3　多蓄能协同调度控制技术工程应用

本节以山西某电厂两台 600MW 亚临界汽包炉火电发电机组作为工程应用对象，对火电机组多蓄能协同调度控制关键技术展开应用研究。在实际应用过程中，由于该厂的两台机组未参与热网供热，因此仅采用制粉系统蓄能、锅炉系统蓄能、回热系统蓄能以及冷端系统蓄能来提升机组的爬坡速率。根据华北电网某中调公司公布的该厂 AGC 考核数据，机组最快爬坡速率达到 30MW/min，相当于 5% Pe/min，已达到国际先进水平。连续一个月 AGC “两个细则” 综合性能指标 k_p 超过 4.0，最高达到 5.2，高度适应了电网调度需求。

1. 机组简介及问题分析

（1）机组设备情况

锅炉采用上海锅炉厂制造的亚临界参数Π型汽包炉；汽轮机采用上海汽轮机有限公司设计制造的亚临界、一次中间再热、单轴、三缸四排汽、直接空冷凝汽式汽轮机；发电机采用上海汽轮发电机有限公司生产的 QFSN-600-2 型 600MW 汽轮发电机。两台机组集散控制系统（Distributed Control System，DCS）由北京 ABB 贝利控制有限公司提供。

（2）存在的问题

1）两台 600MW 机组跟随电网 AGC 的能力较差，在动态变负荷过程中，主蒸汽压力偏差较大；由于汽轮机侧对主蒸汽压力拉回的作用较强，机组实际负荷响应速率慢且偏离 AGC 指令较大，同时锅炉煤量波动大，过燃调节严重，且调节过程滞后。

2）两台 600MW 汽包炉机组 AGC 性能考核指标长期偏低，且非常不稳定，尤其是调节速率 k_1 和响应时间 k_3 偏低，k_1 指标平均值为 1.0 左右，k_3 指标平均值为 1.2 左右，综合性能指标 k_p 值为 2.5 左右，无法达到电网竞标要求，AGC 考核惩罚电量严重偏高（见表 1-3）。

表 1-3　华北电网某中调公司公布的该厂#3 机组 AGC 性能评价指标（优化前）

日　期	调节速率	k_1	调节精度	k_2	响应时间	k_3	k_p
2019.09.01	12.04	1.25	1.38	1.77	34.45	1.42	3.13
2019.09.02	未投入	未投入	未投入	未投入	未投入	未投入	未投入
2019.09.03	9.32	1.03	1.82	1.69	38.27	1.36	2.22
2019.09.04	10.80	1.16	1.97	1.67	39.04	1.35	2.47
2019.09.05	6.07	0.52	2.34	1.60	52.00	1.13	1.07
2019.09.06	11.50	1.21	1.32	1.77	36.85	1.38	2.93
2019.09.07	5.71	0.42	1.77	1.70	47.90	1.20	1.12
2019.09.08	9.72	1.07	2.39	1.60	40.45	1.32	2.22

2. 机组多蓄能协同调度控制

目前，项目涉及的先进控制算法和复杂计算已采用 C 语言的形式封装入通用电气公司生产的可编程逻辑控制器（Programmable Logic Controller，PLC）中，并且基于复杂算法的优化控制逻辑也已在 PLC 中组态实现，PLC 的硬件和配置如图 1-42 所示。从图中可以看出，PLC 配有扩展背板（型号：IC695CHS007）、电源适配器模块（型号：IC695PSD040）、通信模块（型号：IC695CMM002）和处理器模块（型号：IC695CPE305）。

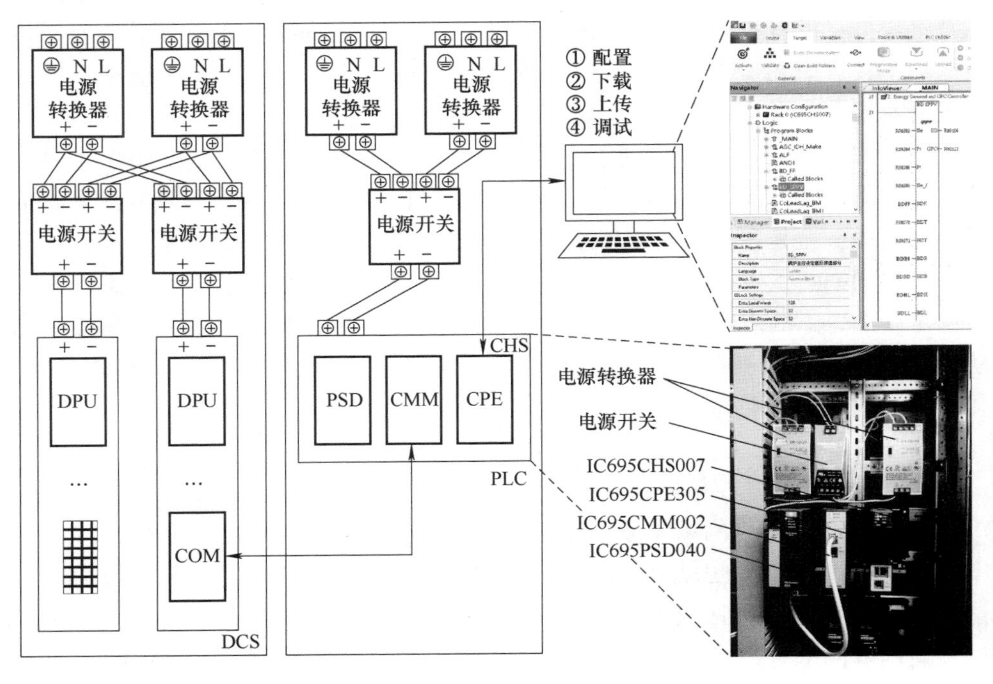

图 1-42　PLC 的硬件和配置

在实际应用中，通过 CMM 卡和 COM 卡建立 PLC 与 DCS 的通信。PLC 实时读取 DCS 的运行参数，计算控制指令并将其写回 DCS。当策略投入运行时，下发到机组对象的控制命令来自 PLC；相反，当策略被切断时，下发的控制指令来自原始的 DCS。

此外，对于部分实现过程简单的优化控制逻辑，本项目基于原有算法模块，在原有 DCS 中进行组态实现。

（1）制粉系统蓄能协同控制

在机组变负荷过程中，以升负荷为例，在变负荷初期通过迅速提高一次风压和降低旋转分离器转速，提高制粉系统出粉量，弥补锅炉变负荷初期响应慢的问题。考虑到这部分内容采用简单的逻辑组态就可以实现，因此在原 ABB 系统中进行组态和调试。

（2）锅炉系统蓄能协同控制

锅炉系统蓄能协同控制主要包括锅炉主控优化和汽机主控优化两部分，具体实现过程如下。

1）锅炉主控优化。

经查看原锅炉主控策略发现：

① 锅炉主控反馈控制策略不当。原锅炉主控 PID 输入的设定值和反馈值是主蒸汽压力，没有考虑锅炉蓄能的变化情况，这种间接能量平衡控制策略容易导致锅炉主控（燃料量）大幅波动，不利于机组的稳定运行，尤其在快速变负荷工况下容易恶化。

② 锅炉主控动态前馈控制策略不当。汽机主控动态前馈控制采用限速后负荷指令进行微分，前馈作用过强，且在变负荷过程中一直存在，容易导致锅炉主控大幅波动，尤其在快速变负荷过程中，机组燃料量波动将大幅增加。

考虑到锅炉主控存在大迟延、大惯性特性，传统的 PID + 前馈的组态方式难以满足新形势下的需求，因此采用外挂 GE PLC 的方式，独立开发了预测控制算法模块，并在该算法模块的基础上，设计了锅炉主控优化控制策略。锅炉主控优化实施方式如图 1-43 所示。

2）汽机主控优化。

经查看原汽机主控策略发现：

① 目标负荷与电网调度指令间存在死区。机组对电网调度指令响应存在一个 ±0.9MW 的死区，也就是说机组响应电网 AGC 指令的过程中，目标负荷一旦进入 ±0.9MW 调节死区就不再变化，根据电网“两个细则”考核规则，0.9MW 的负荷调节偏差对调节精度影响很小，因此将该调解死区缩小至 0.1MW。

图 1-43　锅炉主控优化实施方式

② 汽机主控设定值构造不当。汽机负荷指令由限速后负荷指令叠加上自身的微分项，相当于在限速后负荷指令上叠加了一个动态的部分，变负荷结束时，限速后负荷指令会拉平形成拐点，由此产生的微分项会使负荷反调，这是电网考核中最不想看到的 AGC 调节方式，因此需对汽机负荷指令进行重构。

考虑到汽机主控变化对机组负荷的响应过程较快，且对实时性和安全性要求较高，因此在原 ABB 系统中，采用逻辑组态的方式对汽机主控进行优化，汽机主控设定值和反馈优化如图 1-44 所示，汽机主控前馈优化如图 1-45 所示。

在限速后负荷指令的基础上，增加锅炉蓄能协同调度指令，在变负荷初期充分利用锅炉蓄能，通过快速调节主汽门开度，使得机组负荷迅速跨出 1% 负荷调节死区。同时将锅炉蓄能协同调度指令折算成阀门前馈补偿量，在负荷台阶来临时，通过前馈迅速调节阀门开度，克服反馈调节缓慢的问题。

（3）回热系统蓄能协同控制

经查看原凝结水系统控制策略发现：凝结水节流系统原本的主要运行模式为：凝泵变频控水位，除氧器上水阀控泵出口压力。

接下来将增加凝泵变频调负荷的回路，与凝泵变频控水位做切换（见图 1-46），除氧器上水阀的控制模式不变。

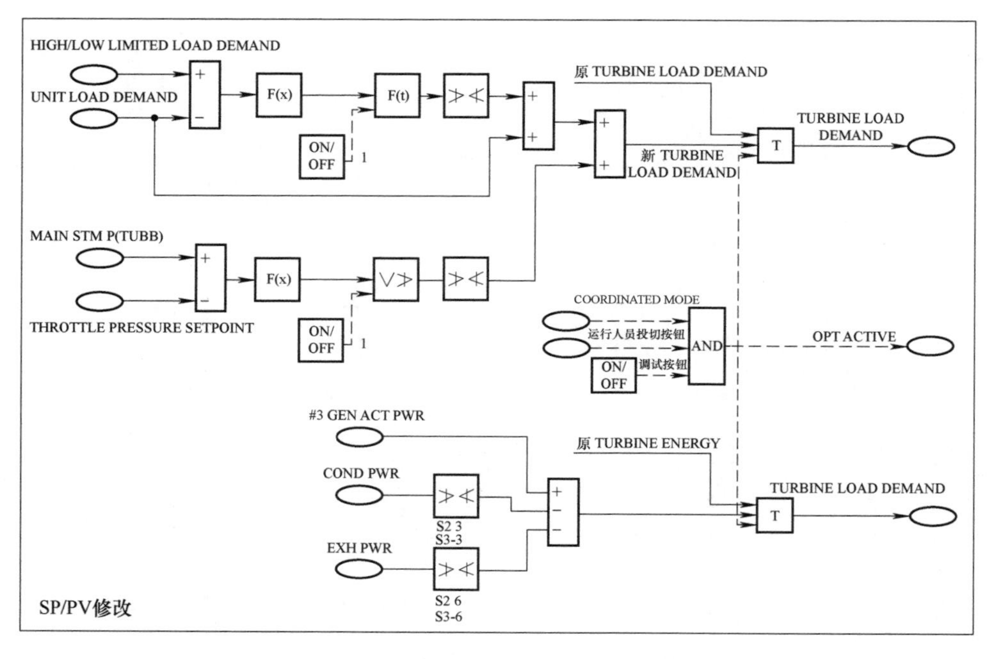

图 1-44　汽机主控设定值和反馈优化

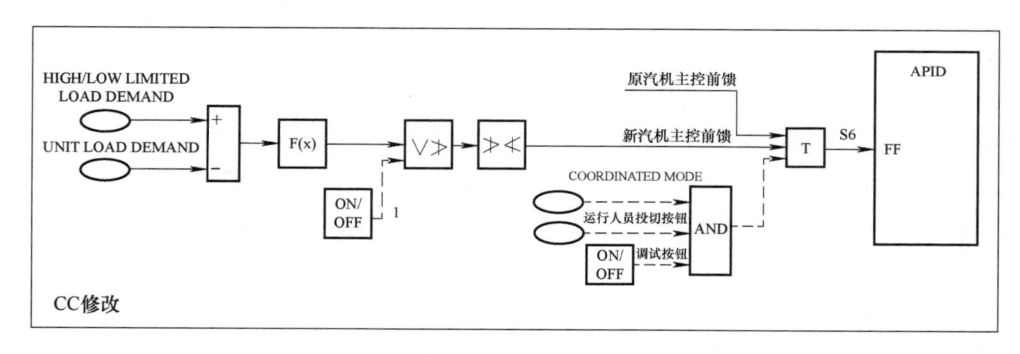

图 1-45　汽机主控前馈优化

凝结水功率设定值取适应回热系统蓄能响应特性的协同调度指令，考虑到该模型较复杂，因此在 PLC 中实现节流功率增量的计算（见图 1-47）。

在凝结水节流实际投运过程中，需要密切监视除氧器水位、凝泵出口压力以及凝结水量等关键参数，因此，在考虑这些安全边界的基础上，在 ABB 系统中搭建了凝结水节流投切逻辑（见图 1-48）。

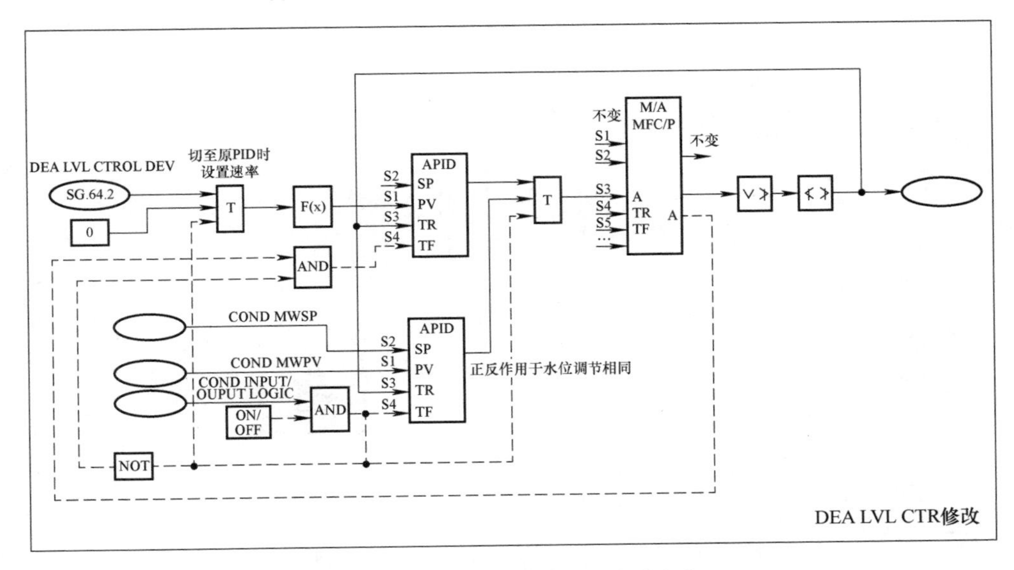

图 1-46　凝结水节流快速变负荷投切

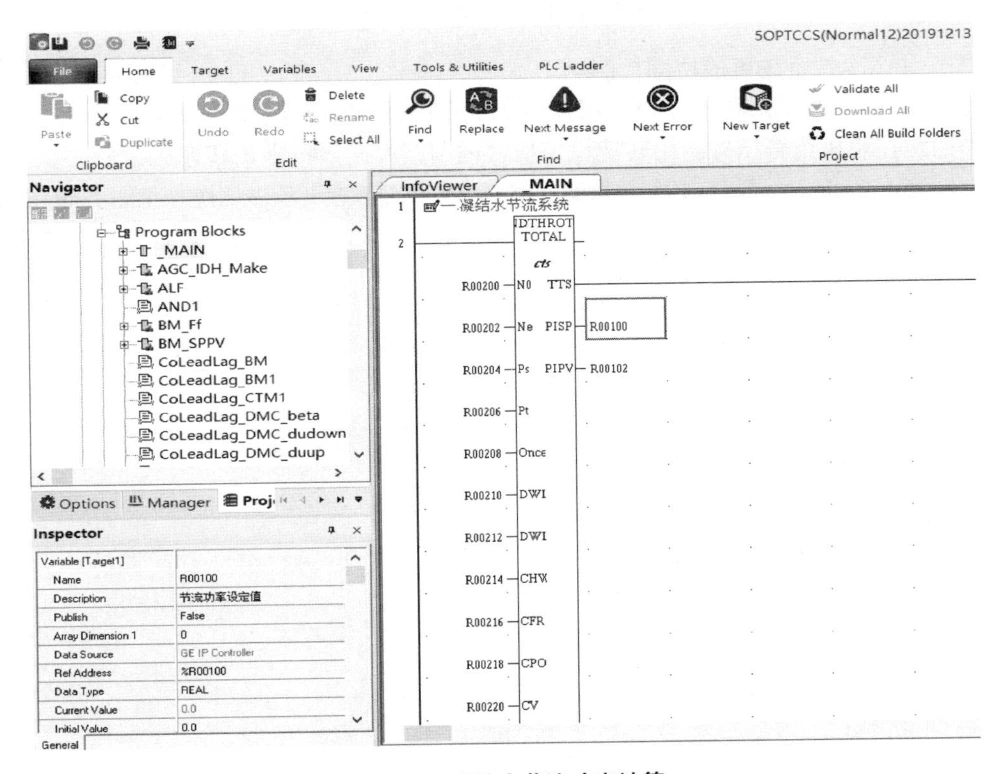

图 1-47　凝结水节流功率计算

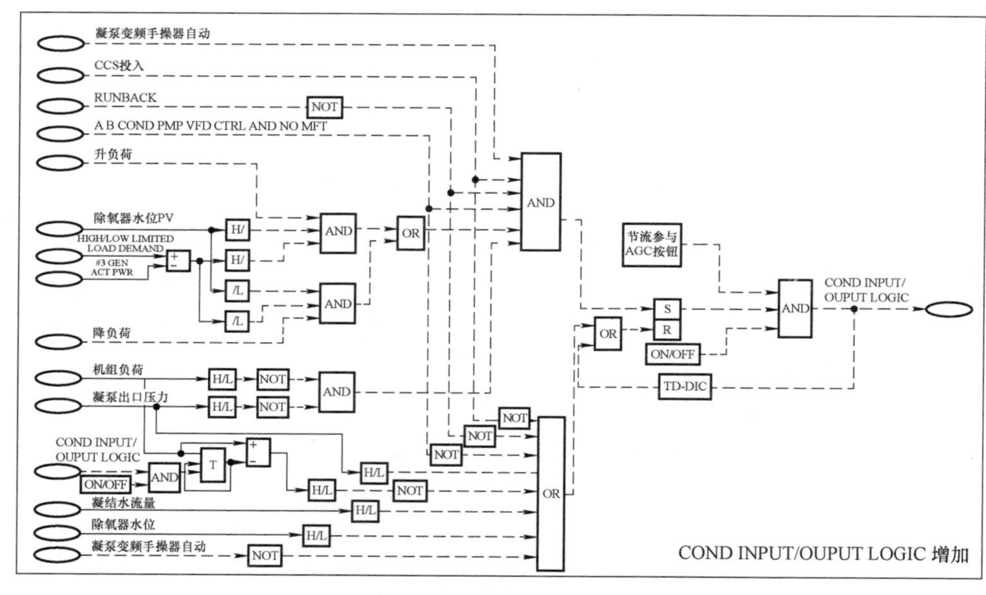

图 1-48　凝结水节流投切逻辑

（4）冷端系统蓄能协同控制

经查看原冷端系统控制策略发现：循环风机转速控制采用了串级控制模式，外回路控制机组背压并给出转速设定值，内回路控制风机平均转速。

接下来将增加风机变频调负荷的回路，与风机变频控背压做切换（见图 1-49）。

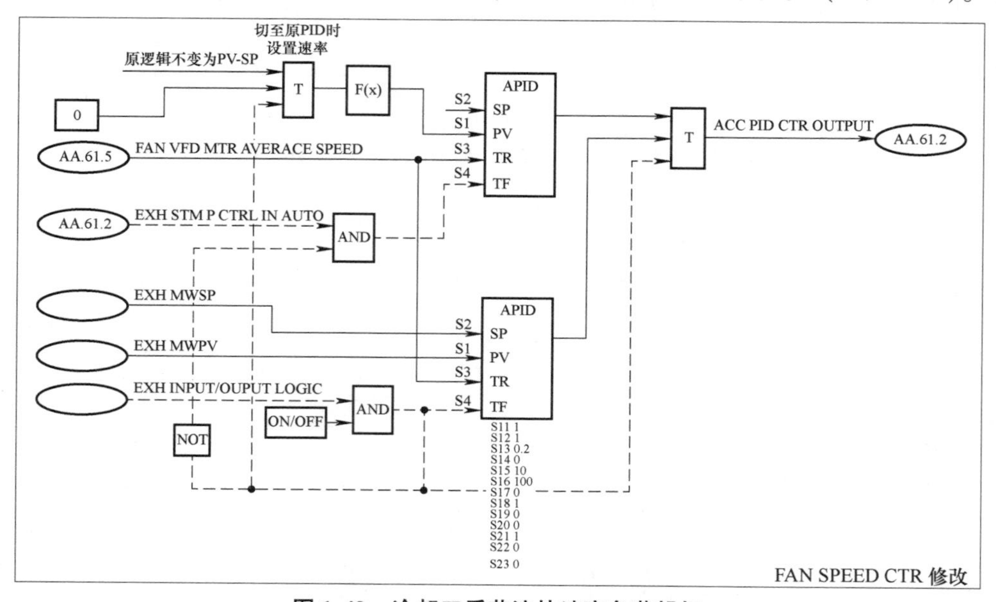

图 1-49　冷却工质节流快速变负荷投切

冷却工质节流功率设定值取适应冷端系统蓄能响应特性的协同调度指令，考虑到该模型较复杂，因此在 PLC 中实现节流功率增量的计算。

在冷却工质节流实际投运过程中，需要密切监视机组背压和风机转速等关键参数，因此，在考虑这些安全边界的基础上，在 ABB 系统中搭建了冷却工质节流投切逻辑（见图 1-50）。

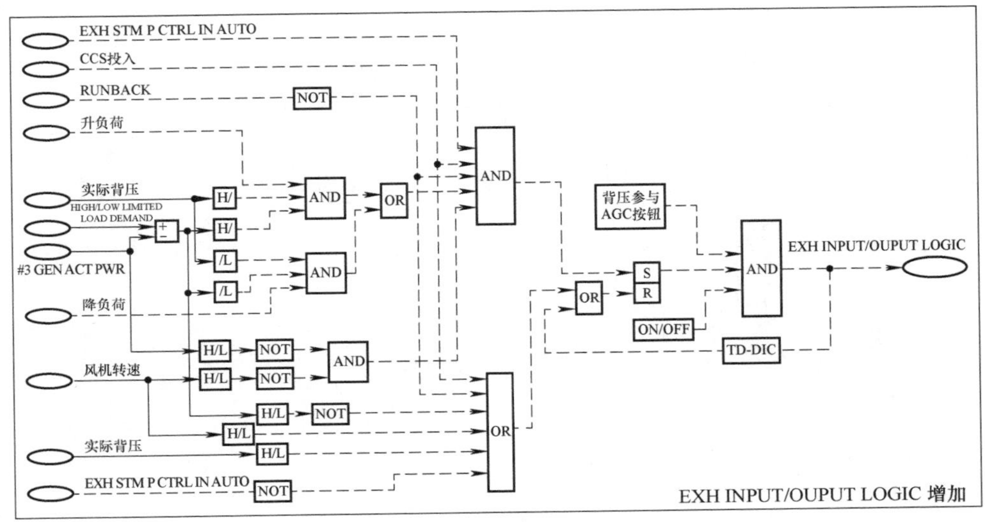

图 1-50　冷却工质节流投切逻辑

3. 整体技术应用效果

自山西华光电厂#3、#4 机组多蓄能协同调度控制技术投运以来（见图 1-51 和图 1-52），机组负荷能够紧密跟随电网 AGC 指令，主汽压控制过程平稳，具有良好的收敛性。在变负荷过程中，主汽压最大偏差仅 ±0.55MPa，变负荷结束时能够迅速稳定在设定值附近。给煤量调节曲线与机组负荷曲线基本一致，几乎无超调，减小了锅炉过燃调节，使得主汽温最大波动仅 ±3.2℃，再热汽温最大波动仅 ±6.3℃，提升机组 AGC 响应能力的同时，保证了机组的安全、稳定运行。

在 AGC “两个细则” 考核方面，实际爬坡速率最高可达 29.4MW/min（4.9% Pe/min），远高于电网要求的 1.5% Pe/min，领先国内同类机组，达到国际先进水平（4% Pe/min）；实际调节精度最低可达 1MW，相当于 0.17% Pe，远低于电网要求的额定精度 1% Pe；实际响应时间最短可达 15s，远小于电网要求的 60s。电网 AGC “两个细则” 综合性能指标 k_p 连续一个月超过 4.0，最高可达 5.27，高度适应了电网调度需求。

在经济效益方面，连续 30 天在电力现货交易市场中中标，月最高补贴收益达到 7.5 万元，年平均收益至少为 2000 万元，投资回收期不到 1 个月，投资回报率极高。

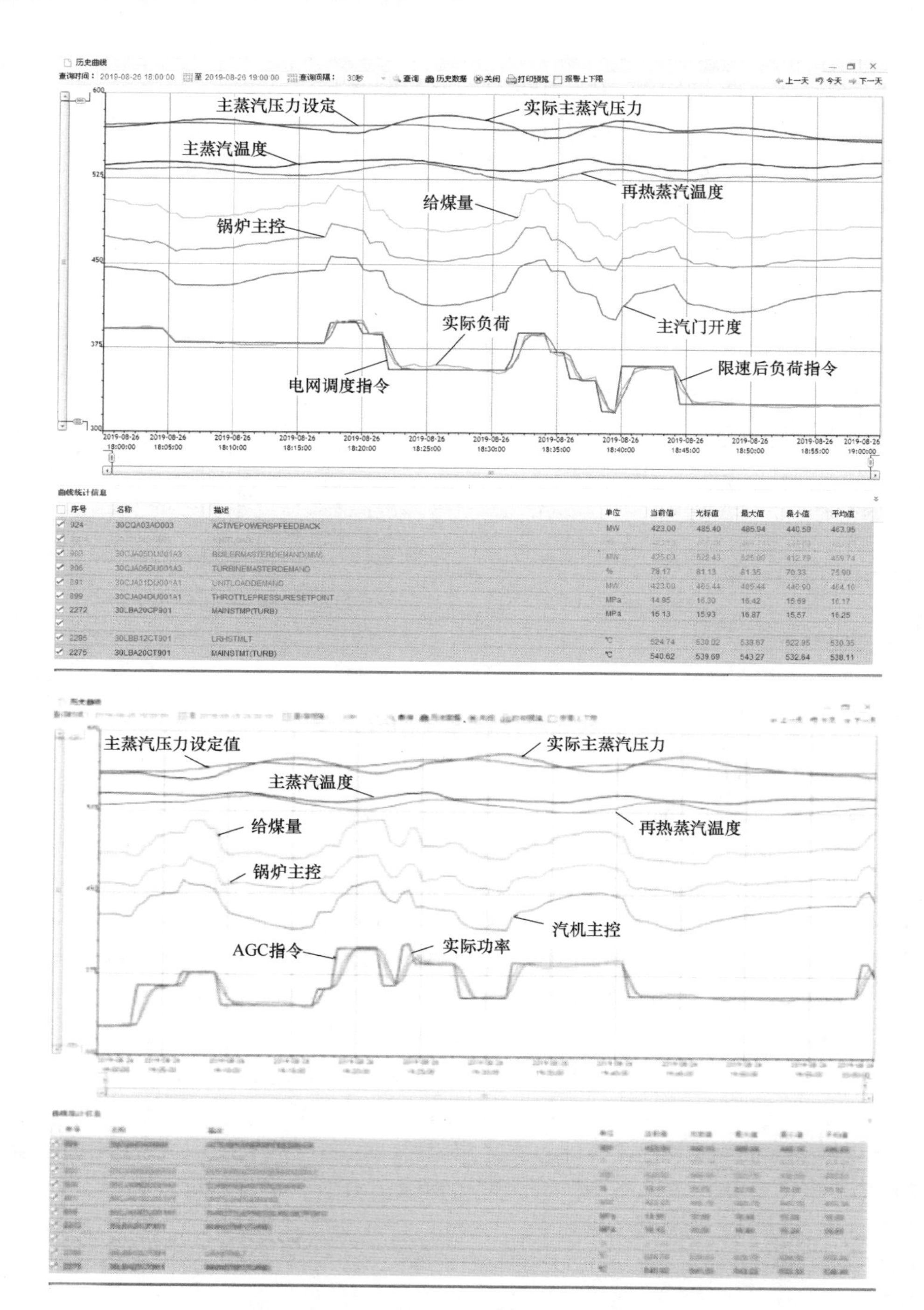

图 1-51　#3 机组多蓄能协同调度控制技术投运效果

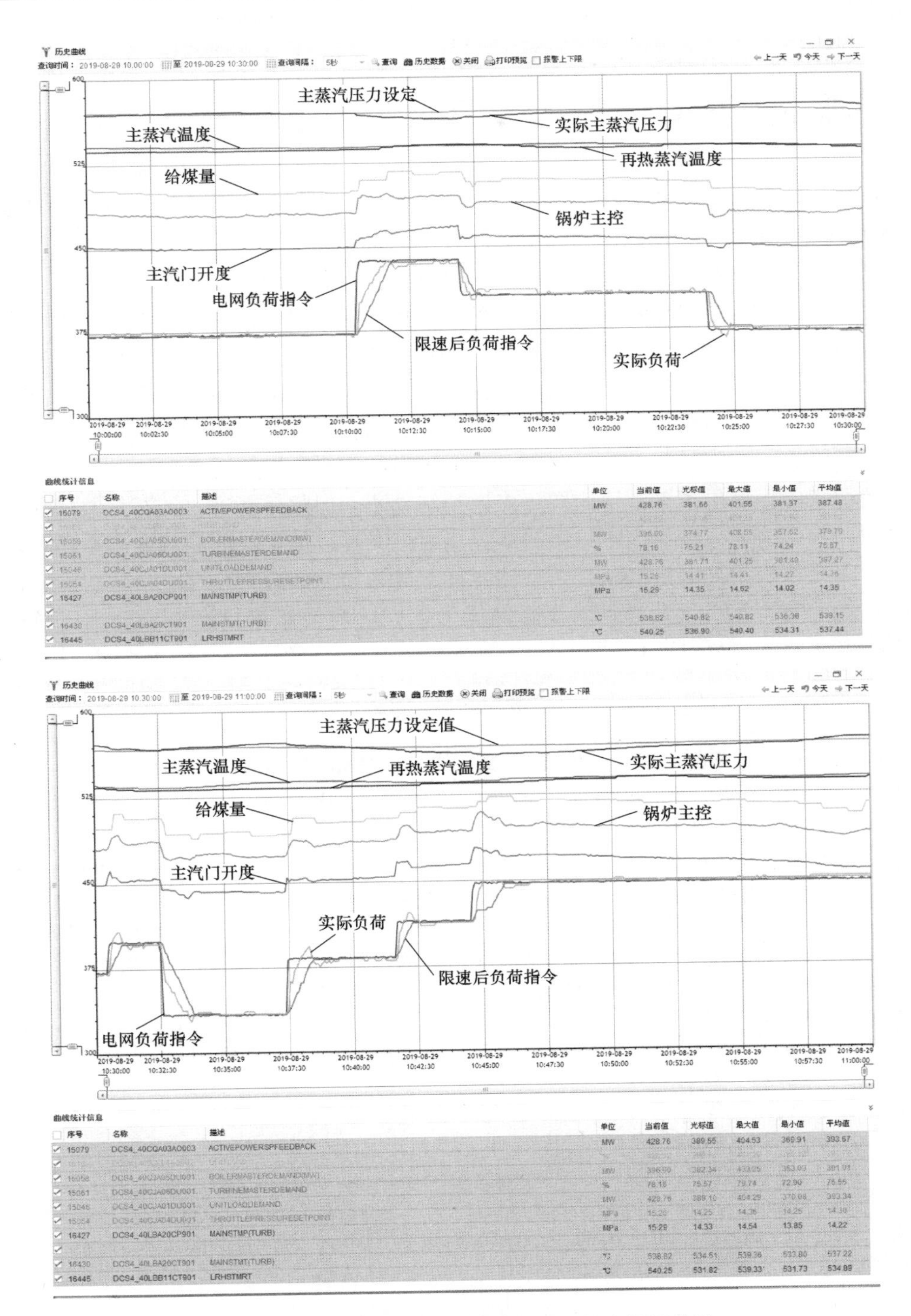

图 1-52　#4 机组多蓄能协同调度控制技术投运效果

1.6 本章小结

综合我国能源结构，提供安全可靠的电网频率支撑是保障电力系统安全稳定运行的重要途径。本章以电力系统调频技术的基础作为引入，简述了电力系统一次调频、二次调频过程。进一步讨论了火电机组在新型电力系统背景下频率支撑方面的挑战，火电机组在深度调峰、快速变负荷等工况下调节特性发生了较大变化，机组对电网的频率支撑能力减弱。本章从灵活运行下的火电机组调节特性研究入手，分析了火电机组灵活性改造对电力系统频率调节特性及仿真模型等方面的影响，重点对机组一次调频容量不足的现象提出了理论解释并做出了定量分析。同时，对火电机组的二次调频过程中机组蓄能特性进行了分析，面向提升机组的调频能力提出了蓄能协同调度先进控制算法。但整体而言，针对日益严峻的电网调频压力，只挖掘火电机组的调频能力已经难以满足电网的频率安全稳定需求，因此，探索火电机组联合新型储能技术成为当前的研究热点之一。后续章节将对各类储能技术（尤其是以飞轮储能为代表的新型储能技术）联合火电机组支撑电网调频进行研究和讨论。

参 考 文 献

[1] OBAID Z A, CIPCIGAN L, MUHSSIN M T. Fuzzy hierarchal approach-based optimal frequency control in the great britain power system [J]. Electric Power Systems Research 141 (2016) 529-537. doi: https: //doi. org/10. 1016/j. epsr. 2016. 08. 032.

[2] MURRELL W, RAN L, WANG J. Modelling uk power system frequency response with increasing wind penetration [J]. 2014: 1-6. doi: 10. 1109/ISGT-Asia. 2014. 6873754.

[3] H. BEVRANI H, GOLPÎRA H, ROMAN-MESSINA A, et al. Power system frequency control: An updated review of current solutions and new challenges [J]. Electric Power Systems Research 194 (2021) 107114. doi: 10. 1016/j. epsr. 2021. 107114.

[4] RAHIMI K, FAMOURI P. Performance enhancement of automatic generation control for a multi-area power system in the presence of communication delay [J]. 2013: 1-6. doi: 10. 1109/NAPS. 2013. 6666928.

[5] BEVRANI H, WATANABE M, MITANI Y. Power system monitoring and control [M]. John Wiley & Sons, 2014.

[6] MA C, WANG L, GAI C, et al. Frequency security assessment for receiving-end system based on deep learning method [J]. 2020: 831-836. doi: 10. 1109/ICPSAsia48933. 2020. 9208491.

[7] WEN Y, ZHAO R, HUANG M, et al. Data-driven transient frequency stability assessment: A deep learning method with combined estimation-correction framework [J]. Energy Conversion and Economics 1 (2020) 198-209. doi: 10. 1049/enc2. 12015.

[8] HELISTÖ N, KIVILUOMA J, HOLTTINEN H. Long-term impact of variable generation and de-

mand side flexibility on thermal power generation [J]. IET Renewable Power Generation 12 (01 2018). doi: 10.1049/iet-rpg.2017.0107.

[9] YE L C, LIN H X, TUKKER A. Future scenarios of variable renewable energies and flexibility requirements for thermal power plants in china [J]. Energy 167 (2019) 708-714. doi: https://doi.org/10.1016/j.energy.2018.10.174.

[10] WANG C, SONG J, ZHU L, et al. Peak shaving and heat supply flexibility of thermal power plants [J]. Applied Thermal Engineering 193 (2021) 117030. doi: 10.1016/j.applthermaleng.2021.117030.

[11] WANG W, ZHANG G, NIU Y, et al. A new boiler-turbine-heating coordinated control strategy to improve the operating flexibility of chp units [J]. International Journal of Control, Automation and Systems 20 (2022) 1-13. doi: 10.1007/s12555-020-0926-3.

[12] HONG F, JI W, PANG Y, et al. A new energy state-based modeling and performance assessment method for primary frequency control of thermal power plants [J]. Energy 276 (2023) 127594. doi: https://doi.org/10.1016/j.energy.2023.127594.

[13] MULJADI E, GEVORGIAN V, SINGH M, et al. Understanding inertial and frequency response of wind power plants [J]. 2012: 1-8. doi: 10.1109/PEMWA.2012.6316361.

[14] DREIDY M, MOKHLIS H, MEKHILEF S. Inertia response and frequency control techniques for renewable energy sources: A review [J]. Renewable and Sustainable Energy Reviews 69 (2017) 144-155. doi: https://doi.org/10.1016/j.rser.2016.11.170.

[15] VIDYANANDAN K V, SENROY N. Primary frequency regulation by deloaded wind turbines using variable droop [J]. IEEE Transactions on Power Systems 28 (2) (2013) 837-846. doi: 10.1109/TPWRS.2012.2208233.

[16] WANG Y, MENG J, ZHANG X, et al. Control of pmsg-based wind turbines for system inertial response and power oscillation damping [J]. IEEE Transactions on Sustainable Energy 6 (2) (2015) 565-574. doi: 10.1109/TSTE.2015.2394363.

[17] ZARINA P P, MISHRA S, SEKHAR P C. Deriving inertial response from a non-inertial pv system for frequency regulation [C]. in: 2012 IEEE International Conference on Power Electronics, Drives and Energy Systems (PEDES), 2012: 1-5. doi: 10.1109/PEDES.2012.6484409.

[18] POURBEIK P, ELLIS A, SANCHEZ-GASCA J, et al. Generic stability models for type 3 & 4 wind turbine generators for wecc [J]. 2013. doi: 10.1109/PESMG.2013.6672398.

[19] ROLAN A, LUNA A, VAZQUEZ G, et al. Modeling of a variable speed wind turbine with a permanent magnet synchronous generator [C]. in: 2009 IEEE International Symposium on Industrial Electronics, 2009: 734-739. doi: 10.1109/ISIE.2009.5218120.

[20] YAN G, LIANG S, JIA Q, et al. Novel adapted de-loading control strategy for pv generation participating in grid frequency regulation [J]. The Journal of Engineering 2019 (03 2019). doi: 10.1049/joe.2018.8481.

[21] GUO K, FANG J, TANG Y, Autonomous dc-link voltage restoration for grid-connected power converters providingvirtual inertia [J]. 2018 IEEE Energy Conversion

[22] ZHAO H T. The Economics and Politics of China's Energy Security Transition [M]. New York: Academic Press, 2019: 245-276.

[23] 曹莉萍，周冯琦．能源革命背景下中国能源系统转型的挑战与对策研究［J］．中国环

境管理，2017，9（05）：84-89.
[24] JIANG K J. Future Energy [M]. 3th ed. Holland：Elsevier，2020：693-709.
[25] CHEN C，XUE B，CAI G T，et al. Comparing the energy transitions inGermany and China：Synergies and recommendations [J]. Energy Reports，2019，5：1249-1260.
[26] 谢小荣，贺静波，毛航银，等．“双高”电力系统稳定性的新问题及分类探讨 [J]. 中国电机工程学报，2021，41（02）：461-475.
[27] 方勇杰．英国“8·9”停电事故对频率稳定控制技术的启示 [J]. 电力系统自动化，2019，43（24）：1-5.
[28] 孙华东，许涛，郭强，等．英国“8·9”大停电事故分析及对中国电网的启示 [J]. 中国电机工程学报，2019，39（21）：6183-6192.
[29] 胡秦然，丁昊晖，陈心宜，等．美国加州2020年轮流停电事故分析及其对中国电网的启示 [J]. 电力系统自动化，2020，44（24）：11-18.
[30] 高歌，李紫宸．“拉闸限电”时刻 [N]. 经济观察报，2020-12-21.
[31] 林伯强．“拉闸限电”给低碳转型带来启示 [N]. 中国科学报，2020-12-23.
[32] 安学民，孙华东，张晓涵，等．美国得州“2.15”停电事件分析及启示 [J/OL]. 中国电机工程学报：1-10 [2021-04-19].
[33] 李兆伟，吴雪莲，庄侃沁，等．“9·19”锦苏直流双极闭锁事故华东电网频率特性分析及思考 [J]. 电力系统自动化，2017，41（07）：149-155.
[34] 周勤勇，赵珊珊，刘增训，等．高比例新能源电力系统稳定拐点释义 [J]. 电网技术，2020，44（08）：2979-2986.
[35] 杨鹏，刘锋，姜齐荣，等．“双高”电力系统大扰动稳定性：问题、挑战与展望 [J/OL]. 清华大学学报（自然科学版）：1-12 [2021-04-21].
[36] 高重晖，吴希，李宝聚，等．吉林电网提高新能源消纳水平的措施分析 [J]. 吉林电力，2020，48（05）：1-3.
[37] 徐贤，陆晓，周挺，等．华东电网一次调频能力量化评估及运行控制策略 [J]. 电力工程技术，2021，40（02）：205-211+219.
[38] 丁宁，廖金龙，陈波，等．大功率火电机组一次调频能力仿真与试验 [J]. 热力发电，2018，47（06）：85-90.
[39] 廖金龙，陈波，丁宁，等．考虑一次调频能力的火电机组负荷优化分配 [J]. 中国电机工程学报，2018，38（S1）：168-174.
[40] MACHOWSKI J，BIALEK J W，BUMBY J R. Power System Dynamics：Stability and Control [M]. 2th ed. New York：John Wiley & Sons，Inc.，2018.
[41] 马覃峰．发电机组一次调节性能评价指标的研究 [D]. 大连：大连理工大学，2007.
[42] SCHIFFER H W. 可再生能源背景下德国燃煤电厂的弹性运行 [J]. 基石，2014，2（04）：26-31.
[43] FICHTNER. Flexibility in thermal power plants-With a focus on existing coal-fired powerplants [M]. Berlin：Agora Energiewende，2017.
[44] COCHRAN J，LEW D，KUMAR N. 提高燃煤电厂弹性：从基荷电力到调峰电力 [J]. 基石，2014，2（04）：49-53.
[45] 刘吉臻，曾德良，田亮，等．新能源电力消纳与燃煤电厂弹性运行控制策略 [J]. 中国电机工程学报，2015，35（21）：5385-5394.
[46] 牟春华，居文平，黄嘉驷，等．火电机组灵活性运行技术综述与展望 [J]. 热力发电，

2018，47（05）：1-7.
[47] 张广才，周科，柳宏刚，等．某超临界600 MW机组直流锅炉深度调峰实践［J］．热力发电，2018，47（05）：83-88.
[48] 刘辉，周科，解冰，等．基于火焰温度场在线测量的燃煤锅炉深度调峰试验［J］．热力发电，2019（08）：49-54.
[49] 聂鑫，杨冬，吕宏彪，等．某1000MW对冲燃烧超超临界锅炉水冷壁汽温偏差分析及设计运行对策［J］．中国电机工程学报2019，39（03）：744- 753 +953.
[50] WANG S Y，YANG D，ZHAO Y J，et al. Heat transfer characteristics of spiral water wall tube in a1000MW ultra-supercritical boiler with wide operating load mode［J］．Applied Thermal Engineering，2018，130：501-514.
[51] 《火电机组调峰技术》编委会，火电机组调峰技术［M］．北京：中国电力出版社，2014.
[52] 章斐然，周克毅，徐奇，等．燃煤机组低负荷运行SCR烟气脱硝系统应对措施［J］．热力发电，2016，45（07）：78-83.
[53] GAO Y K，HU Y，ZENG D L，et al. Improving the CCS performance of coal-fired drum boilerunits base on PEB and DEB strategies［J］．Control Engineering Practice，2021，110：104761.
[54] 曾德良，高耀岿，胡勇，等．基于阶梯式广义预测控制的汽包炉机组协调系统优化控制［J］．中国电机工程学报，2019，39（16）：4819-4826 +4983.
[55] 高耀岿．火电机组灵活运行控制关键技术研究［D］．北京：华北电力大学，2019.
[56] GAO M M，HONG F，YAN G D，et al. Mechanism modelling on the coordinated control system of a coal-fired subcritical circulating fluidized bed unit［J］．Applied Thermal Engineering，2019，146：548-555.
[57] GAO M M，HONG F，LIU J Z，et al. Investigation on the energy conversion and load control of supercritical circulating fluidized bed boiler units［J］．Journal of Process Control，2018，68：14-22.
[58] 高明明，洪烽，张报，等．超（超）临界循环流化床机组非线性控制模型研究［J］．中国电机工程学报，2018，38（02）：363-372 +666.
[59] 洪烽．基于蓄能深度利用的循环流化床机组动态优化控制［D］．北京：华北电力大学，2019.
[60] IEEE Committee Report. Dynamic Models for Steam and Hydro Turbines in Power SystemStudies［J］．IEEE Trans. Power App. Syst.，1973，PAS-92（6）：1904-1915.
[61] KUNDUR P. Power System Stability and Control［M］．New York：McGraw-Hill，1993：253-308，581-695.
[62] 谷俊杰，朱伟民．超临界机组汽轮机调速系统模型参数确定的新方法［J］．汽轮机技术，2011，53（02）：103-106.
[63] PATHAK N，BHATTI T S，VERMA A，et al. AGC of Two Area Power System Based on Different Power Output Control Strategies of Thermal Power Generation，in IEEE Transactions on Power Systems［J］．2018，33（02）：2040-2052.
[64] 张杰．一种应用于汽轮机及其调节系统的智能寻优参数辨识方法［D］．重庆：重庆大学，2014.
[65] 田云峰，郭嘉阳，刘永奇，等．用于电网稳定性计算的再热凝汽式汽轮机数学模型

[J]. 电网技术，2007（05）：39-44.
[66] 李阳海，张才稳，杨涛，等．基于电网稳定性分析的汽轮机调速系统建模试验研究[J]. 汽轮机技术，2011，53（04）：291-294.
[67] 王若宇．基于粒子群算法辨识的火电机组一次调频系统建模及性能提升［D］. 济南：山东大学，2020.
[68] 王家胜．火电机组灵活性分析及控制策略优化［D］. 重庆：重庆大学，2018.
[69] WANG J S, ZHONG J L, ZHANG J, et al. Analysis and Disposal of Forced Power Oscillation in the Transfer Process of Governor Valve Mode of Turbine's Operation［J］. Electric Power Components and Systems, 2015, 44（02）：1-9.
[70] GAO L, DAI Y. A New Linear Model of Fossil Fired Steam Unit for Power System Dynamic Analysis［J］. IEEE Transactions on Power Systems, 2011, 26（04）：2390-2397.
[71] 于达仁，郭钰锋．电网一次调频能力的在线估计［J］. 中国电机工程学报，2004（03）：77-81.
[72] 李端超，陈实，陈中元，等．发电机组一次调频调节效能实时测定及补偿方法［J］. 电力系统自动化，2004（02）：70-72.
[73] 杨建华．华中电网一次调频考核系统的研究与开发［J］. 电力系统自动化，2008（09）：96-99.
[74] 高林，戴义平，王江峰，等．机组一次调频参数指标在线估计方法［J］. 中国电机工程学报，2012，32（16）：62-69.
[75] 张艳军，高凯，曲祖义．基于发电机组出力曲线特征的一次调频性能评价方法［J］. 电力系统自动化，2012，36（07）：99-103.
[76] 柴小明．超临界火电机组一次调频裕量及提升方法研究［D］. 济南：山东大学，2019.
[77] 张泽灏．区域电网一次调频性能分析及研究［D］. 保定：华北电力大学，2019.
[78] 廖金龙．大功率火电机组一次调频能力建模与优化［D］. 杭州：浙江大学，2020.
[79] 王琦，郭钰锋，万杰，等．适用于高风电渗透率电力系统的火电机组一次调频策略[J]. 中国电机工程学报，2018，38（04）：974-984+1274.
[80] FAHMILIA, LEKSONO E. The New Method to Determine the Value of Speed Droop for Sub-critical Coal Fire Power Plant in Order to Contribute to Primary Frequency Control ofPower System［J］. Procedia Engineering, 2017, 170, 496-502.
[81] 邓拓宇．供热机组储能特性分析与快速变负荷控制［D］. 北京：华北电力大学，2016.
[82] CHENG Y, AZIZIPANAH-ABARGHOOEE R, AZIZI S, et al. Smart frequency control in low inertiaenergy systems based on frequency response techniques：A review［J］. Applied Energy, 2020, 279：15798.
[83] MAURICIO J M, MARANO A, GOMEZ-EXPOSITO A, et al. Frequency Regulation Contribution Through Variable-Speed Wind Energy Conversion Systems［J］. IEEE Transactions on Power Systems, 2009; 24（01）：173-180.
[84] ASHOURI-ZADEH A, TOULABI M, BAHRAMI S, et al. Modification of DFIG's Active Power Control Loop for Speed Control Enhancement and Inertial Frequency Response［J］. IEEE Transactions on Sustainable Energy, 2017, 8（04）：1772-1782.
[85] MAMANE M, HASAN M, MAAROUF S, et al. Improving participation of doubly fed induction generator in frequency regulation in an isolated power system［J］. International Journal of Electrical Power & Energy Systems, 2018, 100：550-558.

[86] FU Y, ZHANG X Y, HEI Y, et al. Active participation of variable speed wind turbine ininertial and primary frequency regulations [J]. Electric Power Systems Research, 2017, 147: 174-184.

[87] FERNANDEZ-GUILLAMON A, SARASUA J, CHAZARRA M, et al. Frequency control analysis based onunit commitment schemes with high wind power integration: A Spanish isolated power system case study [J]. International Journal of Electrical Power & Energy Systems, 2020, 121: 106044.

[88] KUNDUR P. Power System Stability and Control [M]. New York: McGraw-Hill, 1993.

[89] AZIZ A, OO A, STOJCEVSKI A. Frequency regulation capabilities in wind power plant [J]. Sustainable Energy Technologies and Assessments, 2018, 26: 47-76.

[90] BEVRANI H, GHOSH A, LEDWICH G. Renewable energy sources and frequency regulation: survey and new perspectives [J]. IET Renewable Power Generation, 2010, 4 (05): 438-457.

[91] JIA F, CAI X, LI Z. Fluctuating characteristic and power smoothing strategies of WECS [J]. IET Generation, Transmission & Distribution, 2018, 12 (20): 4568-4576.

[92] DOHERTY R, MULLANE A, NOLAN G, et al. An Assessment of the Impact of Wind Generation on System Frequency Control [J]. IEEE Transactions on Power Systems, 2010, 25 (01): 452-460.

[93] LUO C, OOI B. Frequency deviation of thermal power plants due to wind farms [J]. IEEE Transactions on Energy Conversion, 2006, 21 (03): 708-716.

[94] LUO C, FAR H G, BANAKAR H, et al. Estimation of Wind Penetration as Limited by Frequency Deviation [J]. IEEE Transactions on Energy Conversion, 2007, 22 (03): 783-791.

[95] TALAAT M, FARAHAT M A, ELKHOLY M H. Renewable power integration: Experimental andsimulation study to investigate the ability of integrating wave, solar and wind energies [J]. Energy, 2019, 170: 668-682.

[96] NGUYEN N, MITRA J. An Analysis of the Effects and Dependency of Wind Power Penetration on System Frequency Regulation [J]. IEEE Transactions on Sustainable Energy, 2016, 7 (01): 354-363.

[97] AZIZ A, OO A T, STOJCEVSKI A. Analysis of frequency sensitive wind plant penetration effect onload frequency control of hybrid power system [J]. International Journal of Electrical Power& Energy Systems, 2018, 99: 603-617.

[98] WOOD A J, WOLLENBERG B F. Power generation, operation, and control [M]. New York: John Wiley & Sons, 2012.

[99] DOENGES K, EGIDO I, SIGRIST L, et al. Improving AGC Performance in Power Systems With Regulation Response Accuracy Margins Using Battery Energy Storage System (BESS) [J]. IEEE Transactions on Power Systems, 2020, 35 (04): 2816-2825.

[100] CHANG-CHIEN L, SUN C, YEH Y. Modeling of Wind Farm Participation in AGC [J]. IEEE Transactions on Power Systems, 2014, 29 (03): 1204-1211.

[101] WU Y K, TANG K T. Frequency Support by Demand Response - Review and Analysis [J]. Energy Procedia, 2019, 156: 327-331.

[102] KUMAR J, NG K, SHEBLE G. AGC simulator for price-based operation. I. A model [J]. IEEE Transactions on Power Systems, 1997, 12 (02): 527-532.

[103] KUMAR J, NG K, SHEBLE G. AGC simulator for price-based operation. II. Case study

results [J]. IEEE Transactions on Power Systems, 1997, 12 (02): 533-538.
[104] DONDE V, PAI M A, HISKENS I A. Simulation and optimization in an AGC system afterderegulation [J]. IEEE Transactions on Power Systems, 2001, 16 (03): 481-489.
[105] DEBBARMA S, SAIKIA L C, SINHA N. AGC of a multi-area thermal system under deregulated environment using a non-integer controller [J]. Electric Power Systems Research, 2013, 95: 175-183.
[106] PARMAR K P S, MAJHI S, KOTHARI D P. LFC of an interconnected power system with multisource power generation in deregulated power environment [J]. International Journal of Electrical Power & Energy Systems, 2014, 57: 277-286.
[107] ZHAO X S, WEN F S, GAN D Q, et al. Determination of AGC capacity requirement and dispatch considering performance penalties [J]. Electric Power Systems Research, 2004, 70 (02): 93-98.
[108] BOONCHUAY C. Improving Regulation Service Based on Adaptive Load Frequency Control in LMP Energy Market [J]. IEEE Transactions on Power Systems, 2014, 29 (02): 988-989.
[109] LI N, CHEN L, ZHAO C, et al. Connecting automatic generation control and economic dispatch from an optimization view [J]. IEEE Transactions on Control of Network Systems, 2016, 3 (03): 254-264.
[110] 陈春宇. 新形势下负荷频率控制相关问题研究 [D]. 南京: 东南大学, 2019.
[111] CHEN C Y, ZHANG K, GENG J. Multiobjective-based optimal allocation scheme for load frequency control [J]. International Transactions on Electrical Energy Systems, 2017, 27 (07).
[112] ZHANG C Y, WANG S X, ZHAO Q Y. Distributed economic MPC for LFC of multi-area power system with wind power plants in power market environment [J]. International Journal of Electrical Power & Energy Systems, 2021, 126: 106548.
[113] TAN W, ZHANG H X, YU M. Decentralized load frequency control in deregulated environments [J]. International Journal of Electrical Power & Energy Systems, 2012, 41 (01): 16-26.
[114] PARMAR K P S, MAJHI S, KOTHARI D P. LFC of an interconnected power system with multisource power generation in deregulated power environment [J]. International Journal of Electrical Power & Energy Systems, 2014, 57: 277-286.
[115] SELVARAJU R K, SOMASKANDAN G. ACS algorithm tuned ANFIS-based controller for LFC in deregulated environment [J]. Journal of Applied Research and Technology, 2017, 15 (02): 152-166.
[116] ARYA Y, KUMAR N. AGC of a multi-area multi-source hydrothermal power system interconnected via AC/DC parallel links under deregulated environment [J]. International Journal of Electrical Power & Energy Systems, 2016, 75: 127-138.
[117] 魏家柱, 潘庭龙. 计及分配因子的互联电网频率模型预测控制策略 [J]. 电力系统及其自动化学报, 2020, 32 (06): 1-6.
[118] BEVRANI H, GOLPÎRA H, MESSINA A R, et al. Power system frequency control: An updated review of current solutions and new challenges [J]. Electric Power Systems Research, 2021, 194: 107114.
[119] 张怡. 分布式模型预测控制在新能源电力系统负荷频率控制中的应用研究 [D]. 北京: 华北电力大学, 2017.
[120] LATIF A, HUSSAIN S M S, DAS D C, et al. State-of-the-art of controllers and soft compu-

ting techniques for regulated load frequency management of single/multi-area traditional and renewable energy based power systems [J]. Applied Energy, 2020, 266: 114858.

[121] 席磊，余璐，付一木，等. 基于探索感知思维深度强化学习的自动发电控制 [J]. 中国电机工程学报，2019，39 (14)：4150-4162.

[122] 席磊，余璐，张弦，等. 基于深度强化学习的泛在电力物联网综合能源系统的自动发电控制 [J]. 中国科学：技术科学，2020，50 (02)：221-234.

[123] LEE D, LEE S J, YIM S C. Reinforcement learning-based adaptive PID controller for DPS [J]. Ocean Engineering, 2020, 216: 108053.

[124] CHEN Z Q, QIN B B, SUN M W, et al. Q-Learning-based parameters adaptive algorithm for active disturbance rejection control and its application to ship course control [J]. Neurocomputing, 2020, 408: 51-63.

[125] ZHENG Y M, CHEN Z Q, HUANG Z Y, et al. Active disturbance rejection controller for multi-area interconnected power system based on reinforcement learning [J]. Neurocomputing, 2021, 425: 149-159.

[126] LUO H, HISKENS I A, HU Z. Stability Analysis of Load Frequency Control Systems With Sampling and Transmission Delay [J]. IEEE Transactions on Power Systems, 2020, 35 (05): 3603-3615.

[127] JIANG L, YAO W, WU Q H, et al. Delay-Dependent Stability for Load Frequency Control With Constant and Time-Varying Delays [J]. IEEE Transactions on Power Systems, 2012, 27 (02): 932-941.

[128] RAMAKRISHNAN K, RAY G. Stability Criteria for Nonlinearly Perturbed Load Frequency Systems With Time-Delay [J]. IEEE Journal on Emerging and Selected Topics in Circuits and Systems, 2015, 5 (03): 383-392.

[129] YANG F, HE J, WANG D. New Stability Criteria of Delayed Load Frequency Control Systemsvia Infinite-Series-Based Inequality [J]. IEEE Transactions on Industrial Informatics, 2018, 14 (01): 231-240.

[130] BEVRANI H, HIYAMA T. Robust decentralised PI based LFC design for time delay power systems [J]. Energy Conversion and Management, 2008, 49 (02): 193-204.

[131] SÖNMEZ S, AYASUN S. Stability Region in the Parameter Space of PI Controller for a Single Area Load Frequency Control System With Time Delay [J]. IEEE Transactions on Power Systems, 2016, 31 (01): 829-830.

[132] WEN S, YU X, ZENG Z, et al. Event-Triggering Load Frequency Control for Multiarea Power Systems With Communication Delays [J]. IEEE Transactions on Industrial Electronics, 2016, 63 (02): 1308-1317.

[133] CHEN, SEN, et al. On Comparison of Modified ADRCs for Nonlinear Uncertain Systems with Time Delay [J]. Science in China Series F: Information Sciences, 2018, 61 (07): 1-15.

[134] ZHAO S, GAO Z Q. Modified active disturbance rejection control for time-delay systems [J]. ISA Transactions, 2014, 53 (04): 882-888.

[135] FU C F, TAN W. Decentralised Load Frequency Control for Power Systems with Communication Delays via Active Disturbance Rejection [J]. IET Generation Transmission &Distribution, 2018, 12 (06): 1397-1403.

[136] HAN W J, et al. Active Disturbance Rejection Control in Fully Distributed Automatic Gener-

ation Control with Co-Simulation of Communication Delay [J]. Control Engineering Practice, 2019, 85: 225-234.

[137] LIU F, et al. Robust LFC Strategy for Wind Integrated Time-Delay Power System Using EID Compensation [J]. Energies, 2019, 12 (17): 3223.

[138] HOSSEINI S A, et al. Delay Compensation of Demand Response and Adaptive Disturbance Rejection Applied to Power System Frequency Control [J]. IEEE Transactions on Power Systems, 2020, 35 (03): 2037-2046.

[139] OBAID Z, CIPCIGAN L, ABRAHIM L, et al. Frequency control of future power systems: Reviewing and evaluating the challenges and new control methods [J]. Journal of Modern Power Systems and Clean Energy 7 (08 2018). doi: 10. 1007/s40565- 018-0441-1.

[140] OBAID Z A, CIPCIGAN L, MUHSIN M T. Analysis of the great britain's power system with electric vehicles and storage systems [J]. 2015 18th International Conference on Intelligent System Application to Power Systems (ISAP), 2015: 1-6. doi: 10. 1109/ISAP. 2015. 7325555.

[141] AKRAM U, NADARAJAH M, SHAH R. A review on rapid responsive energy storage technologies for frequency regulation in modern power systems [J]. Renewable and Sustainable Energy Reviews 120 (2020) 109626. doi: https: //doi. org/10. 1016/j. rser. 2019. 109626.

[142] ALHELOU H H, HAMEDANI-GOLSHAN M E, ZAMANI R. et al. Challenges and opportunities of load frequency control in conventional, modern and future smart power systems: A comprehensive review [J]. Energies 11 (10) (2018). doi: 10. 3390/en11102497. URL https: //www. mdpi. com/1996-1073/11/10/2497.

[143] THRESHER R, ROBINSON M, VEERS P. To capture the wind [J]. IEEE Power and Energy Magazine 5 (6) (2007) 34-46. doi: 10. 1109/MPE. 2007. 906304.

[144] MAURICIO J M, MARANO-MARCOLINI A, GOMEZ-EXPOSITO A, et al. Frequency regulation contribution through variable-speed wind energy conversion systems, Power Systems [J]. IEEE Transactions on 24 (2009) 173-180. doi: 10. 1109/TPWRS. 2008. 2009398.

[145] REVEL G, LEON A, ALONSO D, et al. Dynamics and stability analysis of a power system with a pmsg-based wind farm performing ancillary services, Circuits and Systems I: Regular Papers [J]. IEEE Transactions on 61 (2014) 2182-2193. doi: 10. 1109/TCSI. 2014. 2298281.

[146] GOMES M A, GALOTTO L, SAMPAIO L P, et al. Evaluation of the mainmppt techniques for photovoltaic applications [J]. IEEE TRANSACTIONS ON INDUSTRIAL ELECTRONICS 60 (3) (2013) 1156-1167. doi: 10. 1109/TIE. 2012. 2198036.

[147] OBAID Z, CIPCIGAN L, MUHSSIN M. Design of a hybrid fuzzy/markov chain-based hierarchal demand-side frequency control [J]. 2017. doi: 10. 1109/PESGM. 2017. 8273821.

[148] Congress and Exposition (ECCE), 2018: 6387-6391. doi: 10. 1109/ECCE. 2018. 8557440.

[149] IM W S, WANG C, LIU W, et al. Distributed virtual inertia based control of multiple photovoltaic systems in autonomous microgrid [J]. IEEE/CAA Journal of Automatica Sinica 4 (3) (2017) 512-519. doi: 10. 1109/JAS. 2016. 7510031.

[150] HOKE A, MULJADI E, MAKSIMOVIC D. Real-time photovoltaic plant maximum power point estimation for use in grid frequency stabilization [J]. 2015 IEEE 16th Workshop on Control and Modeling for Power Electronics (COMPEL), 2015: 1-7. doi: 10. 1109/COMPEL. 2015. 7236496.

第2章 飞轮储能系统基本原理与控制技术

2

2.1 飞轮储能系统研究现状概述

2.1.1 储能技术发展概况

储能技术作为有效缓解大规模可再生能源并网压力的一种有效手段，最早于19世纪90年代在意大利和瑞士等地开始应用，早期多为抽水蓄能技术。目前随着新能源的大力发展，储能技术在提高新能源消纳、提升电网调频能力、提高电能质量和电力系统可靠性等方面具有重要作用。储能技术不仅可以配置在电源侧，通过在时间上对能量分布的灵活转移参与电网调频调峰辅助服务，还可以装置于用户侧，为电网负荷用户提供峰谷调节、提升供电可靠性。储能系统在发电侧、电网侧以及用户侧都取得了不同程度的规模化示范应用，已经逐步成为我国能源清洁利用、新型电力系统建设的重要组成部分和关键支撑技术[1-2]。

随着科技的发展，近年来储能技术发展迅速，应用领域广泛，产品类型丰富多样，特点差别很大，按照储能过程中能量转换形式，大致可以分为物理储能、电化学储能以及电磁储能[3-4]。选取部分典型储能技术类型比较，见表2-1。

表2-1 储能技术类型比较

储能类型	储能	优点	应用场景	响应时间	效率
物理储能	抽水蓄能	技术成熟、成本低、寿命长	调峰调频和调相、应急及黑起动电源	分钟级	70%~75%
	压缩空气储能	寿命长、性能稳定	削峰填谷、备用电源	分钟级	50%~70%
	飞轮储能	响应速度快、寿命长、可频繁充放电	调峰调频、UPS	毫秒级	>90%

（续）

储能类型	储　　能	优　　点	应用场景	响应时间	效　　率
电化学储能	锂离子电池	能量密度大	辅助可再生能源备用、容量备用、调峰调频	百毫秒级	85% ~95%
	全钒液流电池	安全性好	调峰调频、UPS、电能质量调节	百毫秒级	75% ~85%
	铅炭电池	性价比高、技术成熟	削峰填谷、容量备用	百毫秒级	70% ~90%
电磁储能	超级电容储能	响应速度快、转换效率高	电能质量调节、UPS	毫秒级	70% ~90%
	超导储能	响应速度快、循环次数无限	电能质量调节、振荡抑制	毫秒级	80% ~90%

由表2-1可以看出，抽水蓄能和压缩空气储能容量大、设计寿命长、性能稳定，适用于电力系统调峰，但是响应时间长，对于要求快速响应的一次调频贡献有限，且抽水蓄能在工程选址方面受到地理位置的制约，电站规模大，建设周期长[5]。

目前，电化学储能相对发展比较成熟，成本低，在多种工业领域都有较好的示范应用。但是同样存在一些技术短板亟需解决，如频繁深度充放电引起的电池储能系统一般寿命较短、报废后不利于环保、过充过放的安全性问题等[6]。

超导储能和超级电容储能具有较快的响应速度，能量转换效率高，可多次频繁充放电，适用于电网调频领域，但是目前存在制作成本高昂，尤其是超导储能的低温制冷系统运行维护成本过高，因此目前难以广泛应用于工程实践[7-8]。

在辅助火电机组一次调频方面，与上述储能方式相比，飞轮储能技术具有以下优点：

1）飞轮储能系统的功率密度高，能够实现多次大功率充放电。

2）飞轮储能系统响应速度快，以高速旋转的飞轮转子为储能介质，采用电力电子器件实现能量转换，速率高，可以在短时间内放出大量能量，并可以实现毫秒级功率响应。

3）飞轮储能系统安全性好，不存在燃烧和爆炸的风险，且一般采用埋置在地下的方式安装，飞轮结构设计上也有相应的物理防护措施。

4）飞轮储能系统环境友好，飞轮储能系统为机械结构设计，飞轮转子的材料一般为合成钢或者高强度碳纤维，系统报废后可以回收利用，对环境基本无污染。

5）飞轮储能系统的能量效率高，飞轮储能系统的转子在真空状态下旋转，且采用磁悬浮轴承系统可以有效降低自身摩擦损耗，随着磁悬浮和真空技术的发展，飞轮储能系统的能量转换效率最高可以达到95%。

6）相比于传统化学储能，飞轮储能系统设计寿命更长，一般可达 20 年以上，具有频繁和深度充放电能力。

7）飞轮储能系统对运行温度要求不高，运行温度范围可在 -40 ~ 80℃，因此对安装环境具有较强的适应性。

综上所述，相比其他的储能系统，飞轮储能系统在功率密度、运行安全性、能量转换效率、响应速度以及环保等方面都明显优于其他储能技术，且随着技术的发展，最为制约飞轮储能推广应用的成本问题也在逐步解决，因此，飞轮储能系统更加适用于火电机组一次调频领域。

2.1.2 飞轮储能系统运行控制技术发展

1. 飞轮储能系统的本体充放电控制

飞轮储能系统的控制任务分为机侧控制和网侧控制，两侧控制进一步细分为外环和内环两个级联控制环。不同的运行模式下，控制目标有所不同，包括稳定直流母线电压、控制电机转速和跟踪功率指令等。目前，对于飞轮储能充电模式的研究主要集中在对直流母线电压和电机转速的控制上，而放电模式的研究主要关注跟踪功率指令的控制或稳定直流母线电压。图 2-1 和图 2-2 分别给出了连接至直流电网和交流电网的飞轮储能系统基本控制回路。连接至直流电网的飞轮储能系统只使用一个机侧变换器，需要在不同的运行模式下切换以完成不同的控制任务。

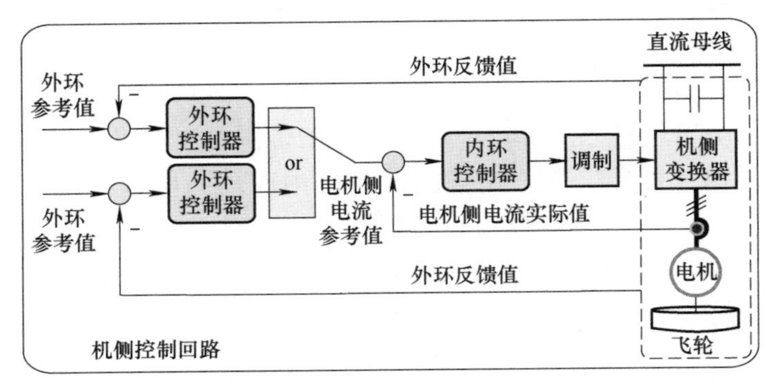

图 2-1 连接至直流电网的飞轮储能系统典型充放电控制

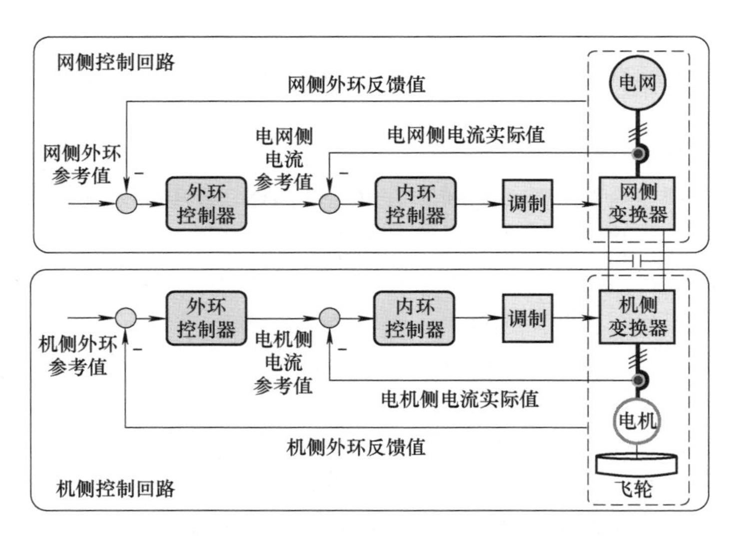

图 2-2　连接至交流电网的飞轮储能系统典型充放电控制

(1) 直流电压控制[9-12]

两个控制环由电压外环和电流内环组成，外环控制直流母线电压，内环控制电网侧电流或电机侧电流。目前应用最广泛的母线电压控制算法是比例积分(PI) 控制算法，由于 PI 控制器往往基于系统的局部线性化模型设计，通常只适应于稳态工作点变化不大的对象。为此，参考文献［9］针对直流微电网的应用，用自抗扰控制器代替传统的双环 PI 控制器来提高飞轮储能系统的控制品质；参考文献［11］提出了一种基于扩展状态观测器的鲁棒控制策略，并考虑了直流链路电压调节器中的速度变化。

(2) 电机转速控制[13-17]

两个控制环由电压外环和电流内环组成，外环控制电机速度，内环控制电机侧电流。参考文献［10］中转速外环控制器用 BP 神经网络替代传统 PI 控制，内环通过基于 RBF 神经网络的电压 PI 控制器，以生成 d 轴和 q 轴控制电压来驱动电机，由此达到期待转速值完成能量存储。参考文献［17］选择永磁直流无刷电机作为飞轮转子的驱动电机，并基于转速电流双闭环控制方法，实现对飞轮转子的调速控制。该双闭环控制系统中内环的电流控制器采用传统的 PID 控制算法，外环的转速控制器采用新型的神经元自适应 PID 控制算法。参考文献［18］采用非线性扰动观测器对损耗功率进行前馈补偿，并基于外环转速/能量控制切换的方式实现高效率充电控制。

(3) 功率控制[20-21]

两个控制环由功率外环和电流内环组成，外环接收外部功率指令生成内环参考电流信号以改变飞轮的状态，参考文献［19］中机侧变流器控制回路采用自适应小波模糊神经网络算法作为灵活的功率调节器，进而控制飞轮储能系统在网络扰动和/或可变风况下释放/吸收实际和无功功率，实现对风机的平滑控制。参考文献［20］提出了一种基于人工神经网络的简单功率控制策略，在保持可控电网侧功率的同时对机侧系统进行充放电控制。所提出的控制器基于传统的矢量控制系统，辅以基于神经网络的电流解耦网络，用于根据所需的电网功率水平和飞轮瞬时速度开发所需的转子电流分量，同时该设计可避免飞轮充电/放电时定子和转子电路过载。

2. 飞轮储能系统规模化阵列控制

在应用中扩大储能容量十分重要，虽然从理论上来说可以通过提升飞轮转子转速或增加质量等方式获取更大的储能容量，但是研制单个大功率大容量的飞轮储能单元却具有较高的成本和技术难度。为此，研究人员提出了一种多模块飞轮储能单元并联组成飞轮储能阵列的解决方案[22]。该方式不仅能降低单位容量成本，还可极大地简化研发过程。对于飞轮储能阵列，合理的功率协调策略是对阵列中各个单体的输出功率进行管理分配的关键。飞轮储能阵列有两种可选的连接方案：直流母线并联和交流母线并联，分别如图 2-3 和图 2-4 所示。直流母线并联的飞轮储能阵列除了可以通过并网逆变器并入大电网，还可以直接用于直流微电网。

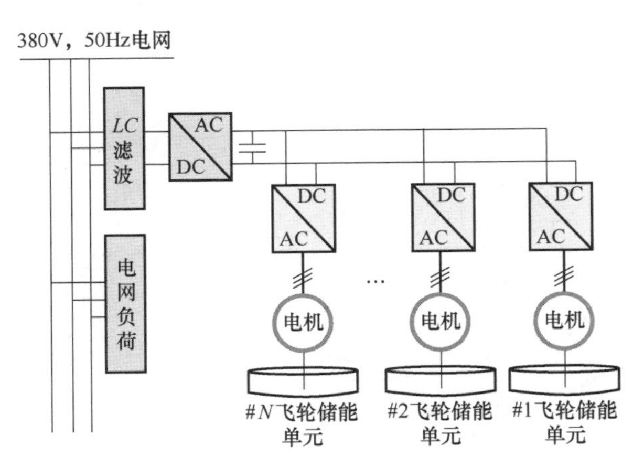

图 2-3　直流母线并联的飞轮储能阵列

飞轮储能阵列控制相关研究主要分为两类：集中式控制和分布式控制（见图 2-5 和图 2-6）。集中式控制通常由中央控制器来获得上次调度信号及每个飞轮单元的状态（如当前飞轮的能量状态、飞轮功率上限等[23-24]），然后根据一定的规则来分配功率指令，如等功率策略、等转矩策略、等时间长度策略[22]，基于能量状态一致的改进下垂控制[25]，“能者多劳”原则等[26]。分布式控制更偏向于得到一个确切的功率指令[27-28]，将每个飞轮单元视作一个智能体，基于分布式控制通过各个单元之间进行的通信来完成指令分配、能量状态一致、功率指令跟踪，实现平滑功率波动的目标[29]。

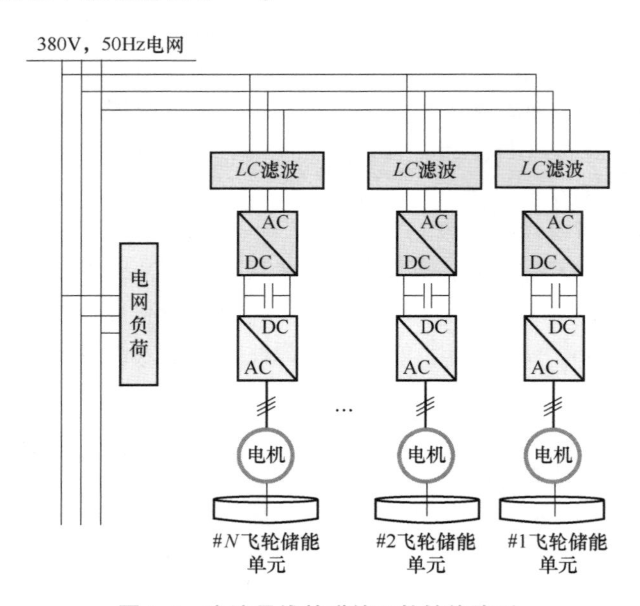

图 2-4　交流母线并联的飞轮储能阵列

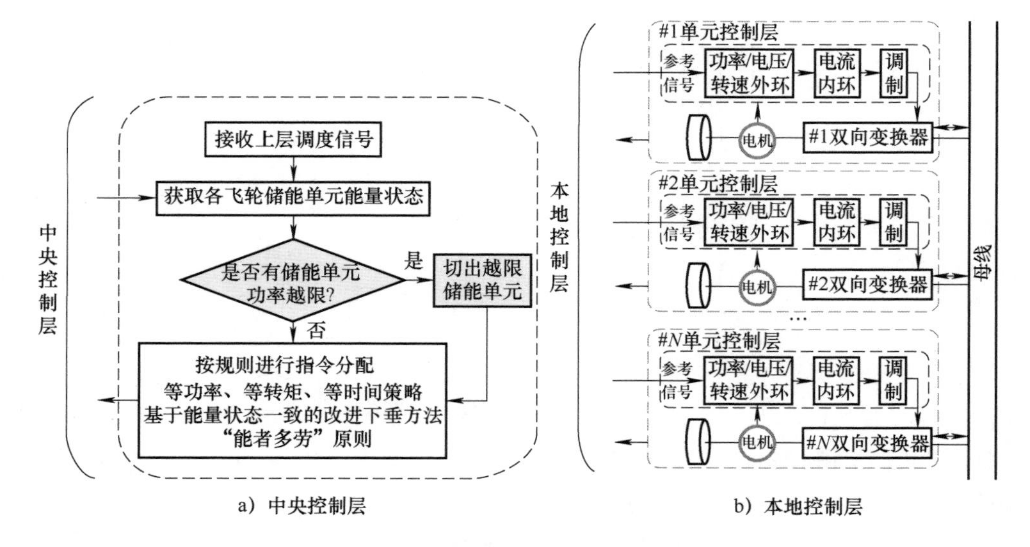

a）中央控制层　　　　b）本地控制层

图 2-5　飞轮储能阵列的集中式控制

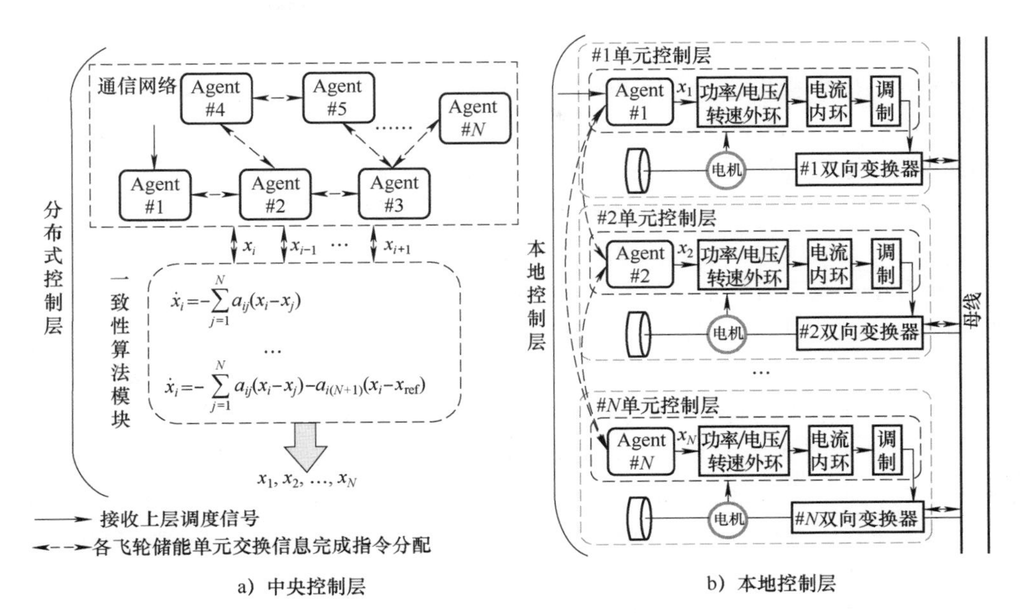

a）中央控制层　　b）本地控制层

图 2-6　飞轮储能阵列的分布式控制

2.1.3　飞轮储能系统辅助调频研究现状

（1）飞轮储能系统调频控制策略研究

飞轮储能系统能量管理系统的设计是火电机组-飞轮储能联合调频控制技术能否有效改善电网频率稳定性的关键。Pattabi P 在微电网中开展了飞轮储能系统的简化建模和控制模拟，实验验证了飞轮储能单元可以通过其短的响应时间和快速动作，在三相故障情况下保持微电网的瞬态稳定性[30]。Aasim 等人提出了一种基于风速预测的飞轮储能系统能量管理控制方法，基于神经网络模型将预测风速转换为瞬间风力，预先调整飞轮的速度，提高飞轮储能系统的能量交换能力[31]。Takahashi R 等人建立了涉及风力发电的孤立电网模型，飞轮储能系统的输出功率参考值由电网频差决定，仿真结果表明与传统储能系统只参与功率平滑相比，该方案对孤立电网的频率稳定非常有效[32]。

何林轩等人建立了考虑 SOC 的火-储联合一次调频模型，通过仿真验证了飞轮储能的参与可以减少电网频率偏差量和联络线上交换功率的波动，飞轮的参与有效减轻了机组负担，对延长机组寿命具有重要意义[33]。隋云任等人建立了区域电网调频仿真模型，研究发现飞轮储能系统辅助参与电网二次调频能减少系统频率变化量约 1/2，汽轮机输出功率的变化量峰值减少 2/3，并且有效降低了锅炉主蒸汽压力波动[34]。李军徽等人定义了权重因子，在一次调频控制方案中考虑了储能系统 SOC 恢复，通过引入随频率自适应变化的出力权重因子，提出储能 SOC 自恢复方法[35]。李若等人依据区域控制偏差信号的划分，定量描述电网二次调频备用容量状态，设计了兼顾调频效果和储能 SOC 维持效果的储能协调控制策略，实现储能和常规机组联合调频的互补协调运行[36]。张文政等人为解决电网波动剧烈导致的火电机组运行平稳性问题，提出了一种考虑火电运行平稳性的飞轮储能辅助二次调频控制策略。结果表明所提控制策略在不影响系统调频性能的前提下可以使联合系统有效响应系统高频指令，减小了火电机组的动作幅度，提升了机组运行的平稳性[37]。张萍等人提出了一种逐次变分模态分解的飞轮-火电一次调频控制策略。以飞轮储能和火电机组为研究对象，建立了考虑新能源占比的飞轮-火电一次调频模型，实现飞轮储能与火电机组响应频率变化的协同控制，保证飞轮储能调频期间的运行安全，进一步提升了系统的频率响应能力[38]。代本谦等人论述了飞轮储能辅助机组一次调频原理，分析了飞轮储能的出力特性，结合世界最大容量飞轮储能，提出了飞轮储能满功率辅助机组一次调频的控制策略，并应用于我国第一套飞轮储能辅助火电机组一次调频的调试中，验证了控制策略的有效性[39]。

飞轮储能系统的调频控制策略对于充分利用储能系统特性，发挥储能优势具有重要意义。上述参考文献虽然广泛验证了飞轮储能系统辅助发电机组参与调频的有效性，并对飞轮参与调频的出力策略进行了一定的改进，但是在辅助火电机组调频的过程中普遍存在一个问题，即忽略了火电机组的实时状态，火电机组处于动态工况下时，飞轮储能系统不能根据火电机组的状态及时调整出力来稳定电网频差。在未来的研究中，火电机组实时调频能力应该纳入考虑。

（2）飞轮储能系统容量配置研究

飞轮调频的控制策略可以在保持飞轮 SOC 的基础上最大化调频效果，合理的容量配置方案可以在改善调频效果的基础上最大化电厂调频收益，直接影响储能系统的推广应用效果。目前国内外对于单独飞轮储能系统的容量配置研究并不多见，多是基于电化学储能系统的方法延伸，或是对于混合储能系统的容量最佳配比开展研究[39-41]。

Wang Y 等人对区域综合能源系统中建立了混合储能系统的容量规划模型，采用小波包分解方法处理可再生能源，稳定出力波动，配置储能可以将可再生能源利用率提高 16%[42]。Nair S G 等人认为飞轮储能系统的容量取决于其转速和惯性，通过确定飞轮的转速可以得到飞轮在特定调度功率下的惯量，并基于粒子群算法对飞轮的惯量及控制器增益进行寻优，对飞轮的选型提供参考[43]。

罗耀东等人提出了一种考虑积分电量贡献和全生命周期成本的飞轮储能系统容量配置方法，在最优容量配置结果下可以提升积分电量贡献指数到 98.2%，飞轮投资回收周期为 4.3 年[44]。武鑫等人设计了一种粒子滤波下的飞轮阵列容量配置方法，在所设计方案的容量配置结果下，核电机组积分电量贡献指数可以提高 2.69 倍[45]。宋杰等人通过对目标一次调频功率指令的分解重构，提出了一种基于 EMD 分解的混合储能容量规划方法，该方法充分考虑了功率高低频响应，有利于火电机组调频储能规划[46]。目前国内外对飞轮储能、混合储能系统参与电网调频的配置研究众多，充分挖掘储能调频特性，科学合理地在发电侧配置储能，对于提高电厂可见收益、推动储能系统在我国调频市场的应用具有重要意义。

2.2　飞轮储能系统介绍

2.2.1　工作原理

飞轮储能系统是一种将机械能转化为电能的储能装置，突破了化学电池的限制，通过物理方法实现能量的存储[47]。通过双向电动机/发电机，可以实现电能与高速旋转飞轮的机械动能之间的能量转换，将电能以机械能的形式存储。飞轮储能系统可以通过调频、整流、恒压、接口等方式与不同类型的负载相连[48]。

在储能过程中，电能通过功率变换器变换后驱动电机，进而驱动飞轮加速，并以动能的形式储存在高速旋转的飞轮中[49]。电机保持匀速运行。在储能系统放电过程中，高速旋转的飞轮带动发电机发电，发电机发电后通过功率变换器以电流和电压的形式输出给负载，完成机械能向电能释放能量的过程。整个飞轮储能系统可以实现电能的输入、存储和输出过程。

飞轮储能系统内部含有一部双向电机，可以在电动机和发电机之间实现状态转换。在充电过程中以电动机形式运行，在外部动力源的驱动下，电动机带动飞轮高速旋转，从而通过提高飞轮转子的转速进行充电；放电时，该电机作为发电机，在飞轮转子的驱动下向外界释放电能，完成机械能到电能的转换。

2.2.2　物理结构

飞轮储能单元结构示意图如图 2-7 所示。电力电子变换器是连接飞轮电机和供电系统的纽带。电机是飞轮储能系统将机械能转化为电能的媒介[50]。飞轮储能系统的实时储能量可由下式计算：

$$E = \frac{1}{2}J\omega^2 \tag{2-1}$$

式中，E 为储能电量；J 为转子转动惯量；ω 为实际转速。

飞轮转子的速度分别随着其储存和释放能量的过程增加和减少。飞轮电机负责两种不同形式的能量交换，从而驱动飞轮转速的变化[51]。飞轮电机与转子采用同轴连接的方式，通过控制电机的转速实现对飞轮充放电的控制。

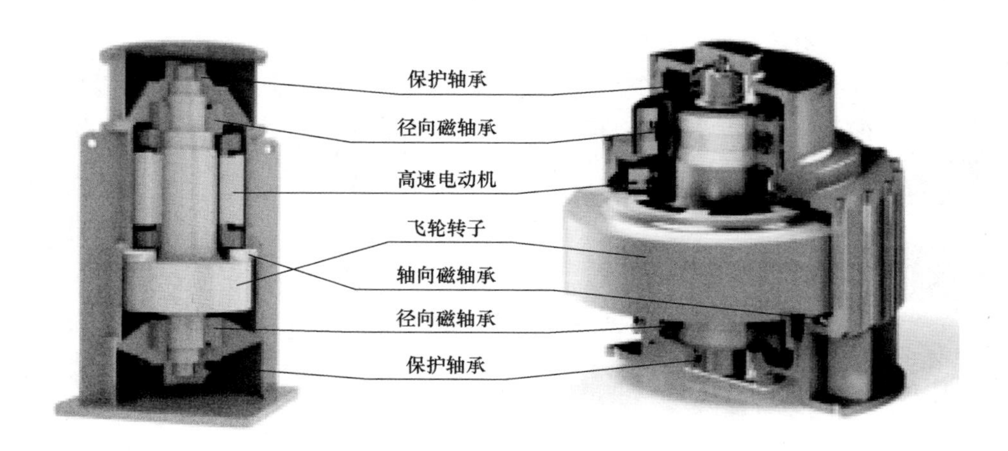

图 2-7　飞轮储能单元结构示意图

同时，为了限制电机的最大转矩，避免给定功率额定值时电压变化较大，保证飞轮转子在其转速范围内。飞轮转子的转动惯量取决于它的质量和形状因子[52]。不同飞轮的转子结构可能不同，常见的结构有短圆盘形或长鼓形圆柱体，圆柱体内部可以根据不同的应用场景制成空心或实心。飞轮的转动惯量均可通过下式计算[53]：

$$J = \frac{1}{2}mr^2 \tag{2-2}$$

式中，r 为圆柱体的半径；m 为飞轮转子的质量。

实心圆柱体飞轮的转动惯量和储能量可以计算为飞轮长度 h 和质量密度 ρ 的函数[54]。

$$J = \frac{1}{2}\pi\rho h r^4 \tag{2-3}$$

$$E = \frac{1}{4}\pi\rho h\omega^2 r^4 \tag{2-4}$$

转子所用材料的强度称为拉应力 σ，最大应力可通过式 (2-5) 计算，拉应力决定了维持转子上的应力低于材料应力的最大运行速度极限[55]。表 2-2 给出了几种飞轮材料的性能。

$$\sigma_{\max} = \rho\omega^2 r^2 \tag{2-5}$$

飞轮的特征形状因子 K 代表材料的利用率。单位质量存储的比能量和能量密度可以表示为[56]

$$\frac{E}{m} = K\frac{\sigma_{max}}{\rho} \tag{2-6}$$

$$\frac{E}{V} = K\sigma_{max} \tag{2-7}$$

式中，m 为飞轮质量；σ_{max} 为最大应力；ρ 为密度。图 2-8 描述了飞轮的各种形状及其相关的形状因子。比能量和能量密度都与飞轮形状有关。

表 2-2　几种飞轮材料的性能

材　料	质量密度 $\rho/(kg/m^3)$	抗拉强度 σ/MPa	比能量 $E/m/(W/kg)$	能量密度 $E/V/(kW/m^3)$
钢（AISI 4340）	7800	1800	39	303
合金（AlMnMg）	2700	600	38	101
钛（$TiAl_6Zr_5$）	4500	1200	45	202
玻璃丝（60%）	2000	1600	135	269
碳纤维（60%）	1500	2400	269	404

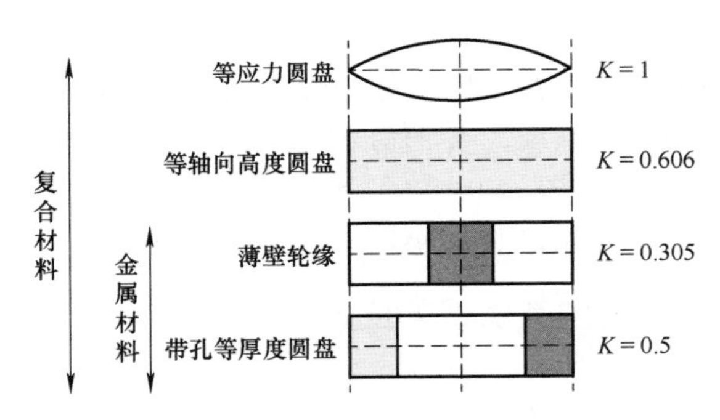

图 2-8　不同飞轮形状的形状因子

2.2.3　飞轮储能系统的特点

飞轮具有响应快、效率高、寿命长、充放电容量大、循环寿命长、功率密度高、对环境影响小等优点。通过飞轮的转速监测，可以在不影响其温度或寿命的情况下计算其荷电状态（SOC）。然而，与其他存储技术相比，飞轮储能系统的主要限制是较高的投资成本。

与其他储能技术相比，飞轮倾向于快速充电和放电，而不受充放电深度的影响。飞轮储能系统具有频繁浅充浅放电的情况下高效运行的能力。由于不需要较长的充放电循环，飞轮储能系统的寿命可以超过 20 年，可充放电数百万次。飞轮储能系统的特性如图 2-9 所示。

图 2-9 飞轮储能系统的特性

飞轮可以在数秒内传递大量的功率，效率可达 90% ~95%。由于其使用的材料无危害，在运行过程中零排放，是一种环境友好型储能技术。飞轮储能系统的能量和功率额定值可以根据其应用场合进行独立优化。飞轮储能系统的能量额定值由转子转速和尺寸决定，而功率额定值由电机和连接的电力电子元件的尺寸决定。

高功率的飞轮储能系统在短时储能领域具有很好的应用前景；通过在转子设计和材料方面进行细微的改进，飞轮储能系统便可以达到更长的储能时间。与蓄电池相比，飞轮的功率密度大 5 ~10 倍。由于飞轮的体积较小，寿命较长，在电动汽车的应用中可以大量减少电池的使用。

2.2.4 飞轮储能系统的其他相关技术

1. 转子

飞轮转子的储能性能主要由 3 个因素决定，即材料强度、结构形状和转速。材料强度直接决定了与飞轮转子转速结合后能够平稳运行的动能水平[57]。为了提高储能能量，飞轮转子在极高转速下工作，因此对转子材料强度要求极高。根据飞轮转子材料的不同，可分为复合材料转子飞轮以及金属材料飞轮两大类[58]。国内外对复合材料结构强度方面进行过很多研究，复合材料由于具备高强度、低密度、高模量等特性，成为制作飞轮转子的主要材料之一，近年来针对大尺寸复合材料飞轮转子的研究开始受到更多关注[59]。参考文献［60］设计并讨论了碳纤维复合飞轮转子的不同工艺方法及其解析模型，分析了飞轮的应力分布、储能密度优化和动力学特性。参考文献［61］采用刚度衰减模型，预测了复合材料飞轮不同情况下的失效过程。参考文献［62］设计并制造了一种转速可达 15000r/min 的多材料轮缘装配的复合材料转子。参考文献［63］设计了多层层内混杂飞轮并讨论了分层数目对应力与形变的影响。参考文献［64］讨论了复合材料飞轮三种轮缘与轮毂的连接方式，并分析了引起振动的关键因素。参考文献［65］提出了环向和径向同时强化的圆环平纹织物结构。参考文献［66］设计了层压板结构的复合材料飞轮转子。

金属材料飞轮具有良好的淬透性和优良的力学性能，可以避免飞轮体在运行时因局部应力过大造成疲劳损失或局部材料失效[67]。目前，已有众多学者针对飞轮转子结构形状进行了应力分析和设计优化。参考文献［68］基于平面应力理论，以应力最小化和储能最大化为目标，采用实验设计方法对金属材料飞轮厚度进行优化设计。参考文献［69］以更轻的飞轮质量、更大的极转动惯量以及更小的应力形变为目标，基于多目标遗传算法对飞轮转子形状进行优化，优化后的飞轮转子相比于原模型性能更优。参考文献［70］在保证储能总量、转子转速和直径不变的前提下，将金属转子等厚度结构设计成变厚度结构，并通过响应曲面优化法对结构进行优化，优化后的转子降低质量的同时提高了系统储能密度。参考文献［71］利用 Ansys Workbench 有限元分析对两种变厚度空心飞轮进行应力分析，分析了轮缘高度变化对两种飞轮模型飞轮应力以及飞轮变形量的影响。参考文献［72］设计了一种近似等应力的阶梯变截面金属材料飞轮转子结构，以获得更高的储能密度；同时，采用一体化外转子飞轮方案有效解决了飞轮转子轴向长度对转子动力力学特性的影响，并提高了飞轮储能系统结构紧凑性。参考文献［73］分析比较了包括飞轮储能在内的物理储能的经济特性，表明相较于其他物理储能，飞轮储能的经济性较差，这更凸显了优化飞轮结构、降低单位储能量成本的重要性。

2. 轴承

轴承系统的主要功能是支撑转子稳定旋转，并且减少旋转过程中的摩擦阻力，它直接影响了飞轮电机的运行效率和使用寿命。早期飞轮储能系统多用机械轴承，具有支撑强度高、结构紧凑的优点，但也存在高摩擦、高损耗、低寿命、终身需要润滑和维护等缺点[74]，适用于低速飞轮储能系统以及高速飞轮储能系统的冗余保护轴承[75]。近年来，为了进一步提升飞轮储能系统的存储效率，降低系统中的空气动力损失和轴承摩擦损失，常使用磁性轴承，如用真空容器内的磁悬浮轴承代替普通机械轴承[76]，真空中运行的磁悬浮飞轮可大幅减少与轴承、空气间的摩擦，显著降低运行功耗，飞轮转子的位置可通过调节磁悬浮系统的磁力进行控制[77]。根据磁轴承的偏置磁通产生方式，可以将磁轴承分为主动磁轴承、被动磁轴承和混合磁轴承 3 种。

在飞轮储能系统中使用主动磁轴承对飞轮转子进行支承，参考文献［78］分析了主动磁轴承的等效刚度和等效阻尼在交叉反馈控制方法中对陀螺效应的抑制作用，根据飞轮转子在旋转过程中造成的不稳定问题，对主动磁轴承在结构上进行了改进。新型的五自由度的主动磁轴承应用于飞轮储能，能量密度是传统的飞轮储能的两倍，成功实现了在1.14mm气隙长度上使一个重量为5440kg、半径为2m的飞轮稳定悬浮。参考文献［79］利用拉格朗日方程得到的五自由度飞轮储能系统的非线性模型，解决了飞轮储能系统中的能量控制问题。

被动磁轴承没有控制线圈，仅仅通过永磁体产生的吸引力和排斥力实现被动磁轴承转子的稳定悬浮[80-81]的多环形磁铁形成了多马鞍面形磁场，选取环绕磁铁个数以及环绕半径得到最优的多马鞍面磁场，使用多马鞍面磁场得到被动磁轴承对卧式飞轮电池进行支承。参考文献［82］中飞轮储能由两对被动永磁环的被动磁轴承和混合径向磁轴承组成，被动磁轴承可以在陀螺力矩的作用下提供角度刚度来抑制磁悬浮转子，并产生轴向悬浮力，使飞轮转子在轴向上稳定悬浮，附着在转子边缘上的被动磁轴承对角动量有很大的作用。

混合磁轴承相对于以上两种磁轴承可以降低功率损耗，减小磁轴承的安匝数和体积，同时缩短磁轴承的轴向长度，易于加工和控制。电力系统使用过程中造成了能量损失，以及分布式电源不稳定对微电网造成了极大的影响，因此微电网需要储能密度高、充放电速度快的飞轮电池，飞轮储能系统通过一个轴向混合磁轴承和一个新型径向Halbach混合磁轴承支承，使得整个系统非常紧凑，而且具有很好的鲁棒性和稳定性。参考文献［83］是用于电力储能系统的轴向混合磁轴承，永磁体与励磁线圈的结合可以降低功耗，限制系统体积。混合磁轴承支承的飞轮储能系统，转速为20000r/min，最大存储功率容量为30W，上、下转子和定子是锥形的，可以在飞轮储能系统上达到更大的悬浮力。

3. 电机

电机是飞轮储能系统实现能量转换的核心部件，电机性能的好坏直接影响了飞轮储能系统的性能和效率。电机与飞轮同轴连接，在飞轮充放电期间，电机充当电动机或发电机，从/向电网吸收/提供电力。飞轮储能系统中的电机需具有能工作在电动和发电两种状态、有稳定使用寿命和较低空载损耗、运行可靠、易于维护等能力。具有以上能力的可供选择电机类型包括永磁同步电机[85-88]、开关磁阻电机[89-90]、感应电机[91-93]、无刷直流电机[94-96]等。其中，永磁同步电机因其结构简单（转子无励磁绕组）、效率高、功率密度大、动态性能好等优点而成为飞轮储能系统最常见的选择[85]，通常用于高速飞轮中[[84,86,97-99]。参考文献［97－98］对飞轮储能系统中的电机设计进行了研究，结果表明，即使在高速（约50000r/min）情况下也具有高效率（约95%）。

传统的开关磁阻电动机（SRM）由于其特殊的运行环境，具有结构简单、故障安全性好、鲁棒性强等优点，并且可以在高温或剧烈的温度变化下运行，因此引起了学者们的研究兴趣。日本学者M. Takemoto等人首先提出了磁悬浮开关磁阻电机（BSRM）的概念[100]，它是利用电机本身同时产生径向力和转矩的特性，结合磁力轴承的原理来实现的。BSRM最大限度地保留了电机本体和磁力轴承的优点。为了进一步开发高可靠性、高集成度、低损耗的机械设备，国内学者也进行了热点研究。现阶段主要研究方向为结构设计与优化、精确建模、电磁性能分析、损耗与温度分析。

感应子电机转子结构特殊，一般采用实心合金钢，上面既没有任何绕组，也没有永磁体。转子强度高，定转子之间无任何换向装置，可靠性高，适合高速旋转。转子转动惯量大，转速高，储能密度更大[101]。另外，在飞轮储能能量保持阶段，将其励磁电流断开，消除待机电磁损耗，特别适用于长时间待机运行的场合。感应子电机的最大优势在于转子结构简单，采用整段实心合金钢，没有永磁体和绕组，适合飞轮的一体化设计和高速旋转[102]。

无刷直流电机由电动机主体和驱动器组成，是一种典型的机电一体化产品。无刷电机是指无电刷和换向器（或集电环）的电机，又称无换向器电机，具有响应快速、较大的起动转矩、从零转速至额定转速具备可提供额定转矩的性能。

4. 变流器

储能变流器（Power Conversion System，PCS）作为储能介质和电网的枢纽，承担着功率变换的重要任务，既要实现并网下的充放电控制，也要实现离网下的孤岛运行[103]。PCS 是储能系统与电网或用电负荷间的功率转换与电气接口，是新能源为主的电力系统的重要组成部分[104]。储能系统的并网接入设备，即 PCS，按照并网接入电网的电压等级，可分为低压接入 PCS 和中高压接入 PCS。在拓扑结构的选择上，需要考虑并网/离网、非线性/不平衡负荷、电气隔离等因素。PCS 要适应当地电网的特点，包括供电制式、电压等级、接地方式、继电保护等。对于一般的低压电网，常采用三相四线制或三相五线制，可给三相或单相负载供电，因此 PCS 大多采用三相四线制拓扑[105]，而三相四线制变流器的拓扑结构选择，关键在于输出的交流系统电压中点的形成方式。根据级数不同，工频升压型 PCS 又可分为单级和双级拓扑。PCS（AC/DC 变换器）主要分为工频升压型与高压直挂型。工频升压型包括两电平、三电平和多电平的单级 AC/DC 变换器和前级非隔离型与隔离型 DC/DC 变换器的双级 AC/DC 变换器；高压直挂型有 H 桥链式、模块化多电平 MMC 的单级链式和前级非隔离型与隔离型 DC/DC 变换器的双链式[106]。

电力电子变换器是使功率变换系统实现能量转换的重要组成部分，由两个背靠背排列的电压源变换器组成[107-109]，作为连接飞轮储能系统和外部电源/负载的关键接口，最典型的功率变换器拓扑是交-直-交变换器，这两个变流器分别称为电网侧和电机侧变流器，它们通过中间的直流链路相连接。有时，飞轮中仅采用机侧变流器连接至直流系统，如直流微电网[110]。

5. 辅助设备

冷却系统的主要功能是维持飞轮转子和轴承以及电机定子保持在工作温度

内[111]。飞轮的冷却系统主要布置在机械轴承、飞轮转子、电机定子这 3 个部位，其中电机定子发热量最大，电机定子在外圈固定不动，因此可以采用冷却水套的方式进行水冷；其次为机械轴承，机械轴承的发热量随着转速的增大而增大，且增大的趋势随着转速的增大而变大，并且由于处在真空环境下，散热条件不行，因此机械轴承的温升较大；由于飞轮转子采用永磁轴承作为支撑轴承，因此飞轮转子的主要发热量来自于真空室内残余空气的摩擦生热，Temporal Power 的飞轮采用的冷却方式是使用热管喷射冷却剂带走转子中的热量[112]。在真空室中，无法靠空气对流进行散热，冷却系统的作用显得尤为重要，若轴承温度过高，易导致润滑油过热，影响润滑条件，甚至在转速过高时轴承损毁。在低压环境中，冷却剂的沸点降低，若飞轮转子因长时间工作却无法散热，温度过高，会导致冷却剂沸腾蒸发起沫，破坏真空室内的真空。飞轮储能的能量损耗主要分为 3 个部分：机械损耗、风阻损耗以及电损耗[113]。其中机械损耗为电机支撑轴承的摩擦损耗，风阻损耗为转子与真空室内残余空气间的摩擦损耗，电损耗主要为电机的铜损和铁损[114]。飞轮储能系统主要由 3 种工作状态组成：充电加速、放电降速、空载运行，其中绝大部分时间都是处于空载运行的状态。在飞轮维持转速不变的空载运行中，主要的损耗是机械损耗和风阻损耗，这两种损耗是影响飞轮空转时长的主要因素，而飞轮的空转时长也是评判飞轮性能的重要指标，同时这两种损耗也是影响飞轮效率的主要因素。

抽真空装置的主要作用是维持真空室内的真空度，使飞轮储能系统的风阻损耗在一个较低的水平[111]。目前，国内采用的抽真空装置主要是外置式抽真空装置，主要有连接管、真空泵以及压力传感器；目前普遍采用的都是复合式分子泵，这种真空泵具有抽速大、压缩比高等优点，压力传感器可以实时监控真空室内的真空度。飞轮储能系统具有效率高、能量损耗率低并且空载状态时能量保持率高的优点，主要归功于磁悬浮轴承和真空室，真空环境使得飞轮转子在高转速的情况下依旧可以忽略风阻损耗的存在。然而过度提高真空度会导致转子因散热条件减弱而温升较高[114]，飞轮储能系统的转子、轴承和电机定子都处于真空环境中，真空室中气体稀薄减弱了散热功能。飞轮转子的风阻损耗主要与飞轮转子与真空室内壁的间隙、飞轮转子的形状、表面积大小、飞轮转子的转速以及真空度有关，在确定的飞轮储能系统的结构中，提高真空度是降低飞轮风阻损耗的主要手段。而维持较高的真空度也给抽真空装置带来较大的工作难度与能量损耗，因此在经过计算后确定适合的真空度，并通过压力传感器实时控制真空度的大小，不仅可以维持较低水平的风阻损耗，还可以使真空泵保持一个较低的能耗，也不会导致真空泵因长时间的工作而导致温度上升，缩短寿命。有时为了克服抽真空过后系统的散热问题，也可以充入氦气来散热。

状态监控系统是测量、监视、分析机械或电气设备运行状态参数的系统，主要用于监视设备状态的异常显著变化来判断设备是否可能存在潜在故障，该系统是预测性维护的重要组成。

2.3　飞轮储能系统单元模型

2.3.1　异步电机动态模型

1. 异步电机电动及发电原理概述

三相异步电机的定子通三相交流电后，气隙中产生一个以同步转速 n_1 旋转的磁场，此时转子中产生感应电流，与定子磁场作用产生电磁转矩。当定子通入的电转速 n_1 大于实际转子的电转速 n 时，转子受到的电磁转矩方向与转子转速方向相同，电机处于电动状态，如图 2-10 所示。

当定子通入的电转速 n_1 小于转子电转速 n 时，转子受到的电磁转矩方向与转子转速方向相反，电机处于发电状态，如图 2-11 所示。

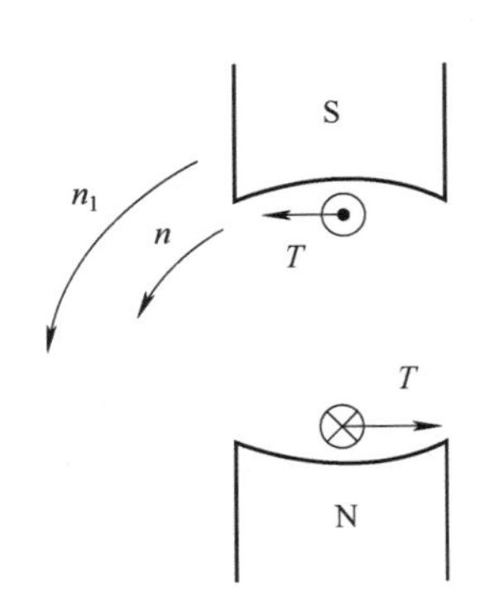

图 2-10　电动状态示意图

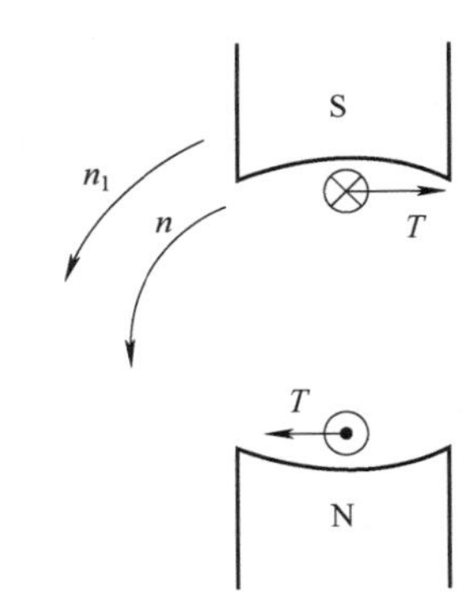

图 2-11　发电状态示意图

因此，通过控制电机的电磁转矩为正来为飞轮储能单元充电，控制电机的电磁转矩为负来使飞轮储能单元放电，充放电的控制策略一致。

2. 笼型异步电机动态模型分析

对异步电机动态模型的描述根据坐标系的不同可分为三相静止坐标系（ABC）下的模型（异步电机实际物理模型）、两相正交静止坐标系（$\alpha\beta0$）下的模型和两相正交旋转坐标系（$xy0$）下的模型 3 种。其中旋转坐标系中常用的是同步旋转坐标系（$dq0$），因为同步旋转变换把原来静止坐标下电机的交流量变换为了直流量，可以方便地采用 PI 控制器进行控制。同时如果在电机运行过程中能实时知道磁场的位置，则可把同步旋转坐标系进一步变换为按磁场定向的同步旋转坐标系，有资料称其为 MT 坐标系。

(1) 坐标系变换关系

ABC 坐标系和 $\alpha\beta0$ 坐标系的关系如图 2-12 所示。

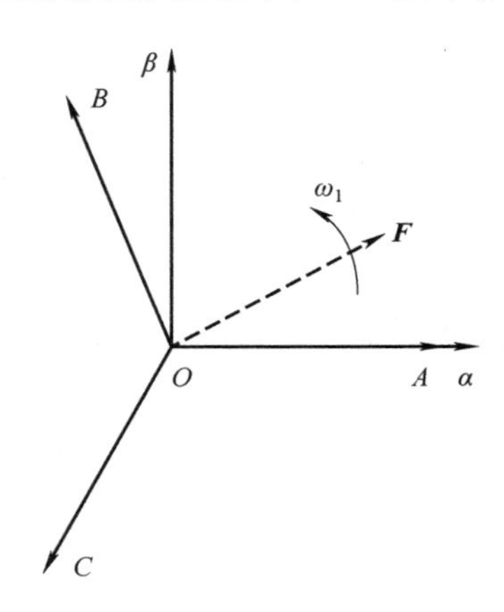

图 2-12　*ABC* 坐标系和 *αβ*0 坐标系的关系

图 2-12 的两个坐标系中，α 轴与 A 轴重合。采用磁动势等效的原则，有如下关系：

$$
\begin{aligned}
N_2 i_\alpha &= N_3 i_A - N_3 i_B \cos\frac{\pi}{3} - N_3 i_C \cos\frac{\pi}{3} = N_3\left(i_A - \frac{1}{2}i_B - \frac{1}{2}i_C\right) \\
N_2 i_\beta &= N_3 i_B \sin\frac{\pi}{3} - N_3 i_C \sin\frac{\pi}{3} = \frac{\sqrt{3}}{2}N_3(i_B - i_C)
\end{aligned} \tag{2-8}
$$

式中，N_2 为 $\alpha\beta0$ 坐标系下每个坐标方向上的等效线圈匝数，为待求常数；N_3 为 ABC 坐标系下每个坐标方向上的线圈匝数，与电机实际每相线圈匝数有关；i 为下标对应方向线圈上的电流大小。

写成矩阵形式为

$$
\begin{bmatrix} i_\alpha \\ i_\beta \end{bmatrix} = \frac{N_3}{N_2}\begin{bmatrix} 1 & -\frac{1}{2} & -\frac{1}{2} \\ 0 & \frac{\sqrt{3}}{2} & -\frac{\sqrt{3}}{2} \end{bmatrix}\begin{bmatrix} i_A \\ i_B \\ i_C \end{bmatrix} \tag{2-9}
$$

同理，电压和磁链也有相同的变换公式，为使变换前后功率保持不变（以有功功率为例）则应有：

$$
\begin{bmatrix} i_\alpha & i_\beta \end{bmatrix}\begin{bmatrix} u_\alpha \\ u_\beta \end{bmatrix} = \begin{bmatrix} i_A & i_B & i_C \end{bmatrix}\begin{bmatrix} 1 & 0 & 0 \\ 0 & 1 & 0 \\ 0 & 0 & 1 \end{bmatrix}\begin{bmatrix} u_A \\ u_B \\ u_C \end{bmatrix} \tag{2-10}
$$

显然，将式（2-9）代入式（2-10）中是不对等的，考虑到三相电流和三相

电压的约束关系（三相平衡，和为零），将式（2-9）改写为

$$\begin{bmatrix} i_\alpha \\ i_\beta \\ 0 \end{bmatrix} = \frac{N_3}{N_2}\begin{bmatrix} 1 & -\frac{1}{2} & -\frac{1}{2} \\ 0 & \frac{\sqrt{3}}{2} & -\frac{\sqrt{3}}{2} \\ k_0 & k_0 & k_0 \end{bmatrix}\begin{bmatrix} i_A \\ i_B \\ i_C \end{bmatrix} \tag{2-11}$$

式中，k_0为待定常数。

此时，式（2-10）左端可写为

$$[i_\alpha \quad i_\beta \quad 0]\begin{bmatrix} u_\alpha \\ u_\beta \\ 0 \end{bmatrix} = \begin{bmatrix} i_A \\ i_B \\ i_C \end{bmatrix}^T \left(\frac{N_3}{N_2}\right)^2 \begin{bmatrix} 1 & 0 & k_0 \\ -\frac{1}{2} & \frac{\sqrt{3}}{2} & k_0 \\ -\frac{1}{2} & -\frac{\sqrt{3}}{2} & k_0 \end{bmatrix}\begin{bmatrix} 1 & -\frac{1}{2} & -\frac{1}{2} \\ 0 & \frac{\sqrt{3}}{2} & -\frac{\sqrt{3}}{2} \\ k_0 & k_0 & k_0 \end{bmatrix}\begin{bmatrix} u_A \\ u_B \\ u_C \end{bmatrix} \tag{2-12}$$

可解得 $\frac{N_3}{N_2} = \sqrt{\frac{2}{3}}$，$k_0 = \frac{1}{\sqrt{2}}$。

因此，从 ABC 坐标系变化到 $\alpha\beta0$ 坐标系（Clark 变换）的等功率变换形式其变换矩阵为

$$\boldsymbol{C}_{3/2} = \sqrt{\frac{2}{3}}\begin{bmatrix} 1 & -\frac{1}{2} & -\frac{1}{2} \\ 0 & \frac{\sqrt{3}}{2} & -\frac{\sqrt{3}}{2} \\ \frac{1}{\sqrt{2}} & \frac{1}{\sqrt{2}} & \frac{1}{\sqrt{2}} \end{bmatrix} \tag{2-13}$$

其逆变换矩阵为

$$\boldsymbol{C}_{2/3} = \sqrt{\frac{2}{3}}\begin{bmatrix} 1 & 0 & \frac{1}{\sqrt{2}} \\ -\frac{1}{2} & \frac{\sqrt{3}}{2} & \frac{1}{\sqrt{2}} \\ -\frac{1}{2} & -\frac{\sqrt{3}}{2} & \frac{1}{\sqrt{2}} \end{bmatrix} = \boldsymbol{C}_{3/2}^T \tag{2-14}$$

也有等幅值变换，其 $\frac{N_3}{N_2}=\frac{2}{3}$，$k_0=\frac{1}{\sqrt{2}}$。

本节采用等功率变换，后续一些变量的表示与等幅值变换在常系数上会有所不同，应注意区分。

$\alpha\beta0$ 坐标系和 $dq0$ 坐标系的关系如图 2-13 所示。

由图可得，两坐标系电流之间存在如下关系：

$$\begin{bmatrix} i_{\mathrm{d}} \\ i_{\mathrm{q}} \end{bmatrix}=\begin{bmatrix} \cos\varphi & \sin\varphi \\ -\sin\varphi & \cos\varphi \end{bmatrix}\begin{bmatrix} i_{\alpha} \\ i_{\beta} \end{bmatrix} \tag{2-15}$$

式中，φ 为 d 轴在旋转方向 ω_1 上与基准轴 α 之间的夹角，不同资料中此 φ 角的定义有所不同，当然变换矩阵也会不同，应注意区分。

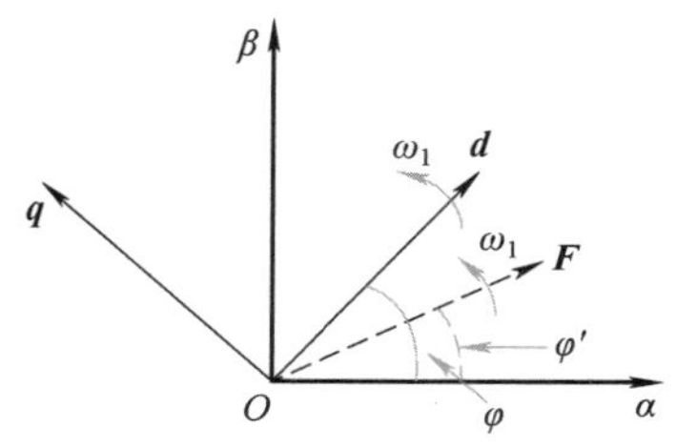

图 2-13　αβ0 坐标系和 dq0 坐标系的关系

此变换阵正交，满足功率不变条件，也满足幅值不变条件，因此从 $\alpha\beta0$ 坐标系变换到 $dq0$ 坐标系（Park 变换）的变换阵为

$$\boldsymbol{C}_{2\mathrm{s}/2\mathrm{r}}=\begin{bmatrix} \cos\varphi & \sin\varphi \\ -\sin\varphi & \cos\varphi \end{bmatrix} \tag{2-16}$$

其逆变换阵为

$$\boldsymbol{C}_{2\mathrm{r}/2\mathrm{s}}=\boldsymbol{C}_{2\mathrm{s}/2\mathrm{r}}^{\mathrm{T}}=\begin{bmatrix} \cos\varphi & -\sin\varphi \\ \sin\varphi & \cos\varphi \end{bmatrix} \tag{2-17}$$

$dq0$ 坐标系和按转子磁链定向的 $dq0$ 坐标系之间的关系如图 2-14 所示。

$dq0$ 坐标系与电机转子磁链矢量同步旋转，其角度 φ 值是通过 ω_1 积分得到的，其初始相位为 0，即 Park 变换开始前 d 轴与 α 轴重合，而此时的磁链矢量 F 可能在任意方向。若在进行 Park 变换时知道电机转子磁链的相位 φ'，以 φ' 作为 Park 变换的初始相位，此时 d 轴与电机转子磁链矢量重合，此坐标系称为按转子磁链定向的 $dq0$ 坐标系，即图 2-14 中的 MT 坐标系。

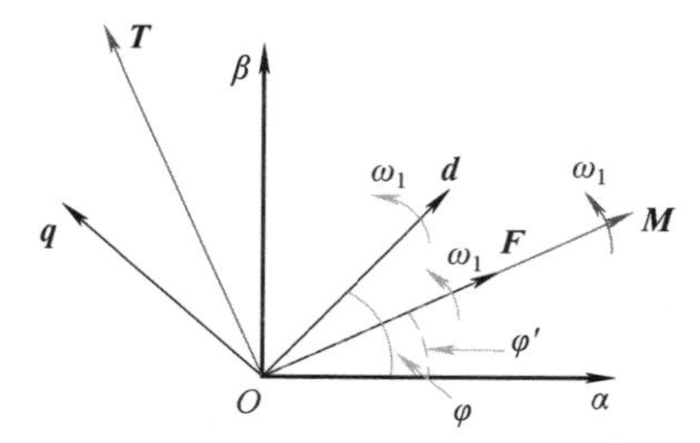

图 2-14　dq0 坐标系和按转子磁链定向的 dq0 坐标系（MT）之间的关系

（2）异步电机动态数学模型

异步电机在 ABC 坐标系和 $\alpha\beta0$ 坐标系下的模型可参考有关交流传动控制的

资料[90]。把异步电机在 $dq0$ 坐标系下的模型进行化简，取 ω、i_s 和 φ_r 为状态变量得到如下所示的微分方程组：

$$\left.\begin{aligned}
\frac{d\varphi_{rd}}{dt} &= -G_1\varphi_{rd} + G_2 i_{sd} + (\omega_1 - \omega)\varphi_{rq} \\
\frac{d\varphi_{rq}}{dt} &= -G_1\varphi_{rq} + G_2 i_{sq} - (\omega_1 - \omega)\varphi_{rd} \\
\frac{di_{sd}}{dt} &= \frac{1}{G_6}(G_3\varphi_{rd} + G_4\omega\varphi_{rq} - G_5 i_{sd} + G_6\omega_1 i_{sq} + u_{sd}) \\
\frac{di_{sq}}{dt} &= \frac{1}{G_6}(G_3\varphi_{rq} - G_4\omega\varphi_{rd} - G_5 i_{sq} - G_6\omega_1 i_{sd} + u_{sq}) \\
\frac{d\omega}{dt} &= \frac{n_p^2}{J}G_4(i_{sq}\varphi_{rd} - i_{sd}\varphi_{rq}) - \frac{n_p}{J}T_L
\end{aligned}\right\} \tag{2-18}$$

式中，$G_1 = R_r/L_r$；$G_2 = R_r L_m/L_r$；$G_3 = R_r L_m/L_r^2$；$G_4 = L_m/L_r$；$G_5 = R_s + R_r L_m^2/L_r^2$；$G_6 = L_s - L_m^2/L_r$；$\omega$ 为电机转子上的电气角速度；ω_1 为电机定子上的电气角速度；n_p 为电机极对数；J 为电机转子上的总转动惯量；L_s 为定子等效两相绕组自感；L_r 为转子等效两相绕组自感；L_m 为定子与转子同轴等效绕组间的互感；R_s 为定子每相绕组的等效电阻；R_r 为转子每相绕组的等效电阻；i_{sd}、i_{sq} 为定子 d、q 轴等效电流的瞬时值；φ_{rd}、φ_{rq} 为转子 d、q 轴上的磁链；u_{sd}、u_{sq} 为定子 d、q 轴等效电压瞬时值。

把 $dq0$ 坐标系下的电机模型按转子磁链定向后，其 q 轴磁链变为 0，d 轴磁链即转子磁链，同时为保证动态性能，考虑满足 $d\varphi_{rq}/dt = 0$，代入式（2-18）得此坐标系下的状态方程为

$$\left.\begin{aligned}
\frac{d\varphi_r}{dt} &= -G_1\varphi_r + G_2 i_{sd} \\
0 &= G_2 i_{sq} - (\omega_1 - \omega)\varphi_r \\
\frac{di_{sd}}{dt} &= \frac{1}{G_6}(G_3\varphi_r - G_5 i_{sd} + G_6\omega_1 i_{sq} + u_{sd}) \\
\frac{di_{sq}}{dt} &= \frac{1}{G_6}(-G_4\omega\varphi_r - G_5 i_{sq} - G_6\omega_1 i_{sd} + u_{sq}) \\
T_e &= n_p G_4 i_{sq}\varphi_r \\
\frac{d\omega}{dt} &= \frac{n_p}{J}(T_e - T_L)
\end{aligned}\right\} \tag{2-19}$$

写为状态空间为

$$\begin{bmatrix} \dot{\varphi}_{\mathrm{r}} \\ i_{\mathrm{sd}} \\ i_{\mathrm{sq}} \end{bmatrix} = \begin{bmatrix} -G_1 & G_2 & 0 \\ \dfrac{G_3}{G_6} & -\dfrac{G_5}{G_6} & \omega_1 \\ -\dfrac{G_4}{G_6}\omega & -\omega_1 & -\dfrac{G_5}{G_6} \end{bmatrix} \begin{bmatrix} \varphi_{\mathrm{r}} \\ i_{\mathrm{sd}} \\ i_{\mathrm{sq}} \end{bmatrix} + \begin{bmatrix} 0 \\ \dfrac{u_{\mathrm{sd}}}{G_6} \\ \dfrac{u_{\mathrm{sq}}}{G_6} \end{bmatrix} \tag{2-20}$$

按转子磁链定向的 $dq0$ 坐标系下的异步电机变量关系图如图 2-15 所示，在飞轮储能系统中忽略摩擦损耗，电机没有负载转矩，T_{L} 为零。

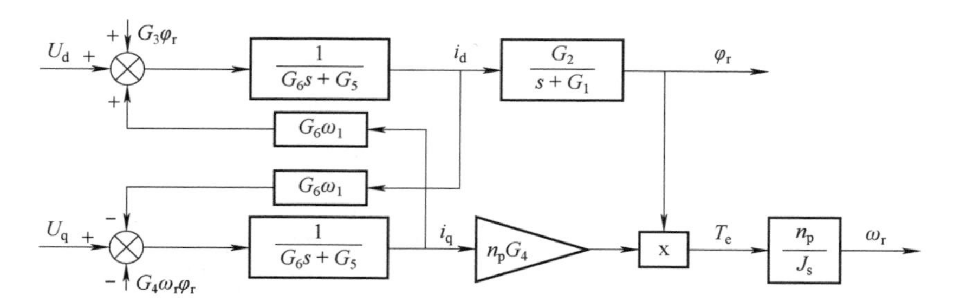

图 2-15　按转子磁链定向的 $dq0$ 坐标系下的异步电机变量关系图

从图 2-15 中可以较直观地看出电机输入 u_d 和 u_q 与电机输出 φ_{r} 和 T_{e} 之间的关系，为后续控制器的设计奠定基础。

2.3.2　网侧电路动态模型

1. 网侧变流器的工作原理

采用全控型功率开关器件变流器，其在应用中可实现能量双向流动。飞轮储能单元网侧电路结构示意图如图 2-16 所示。

图 2-16 中，e_{A}、e_{B}、e_{C} 为三相电网的相电压值，U_{AN}、U_{BN}、U_{CN} 是变流器网侧相电压值，i_{A}、i_{B}、i_{C} 为三相电网电流，R 为电网线路等效电阻，L 为网侧滤波电感值，O 点为电源中性点，N 点为直流侧电压参考点，U_{dc} 为直流侧电压值，C 为直流侧电感值，机侧变流器和电机等效为负载电阻 R_{load} 和负载电动势 e_{load}。

对于网侧变流器电路动态模型，当直流电压稳定时，对功率开关的控制实际上是对图 2-16 中电压 U_{AN}、U_{BN}、U_{CN} 的控制。此时对于网侧的 RL 电路，外接电源的电压是确定的，不同的电压值 U_{AN}、U_{BN}、U_{CN} 会使电路中产生不同的 i_{A}、i_{B}、i_{C}，表示为矢量关系则如图 2-17 所示。图 2-17 中 $\boldsymbol{E}$ 表示外接三相电源合成电压矢量；$\boldsymbol{V}$ 表示 U_{AO}、U_{BO}、U_{CO} 的三相合成电压矢量；$\boldsymbol{V}_{\mathrm{L}}$ 表示三相 RL 电路两端电压合成矢量；$\boldsymbol{I}$ 表示三相 RL 电路上的电流合成矢量；A、B、C、D 四个点分别表示控制运行中的四个临界状态点。

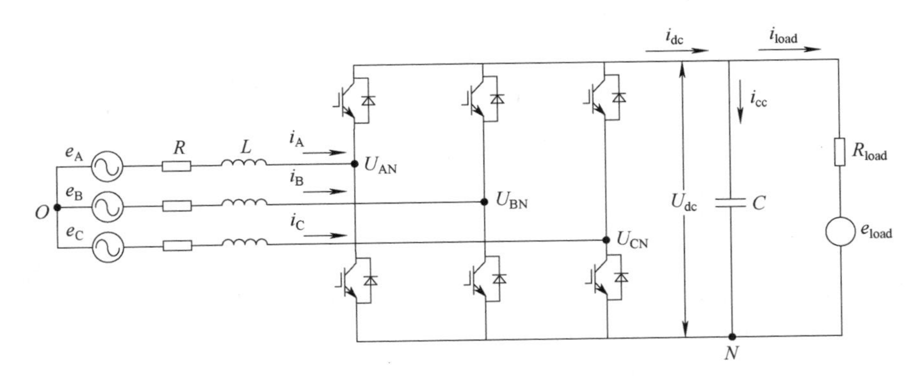

图 2-16　飞轮储能单元网侧电路结构示意图

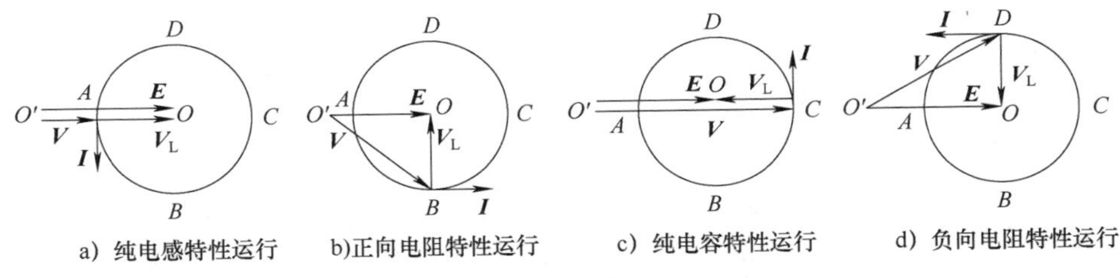

图 2-17　网侧电路电压电流矢量关系图

从图 2-17 中可以看出，知道外部电源电压矢量 $\boldsymbol{E}$ 后，控制电压矢量 $\boldsymbol{V}$ 的大小和方向可以使变流器工作在不同的状态。当电压矢量 $\boldsymbol{V}$ 的端点位于圆轨迹 A-B-C 上时，电网电压矢量 $\boldsymbol{E}$ 和电网电流矢量 $\boldsymbol{I}$ 之间的夹角小于 90°，以图 2-16 中的电流方向为正方向，则电网和直流侧有功功率为正值，能量从变流器的交流侧流向直流侧，变流器工作在整流状态；当电压矢量 $\boldsymbol{V}$ 的端点位于圆轨迹 C-D-A 上时，电网电压矢量 $\boldsymbol{E}$ 和电网电流矢量 $\boldsymbol{I}$ 之间的夹角大于 90°，电网和直流侧有功功率为负值，能量从变流器的直流侧流向交流侧，变流器工作在逆变状态。

2. 网侧变流器电路动态模型

网侧电路关系模型同样根据坐标系的不同可分为三相静止坐标、两相静止坐标和两相旋转坐标下的模型。采用等功率的 Clark 变换和同步旋转的 Park 变换，得到网侧变流器在 $dq0$ 坐标系下的数学模型为

$$\left.\begin{aligned} L\frac{\mathrm{d}i_{\mathrm{d}}}{\mathrm{d}t} &= e_{\mathrm{d}} - Ri_{\mathrm{d}} - S_{\mathrm{d}}U_{\mathrm{dc}} + L\omega_{\mathrm{g}}i_{\mathrm{q}} \\ L\frac{\mathrm{d}i_{\mathrm{q}}}{\mathrm{d}t} &= e_{\mathrm{q}} - Ri_{\mathrm{q}} - S_{\mathrm{q}}U_{\mathrm{dc}} - L\omega_{\mathrm{g}}i_{\mathrm{d}} \\ C\frac{\mathrm{d}U_{\mathrm{dc}}}{\mathrm{d}t} &= S_{\mathrm{d}}i_{\mathrm{d}} + S_{\mathrm{q}}i_{\mathrm{q}} - \frac{U_{\mathrm{dc}} - e_{\mathrm{load}}}{R_{\mathrm{load}}} \end{aligned}\right\} \tag{2-21}$$

式中，ω_g为网侧电路角频率；S_d和S_q表示经过坐标变换后变换到 $dq0$ 坐标系下的功率开关的状态值，其原开关状态可定义为二值逻辑开关函数。

写为矩阵形式为

$$\begin{bmatrix} \dot{i}_d \\ \dot{i}_q \\ \dot{U}_{dc} \end{bmatrix} = \begin{bmatrix} -\dfrac{R}{L} & \omega_g & -\dfrac{S_d}{L} \\ -\omega_g & -\dfrac{R}{L} & -\dfrac{S_q}{L} \\ \dfrac{S_d}{C} & \dfrac{S_q}{C} & -\dfrac{1}{R_{load}C} \end{bmatrix} \begin{bmatrix} i_d \\ i_q \\ U_{dc} \end{bmatrix} + \begin{bmatrix} \dfrac{e_d}{L} \\ \dfrac{e_q}{L} \\ \dfrac{e_{load}}{R_{load}C} \end{bmatrix} \tag{2-22}$$

由对图 2-17 分析可知，要控制网侧电流，需要控制电压矢量 $\boldsymbol{V}$ 的大小和其与外部电源电压矢量 $\boldsymbol{E}$ 之间的相对位置，而外部电源电压矢量可测，其位置角可通过锁相环得到。此时把测得的外电源电压矢量角作为旋转变换的变换角，即可得按电网电压定向后的网侧电路模型如下式所示：

$$\left.\begin{aligned} L\frac{\mathrm{d}i_d}{\mathrm{d}t} &= e_d - Ri_d - S_dU_{dc} + L\omega_g i_q \\ L\frac{\mathrm{d}i_q}{\mathrm{d}t} &= -Ri_q - S_qU_{dc} - L\omega_g i_d \\ C\frac{\mathrm{d}U_{dc}}{\mathrm{d}t} &= S_d i_d + S_q i_q - \frac{U_{dc} - e_{load}}{R_{load}} \end{aligned}\right\} \tag{2-23}$$

旋转坐标系下网侧电路模型电压定向前后的关系如图 2-18 所示。

不同资料中对定向到电压矢量的轴的选择不同，也有对 d、q 坐标的相对位置定义不同，此处选择如图 2-18b 中所示的 d、q 轴相对位置，其中 d 轴定向到外电源电压矢量位置上，选不同的轴定向后其电路关系的表达式会有所不同，应注意区分。

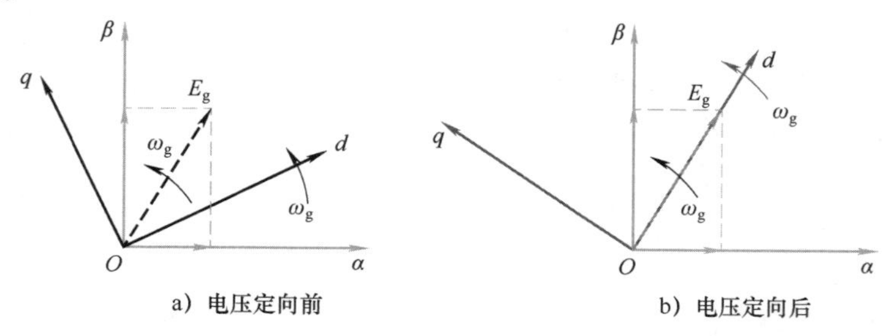

a）电压定向前　　b）电压定向后

图 2-18　旋转坐标系下网侧电路模型电压定向前后的关系

电压定向之后电路的有功功率和无功功率分别与 d 轴电流和 q 轴电流有关，其模型结构如图 2-19 所示。

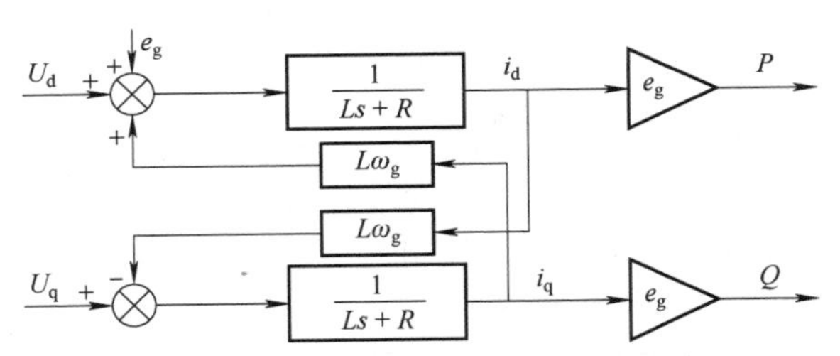

图 2-19　按电网电压定向后的网侧电路变量关系图

2.4 飞轮储能系统控制

2.4.1 宽转速范围内异步电机控制

飞轮储能单元中的异步电机经常工作在基频以上的恒功率区，其转速高，转速范围宽，常通过弱磁来实现。同时，飞轮储能系统中的控制目标是实现充电或放电功率的跟随，因此飞轮储能单元中异步电机的控制和一般意义上的异步电机的转速控制有所区别。本节将对飞轮储能单元中异步电机的功率控制结构进行分析，设计异步电机在全转速范围内的升降速控制策略。为下一节飞轮储能单元整体控制奠定基础。

1. 异步电机按给定功率升降速控制原理

(1) 异步电机常用控制策略

异步电机控制策略已较成熟，目前虽有很多现代控制方法已提出，但实际应用中较常用的控制策略有如下 3 种[91-92]：

1) 恒压频比控制，也称变压变频控制，基于电机稳态模型。是对电机转矩进行控制的开环控制方法，适用于基频以下调速或者作为飞轮电机启动阶段的控制策略。

2) 磁场定向控制，基于电机动态模型。通过坐标变换和磁场定向，使电机转矩和磁链解耦，从而获得类似直流调速系统的优异性能。转子磁链不能直接测出，通常需要间接计算，或者设计观测器进行观测得到。

3) 直接转矩控制，同样基于电机动态方程。采用 bang-bang 控制，直接给出逆变器开关状态与电机转矩之间的关系，从而对电机的转矩直接进行控制。相比磁场定向控制，直接转矩控制不需要进行坐标变换和磁场定向，对电机参数相对不敏感，具有更快的动态响应性能。其缺点是转矩波动大、调速范围有限以及低速时控制性能较差。

鉴于磁场定向控制能分别控制电机转矩和磁链，调速范围宽，因而本节选其作为控制方法。

（2）两种异步电机功率跟踪控制策略

飞轮储能单元中电机的控制目标是跟踪给定功率信号，常用的方法是将给定功率信号转换为转速或转矩信号进行控制。

1）功率转换为转速的控制策略。

通过飞轮储能量和转速之间的关系，结合采样时间，将功率信号转换为转速信号进行控制。其转换关系如下式所示：

$$\left.\begin{aligned} P_{\text{ref}}\Delta t &= \frac{1}{2}J(\omega_{\text{t}+\Delta\text{t}}^2 - \omega_{\text{t}}^2) \\ \omega_{\text{t}+\Delta\text{t}} &= \sqrt{\frac{2P_{\text{ref}}\Delta t}{J} + \omega_{\text{t}}^2} \end{aligned}\right\} \tag{2-24}$$

电机功率转换为转速的控制结构如图 2-20 所示。

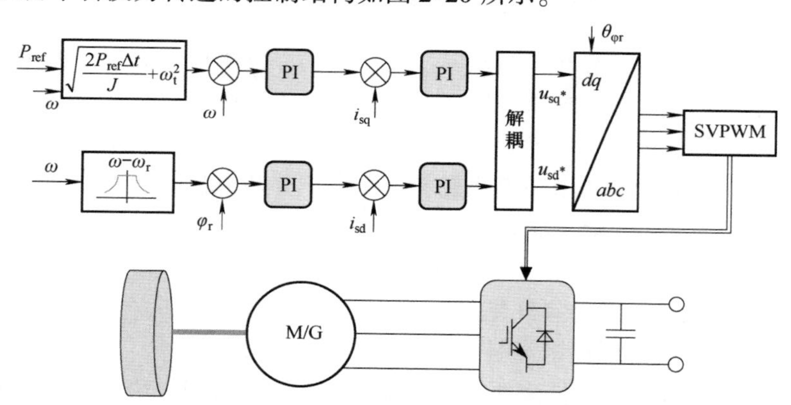

图 2-20　电机功率转换为转速的控制结构

2）功率转换为转矩的控制策略。

考虑到飞轮电机输出功率与飞轮转速和电机电磁转矩之间的关系，将功率信号转换为转矩信号进行控制。其转换关系如下式所示：

$$\begin{aligned} P_{\text{ref}} &= T_{\text{e}}\omega \\ T_{\text{e}(\text{t}+\Delta\text{t})} &= \frac{P_{\text{ref}}}{\omega_{\text{t}+\Delta\text{t}}} = \frac{P_{\text{ref}}}{\omega_{\text{t}}} \end{aligned} \tag{2-25}$$

电机功率转换为转矩的控制结构如图 2-21 所示。

2. 两种策略功率控制效果对比

由于此处仅为了对比两种功率转换方式的控制效果，在建模时可认为电机转子磁链的控制是快速且稳定的，等效为 1，同时认为电机的电流内环也是稳定的，等效为一阶惯性环节。

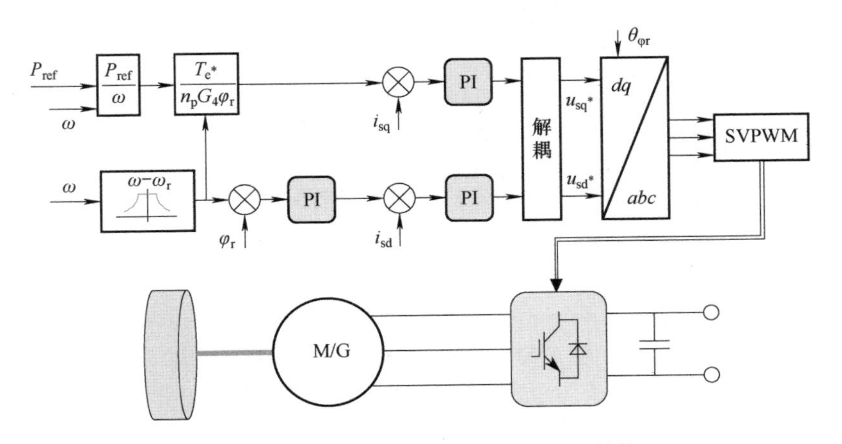

图 2-21　电机功率转换为转矩的控制结构

（1）功率转换为转速

在 MATLAB/Simulink 中建立如图 2-22 所示的仿真模型。

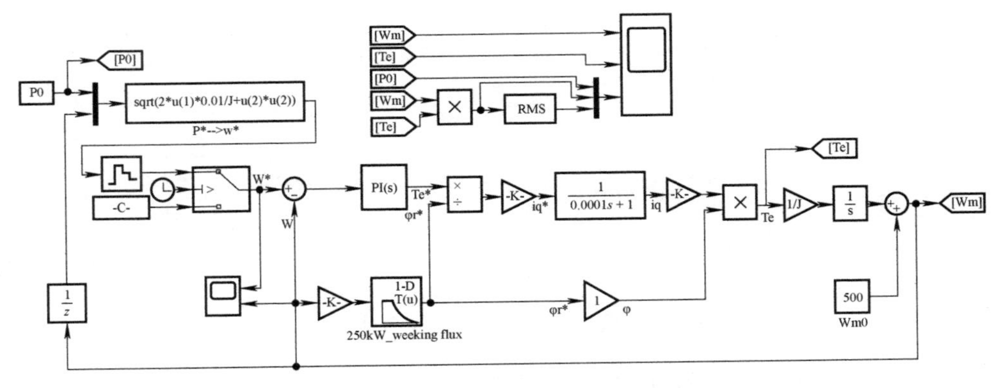

图 2-22　功率转换为转速（策略一）的控制模型

给定电机初始转速为 500rad/s，给定功率 P_0 为 250kW（充电），电机给定转速计算的采样时间取为 0.01s。其转速控制结果如图 2-23 所示，转速、转矩和功率曲线如图 2-24 所示。

从此仿真结果看，在一个控制周期内，最初控制器为使转速快速响应，会使转矩急剧升高，而随着实际转速接近给定值，转矩也开始快速降低。其控制过程中转矩有大幅度脉动，导致瞬时功率也是大幅度波动的，瞬时功率不能得到有效控制。但是通过合理地控制参数可以使此波动功率的有效值（图中 RMS（$T_e W_m$））跟随给定值。

由于转矩的波动导致了瞬时功率的波动，因此可在此策略的基础上加上瞬时功率闭环，补偿在电磁转矩给定值处，从而改善其瞬时功率的控制。

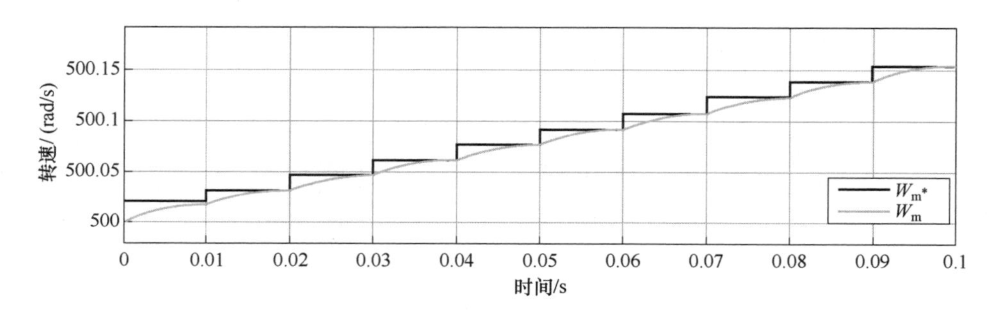

图 2-23　策略一的转速控制结果

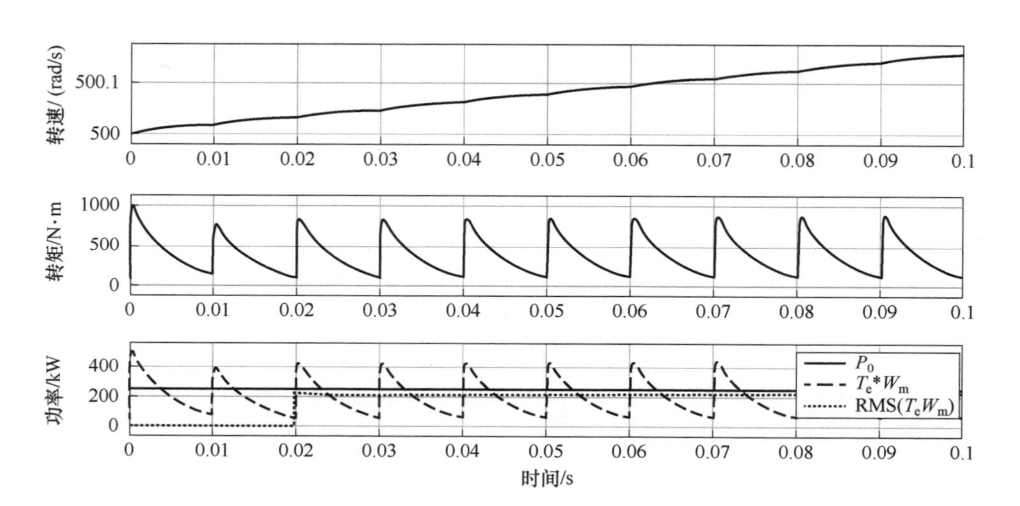

图 2-24　策略一的转速、转矩和功率曲线

功率转换为转速改进后的控制模型如图 2-25 所示。

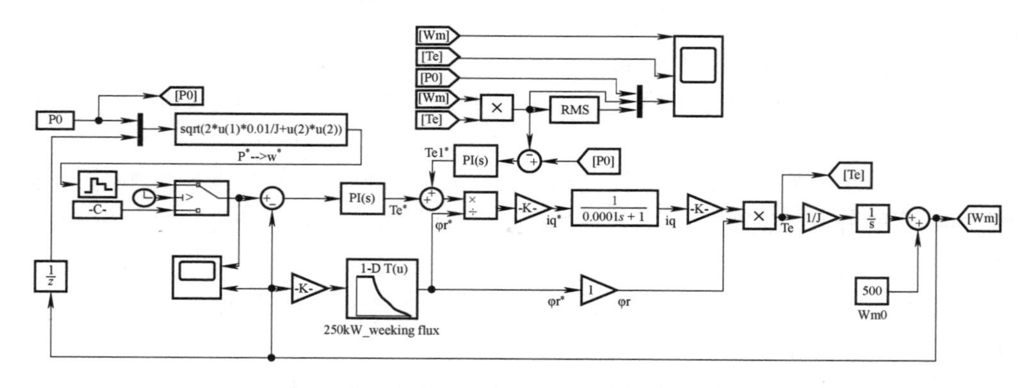

图 2-25　功率转换为转速改进后的控制模型

其转速控制结果如图 2-26 所示，转速、转矩和功率曲线如图 2-27 所示。

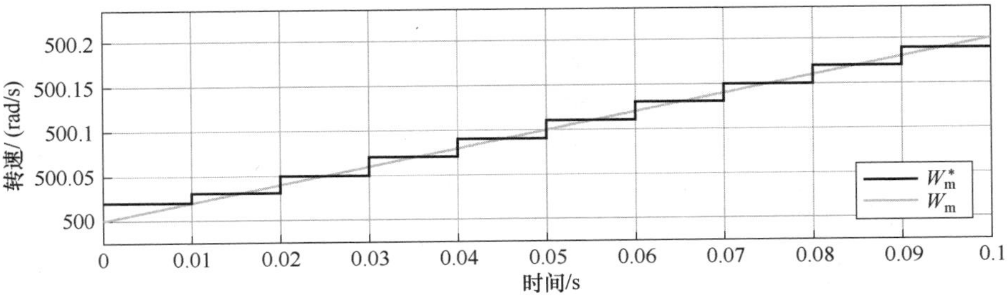

图 2-26　策略一改进后的转速控制结果

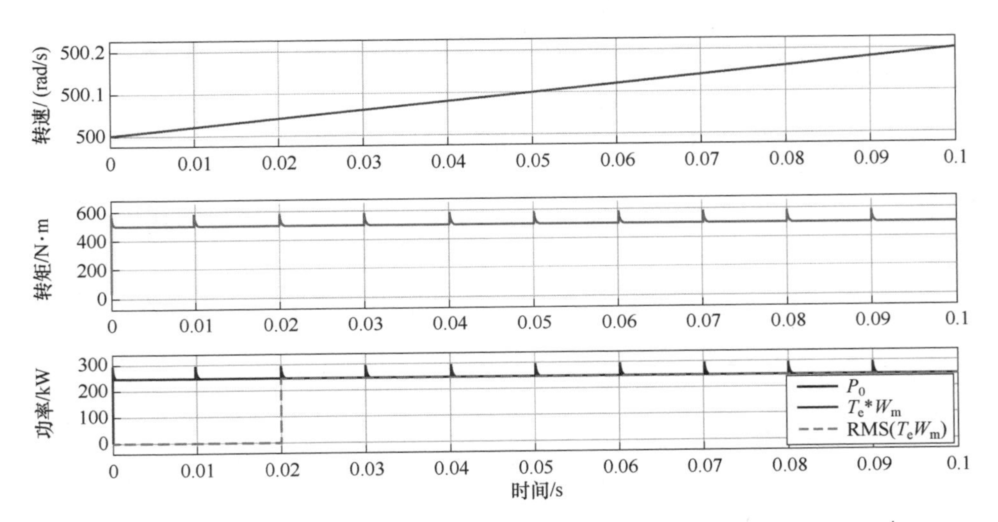

图 2-27　策略一改进后的转速、转矩和功率曲线（见彩插）

从此仿真结果看，改进后电机的电磁转矩平稳很多，同时瞬时功率的跟随效果改善很多。

（2）功率转换为转矩

在 MATLAB/Simulink 中建立如图 2-28 所示的仿真模型。

给定电机初始转速为 500rad/s，给定功率 P_0 为 250kW（充电）。其转速、转矩和功率曲线如图 2-29 所示。从此仿真结果看，转矩能控制使转速平稳上升，因此功率也能得到平稳的控制。

对比两种控制策略，由于飞轮转子和电机转子同轴连接，飞轮转子转动惯量大，故采用功率转换为转速的控制策略时，阶梯式的给定转速使电机转矩大幅度波动，导致功率出现大幅度波动，虽然改进之后瞬时功率能有效控制，但仍然有一定的脉动存在；采用功率转换为转矩控制时，大转动惯量使转速变化很慢，在一个采样周期内，电机转速基本不变，给定功率值除以当前采样得到的转速值，即可转化为下一步电磁转矩给定信号，又因为电磁转矩通过电流内环控制，响应速度快，因此功率控制效果好。所以，飞轮电机更适合采用功率转换为转矩的控制策略。

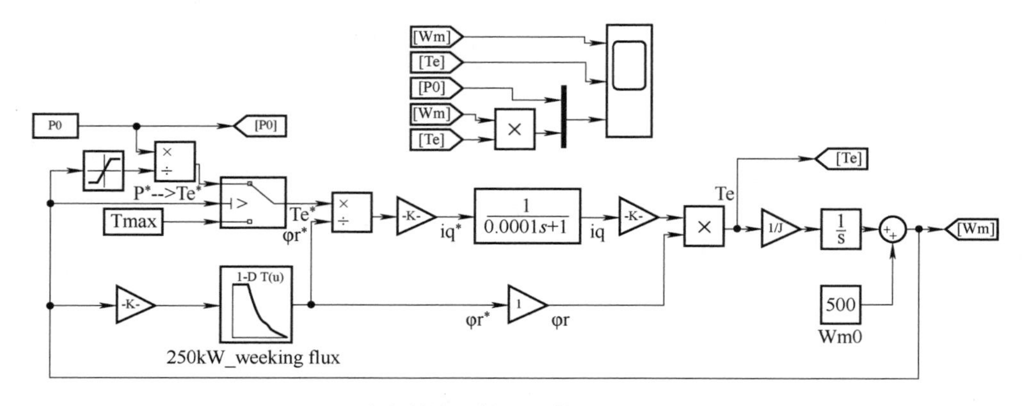

图 2-28　功率转换为转矩（策略二）的控制模型

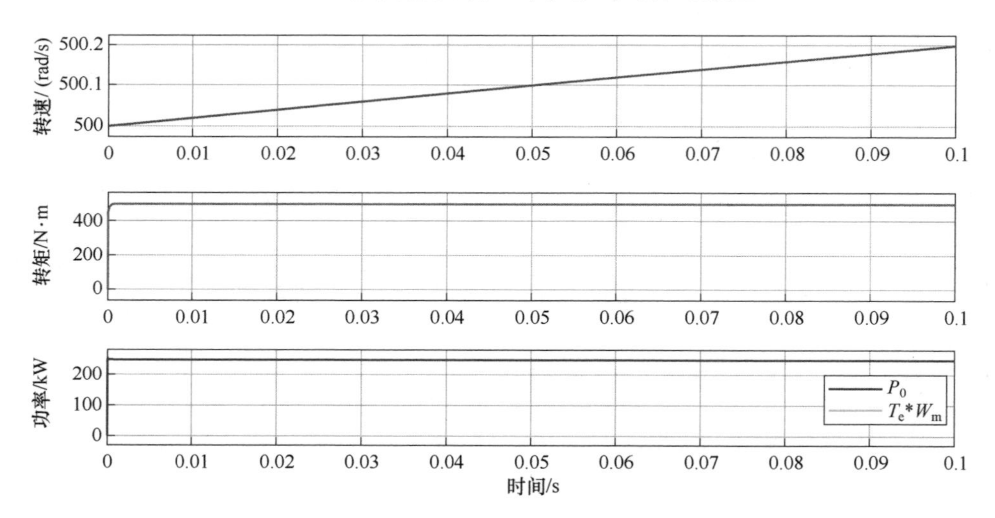

图 2-29　策略二转速、转矩和功率曲线

3. 宽转速范围内异步电机转矩控制

（1）异步电机控制中的解耦策略

根据以转子磁链定向的异步电机电压方程：

$$
\begin{aligned}
G_6\frac{\mathrm{d}i_{sd}}{\mathrm{d}t} &= G_3\varphi_r - G_5 i_{sd} + G_6\omega_1 i_{sq} + u_{sd} \\
G_6\frac{\mathrm{d}i_{sq}}{\mathrm{d}t} &= -G_4\omega\varphi_r - G_5 i_{sq} - G_6\omega_1 i_{sd} + u_{sq}
\end{aligned}
\tag{2-26}
$$

可知定子电压的 d、q 轴之间存在交叉耦合分量 $G_6\omega_1 i_{sq}$ 和 $-G_6\omega_1 i_{sd}$，以及反电动势耦合分量 $G_3\varphi_r$ 和 $-G_4\omega\varphi_r$。因此在采用矢量控制过程中，需要采用前馈或反馈等方法来消除耦合[93]。根据此电压方程的解耦结构，基于电压方程的异步电机电压解耦控制如图 2-30 所示。此解耦仅考虑电压和电流的关系，而实际应用中是对电机转矩或转速和磁链进行控制，故实际应用中很少采用此解耦结构。

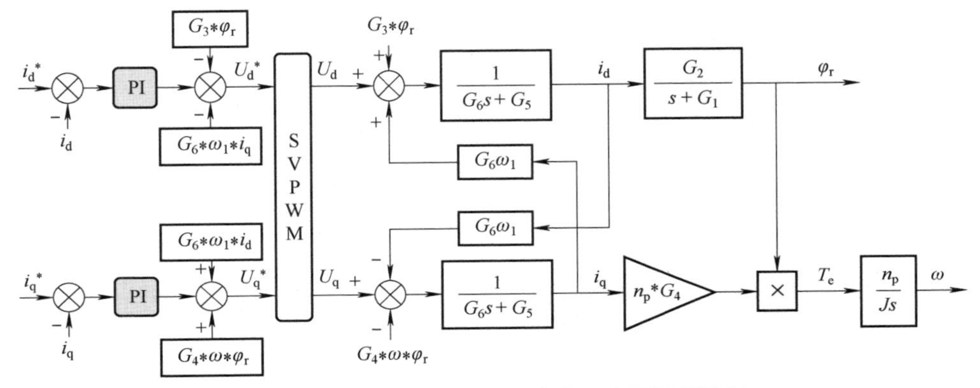

图 2-30　基于电压方程的异步电机电压解耦控制

然而从状态方程［即式（2-20）］可以看出，状态矩阵中有三项耦合项或非线性项，如式（2-27）中含 ω_1 和 ω 的项，因此可采用反馈线性化的方法使状态矩阵转化为线性矩阵，来进行控制。

$$\begin{bmatrix}\dot{\varphi}_r\\ i_{sd}\\ i_{sq}\end{bmatrix}=\begin{bmatrix}-G_1 & G_2 & 0\\ \dfrac{G_3}{G_6} & -\dfrac{G_5}{G_6} & \omega_1\\ -\dfrac{G_4}{G_6}\omega & -\omega_1 & -\dfrac{G_5}{G_6}\end{bmatrix}\begin{bmatrix}\varphi_r\\ i_{sd}\\ i_{sq}\end{bmatrix}+\begin{bmatrix}0\\ \dfrac{u_{sd}}{G_6}\\ \dfrac{u_{sq}}{G_6}\end{bmatrix} \tag{2-27}$$

根据式（2-27），若使系统输入为

$$\begin{bmatrix}u_{sd}\\ u_{sq}\end{bmatrix}=\begin{bmatrix}k_1 & k_2 & -G_6\omega_1\\ G_4\omega & G_6\omega_1 & k_3\end{bmatrix}\begin{bmatrix}\varphi_r\\ i_{sd}\\ i_{sq}\end{bmatrix} \tag{2-28}$$

式中，k_1、k_2、k_3 为待定常数。

将式（2-28）代入式（2-27）可得：

$$\begin{bmatrix}\dot{\varphi}_r\\ i_{sd}\\ i_{sq}\end{bmatrix}=\begin{bmatrix}-G_1 & G_2 & 0\\ \dfrac{G_3+k_1}{G_6} & \dfrac{-G_5+k_2}{G_6} & 0\\ 0 & 0 & \dfrac{-G_5+k_3}{G_6}\end{bmatrix}\begin{bmatrix}\varphi_r\\ i_{sd}\\ i_{sq}\end{bmatrix} \tag{2-29}$$

此时，仅需设计 k_1、k_2、k_3的值，使式（2-29）中线性状态矩阵的所有特征值为负，即可使状态稳定。

考虑转子磁链动态和 d 轴电流之间的关系，φ_r和 i_d采用级联的形式，同时为消除静态误差加入积分环节组成 PI 控制器，其控制可设计为如图 2-31 所示的结构。

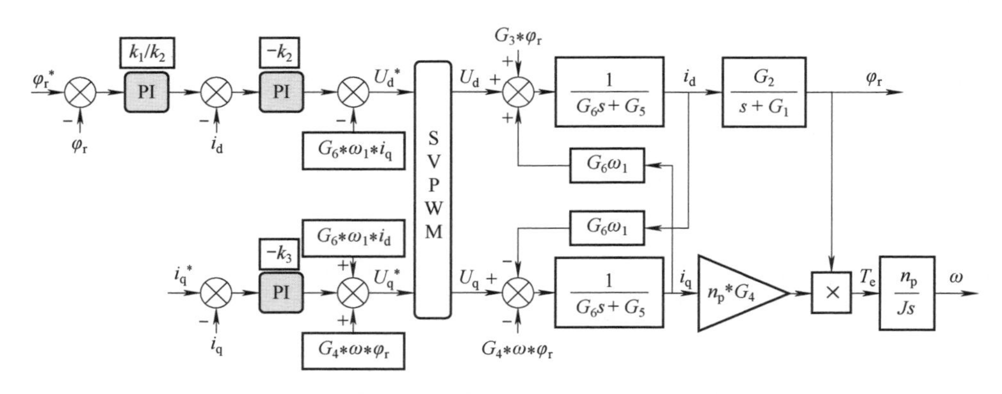

图 2-31　基于电流状态方程的异步电机电压解耦控制

从图 2-31 中可以看出，此解耦不仅需要电机转子电角速度 ω，还需要电机定子电角速度 ω_1。电机转子电角速度可以通过测量转子转速获得，但是定子电角速度的获取需要复杂的估计计算。

同时式（2-27）中的状态量并不是最终控制目标电磁转矩 T_e，电磁转矩 T_e是由 φ_r和 i_q共同决定的。基频以下常见的方法是 φ_r固定不变，转矩由 i_q单独控制。对于飞轮储能所用的异步电机，电机在充放电工作时都是在基频以上，同时需要进行弱磁，即 φ_r要根据转速的升高而减小，此时电机电磁转矩同时受电机磁链 φ_r的动态和转矩电流 i_q的动态的影响。

而式（2-27）只分别描述了 φ_r和 i_q的动态，还不足以描述电磁转矩的动态。因此不妨在电机以转子磁链定向的微分方程［即式（2-19）］的基础上，以电机电磁转矩 T_e为状态变量重新构造状态方程。

（2）以转矩为状态量的状态空间模型

根据式（2-19）对电机电磁转矩求导得

$$
\begin{aligned}
\dot{T}_e &= (n_p G_4 i_{sq}\varphi_r)' \\
&= n_p G_4\left(-G_1\varphi_r i_{sq} + G_2 i_{sd} i_{sq} + \frac{1}{G_6}(-G_4\omega\varphi_r^2 - G_5 i_{sq}\varphi_r - G_6\omega_1 i_{sd}\varphi_r + u_{sq}\varphi_r)\right) \\
&= n_p G_4\left(\left(\frac{-G_5}{G_6} - G_1\right)i_{sq}\varphi_r - \omega_1 i_{sd}\varphi_r + G_2 i_{sd} i_{sq} - \frac{G_4}{G_6}\omega\varphi_r^2 + \frac{1}{G_6}u_{sq}\varphi_r\right)
\end{aligned}
\tag{2-30}
$$

考虑 q 轴电流与转子磁链之间的关系：

$$\omega_1\varphi_r = G_2 i_{sq} + \omega\varphi_r \tag{2-31}$$

式（2-30）可转化为

$$\begin{aligned}\dot{T}_e &= n_p G_4\left(\left(\frac{-G_5}{G_6}-G_1\right)i_{sq}\varphi_r - i_{sd}(G_2 i_{sq}+\omega\varphi_r)+G_2 i_{sd} i_{sq}-\frac{G_4}{G_6}\omega\varphi_r^2+\frac{1}{G_6}u_{sq}\varphi_r\right)\\ &= n_p G_4\left(\left(\frac{-G_5}{G_6}-G_1\right)i_{sq}\varphi_r-\omega i_{sd}\varphi_r-\frac{G_4}{G_6}\omega\varphi_r^2+\frac{1}{G_6}u_{sq}\varphi_r\right)\end{aligned} \tag{2-32}$$

此时令式（2-32）中出现的 $n_p G_4 i_{sd}\varphi_r = T_\varphi$ 和 $n_p G_4\varphi_r^2=\psi_r^2$ 为新的状态量，分别求导得

$$\begin{aligned}\dot{T}_\varphi &= n_p G_4\left(-G_1\varphi_r i_{sd}+G_2 i_{sd}^2+\frac{1}{G_6}(G_3\varphi_r^2-G_5 i_{sd}\varphi_r+G_6\omega_1 i_{sq}\varphi_r+u_{sd}\varphi_r)\right)\\ &= n_p G_4\left(\left(\frac{-G_5}{G_6}-G_1\right)i_{sd}\varphi_r+\omega_1 i_{sq}\varphi_r+G_2 i_{sd}^2+\frac{G_3}{G_6}\varphi_r^2+\frac{1}{G_6}u_{sd}\varphi_r\right)\\ &= n_p G_4\left(\left(\frac{-G_5}{G_6}-G_1\right)i_{sd}\varphi_r+i_{sq}(G_2 i_{sq}+\omega\varphi_r)+G_2 i_{sd}^2+\frac{G_3}{G_6}\varphi_r^2+\frac{1}{G_6}u_{sd}\varphi_r\right)\\ &= n_p G_4\left(\left(\frac{-G_5}{G_6}-G_1\right)i_{sd}\varphi_r+\omega i_{sq}\varphi_r+G_2(i_{sd}^2+i_{sq}^2)+\frac{G_3}{G_6}\varphi_r^2+\frac{1}{G_6}u_{sd}\varphi_r\right)\end{aligned} \tag{2-33}$$

$$(\dot{\psi}_r^2) = 2n_p G_4(-G_1\varphi_r^2+G_2 i_{sd}\varphi_r) \tag{2-34}$$

又令式（2-33）中出现的 $n_p G_4(i_{sd}^2+i_{sq}^2) = I_s^2$ 为新的状态量，求导得

$$\begin{aligned}(\dot{I}_s^2) &= \frac{2n_p G_4}{G_6}(G_3\varphi_r i_{sd}-G_5 i_{sd}^2+G_6\omega_1 i_{sq} i_{sd}+u_{sd} i_{sd}-G_4\omega\varphi_r i_{sq}-G_5 i_{sq}^2-G_6\omega_1 i_{sd} i_{sq}+u_{sq} i_{sq})\\ &= \frac{2n_p G_4}{G_6}(-G_5(i_{sd}^2+i_{sq}^2)-G_4\omega\varphi_r i_{sq}+G_3\varphi_r i_{sd}+u_{sd} i_{sd}+u_{sq} i_{sq})\end{aligned} \tag{2-35}$$

此时可得以 $[T_e, T_\varphi, \psi_r^{\ 2}, I_s^{\ 2}]$ 为状态量的异步电机状态方程为

$$\begin{bmatrix}\dot{T}_e\\ T_\varphi\\ \psi_r^2\\ I_s^2\end{bmatrix} = \begin{bmatrix}\dfrac{-G_5}{G_6}-G_1 & -\omega & -\dfrac{G_4}{G_6}\omega & 0\\ \omega & \dfrac{-G_5}{G_6}-G_1 & \dfrac{G_3}{G_6} & G_2\\ 0 & 2G_2 & -2G_1 & 0\\ \dfrac{-2G_4}{G_6}\omega & \dfrac{2G_3}{G_6} & 0 & \dfrac{-2G_5}{G_6}\end{bmatrix}\begin{bmatrix}T_e\\ T_\varphi\\ \psi_r^2\\ I_s^2\end{bmatrix}+\frac{n_p G_4}{G_6}\begin{bmatrix}\varphi_r u_{sq}\\ \varphi_r u_{sd}\\ 0\\ \begin{pmatrix}2i_q u_{sq}+\\ 2i_d u_{sd}\end{pmatrix}\end{bmatrix} \tag{2-36}$$

对比状态方程［即式（2-36）］和原状态方程［即式（2-27）］可以发现，虽然状态矩阵中都含有耦合项，但是此状态矩阵中只涉及电机转子的电气转速 ω，这可以容易地通过测转子转速再乘以电机极对数获得，可以避免对定子电角速度 ω_1 的估算。

（3）反馈线性化

反馈线性化是通过对原有状态进行线性或非线性反馈的形式把原来的非线性系统变换成线性系统的方法[94]。然后即可采用线性控制原理对原系统进行控制。

对于式（2-36）所示的状态方程进行分析，考虑通过状态反馈的方法使其变为线性状态方程，具体过程如下：

对于系统

$$\left.\begin{aligned}[\dot{x}] &= A[x] + B[u] \\ [y] &= C[x]\end{aligned}\right\} \tag{2-37}$$

令 $u = f(x)$，使系统转化为 $\begin{aligned}[\dot{x}] &= \boldsymbol{A}_s[x] \\ [y] &= C[x]\end{aligned}$ 的形式，其中 $\boldsymbol{A}_s$ 为定常矩阵。

此时只需设计反馈律 $f(x)$ 使 $\boldsymbol{A}_s$ 的所有特征值为负值，即可实现系统稳定。

对于式（2-36），取

$$B[u] = \frac{n_p G_4}{G_6}\begin{bmatrix} \varphi_r u_{sq} \\ \varphi_r u_{sd} \\ 0 \\ \begin{pmatrix} 2i_{sq}u_{sq} + \\ 2i_{sd}u_{sd} \end{pmatrix} \end{bmatrix} = \frac{n_p G_4}{G_6}\begin{bmatrix} \varphi_r(k_q i_{sq} + G_6\omega i_{sd} + G_4\omega\varphi_r) \\ \varphi_r(-G_6\omega i_{sq} + k_d i_{sd} + k_\varphi \varphi_r) \\ 0 \\ \begin{pmatrix} 2i_{sq}(k_q i_{sq} + G_6\omega i_{sd} + G_4\omega\varphi_r) + \\ 2i_{sd}(-G_6\omega i_{sq} + k_d i_{sd} + k_\varphi\varphi_r) \end{pmatrix} \end{bmatrix} \tag{2-38}$$

式中，k_d、k_q 和 k_φ 为待定系数。

为使系统线性化，还应满足 $k_d = k_q$，此时状态方程［即式（2-36）］可转化为

$$\begin{bmatrix} \dot{T}_e \\ T_\varphi \\ \psi_r^2 \\ I_s^2 \end{bmatrix} = \begin{bmatrix} \dfrac{-G_5 + k_q}{G_6} - G_1 & 0 & 0 & 0 \\ 0 & \dfrac{-G_5 + k_q}{G_6} - G_1 & \dfrac{G_3 + k_\varphi}{G_6} & G_2 \\ 0 & 2G_2 & -2G_1 & 0 \\ 0 & \dfrac{2(G_3 + k_\varphi)}{G_6} & 0 & \dfrac{2(-G_5 + k_q)}{G_6} \end{bmatrix} \begin{bmatrix} T_e \\ T_\varphi \\ \psi_r^2 \\ I_s^2 \end{bmatrix} \tag{2-39}$$

通过对 k_q 和 k_φ 取值使状态矩阵特征值全为负，即可使转矩和磁链稳定。当然给定电压在经过脉冲宽度调制（Pulse Width Modulation，PWM）时会受到直流母线电压的限制，因此 k_q 和 k_φ 的取值也应有所限制。此时电机的输入电压为

$$\begin{bmatrix} u_{sq} \\ u_{sd} \end{bmatrix} = \begin{bmatrix} k_q & G_6\omega & G_4\omega \\ -G_6\omega & k_q & k_\varphi \end{bmatrix} \begin{bmatrix} i_{sq} \\ i_{sd} \\ \varphi_r \end{bmatrix} \tag{2-40}$$

同样转子磁链 φ_r 和 i_d 采用级联形式，为消除静态误差加入积分环节，其控制结构可设计为如图 2-32 所示。

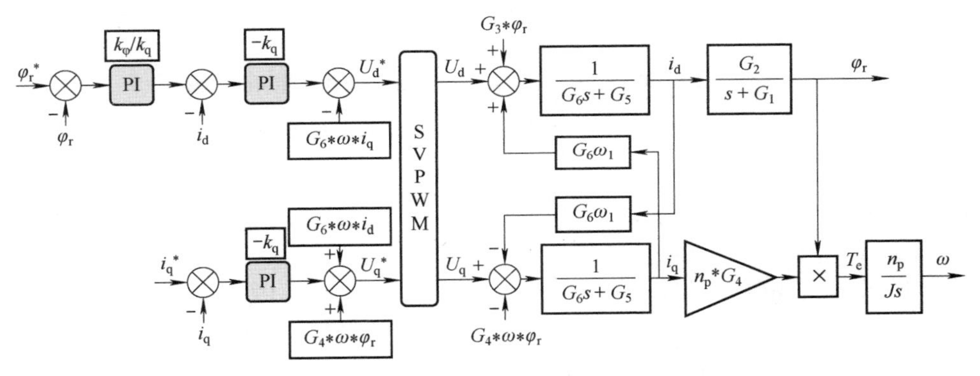

图 2-32　基于转矩状态方程的异步电机电压解耦控制

此解耦结构避免了定子电角速度 ω_1 的计算，同时它是直接针对电机电磁转矩和转子磁链的控制，在不考虑电机参数摄动和测量误差的情况下，可以实现宽转速范围内异步电机电磁转矩的线性控制。

本节采用基于转矩状态方程的异步电机电压解耦策略。

4. 异步电机控制系统建模

通过前面的分析，确定了电机控制中的功率转换策略和电压解耦策略，本节采用如图 2-33 所示的控制结构。

为验证其可行性，在 MATLAB/Simulink 中建立如图 2-34 所示的模型。其中 U_bridge2 模块即机侧变流器电压模型，Induction motor 模块为异步电机与飞轮转子模型，motor controller 模块为控制器模型。

（1）异步电机与飞轮转子模型

对于电机模型，虽然可以通过坐标变换进行简化，但最初始的模型更能反映电机实际运行中的各种状态，因此本节以三相电压作为电机模型的输入，其中通过坐标变换到两相静止坐标系（$\alpha\beta0$ 坐标系），以 $\alpha\beta0$ 坐标系下的电机模型作为电机本体模型，如图 2-35 所示。由于飞轮转子与电机转子同轴转动，因此在模型中仅把飞轮转子的转动惯量叠加在电机转子上即可。

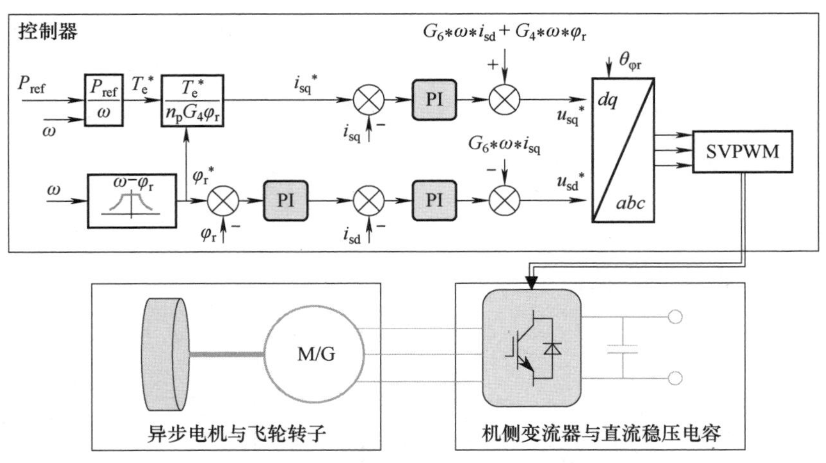

图 2-33　异步电机功率控制结构示意图

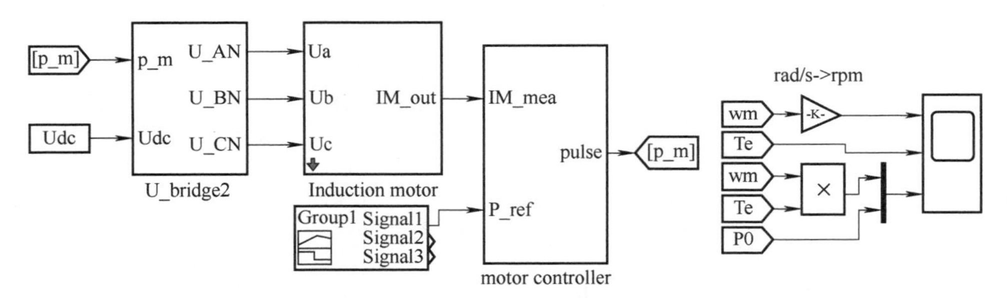

图 2-34　异步电机控制的 Simulink 模型

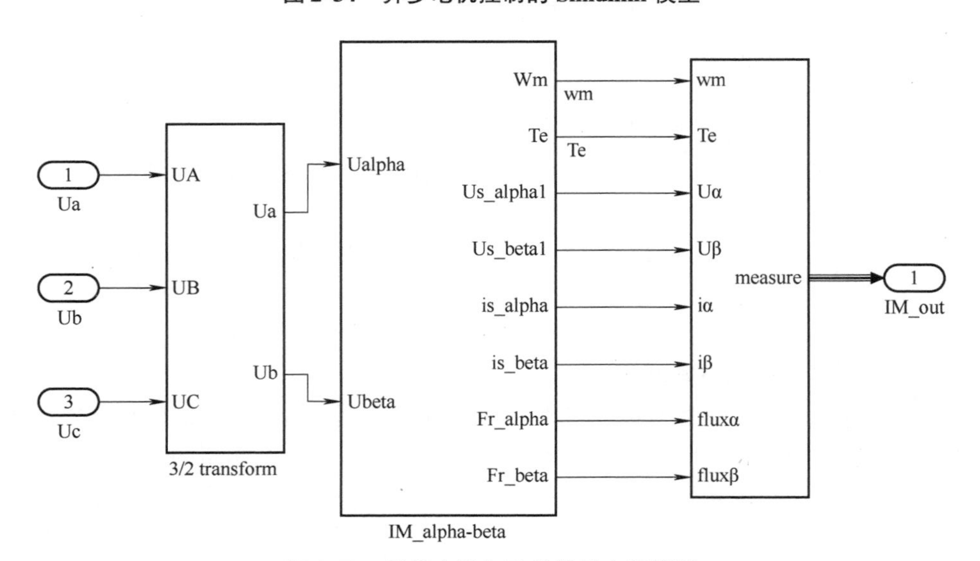

图 2-35　异步电机与飞轮转子内部模型

本节采用的异步电机与飞轮参数见表 2-3。

表 2-3　异步电机与飞轮参数

参 数 名	取 值	参 数 名	取 值
额定功率 P_0/kW	250	定子电阻 R_s/Ω	0.0034
额定电压 U/V	380	定子电感 L_s/H	0.00124602
额定频率 F_{1_base}/Hz	120	转子电阻（折算到定子侧）R_r/Ω	0.0028
电机极对数 n_p	2	转子电感（折算到定子侧）L_r/H	0.00125399
额定转速 $n_{\_base}$/(r/min)	3600	定转子之间互感 L_m/H	0.0012
额定转矩 T_{e_base}/Nm	663	转子总转动惯量 $J/(\mathrm{kg\cdot m^2})$	250
最低运行转速 $n\_\min$/(r/min)	3600	转子转动过程中的风阻系数 k_f	0
最高运行转速 $n\_\max$/(r/min)	11500	储能量 E_n/kWh	50

其中，异步电机在 $\alpha\beta0$ 坐标系下的模型（即图 2-35 中的 IM_alpha-beta 模块）结构如图 2-36 所示。

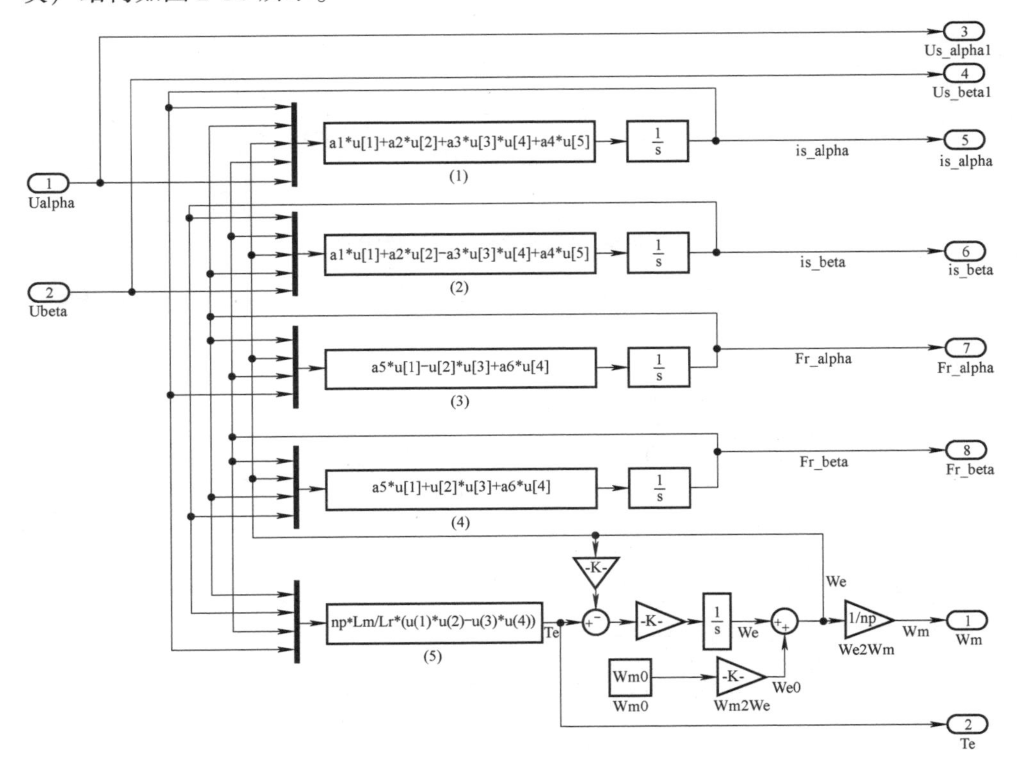

图 2-36　异步电机在 $\alpha\beta0$ 坐标系下的模型

（2）控制器模型

根据图 2-33 建立的异步电机控制器模型如图 2-37 所示。

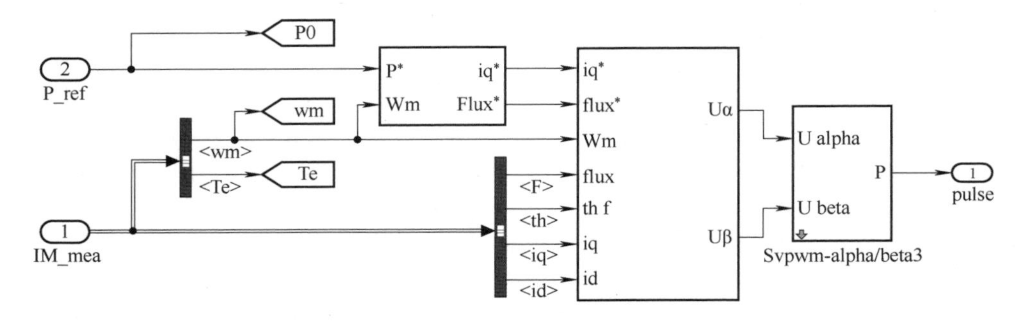

图 2-37　异步电机控制器模型

其中，控制器和电压解耦模型如图 2-38 所示。

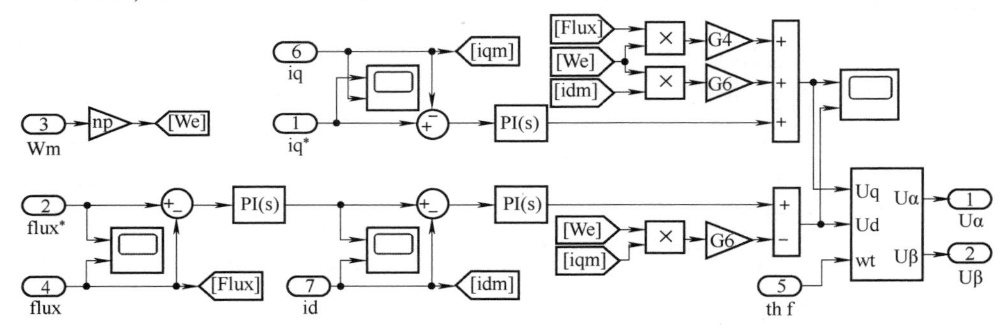

图 2-38　控制器和电压解耦模型

电机转子磁链给定值 Flux* 和 q 轴电流给定值 i_q^*，由如图 2-39 所示的模型计算得到。

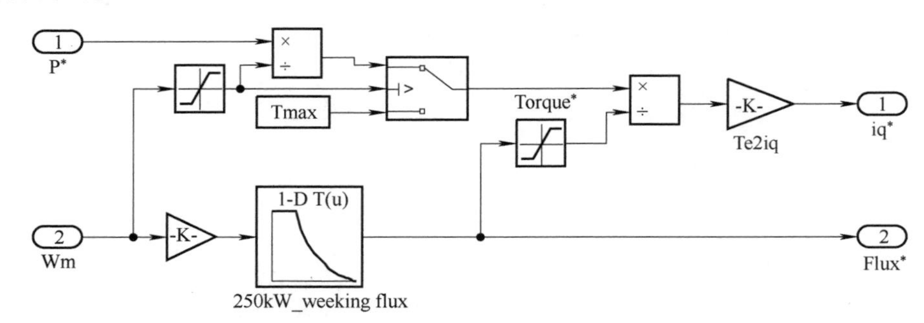

图 2-39　转子磁链和 q 轴电流给定值计算模块

采用仿真测量来获取电机的转子磁链曲线，具体方法为用 Simulink 中的异步电机模型，给其分别供不同频率的额定电压，同时外加额定功率的负载，设置电机初始状态的转差为对应值，运行仿真，测取转速稳定时的电机磁链幅值。磁链测取及其参数设置见表 2-4。

表 2-4　磁链测取及其参数设置

电源频率 F_1/Hz	负载转矩 T_L/Nm	初始转差 s_0	测取磁链值 φ_r/Wb
F1_base（120）	Te_base	0	0.396
1.25F1_base（150）	Te_base/1.25	-0.25	0.317
1.5F1_base（180）	Te_base/1.5	-0.5	0.264
1.75F1_base（210）	Te_base/1.75	-0.75	0.2264
2F1_base（240）	Te_base/2	-1	0.1981
2.2F1_base（264）	Te_base/2.2	-1.2	0.18
2.4F1_base（288）	Te_base/2.4	-1.4	0.165

通过测得的磁链值可以拟合出在额定功率下的转速-磁链曲线，本节以此曲线作为电机控制中的磁链弱磁给定。

5. 宽转速范围内电机控制仿真

（1）全转速升速仿真

设置给定功率 P_0 为 250kW，初始转速为 3600r/min，直流电压为 650V，采用四阶龙格库塔求解方法，取 0.00001s 的固定步长，运行仿真，得到升速时全转速范围内的转速、转矩、功率曲线如图 2-40 所示。

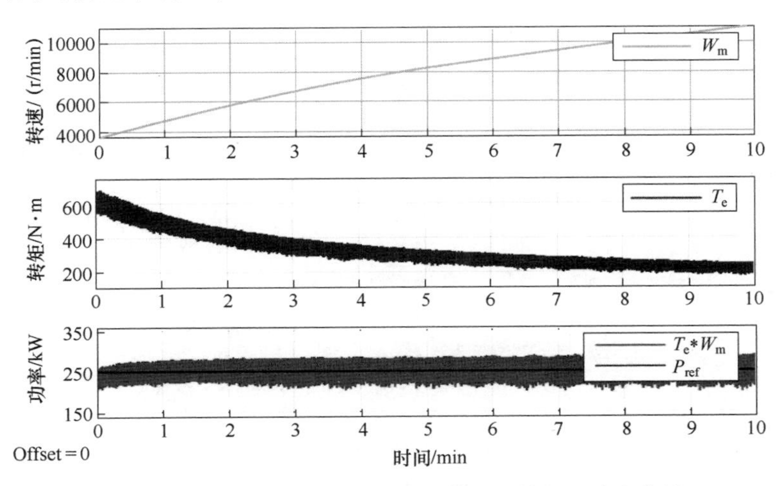

图 2-40　升速时全转速范围内的转速、转矩、功率曲线

（2）全转速降速仿真

设置给定功率 P_0 为 -250kW，初始转速为 11100r/min，其他参数不变，运行仿真，得到降速时全转速范围内的转速、转矩、功率曲线如图 2-41 所示。

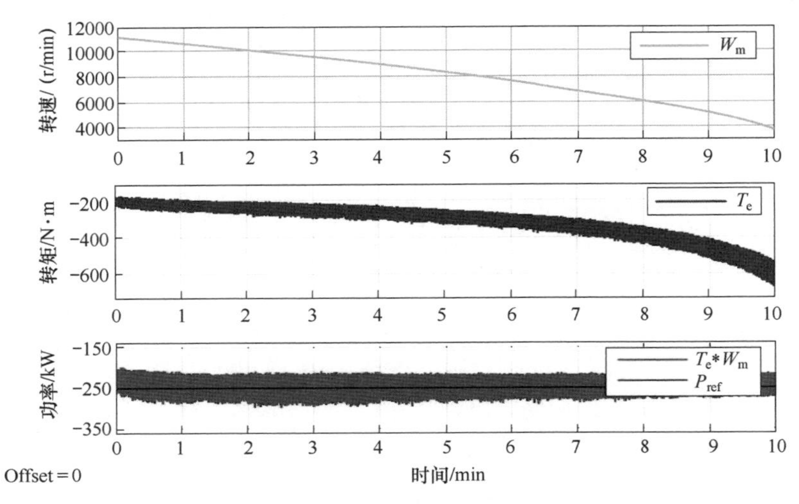

图 2-41　降速时全转速范围内的转速、转矩、功率曲线

（3）快速升降速切换仿真

设置给定功率 P_0 为图2-42 中功率 P_{ref} 所示的曲线，初始转速为8000r/min，其他参数不变，运行仿真，得到电机快速升降速切换时的转速、转矩、功率曲线。

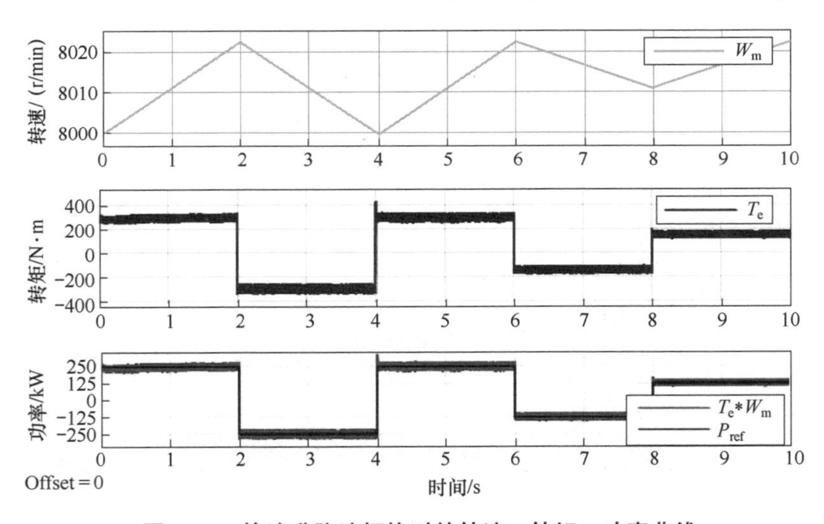

图 2-42　快速升降速切换时的转速、转矩、功率曲线

2.4.2　飞轮储能单元网侧功率控制

飞轮储能单元中最重要的控制目标是直流母线电压的稳定和整个飞轮储能单元的充放电功率。而电机侧功率和电网侧功率会影响直流电压。本节和 2.4.3 节将分别对如图 2-43 所示的飞轮储能单元网侧充放电功率控制和直流母线电压控制进行分析、建模和仿真。然后对整个飞轮储能单元进行控制建模和仿真，验证其控制性能。

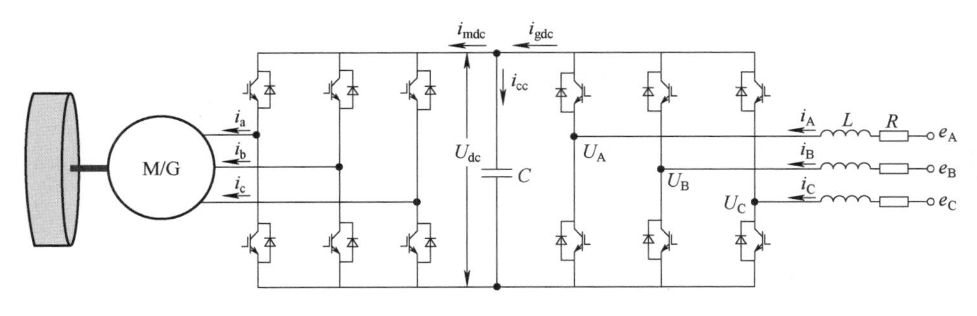

图 2-43　飞轮储能单元结构

1. 网侧功率控制分析

由于直流母线电压受网侧和机侧功率共同影响，此处仅分析网侧的功率控制，故暂定直流母线电压为给定常值，此时图 2-42 中网侧变流器 PWM 信号决定了其网侧电压 U_g。电网电压定向后网侧逆变器交流电压与网侧功率之间的关系如图 2-44 所示。

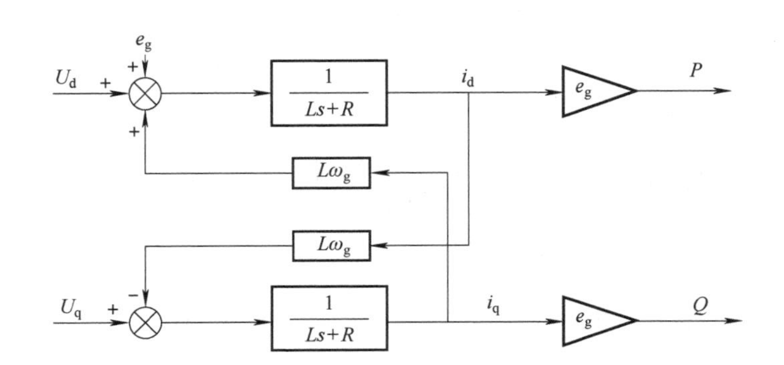

图 2-44　电网电压定向后网侧逆变器交流电压与网侧功率之间的关系

图 2-44 中，U_d和 U_q分别表示经电网电压 e_g定向后的 U_g 的 d、q 分量，e_g为电网电压矢量幅值，P 和 Q 为系统与电网之间交换的有功和无功，ω_g为电网电角频率，L 和 R 分别表示滤波电感值及其等效电阻。

此关系在电网电压定向时取 d 轴为电压矢量位置，q 轴超前 d 轴 90°。通常以感性无功为正，即电压超前电流的角度为功率因数角，此时 q 轴电流表示的是通常认为的无功功率的负值，即容性无功功率。也有其他定向方法，应注意区分。

状态空间方程表示为

$$\begin{bmatrix} \dot{P} \\ Q \end{bmatrix} = e_g \begin{bmatrix} \dot{i}_d \\ i_q \end{bmatrix} = e_g \begin{bmatrix} -\dfrac{R}{L} & \omega_g \\ -\omega_g & -\dfrac{R}{L} \end{bmatrix} \begin{bmatrix} i_d \\ i_q \end{bmatrix} + e_g \begin{bmatrix} \dfrac{e_g - U_d}{L} \\ -\dfrac{U_q}{L} \end{bmatrix} \tag{2-41}$$

由图 2-44 可以看出，飞轮储能单元充放电的有功和无功可以通过双闭环进行控制，也可以通过电流间接控制，此处选功率开环的电流控制结构。

取

$$\begin{bmatrix} U_d \\ U_q \end{bmatrix} = \begin{bmatrix} k_{gd} & L\omega_g \\ -L\omega_g & k_{gq} \end{bmatrix} \begin{bmatrix} i_d \\ i_q \end{bmatrix} + \begin{bmatrix} e_g \\ 0 \end{bmatrix} \tag{2-42}$$

式中，k_{gd}和k_{gq}值为控制待定常数。

此时式（2-41）转化为

$$\begin{bmatrix} \dot{P} \\ Q \end{bmatrix} = e_g \begin{bmatrix} \dot{i}_d \\ i_q \end{bmatrix} = e_g \begin{bmatrix} -\dfrac{R + k_{gd}}{L} & 0 \\ 0 & -\dfrac{R + k_{gq}}{L} \end{bmatrix} \begin{bmatrix} i_d \\ i_q \end{bmatrix} \tag{2-43}$$

此时取k_{gd}和k_{gq}值使式（2-43）特征值为负，即可实现稳定。同样给定电压经 PWM 时受直流母线电压的限制，k_{gd}和k_{gq}的取值也应有所限制。

为消除静态误差加入积分环节组成 PI 控制器，其控制结构可设计为如图 2-45 所示。

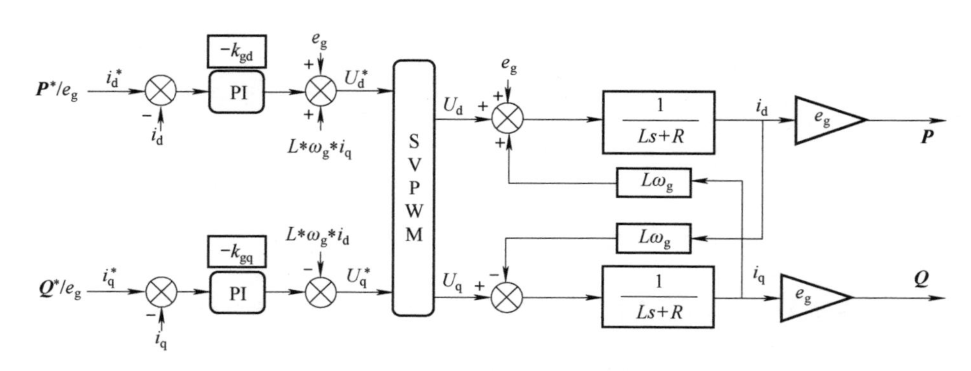

图 2-45　网侧功率控制结构示意图

前面说到，此模型 q 轴控制的是容性无功，为使实际测量中得到的结果与给定值（感性无功）统一，可对无功电流给定值 i_q^* 取负来实现。或可在电压定向时让 q 轴定向为电压矢量位置，此时 d 轴电流滞后电压矢量 90°，表示的是感性无功。本节采用前一种方法。

2. 网侧控制建模和初步仿真

经过上一节的分析，建立如图 2-46 所示的网侧电路、变流器和控制器模型。

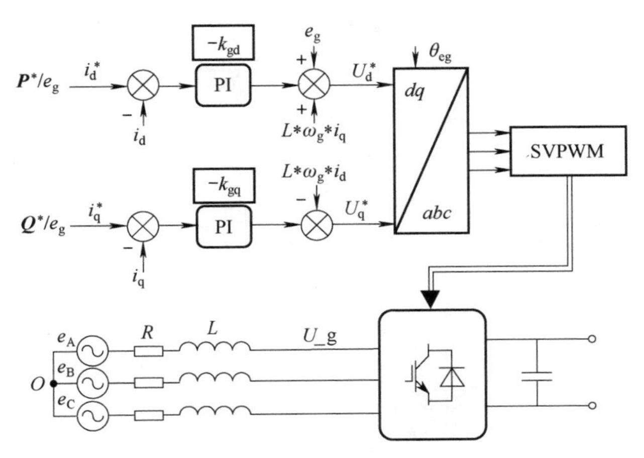

图 2-46　网侧电路、变流器和控制器模型示意图

在 MATLAB/Simulink 中建立的飞轮储能单元网侧功率控制模型如图 2-47 所示。其中 Three-phase Voltage 模块为三相电网电压，Grid and bridge1 模块为网侧 *RL* 滤波电路和网侧变流器模型，grid Controller 模块为控制器模型。

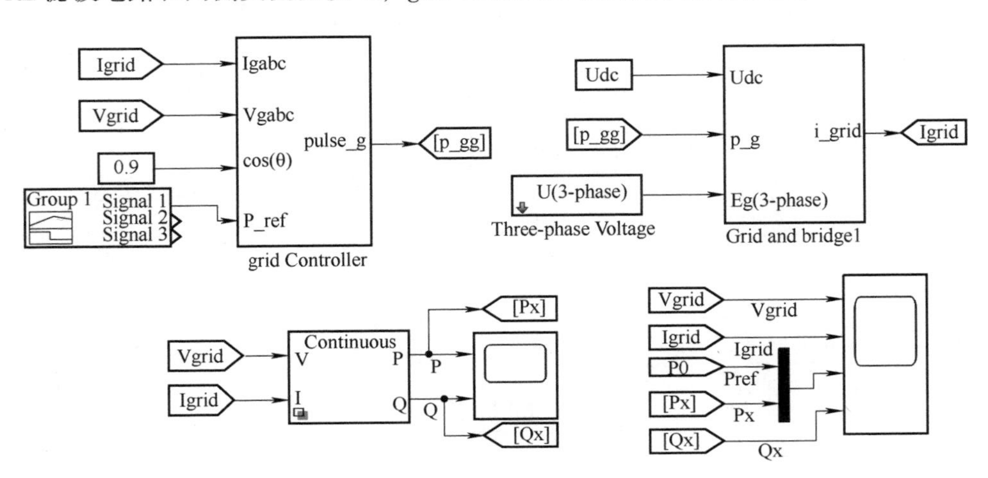

图 2-47　飞轮储能单元网侧功率控制模型

其中，网侧电路内部模型如图 2-48 所示。

网侧控制器内部模型如图 2-49 所示。

网侧电流控制模型如图 2-50 所示。

分别进行满功率充电和放电仿真，结果分别如图 2-51 和图 2-52 所示。

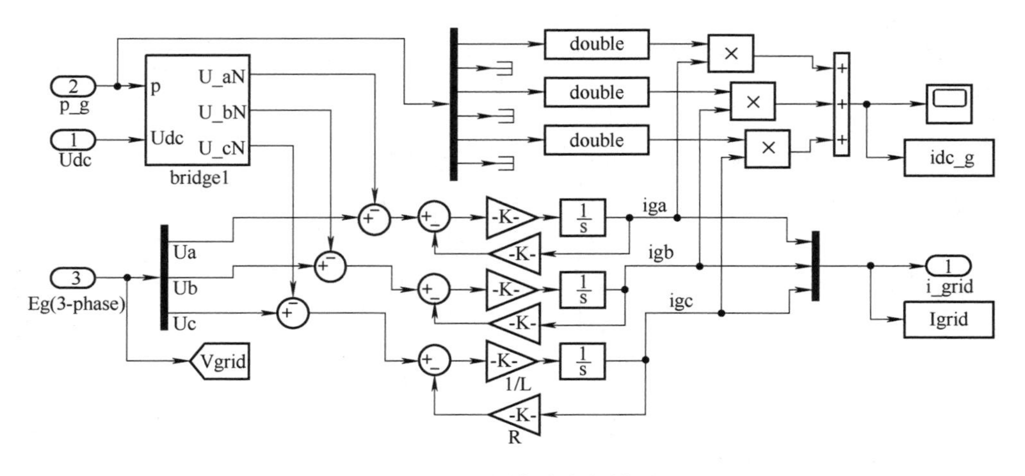

图 2-48　网侧电路内部模型

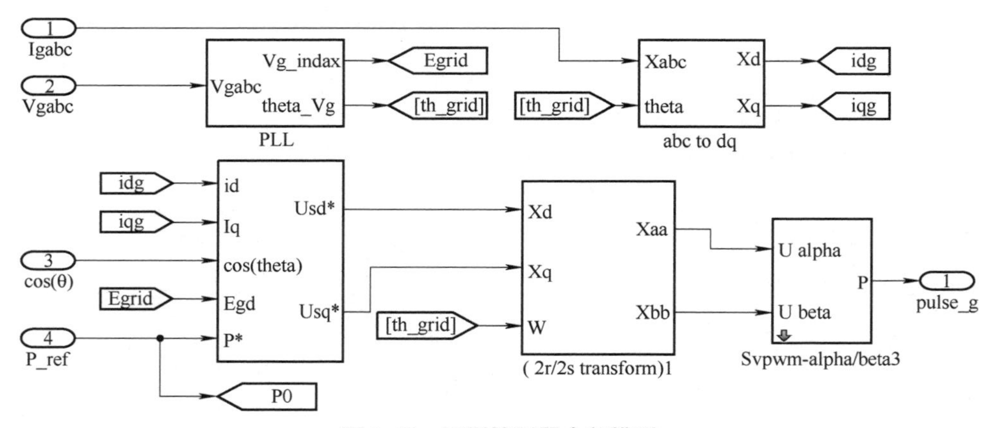

图 2-49　网侧控制器内部模型

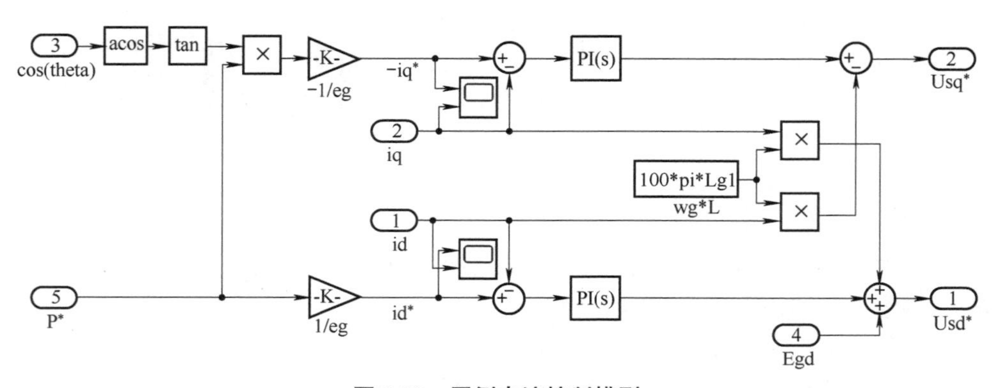

图 2-50　网侧电流控制模型

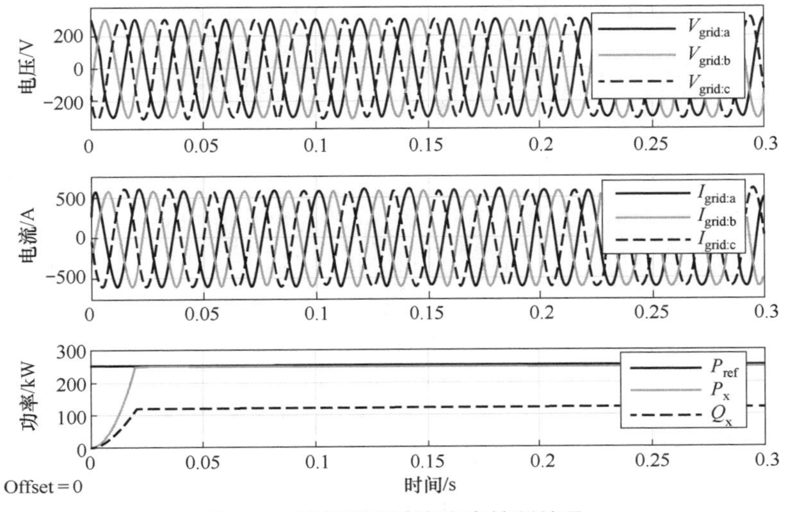

图 2-51　网侧额定功率充电控制结果

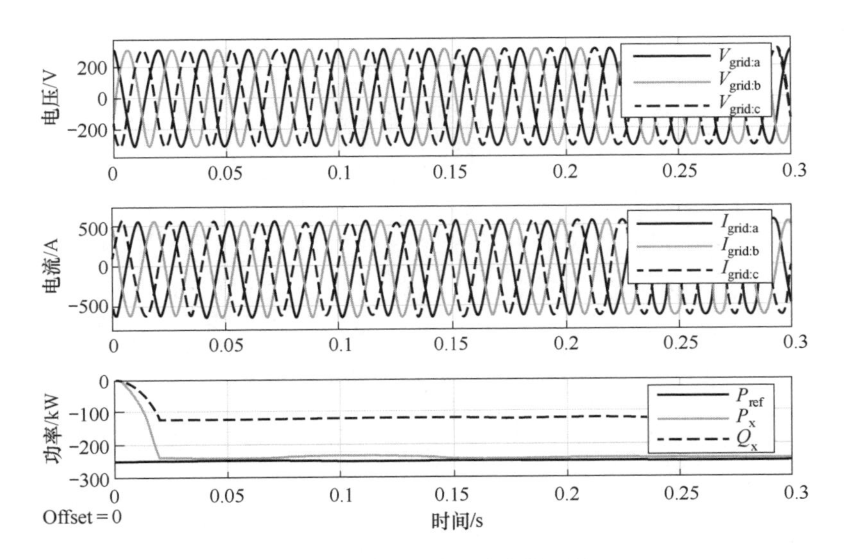

图 2-52　网侧额定功率放电控制结果

从图 2-51 和图 2-52 中可以看出，电流控制在不考虑电网电压波动和三相不平衡时可以实现充电功率的稳定和准确控制，其中测量功率 P_x 和 Q_x 由于在三相功率计算时需要一个周期才能准确计算，在 0.02s 处才显示为稳定值。从电流曲线可以看出，电流的稳定远远快于 0.02s，因此实际的功率响应也远远快于 0.02s。

网侧有功功率快速切换控制结果如图 2-53 所示，网侧有功功率和无功功率同时快速切换控制结果如图 2-54 所示。

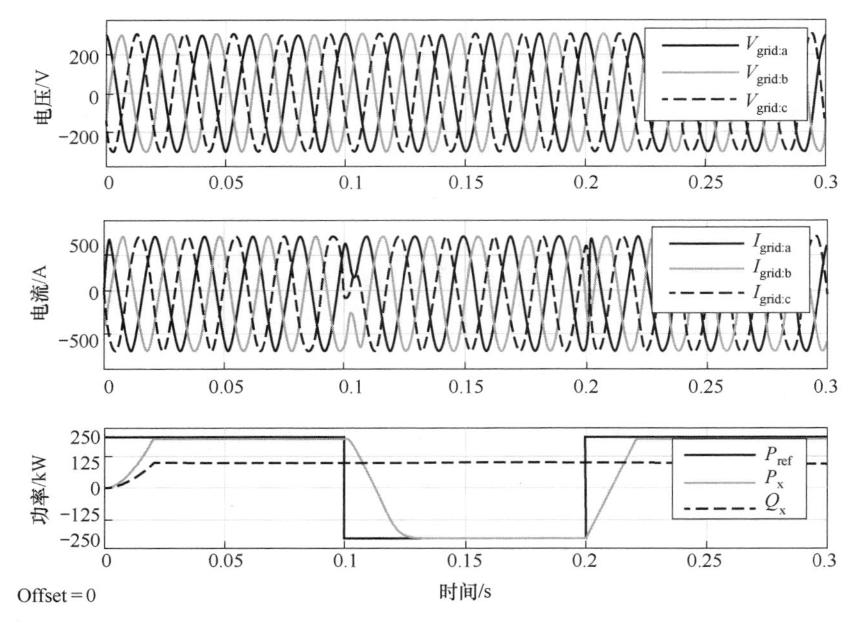

图 2-53　网侧有功功率快速切换控制结果

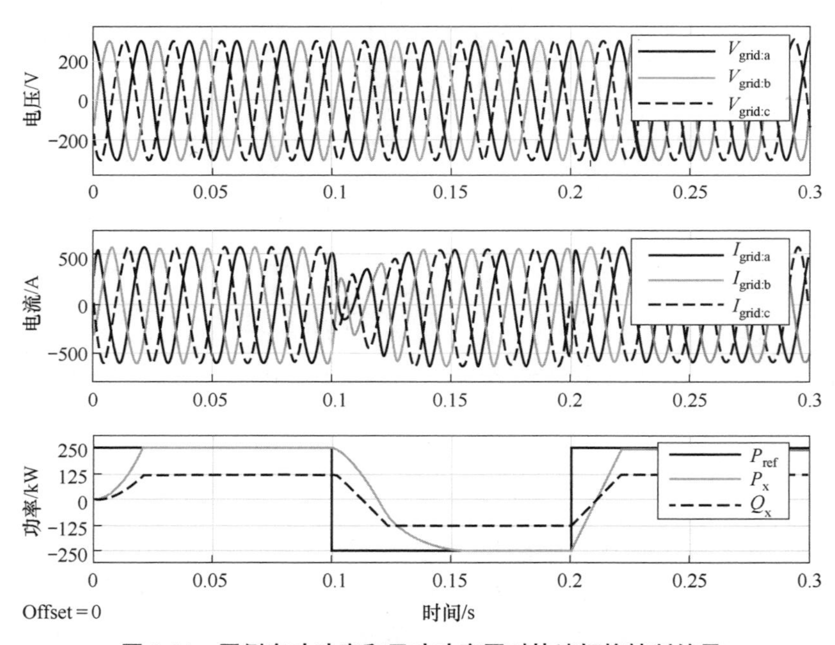

图 2-54　网侧有功功率和无功功率同时快速切换控制结果

从图 2-53 中可以看出，当无功功率不变时，有功功率在满功率充电和放电之间快速切换时，输出有功功率能在一个周期（0. 02s）内快速跟上给定值（见电流曲线)。从图 2-54 可以看出，当功率因数不变时，有功功率和无功功率从充电切换为放电时，无功功率能在一个周期内跟上给定值，有功功率需要两个周期才能跟上给定值，从放电切换为充电时则都能在一个周期内快速跟上给定值。

2.4.3　飞轮储能单元直流电压控制

直流母线电压稳定是机侧控制和网侧控制的基础，因为在 PWM 过程中，计算每个矢量的作用时间时是以固定的直流母线电压进行计算的，因此当直流母线电压与计算时所用的电压值出现偏差时，经过开关信号的控制，实际输出的三相电压值会与期望值产生偏差，甚至会使控制失效。

1. 直流电压控制分析

假设电容为理想电容，且飞轮储能单元的直流母线电压与直流母线处电流 i_{dc_m} 和 i_{dc_g} 有关系，其关系如图 2-55 所示。

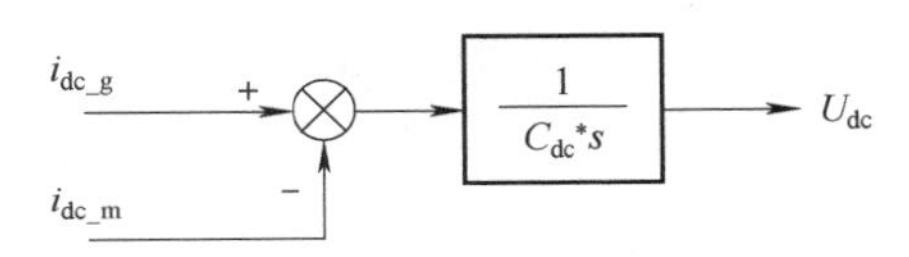

图 2-55　直流母线电压关系

其中，C_{dc} 为电容值，i_{dc_g} 和 i_{dc_m} 分别由式（2-44）和式（2-45）决定。

$$i_{dc\_g} = S_{gA}i_{ga} + S_{gB}i_{gb} + S_{gC}i_{gc} \tag{2-44}$$

$$i_{dc\_m} = S_{mA}i_{ma} + S_{mB}i_{mb} + S_{mC}i_{mc} \tag{2-45}$$

根据向量内积的公式，式（2-44）和式（2-45）分别表示其对应开关函数矢量 $\boldsymbol{S}$ 与对应电流矢量 $\boldsymbol{I}$ 之间的内积。而根据开关状态与电压矢量之间的关系，网侧开关状态矢量 $\boldsymbol{S}_g$ 在一个调制周期内等效为一个幅值为 1，相位与其所控制电压 $\boldsymbol{U}_{\_g}$ 相位相同的矢量，因此 i_{dc_g} 可等效为网侧电流矢量 $\boldsymbol{I}_g$ 在电压矢量 $\boldsymbol{U}_{\_g}$ 所在位置上的分量，即网侧变流器交流侧有功电流分量。同理 i_{dc_m} 可等效为电机电流矢量 $\boldsymbol{I}_m$ 在电压矢量 $\boldsymbol{U}_{\_m}$ 所在位置上的分量，即电机有功电流分量。当然实际电流 i_{dc_g} 和 i_{dc_m} 由于受 PWM 的影响，其中含有较多高次成分，所以也与对应 $\boldsymbol{I}_g$ 和 $\boldsymbol{I}_m$ 的无功电流分量有关系。

分析了直流母线处 i_{dc_g} 和 i_{dc_m} 两个电流和机侧网侧功率之间的关系，现不妨以本节的电机模型（都假设直流母线电压不变），设置相同的给定功率曲线分别进行功率控制仿真，分别得到机侧电流 i_{dc_m} 和网侧电流 i_{dc_g}。再建立如图 2-56 所示的模型，讨论功率和直流母线电压之间的定性关系。

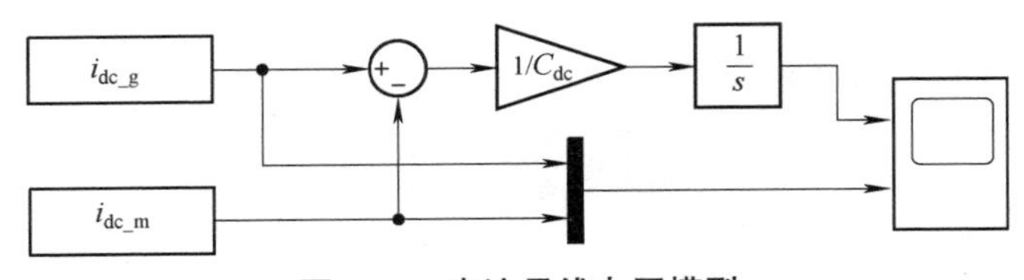

图 2-56　直流母线电压模型

其中给定功率为图 2-53 中 P_{ref}所示的快速切换的功率曲线，网侧功率因数取为 1。电容值 C_{dc}取为 0.05F，直流母线电压初始值取为 650V，运行仿真，分析此时 i_{dc_m}、i_{dc_g}和直流电压 U_{dc}之间的关系。得到的直流母线电压及对应电流变化曲线如图 2-57 所示。

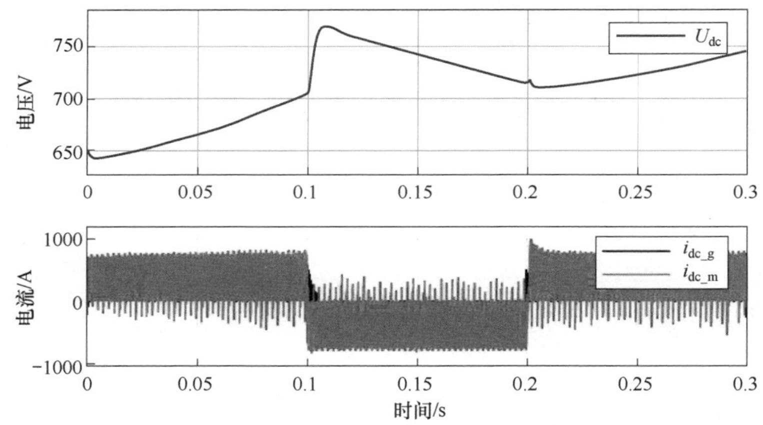

图 2-57　直流母线电压及对应电流变化曲线

从图 2-57 中可以看出，在稳定充电过程中直流母线电压在逐渐升高（0～0.1s 和 0.2～0.3s），在稳定放电过程中直流母线电压在逐渐降低（0.1～0.2s）。值得注意的是在 0.1～0.2s，由于网侧从充电转换为放电时响应较慢，开始阶段消耗直流处电流较慢，而电机侧则很快就有高功率的电流流入直流电容，因此直流电容电压有快速上升。

为验证无功对直流电压也有影响，网侧控制时功率因数取为 0.9，其他设置与上面相同，最终在图 2-56 所示模型中得到的直流母线电压及对应电流变化曲线如图 2-58 所示。

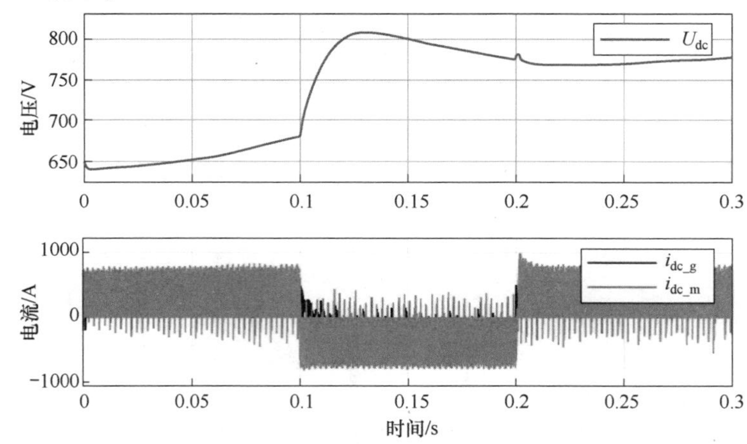

图 2-58　网侧增加无功后直流母线电压及对应电流变化曲线

对比图 2-58 和图 2-57 可以发现，网侧加入无功之后，充电稳定阶段直流母线电压的上升趋势减小，放电稳定阶段直流母线电压降低的趋势也有减小。同时，放电开始时网侧由于加入无功，控制响应变慢，导致电压上升很多。此处仅验证无功对直流电压有影响，故不再做其他无功情况的讨论。

从上述的定性分析可以看出，在放电稳定阶段内网侧流向直流侧的电流 i_{dc_g} 稍大于从直流侧流向机侧的电流 i_{dc_m}，放电稳定时同样是 i_{dc_g} 的绝对值稍大于 i_{dc_m} 的绝对值。

由于飞轮储能单元的一个控制目标是充放电功率跟随给定功率，即网侧功率，所以从网侧流向直流侧的电流 i_{dc_g} 不能做调整，因此为了使直流母线电压稳定，可考虑调整直流侧流向电机侧的电流 i_{dc_m}。定性关系为当直流母线电压高于给定值时，加大 i_{dc_m}；当直流母线电压低于给定电压时，减小 i_{dc_m}。

因此可考虑在原电机控制的基础上再对直流母线电压进行闭环控制，其控制器输出作为功率补偿叠加在机侧给定功率上，或者作为 q 轴电流补偿叠加在 q 轴电流给定值上。这两种结构本质原理是一样的，本节采用后一种。得到飞轮储能单元整体控制结构如图 2-59 所示。

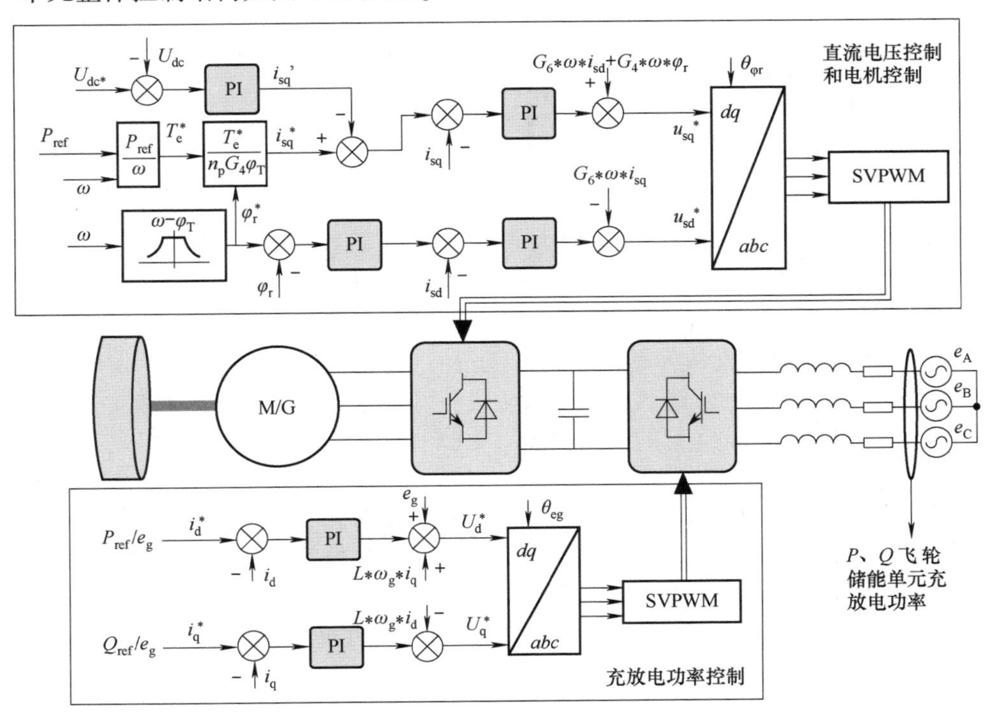

图 2-59　飞轮储能单元整体控制结构示意图

2. 飞轮储能单元模型

通过对前面内容的分析，对图 2-43 所示的飞轮储能单元的整体控制，有了一个基本方案和部分模型的控制仿真。本节将对前面分别建立的电机控制模型、网侧功率控制模型以及直流母线电压模型，进行整体组合，得到一个完整的单元模型，从而仿真验证所提方案的有效性。

飞轮储能单元整体控制模型如图 2-60 所示。

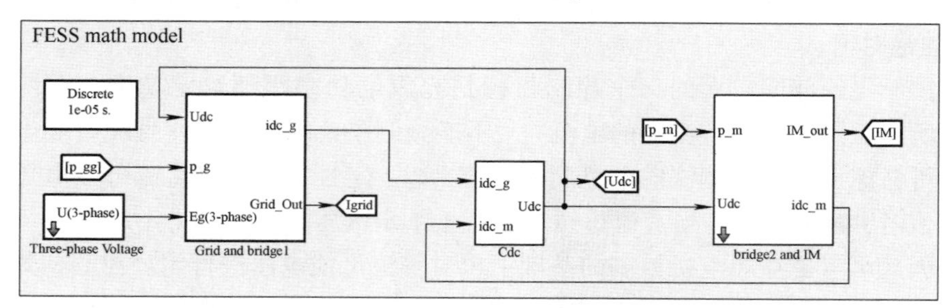

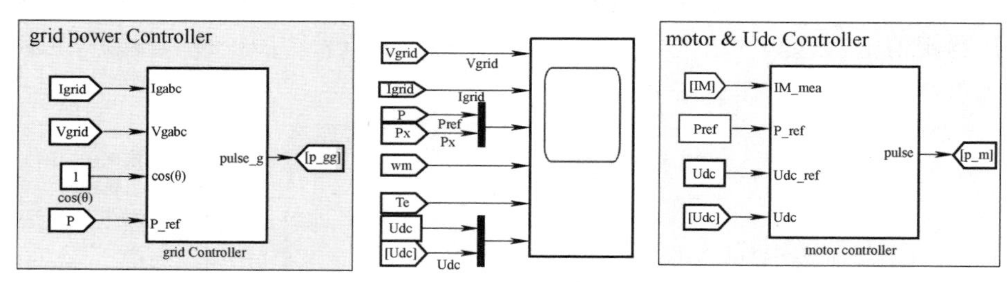

图 2-60 飞轮储能单元整体控制模型

3. 飞轮储能单元控制仿真

首先进行全转速范围充电仿真，设置电机初始转速为 3600r/min，给定功率为 250kW，采用四阶龙格库塔求解方法，步长取 0.00001s，给系统中相应状态量赋初始值（一般都默认为零，但是在运行时这些状态量的值需要一定时间从零迭代收敛到正常值才会进入正常运行阶段，可先运行一次，取其中正常运行中的一个时间点作为下次运行的初始状态）。飞轮储能单元全转速范围满功率充电仿真结果如图 2-61 所示。

图 2-61b 为截取图 2-61a 中 5min 处 0.1s 内的细节图。首先从图 2-61a 中可以看出，整个转速范围内充放电控制和直流电压控制是稳定有效的，再从图 2-61b 中可以看出，功率误差在给定值的 2% 之内，因为网侧功率是开环，有一定的静态误差。直流母线电压有小幅度波动，能稳定在给定值 ±1% 以内。由于 PWM 的原因，电机转矩波动较大。

全转速放电仿真结果与充电仿真结果类似，飞轮储能单元快速充放电切换仿真结果如图 2-62 所示。初始转速为 4000r/min，给定功率为图 2-62a 中充放电功率中的 P_{ref}。

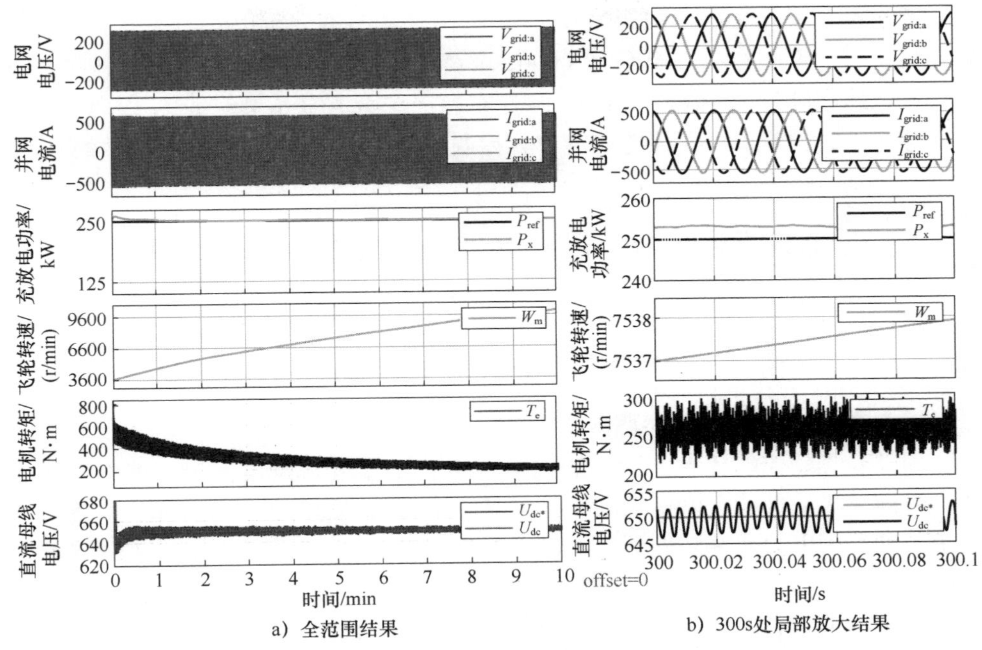

图 2-61　飞轮储能单元全转速范围满功率充电仿真结果

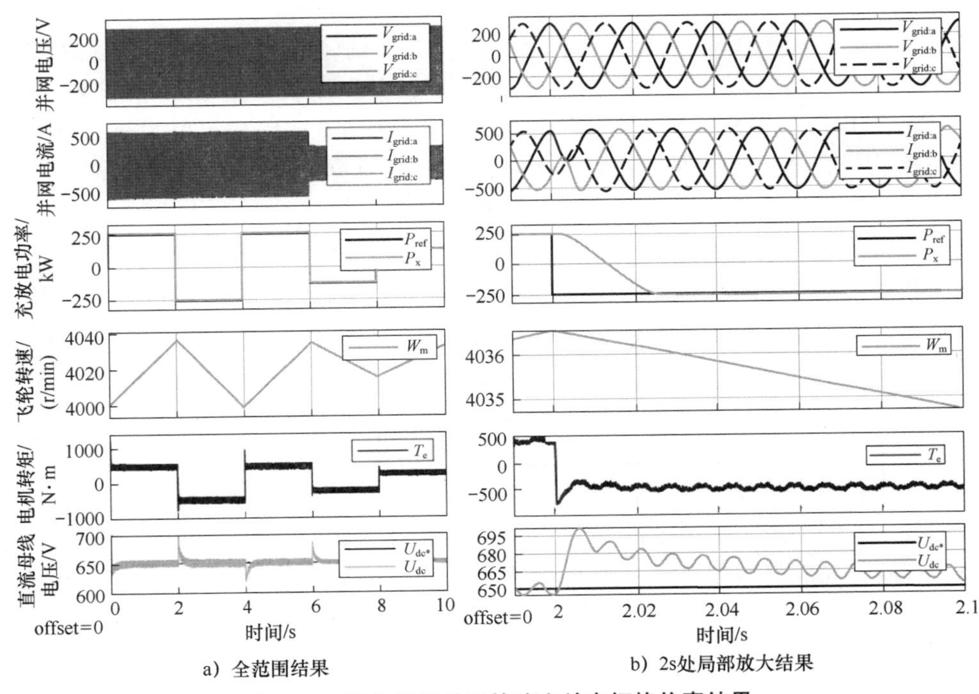

图 2-62　飞轮储能单元快速充放电切换仿真结果

图2-62b为截取图2-62a中2s处0.1s内的细节图。可以看出，充放电功率转换时实际功率能在一个周期内（0.02s）跟上给定功率（误差±2%以内），直流母线电压在陡升或陡降后能在0.1s左右稳定在给定值（误差±2%以内）。

通过上述仿真验证了飞轮储能单元控制方案的有效性。

2.5 飞轮储能系统的工程应用与发展趋势

2.5.1 飞轮储能系统的工程应用

1. 飞轮储能系统国内外典型工程概述

国外对飞轮储能技术的学术研究起步早，已建成并投运多个完整的工程实例。目前，飞轮储能电网调频的项目主要位于北美地区的美国和加拿大。在美国能源部和美国电力研究院的资助下，美国Beacon Power公司在纽约州和宾夕法尼亚州的两个20MW储能系统与风电机组联合的独立调频电站，分别于2011年6月和2014年7月全面商运，调频电站由200台十五分钟级单体90MJ/100kW飞轮并联构成。

原加拿大Temporar Power公司有3个规模化应用项目：多伦多地区的2MW独立调频飞轮储能项目、安大略省圭尔夫的5MW网侧调频项目和加勒比海阿鲁巴岛10MW飞轮阵列与新能源联合使用提供全岛电力供应，其单机指标为180MJ/500kW。2018年4月Amber Kinetics在马萨诸塞州完成了128kW/512kWh的飞轮储能联合光伏项目，与West Boylston MLP原有的370kW光伏系统在交流侧连接。国外飞轮储能电站现场如图2-63所示。

在我国，飞轮储能系统研究起步较晚，20世纪80年代国内机构开始逐步关注飞轮储能并对关键技术开展初步研究。较早开始从事飞轮储能技术研发的高校有清华大学、华北电力大学、北京航空航天大学。北京飞轮储能（柔性）研究所、中国科学院电工研究所、中国科学院长春光学精密机械与物理研究所等科研院所也在飞轮储能的关键技术上开展了对应研究。目前国内不少科技公司开始开展飞轮储能系统的实际运营与开发，各科技公司都致力于研究具备自主知识产权的大功率真空磁悬浮飞轮储能系统，其中国内技术较先进的公司包括沈阳微控新能源技术有限公司、华驰动能（北京）科技有限公司、北京泓慧国际能源技术发展有限公司、贝肯新能源（天津）有限公司等。截至目前已有多种飞轮产品投入示范应用，主要的应用场景包括石油钻井行业、轨道交通储备、UPS备用电源、电网一次和二次调频等。

a）美国宾夕法尼亚20MW飞轮储能电站

b）美国纽约20MW飞轮储能调频电站

c）多伦多地区2MW独立调频飞轮储能电站

d）安大略省圭尔夫5MW飞轮储能调频电站

e）加勒比海阿鲁巴岛10MW飞轮储能电站

f）马萨诸塞州128kW飞轮储能电站

图 2-63　国外飞轮储能电站现场

2021 年 11 月国家能源集团依托国能宁夏灵武发电有限公司两台 600MW 火电机组，开展了首批飞轮储能 + 火电联合调频示范建设。项目所设计的全容量飞轮储能调频也是国内第一个全容量“飞轮储能-火电联合调频”项目。项目总投资 2.1 亿元，由灵武电厂原有机组耦合 22MW/4.5MWh 飞轮储能参与一次和二次调频。2022 年 8 月，综合二氧化碳储能时间长和飞轮储能响应速度快的特点，全球首个将二氧化碳和飞轮储能进行集成应用的示范项目正式投运，该项目储能总规模达到 10MW/20MWh，储存电能的时间长达 2h。作为全球首个二氧化碳 + 飞轮储能综合能源站，将对储能行业产生深远的影响。上述两个国内飞轮储能项目现场如图 2-64 所示。

2022 年国家能源局组织评定了能源领域首台（套）重大技术装备，其中由沈阳微控与三峡集团等共同研制的“适用于新能源电站惯量和调频支撑的兆瓦级飞轮储能系统”入选。随着新能源电力的大规模并网以及国家储能相关政策的推动，我国飞轮储能系统的建设及应用迈上了新的台阶，国内多家科技公司的飞轮储能产品在电力系统辅助调频领域开展工程应用。部分飞轮储能调频示范项目见表 2-5。

a）灵武22MW/4.5MWh飞轮调频项目

b）德阳CO_2+飞轮储能（10MW/20MWh）示范

图 2-64　国内飞轮储能项目现场

表 2-5　部分飞轮储能调频示范项目

省　份	项 目 名 称	飞轮储能规模	飞轮产品供货商
山东	华能山东莱芜电厂飞轮储能联合调频智能协调控制关键技术研究与示范应用	6MW/50kWh	北京奇峰聚能科技有限公司
内蒙古	三峡新能源乌兰察布源网荷储一体化示范项目	1MW/15MJ	沈阳微控新能源技术有限公司
山西	朔州热电大功率磁悬浮飞轮储能电池 AGC 辅助调频重大科技创新示范项目	2MW/0.4MWh	北京华驰动能科技有限公司
内蒙古	霍林河循环经济“源-网-荷-储-用”多能互补关键技术研究及应用创新示范项目	1MW/200kWh	国电投坎德拉（北京）新能源科技有限公司
河南	国家电投集团河南电力有限公司技术信息中心 MW 级先进飞轮储能系统建设项目	5MW/175kWh	国电投坎德拉（北京）新能源科技有限公司

国家政策的有力支持也推动了飞轮储能系统的商业化应用，验证了飞轮储能技术在新型电力系统建设中的价值，对于进一步推进飞轮储能规模化发展具有重要意义。

2. 飞轮储能系统在风电场站的应用

2020 年，山西省右玉县老千山风电场开展了由 1MW 的飞轮储能系统和 4MW 锂电池储能系统组成的混合储能系统调频在新能源场站的示范应用项目。项目探索了飞轮联合电池构成的混合储能在平滑风电波动、提高电网一次调频性能以及减少风电场站弃风等方面的可行性。飞轮系统采用沈阳微控新能源技术有限公司的功率型磁悬浮储能飞轮本体组成储能飞轮阵列，构成 1MW 的飞轮储能系统。该系统是国内首个完成入 35kV 电网并网试验的兆瓦级飞轮储能系统，也是首个利用飞轮储能技术解决新能源一次调频的应用。

在电网频率频繁扰动或风电场输出不稳定时，飞轮储能装置可以快速频繁充放电以提供调频能力和平滑风电并网功率。当飞轮储能系统不能满足要求时，由电池储能对电力和容量的不足进行相应补充。通过飞轮响应频繁的功率波动需求，电池储能系统的充放电次数有效减少，能够有效提高电池寿命，提升电池的安全性能。此外，利用混合储能系统辅助风电场站参与调频可以在并网发电机组运行细则下获取辅助服务收益，进一步提高新能源场站配建储能系统的经济性。

该项目采用面向一次调频的风电场混合储能容量优化配置策略，依托国内某风电场完成了储能参与风电场一次调频的现场试验与应用。项目研究成果为并网风电场一次频率控制提供关键技术指导和实际应用范例，为构建大规模风电并网的新型电力系统，维护电网稳定安全提供了新的思路和方法，促进了大型新能源机组发电的消纳，有利于电网的能源清洁化、低碳排放和可持续发展。

3. 飞轮储能系统在火电厂调频应用

2021 年，国能宁夏灵武发电有限公司开展了大功率全容量飞轮储能耦合火电机组调频示范工程应用，在 2 ×600MW 火电机组配置 22MW/4.5MWh 飞轮储能系统参与一次调频和 AGC 调频，提高火电机组精准灵活性，是全球首个火电机组配置全容量飞轮储能的规模化项目，由华驰动能公司提供 36 台 630kW/125kWh 储能飞轮地井安装，成功地实现了火电与大容量飞轮系统联合调频在电力系统中的应用。电力级大功率磁悬浮储能飞轮作为新兴的电能储存技术，具有安全环保性好、深度充放电能力强、充放电次数多、调频性能高和宽温域等优点。飞轮耦合火电机组参与电网调频，能够提升火电厂灵活性，提高电网运行稳定性、安全性，增强电网新能源接纳能力，提升电能质量。

600MW 机组耦合飞轮储能系统电气接线如图 2-65 所示，来自电网调度的 AGC 指令信号下发至火电机组 DCS（Distributed Control System，分散控制系统），能量管理系统分别接收来自火电机组和飞轮储能系统的状态信息，根据实时信息控制机组和飞轮调频出力。飞轮侧的储能能量管理系统还包括飞轮储能阵列控制模块，能量管理系统通过控制每台飞轮单体充放电响应电网调频需求，通过在 10kV 厂用电系统扩建储能接入柜，飞轮储能系统充放电时，厂用电系统经过升压变压器将电压降低至 400V 供飞轮储能系统充放电，实现储能设备与厂用电系统的能量交换。飞轮储能系统和火电机组实时出力经过测量合成后上传至电网系统，供电网实时监测与考核。

飞轮储能系统的装机最大功率达到 22.68MW，飞轮储能接入系统的原则是不影响机组及电网正常运行，不影响厂用辅助设备正常运行，不影响厂用电切换灵活性。因此考虑将飞轮储能系统接入 10kV 厂用电系统，储能通过从厂用高压段充电或者向厂用高压段放电方式，改变厂高变实时负荷，从而改变发电机并网功率。储能接入10kV厂用电系统的优点主要有：

1）改造工作量小，储能以电缆形式接入10kV厂用段高压开关柜，无需对电厂发电机封闭母线等一次设备进行改造。

2）储能运行方式灵活，储能可以分别接入#1机、#2机厂用电系统，灵活辅助两台机组调频运行。

3）安全可靠性高，储能发生内部故障时，只需断开10kV厂用段储能接入柜即可，不影响发电机组，不影响厂用其他辅助设备正常运行。

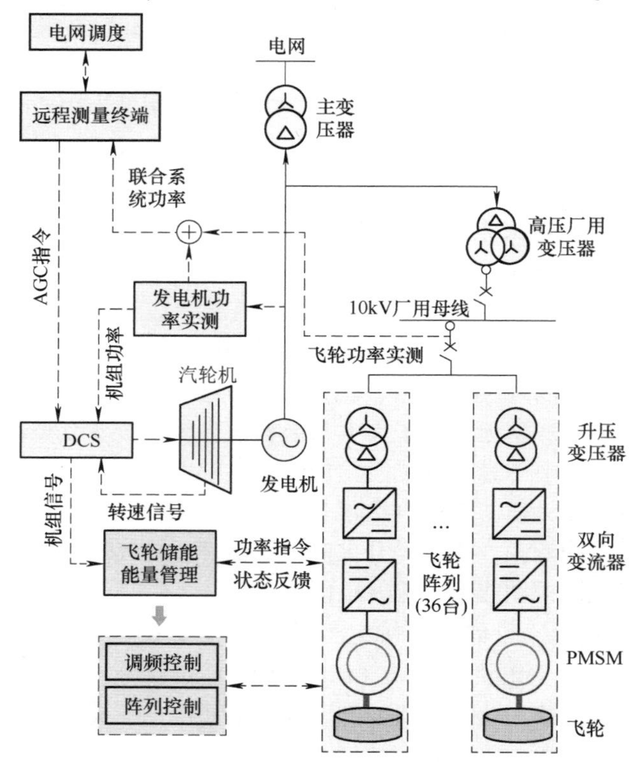

图2-65　600MW机组耦合飞轮储能系统电气接线

飞轮储能按照容量配比分为7.56MW/1.5MWh与15.12MW/3MWh两组，飞轮储能阵列接入一次系统图如图2-66所示。储能系统设两段10kV储能母线，每个子系统接入1段10kV储能母线，每段储能母线设两回出线。为防止两台机组厂用段通过储能系统互联，每段10kV储能母线两回出线设电气闭锁。电厂侧#1机、#2机厂用工作10kV 1B段、2B段、公用A段、公用B段总计设4个储能接入柜。储能电气主接线方式下，储能系统辅助火电机组调频方式灵活，有3种方式：①两段储能子系统辅助#1机参与调频；②两段储能子系统辅助#2机参与调频；③两段储能子系统独立运行。

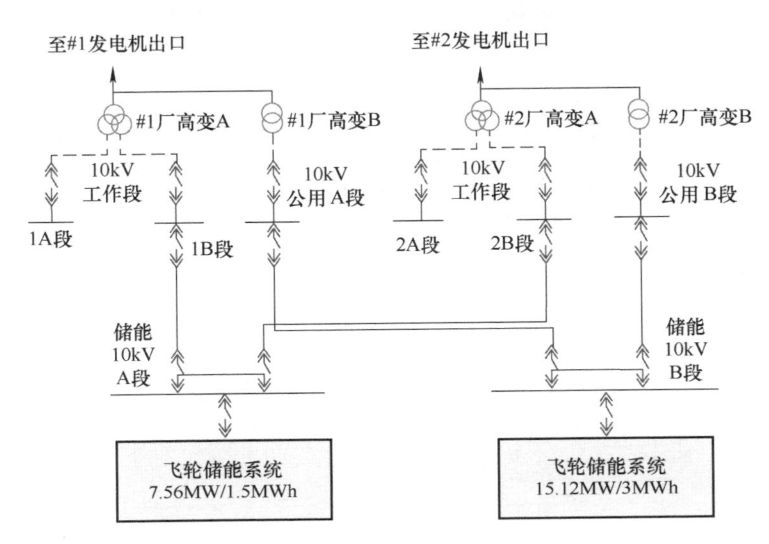

图 2-66　飞轮储能阵列接入一次系统图

该工程项目实现了 22MW/4. 5MWh 飞轮储能系统耦合火电机组调频应用，设计了大规模飞轮阵列控制及耦合一次、二次调频控制模块，解决了飞轮-火电机组系统联合支撑电网调频控制问题。火电机组耦合飞轮储能系统参与调频后，灵武电厂一次调频合格率及 AGC 性能等电能质量指标得到显著提升，经济效益也得到明显改善，为飞轮储能系统在电力级应用-频率支撑提供了示范作用。同时，电力级大功率飞轮-火电系统协同控制策略的成功应用证明了飞轮储能系统在响应电力级调频需求，实现电网高比例接入和大规模消纳新能源的目的，推动灵活、清洁、高效的新型能源体系方面具有重要现实意义，可在火电厂大规模推广。

4. 飞轮 + 锂电池复合储能系统在火电厂的应用

2023 年，国内首个飞轮 + 锂电池复合储能调频项目在中国华电朔州热电复合调频项目正式投运。这是我国首个飞轮储能复合调频项目，是电力系统储能调频领域的重要科技创新。项目位于山西省朔州市，混合储能系统总容量为 8MW/6. 5MWh，由 4 台全球单体容量最大、拥有自主知识产权的 630kW/125kWh 飞轮储能系统和 10 组锂电池组成复合储能系统，与现有两台循环流化床火电机组联合为电网提供调频服务，可有效满足电网对储能调频的大容量、高频次需求，填补了国内飞轮与电化学复合储能领域的空白。

飞轮复合储能调频项目集合了飞轮电池充放电“快”和锂电池“耐用”的优势，既扩大了系统总容量，又提高了电池的持久性。混合储能系统在保证常规电源与火电联动的同时，可显著提高机组的自动发电调频辅助服务能力，提高传统火电厂的灵活性和经济效益。为支持调频工程而与火电厂结合的混合储能系统，融合了飞轮电池“快充放电”和锂电池“鲁棒性”的优点，既扩大了系统总容量，又提高了电池的耐用性。

2017 年，山西作为第一批被选为 8 个电力现货市场建设试点地区之一，加快电力现货市场建设步伐。2022 年 7 月 15 日，山西能源监管办关于修订电力调频辅助服务市场有关规则条款的通知，为优化做好电力调频辅助服务市场与现货市场的衔接，提升发电企业参与调频积极性，保障电力系统安全稳定运行。提高部分时段的里程价格，维持现有调频市场的 5 个时段不变，缩短中午低谷时段时长，提高部分时段申报价格范围，见表 2-6。

表 2-6　调整后的调频分段与价格范围

序　　号	时段名称	时间范围	报价范围/(元/MW)
1	凌晨时段	00:00—06:00	5 ~ 15
2	早高峰时段	06:00—12:00	5 ~ 15
3	中午低谷时段	12:00—16:00	10 ~ 30
4	晚高峰时段	16:00—21:00	10 ~ 30
5	后夜降负荷时段	21:00—24:00	5 ~ 15

在现货交易市场下，朔州电厂需要综合考虑电网报价范围及机组自身调频性能，预先申报第二天的各时段辅助服务申报价格，辅助调频服务的中标价格则根据电网调频需求及各发电厂报价和性能情况出清结算。表 2-7 为 2023 年 5 月电厂调频辅助业务几个典型日的市场交易结果，可以看出，在交易规则下，成功竞拍产生的收入约为每天 10 万元。然而，由于我国电力现货市场的建设仍处于起步阶段，电厂在参与调频辅助服务现货市场招标报价时缺乏科学的理论指导，存在部分时段报价失败的情况。因此，在未来的研究中，基于博弈论的竞价机制可以根据区域电网的频率调节需求进行应用和优化，以获得最大的频率调节收益。

表 2-7　电厂参与调频辅助服务现货市场的经济效益

日　　期	时　　段	报　　价	中标价	收益/元
5. 14	1	5	5	8928. 65
	2	5	5	19193. 42
	3	20	20	46708. 59
	4	20	20	22755. 53
	5	5	5	481. 12

（续）

日　期	时　段	报　价	中　标　价	收益/元
5.23	1	5	5	3952.75
	2	6	竞价失败	
	3	27		
	4	23		
	5	5	5	39991.15
5.24	1	5	5	21859.82
	2	5	5	4978.81
	3	22	22	31080.29
	4	20	20	39637.75
	5	5	5	5129.85

朔州电厂复合储能调频项目进一步拓宽了火电耦合储能技术升级和灵活性改造渠道，对助力“双碳”目标和新型电力系统建设具有重要意义。

5. 飞轮储能构成独立储能电站的应用

目前，国内飞轮独立储能电站仍在规划与建设期，随着飞轮储能技术的进一步成熟，以飞轮储能系统作为主要储能单元的独立储能电站项目将会得到长足发展，国内正在建设的独立储能电站主要有原平市独立混合储能项目和长治飞轮储能调频电站。

原平市 51.8MW/20.8MWh 独立混合储能项目暂选址于忻州原平市下小原平村北约 0.5km，东临京原南路，南临大忻线。该项目按照一个独立的储能电站项目进行设计，新建储能系统 51.8MW/20.8MWh 与 1 座 110kV 升压站以及配套综合办公楼，其中含锂电池储能 19.8MW/19.8MWh，飞轮储能系统 32MW/1MWh。项目通过参与山西电网 AGC 辅助服务以及新能源场站一次调频市场获取收益。

2023 年 6 月 7 日，位于山西省长治市屯留区的电网级 30MW 飞轮储能调频电站正式破土动工。鼎轮能源科技（山西）有限公司 30MW 飞轮储能项目是山西省重点项目，也是首批“新能源 + 储能”试点示范项目。项目主投资方为深圳能源集团，主设备采用贝肯新能源提供的飞轮储能阵列。作为国内首个开工建设的电网侧独立调频飞轮储能电站，鼎轮项目由 120 个飞轮储能单元组成 12 个飞轮储能阵列，接入山西电网。该项目接收电网调度指令，进行高频次的充放电，提供电网有功平衡等电力辅助服务，从而获取电力辅助服务收益，形成专业化的电力辅助服务能力。项目总投资 3.4 亿元，建设周期为 6 个月。项目建成后，将成为目前世界上最大规模飞轮储能电站，可有效缓解山西电网调频资源紧张局面，助力国家“双碳”目标达成；同时也将推动中国飞轮储能技术迈入规模化商业示范应用的新阶段，进一步拓展飞轮储能形式的技术与商业价值。项目示意图如图 2-67 所示。

图 2-67　项目示意图

2.5.2　飞轮储能系统技术发展趋势

国家发展改革委、国家能源局在《关于加快推动新型储能发展的指导意见》中明确提出“开展前瞻性、系统性、战略性储能关键技术研发，加快飞轮储能等技术的规模化试验示范”。当前，飞轮储能在新型电力系统中的应用呈现快速增长态势，本体设计、系统集成、控制系统研发等方面取得了一定的进展，但仍须从实际需求出发、从新型电力系统的应用场景出发，进一步推动飞轮储能及其控制技术的创新发展。

1）高性能控制方法。针对高功率密度飞轮储能系统，优化控制算法和响应机制，提升充放电响应速度，实现更快速、更准确的能量转换；针对大容量飞轮储能系统，研究多级控制结构，结合转速、内部转子结构和力矩控制等提高系统性能和稳定性。

2）智能化控制策略。引入先进的传感技术、数据采集和处理方法，实时监测飞轮运行状态和性能；通过精细化损耗计量，优化充放电策略，降低能量损耗；结合人工智能算法，准确判定运行工况，自动适应不同运行条件和需求，实现精确的充放电控制。

3）多主体协同机制。针对“飞轮储能 +”混合储能系统具有的多主体集成、互补协同运行的特点，应用大系统理论和多智能体方法，发展多模块协同控制技术，形成混合储能系统各模块之间、储能系统与新型电力系统之间的协同工作机制，提高储能系统的全工况支撑能力和故障容错能力。

4）虚拟聚合与主动支撑。利用信息通信、智能计量、协调控制等技术，整合区域储能资源，实现规模化储能场站的灵活接入与虚拟聚合；充分挖掘聚合资源中不同类型储能的多时空支撑能力，针对新型电力系统的运行需求，研究源网荷储协同的有功、无功、频率等主动支撑控制技术。

2.6 本章小结

推动以飞轮储能为代表的新型储能技术快速发展，有助于提升电力系统的调节能力和灵活性，促进新能源消纳，保障电力可靠稳定供应。本章主要聚焦飞轮储能系统的基本原理和运行控制的关键技术问题，总结了飞轮储能系统的国内外研究现状，对近年来飞轮储能系统的发展情况进行了总结归纳；基于仿真平台，搭建了飞轮储能系统的单元模型和系统功率控制模型，开展了多种转速控制模式下的飞轮运行仿真实验，主要包括电机转速控制、网侧功率控制和直流电压稳定控制。结合不同的运行模式，分析了飞轮储能单体的多种充放电功率跟踪控制策略；同时，结合工程实例列举了飞轮储能在新型电力系统中的典型应用场景，当前飞轮储能系统在电力系统的应用主要集中在联合风电、火电等发电机组参与电网一次、二次调频以及由大规模飞轮储能阵列组成独立储能电站直接接受电网调度指令。未来飞轮储能技术的发展还需要从电网调频的实际需求出发，着眼于新型电力系统下电网调频需求与电力级应用，着力开展大电量、低成本的电力级磁悬浮飞轮储能技术路线突破，进一步研究高性能的控制方法，提出更多适用于多运行条件和需求的智能化控制策略，提高飞轮储能系统的多时空支撑能力。

参考文献

[1]　李建林，田立亭，来小康．能源互联网背景下的电力储能技术展望［J］．电力系统自动化，2015，39（23）：15-25.

[2]　CASTILLO A，GAYME D F. Grid-scale energy storage applications in renewable energy integration：A survey［J］. Energy conversion and management，2014，87：885-894.

[3]　隋云任．飞轮储能辅助 600MW 燃煤机组调频技术研究［D］．北京：华北电力大学，2020.

[4]　孙玉树，杨敏，师长立，等．储能的应用现状和发展趋势分析［J］．高电压技术，2020，46（01）：80-89.

[5]　周喜超．电力储能技术发展现状及走向分析［J］．热力发电，2020，49（08）：7-12.

[6]　孙浩程，魏厚俊，胡鋆，等．电化学储能技术在火电厂中应用研究综述［J］．南方能源建设，2022，9（04）：63-69.

[7]　郭文勇，蔡富裕，赵闯，等．超导储能技术在可再生能源中的应用与展望［J］．电力系统自动化，2019，43（08）：2-14.

[8] 曹雨军，夏芳敏，朱红亮，等．超导储能在新能源电力系统中的应用与展望［J］．电工电气，2021（10）：1-6.

[9] CHANG X，LI Y，ZHANG W，et al. Active disturbance rejection control for a flywheel energy storage system［J］. IEEE Trans Ind Electron，2014，62（02）：991-1001.

[10] XIANG B，WANG X，WONG W O. Process control of charging and discharging of magnetically suspended flywheel energy storage system［J］. J Energy Storage，2022，47：103629.

[11] ZHANG X，YANG J. A DC-link voltage fast control strategy for high-speed PMSM/G in flywheel energy storage system［J］. IEEE Trans Ind Appl，2018，54（02）：1671-1679.

[12] QU X，TIAN L，LI J，et al. Research on charging and discharging strategies of regenerative braking energy recovery system for metroflywheel［C］. In：Proceedings of IEEE Conference on Energy and Electrical Engineering Symposium，Chengdu，China，2021，1087-1095.

[13] SOOMRO A，AMIRYAR M E，PULLEN K R，et al. Comparison of performance and controlling schemes of synchronous and induction machinesused in flywheel energy storage systems［J］. Energy Procedia，2018，151：100-110.

[14] GHANAATIAN M，LOTFIFARD S. Control of flywheel energy storage systems in the presence of uncertainties［J］. IEEE Trans Sustain Energy，2018，10（01）：36-45.

[15] XIANG B，WANG X，WONG W O. Process control of charging and discharging of magnetically suspended flywheel energy storage system［J］. J Energy Storage，2022，47：103629.

[16] WANG W，LI Y，SHI M，et al. Optimization and control of battery-flywheel compound energy storage system during an electric vehiclebraking［J］. Energy，2021，226：120404.

[17] 王磊，杜晓强，宋永端．用于飞轮储能单元的神经元自适应比例-积分-微分控制算法［J］．电网技术，2014，38（01）：74-79.

[18] LI Z R，NIE Z L，AI S，et al. An optimized charging control strategy for flywheel energy storage system based on nonlinear disturbanceobserver（in Chinese）［J］. Trans China Electrotechnical Society，2023，38（06）：1506-1518.

[19] MIR A S，SENROY N. Intelligently controlled flywheel storage for enhanced dynamic performance［J］. IEEE Trans Sustain Energy，2018，10（04）：2163-2173.

[20] ABDEL-KHALIK A，ELSEROUGI A，MASSOUD A，et al. A power control strategy for flywheel doubly-fed induction machine storage system usingartificial neural network［J］. Electr Power Rys Res，2013，96：267-276.

[21] HASANIEN H M，TOSTADO-VÉLIZ M，TURKY R A，et al. Hybrid adaptive controlled flywheel energy storage units for transient stabilityimprovement of wind farms［J］. J Energy Storage，2022，54：105262.

[22] 唐西胜，刘文军，周龙，等．飞轮阵列储能系统的研究［J］．储能科学与技术．2013，2（03）：208-221.

[23] 郭伟，张建成，李翀，等．针对并网型风储微网的飞轮储能阵列系统控制方法［J］．储能科学与技术，2018，7（05）：810-814.

[24] 陈玉龙，武鑫，滕伟，等．用于风电功率平抑的飞轮储能阵列功率协调控制策略［J］.

储能科学与技术，2022，11（02）：600-608.

[25] 金辰晖，姜新建，戴兴建．微电网飞轮储能阵列协调控制策略研究［J］．储能科学与技术，2018，7（05）：834-840.

[26] LAI J，SONG Y，DU X. Hierarchical coordinated control of flywheel energy storage matrix systems for wind farms［J］. IEEE ASME TransMechatron，2017，23（01）：48-56.

[27] CAO Q，SONG Y D，GUERRERO J M，et al. Coordinated control for flywheel energy storage matrix systems for wind farm based oncharging/discharging ratio consensus algorithms［J］. IEEE Trans Smart Grid，2015，7（03）：1259-1267.

[28] 赵霁晴，张建成，宋兆鑫，等．基于飞轮储能阵列系统的分布式协调控制策略［J］．华北电力大学学报：自然科学版，2018，45（06）：28-34.

[29] LIU H，GAO H，GUO S，et al. Coordination of a flywheel energy storage matrix system：An external model approach［J］. IEEE Access，2021，9：34475-34486.

[30] PATTABI P，HAMMAD E，FARRAJ A，et al. Simplified implementation and control of a flywheel energy system for microgrid applications［C］. IEEE，2017.

[31] AASIM，SINGH S N，MOHAPATRA A. Forecasting based energy management of flywheel energy storage system connected to a wind power plant［J］. Journal of renewable and sustainable energy，2020，12（06）：66301.

[32] TAKAHASHI R，TAMURA J. Frequency control of isolated power system with wind farm by using flywheel energy storage system：International Conference on Electrical Machines［C］. IEEE，2008.

[33] 何林轩，李文艳．飞轮储能辅助火电机组一次调频过程仿真分析［J］．储能科学与技术，2021，10（05）：1679-1686.

[34] 隋云任，梁双印，黄登超，等．飞轮储能辅助燃煤机组调频动态过程仿真研究［J］．中国电机工程学报，2020，40（08）：2597-2606.

[35] 李军徽，侯涛，穆钢，等．基于权重因子和荷电状态恢复的储能系统参与一次调频策略［J］．电力系统自动化，2020，44（19）：63-72.

[36] 李若，李欣然，谭庄熙，等．考虑储能电池参与二次调频的综合控制策略［J］．电力系统自动化，2018，42（08）：74-82.

[37] 张文政，王玮，高嵩，等．考虑火电运行平稳性的飞轮储能辅助二次调频控制策略［J］．动力工程学报，2024，44（06）：919-929.

[38] 张萍，刘海涛．基于逐次变分模态分解的飞轮-火电一次调频控制策略［J］．全球能源互联网，2024，7（02）：166-178.

[39] 代本谦，兀鹏越，王海波，等．飞轮储能辅助火电一次调频技术与应用［J］．热力发电，2024，53（03）：81-88.

[40] YUAN M，TIAN L，JIANG T，et al. Research on the capacity configuration of the “flywheel + lithium battery” hybrid energy storage system that assists the wind farm to perform a frequency modulation［J］. Journal of physics，2022，2260（01）：12026.

[41] SHEN J，HUANG S，LIU C，et al. Optimal configuration method of wind farm hybrid energy

storage based on EEMD-EMD and grey relational degree analysis [J]. Frontiers in energy research, 2023, 10.

[42] WANG Y, SONG F, MA Y, et al. Research on capacity planning and optimization of regional integrated energy system based on hybrid energy storage system [J]. Applied thermal engineering, 2020, 180: 115834.

[43] NAIR S G, SENROY N. Parameter optimization and sizing of flywheel energy storage system [C]. IEEE, 2015.

[44] 罗耀东，田立军，王垚，等. 飞轮储能参与电网一次调频协调控制策略与容量优化配置 [J]. 电力系统自动化，2022，46 (09)：71-82.

[45] 武鑫，杨威鹏，熊星宇，等. 辅助核电机组一次调频的飞轮储能阵列容量配置方法 [J]. 动力工程学报，2023，43 (07)：877-884.

[46] 宋杰，耿林霄，桑永福，等. 基于 EMD 分解的混合储能辅助火电机组一次调频容量规划研究 [J]. 储能科学与技术，2023 (02)：496-503.

[47] AMIRYAR M E, PULLEN K R. A review of flywheel energy storage system technologies and their applications [J]. Applied Sciences. 2017, 7: 286.

[48] READ M, SMITH R, PULLEN K. Optimisation of flywheel energy storage systems with geared transmission for hybrid vehicles [J]. Mechanism and Machine Theory. 2015, 87: 191-209.

[49] RUPP A, BAIER H, MERTINY P, et al. Analysis of a flywheel energy storage system for light rail transit [J]. Energy. 2016, 107: 625-638.

[50] WICKI S, HANSEN E G. Clean energy storage technology in the making: An innovation systems perspective on flywheel energy storage [J]. Journal of cleaner production. 2017, 162: 1118-1134.

[51] FARAJI F, MAJAZI A, AL-HADDAD K. A comprehensive review of flywheel energy storage system technology [J]. Renewable and Sustainable Energy Reviews. 2017, 67: 477-490.

[52] PULLEN K R. The status and future of flywheel energy storage [J]. Joule. 2019, 3: 1394-1399.

[53] SPIRYAGIN M, WOLFS P, SZANTO F, et al. Application of flywheel energy storage for heavy haul locomotives [J]. Applied energy. 2015, 157: 607-618.

[54] SEBASTIÁN R, ALZOLA R P. Flywheel energy storage systems: Review and simulation for an isolated wind power system [J]. Renewable and Sustainable Energy Reviews. 2012, 16: 6803-6813.

[55] MARTIN J E, ROHWER L E, STUPAK J J. Elastic magnetic composites for energy storage flywheels [J]. Composites Part B: Engineering. 2016, 97: 141-149.

[56] SOOMRO A, AMIRYAR M E, PULLEN K R, et al. Comparison of performance and controlling schemes of synchronous and induction machines used in flywheel energy storage systems [J]. Energy Procedia. 2018, 151: 100-110.

[57] ARSLAN M A. Flywheel geometry design for improved energy storage using finite element analysis [J]. Materials & Design, 2008, 29 (02): 514-518.

[58] LI X, PALAZZOLO A. A review of flywheel energy storage systems: state of the art and opportunities [J]. J Energy Storage, 2022, 46: 1035.
[59] 王泽峥，曲文浩，王亚军，等. 大容量复合材料飞轮转子仿真与应力分析 [J]. 储能科学与技术，2023，12（03）：669-675.
[60] 李松松. 碳纤维复合材料高速转子的力学特性研究及其储能密度优化 [D]. 长春：中国科学院研究生院（长春光学精密机械与物理研究所），2003.
[61] 陈启军，李成，铁瑛，等. 基于逐渐损伤理论的复合材料飞轮转子渐进失效分析 [J]. 机械工程学报，2013，49（12）：60-65.
[62] KIM S J, HAYAT K, NASIR S U, et al. Design and fabrication of hybrid composite hubs for a multi-rim flywheel energy storage system [J]. Composite Structures, 2014, 107: 19-29.
[63] 唐长亮，戴兴建，汪勇. 多层混杂复合材料飞轮力学设计与旋转试验 [J]. 清华大学学报（自然科学版），2015，55（03）：361-367.
[64] HIROSHIMA N, HATTA H, KOYAMA M, et al. Spin test of threedimensional composite rotor for flywheel energy storage system [J]. Composite Structures, 2016, 136: 626-634.
[65] 戴兴建，魏鲲鹏，汪勇. 平纹机织叠层复合材料飞轮弹性参数预测及测量 [J]. 复合材料学报，2019，36（12）：2833-2842.
[66] FILIPPATOS A, GRÜBER B, LICH J, et al. Design and testing of polar-orthotropic multi-layered composites under rotational load [J]. Materials&Design, 2021, 207: doi: 10. 1016/j. matdes. 2021. 109853.
[67] 戴兴建，胡东旭，张志来，等. 高强合金钢飞轮转子材料结构分析与应用 [J]. 储能科学与技术，2021，10（05）：1667-1673.
[68] LAUTENSCHLAGER U, ESCHENAUER H A, MISTREE F. Multiobjective flywheel design: A DOE-based concept exploration task [C]. ASME 1997 Design Engineering Technical Conferences, 1997.
[69] 任正义，赫鹏，杨立平. 600 W · h 飞轮转子形状优化设计 [J]. 机械设计与制造，2021（04）：117-120 + 125.
[70] 武鑫，陈玉龙，柳亦兵. 并网型飞轮储能系统金属转子结构优化设计 [J]. 太阳能学报，2021，42（02）：317-321.
[71] 兰晨，李文艳. 两种变厚度空心储能飞轮的应力特性 [J]. 储能科学与技术，2021，10（03）：1080-1087.
[72] 赵宇兰，董爱华，莫逆，等. 外转子储能飞轮结构优化设计研究 [J]. 汽轮机技术，2020，62（02）：89-92.
[73] HU S, LIU C, DING J, et al. Thermo-economic modeling and evaluation of physical energy storage in power system [J]. Journal of Thermal Science, 2021, doi: 10. 1007/s11630-021-1417-4.
[74] FARAJI F, MAJAZI A, AL-HADDAD K. A comprehensive review of flywheel energy storage system technology [J]. Renew Sust Energ Rev, 2017, 67: 477-449.
[75] 张新宾，储江伟，李洪亮，等. 飞轮储能系统关键技术及其研究现状 [J]. 储能科学与

技术, 2015, 4 (01): 55-60.

[76] ŠONSKÝ J, TESAŘ V. Design of a stabilised flywheel unit for efficient energy storage [J]. J Energy Storage, 2019, 24: 10.

[77] WEN T, XIANG B, ZHANG S. Optimal control for hybrid magnetically suspended flywheel rotor based on state feedback exact linearization model [J]. Sci Prog, 2020, 103 (03): 6994-6996.

[78] 朱桂华, 刘金波, 孙欣. 自抽真空飞轮储能装置的数值模拟与实验研究 [J]. 机械科学与技术, 2012, 31 (07): 1037-1041.

[79] 孙正路. 电磁轴承支撑下的飞轮转子系统运动特性研究 [D]. 哈尔滨: 哈尔滨工程大学, 2017.

[80] TSAI Y W, DUC P V, DUONG V A, et al. Model predictive control nonlinear system of active magnetic bearings for a flywheel energy storage system [C]. In: Proceedings of the Aeta 2015: Recent Advances in Electrical Engineering and Related Sciences, New York, USA, 2016, 371: 541-551.

[81] 刘洋. 飞轮电池永磁被动磁力支承系统的研究及应用 [D]. 宜昌: 三峡大学, 2019.

[82] HANB C H, ZHENG SH Q, LEY, et al. Modeling and analysis of coupling performance between passive magnetic bearing and hybrid magnetic radial bearing for magnetically suspended flywheel [J]. IEEE Transactions on Magnetics, 2013, 49 (10): 5356-5370.

[83] ANDRIOLLO M, BENATO R, TORTELLA A. Design and modeling of an integrated flywheel magnetic suspension for kinetic energy storage systems [J]. Energies, 2020, 13 (04): 1-23.

[84] ZHANG C, TSENG K J. A novel flywheel energy storage system with partially-self-bearing flywheel-rotor [J]. IEEE Trans Energy Convers, 2007, 22 (02).

[85] PENA-ALZOLA R, SEBASTIÁN R, QUESADA J, et al. Review of flywheel based energy storage systems [C]. In: Proceedings of IEEE Conference on Power Engineering, Energy and Electrical Drives, Torremolinos, Spain, 2011, 1-6.

[86] ARGHANDEH R, PIPATTANASOMPORN M, RAHMAN S. Flywheel energy storage systems for ride-through applications in a facility microgrid [J]. IEEE Trans Smart Grid, 2012, 3 (04): 1955-1962.

[87] SUN M, XU Y, ZHANG W. Multiphysics analysis of flywheel energy storage system based on cup winding permanent magnet synchronous machine [J]. IEEE Trans Energy Convers, 2023, in press, doi: 10. 1109/TEC. 2023. 328.

[88] ZANG B, CHEN Y. Multiobjective optimization and multiphysics design of a 5 MW high-speed IPMSM used in FESS based on NSGA-II [J]. IEEE Trans Energy Convers, 2023, 38 (02): 813-824.

[89] VIJAYAKUMAR K, KARTHIKEYAN R, PARAMASIVAM S, et al. Switched Reluctance Motor Modeling, Design, Simulation, and Analysis: A Comprehensive Review [J]. IEEE Trans Magn, 2009, 44 (12): 4605-4617.

[90] HO C Y, WANG J C, HU K W, et al. Development and operation control of a switched-reluctance motor driven flywheel [J]. IEEE Trans Power Electron, 2018, 34 (01): 526-553.
[91] CIMUCA G, BREBAN S, RADULESCU M M, et al. Design and control strategies of an induction-machine-based flywheel energy storage system associated to a variable-speed wind generator [J]. IEEE Trans Energy Convers, 2010, 25 (02): 526-534.
[92] SOOMRO A, AMIRYAR M E, PULLEN K R, et al. Comparison of performance and controlling schemes of synchronous and induction machines used in flywheel energy storage systems [J]. Energy Procedia, 2018, 15.
[93] KHODADOOST ARANI A A, ZAKER B, GHAREHPETIAN G B. Induction machine-based flywheel energy storage system modeling and control for frequency regulation after micro-grid islanding [J]. Int Trans Electr Energy Syst, 2017, 27 (09): e2356.
[94] GURUMURTHY S, AGARWAL V, SHARMA A. High-Efficiency Bidirectional Converter for Flywheel Energy Storage Application [J]. IEEE Trans Ind Electron, 2016, 63 (09): 5477-5487.
[95] GURUMURTHY S R, AGARWAL V, SHARMA A. A novel dual-winding BLDC generator-buck converter combination for enhancement of the harvested energy from a flywheel [J]. IEEE Trans Ind Electron, 2016, 63 (12): 7563-7567.
[96] CHANG X, LI Y, ZHANG W, et al. Active disturbance rejection control for a flywheel energy storage system [J]. IEEE Trans Ind Electron, 2014, 62 (02): 991-1001.
[97] NAGORNY A S, DRAVID N V, JANSEN R H, et al. Design aspects of a high speed permanent magnet synchronous motor/generator for flywheel applications [C]. In: Proceedings of IEEE Conference on Electric Machines and Drives, San Antonio, USA.
[98] CAO H, KOU B, ZHANG D, et al. Research on loss of high speed permanent magnet synchronous motor for flywheel energy storage [C]. In: Proceedings of IEEE Conference on Electromagnetic Launch Technology, Beijing, China, 2012, 1-6.
[99] SOUGH M L, DEPERNET D, DUBAS F, et al. PMSM and inverter sizing compromise applied to flywheel for railway application [C]. In: Proceedings of IEEE Conference on Vehicle Power and Propulsion Conference, Lille, France, 2010.
[100] TAKEMOTO M, CHIBA A, AKAGI H, et al. Radial force and torque of a bearingless switched reluctance motor operating in a region of magnetic saturation [C]. Conference Record of the 2002 IEEE Industry Applications Conference. 37th IAS Annual Meeting (Cat. No. 02CH37344). IEEE, 2002, 1: 35-42, 54.
[101] 张娟. 飞轮储能系统用感应子电机的研究 [D]. 哈尔滨：哈尔滨工业大学，2010.
[102] 李艺. 飞轮储能用感应子电机控制与实验研究 [D]. 武汉：华中科技大学，2020.
[103] 宋宽宽，郭寅远，陈卓，等. 储能变流器效率提升研究 [J]. 现代电子技术，2023，46 (13)：167-170.
[104] 尹世界，郭韵. 储能电站变流器设计与仿真研究 [J]. 农业装备与车辆工程，2023，61 (07)：38-41.

[105] 杨新华，郑越，徐铮，等．光储一体化变流器并网/离网切换控制技术研究 [J]. 电力电子技术，2022，56 (01)：79-82.

[106] WANG M, SHI Y Y. An improved predictive curent control scheme for three-phase voltage source Converters [J]. Journal of Circuits, Systems and Computers, 2016, 25 (11) .

[107] AKBARI R, IZADIAN A. Modeling and control of flywheel-integrated generators in split-shaft wind turbines [J]. J Sol Energy Eng, 2022, 144 (01): 1-12.

[108] XU S, WANG H. Simulation and analysis of back-to-back PWM converter for flywheel energy storage system [C]. In: Proceedings of IEEE Conference on Electrical Machines and Systems, Sapporo, Japan, 2012, 1-5.

[109] GHANAATIAN M, LOTFIFARD S. Control of flywheel energy storage systems in the presence of uncertainties [J]. IEEE Trans Sustain Energy, 2018, 10 (01): 36-45.

[110] 陈云龙，杨家强，张翔．一种计及总损耗功率估计与转速前馈补偿的飞轮储能系统放电控制策略 [J]. 中国电机工程学报，2020，40 (07)：2358-2368.

[111] 白晨曦．飞轮储能密封及冷却系统的研究 [D]. 北京：华北电力大学，2021.

[112] BC New Energy (Tianjin) Co. Ltd.; Patent Issued for Cooled Flywheel Apparatus Having A Stationary Cooling Member T0 Cool A Flywheel Annular Drive Shaft (USPTO 10, 508, 710) [J]. Journal of Engineering, 2019.

[113] STRASIK M, HULL J R, MITTLEIDER J A. An overview of Boeing flywheel energy storage systems with high-temperaturesuperconducting bearings [J]. Superconductor Science and Technology, 2010, 23 (03): 034021.

[114] 白越，杨作起，黎海文，等. 储能/自控一体化飞轮能耗试验研究 [J]. 光学精密工程，2007 (02)：243-247.

[115] ACARNLEY P P, MECROW B C, BURDESS J S, et al. An integrated flywheel/machine energy store for road vehicles [Z]. 1997: 1-9.

第3章 飞轮储能系统阵列控制技术 3

3.1 飞轮储能系统阵列控制概述

新能源的大规模并网给电力系统的频率安全带来了严峻挑战[1]，以及国家电力现货市场和电力报价系统的建立，鼓励火电企业进行灵活性改造，实现电网的柔性发电，灵活性储能配备要求变得更高。随着电网调频频繁和风电光伏所需平抑功率大幅上升，对储能系统的容量和额定功率的要求也就越大[2]。火电机组自身调频因其响应时间长、爬坡速率慢的特点不能完全满足新能源接入的需求[3-4]，电网大幅度频率波动频频发生，为此在新型电力系统中配置一定容量的储能装备[5]。

针对此问题，需要进行一种辅助调频的储能方式，帮助电网克服频率的频繁波动，进行火-储联合调频，以辅助大功率的发电机组，从而保证电网高质量运行，提高火电机组调频能力，维护大电网安全，促进消纳新能源，这对发挥火电“托底、保供、调节”作用[6]，加快构建新型电力系统具有深远意义。

飞轮作为一种清洁高效的物理储能方式，具有快速响应、双向出力和频繁充放电特性的优点，在电网调频、新能源消纳和微电网支撑等方面有很优秀的应用前景，可以有效地提高电网的稳定性[7]。将飞轮储能系统引入西部高比例新能源发电区域[8]，能够应对新能源接入下的电力系统频率稳定性恶化问题，辅助火电机组参与自动发电控制（Automatic Generation Control，AGC）[9]。

在此基础上，为了获得更多的能量、更高的功率和更长的时间备份，在单体飞轮受限情况下，对飞轮储能阵列进行大量研究[10]。在火电的大功率调频的过程中，需要大功率的飞轮储能设备进行匹配火电机组的功率输出，然而制作大功率的单体飞轮储能设备不仅需要提高工艺设计水平，而且造价成本颇高[11]。但是现有的研究方法只是对飞轮阵列进行等功率分配能量，在充放电过程中对所有单体飞轮同时进行动作、同时承担电网调频任务。在飞轮长时间工作后，不同的单体飞轮荷电状态（SOC）不一致，飞轮阵列储能系统整体能量利用率低，同时也没有对飞轮进行能量越限保护措施，飞轮需要进行频繁动作，这就使得飞轮的工作年限大大缩短，且增加了储能资源的浪费。

为了获得更大的储能容量、更高的充放电功率和更长的备份时间，可以采用两种技术方法：一种是研发容量更高的新型飞轮，另一种是将多个飞轮组合成飞轮储能阵列。然而，更高容量的新型飞轮需要高强度的材料和高速的电动机，因此受到材料技术的限制。相比之下，随着大功率电力电子器件的发展，能量管理系统（EMS）得到成熟运用，能够检测每个飞轮的实时荷电状态（SOC），配合储能变流器（PCS）实现飞轮与电网侧双向转换，从而实现充电和放电过程。飞轮阵列研发过程相对简单，还可以降低应用成本。因此，飞轮阵列储能系统是获得大容量、大功率储能的较好的解决方案，同时飞轮阵列是实现功率型和能量型储能结合的最好应用，不仅能在短期实现大功率的充放，还能灵活实现长期小功率输出，并实现能量的长时间备份。这种方法降低了对飞轮单体容量的要求，容量配置更加灵活，而这也需要一种合理的功率分配策略对阵列中各个单体输出功率进行分配，从而提高系统性能。

由于研制单台大功率、大容量的飞轮储能单元不仅成本高，还可能受到技术条件的限制，因此常把多个飞轮储能单元并联，组成飞轮储能阵列来提高整个飞轮储能系统的功率和储能容量。在飞轮储能阵列中，由于各个储能单元的运行状态会有差别，甚至参数不同，需要对阵列进行协调控制，其目的在于保证各单元充放电状态同步，即所有单元同时充电或同时放电；保持各单元 SOC 值一致，即所有单元能同时充满电和同时放完电；确保阵列内部每个单元的功率跟随控制都能正常运行。

飞轮阵列的协调控制主要通过功率分配来实现。参考文献[12]通过模拟仿真对比 3 种功率分配策略飞轮阵列充放电，得出等时间分配策略相对时间更长一些。参考文献[13]采用基于多智能体技术的一致性分布式算法进行功率分配，由于不同飞轮的效率曲线不同，在效率优化过程中，各个飞轮单体分配到的输出功率可能会出现较大差异，导致阵列单体间剩余能量出现较大的不平衡。参考文献[14]研究了并联到同一直流母线的飞轮储能阵列协调控制策略，对经典的 3 种功率控制策略下的 SOC 变化率进行了推导和分析，并对在飞轮阵列功率分配策略中 SOC 变化率进行了深入的对比分析。参考文献[15]对用于平滑风力发电系统输出的飞轮储能阵列采用主从控制模式，根据各储能单元可用电量按比例进行放电功率分配。参考文献[16]针对飞轮阵列储能系统中各个单体的功率分配问题，提出一种兼顾飞轮阵列效率与飞轮单体能量均衡的协调控制策略，首先对飞轮阵列储能系统的损耗优化问题建立数学模型，然后采用带等式约束的时变权重的粒子群优化算法，对阵列的运行效率进行优化。参考文献[17]针对并网型风储微网提出了一种基于飞轮储能阵列系统的分层优化控制方法，上层优化中心根据功率缺额和各台飞轮的转速建立相应的充放电优化模型，并求解相应飞轮的功率参考值；下层飞轮控制器采用双模双环控制方法，实现飞轮转速和输出功率的控制，最后通过 MATLAB/Simulink 仿真验证了所提控制方法的有效性和可行性，将飞轮储能阵列作为能量缓冲环节，采用“能者多劳”的功率分配原则来实现风电计划出力的实时跟踪。参考文献 [18] 基于充放电比一致性算法的风电场飞轮储能矩阵系统协调控制，该方法不依赖于中央控制器，并且不需要通信网络拓扑的先验知识。

国内外研究者对飞轮储能阵列进行了大量的研究，但对飞轮储能阵列功率合理分配研究较少，且大多采用等功率分配方案。参考文献[19]提出了飞轮储能阵列的工作原理和控制策略，对飞轮储能阵列运行于放电状态的控制策略进行了研究，但没有涉及飞轮储能阵列间功率协调灵活分配问题。参考文献[20]建立额定功率为 1MW、储存电量为 250kWh 的飞轮储能单元模型和额定功率为 4MW、储存电量为 1MWh 的飞轮储能阵列，并分析其充放电特性；其次，基于粒子滤波方法，以提升核电机组一次调频积分电量贡献指数 2 倍为目标，提出了一种飞轮储能阵列容量配置方法。参考文献[21]对现有的飞轮储能阵列放电控制策略进行分析比较，并对其中的等时间长度放电控制策略进行优化，提出基于剩余能量的 SOE（Surplus of Energy）功率分配策略，使其更加符合嵌入式系统的特点，能够运行在低性能的平台上，并通过试验证明，该功率分配策略能够准确控制各台飞轮单元充放电，稳定直流母线电压。参考文献[22]对两台、四台飞轮机组所组成的飞轮储能阵列进行研究分析，通过 MATLAB 软件建立两台、四台机组阵列的有限元模型，并分析不平衡质量相位差、轴承刚度与阻尼、外壳厚度等因素对飞轮储能阵列振动特性的影响，为其振动特性分析和振动抑制提供一定的参考。

上述功率分配策略概括起来可以分为两类：等功率分配和按比例分配。其中等功率分配最简单，但不能协调各单元的 SOC 值，各单元的 SOC 值差距会随着运行时间的增加而增大。按比例分配可以有效地协调各单元 SOC 值，当各单元 SOC 值存在差距，随着运行时间的增加其差距可以持续减小，但是其分配给内部单元的参考功率可能会超出单元额定功率范围，从而产生功率误差等问题。

3.1.1 阵列控制的基本概念

飞轮储能技术是集高强度材料及其制造技术、大功率电力电子器件及其控制技术、磁悬浮轴承技术、转子动力学和大功率高速双向电动发电机等技术为一体的储能技术[23]。其在充电时，通过电力电子装置驱动飞轮转子加速旋转，将电能储存为飞轮转子的旋转动能；放电时通过电力电子装置驱动飞轮转子进行制动减速，飞轮转子的动能经过回馈制动转换为电能，再通过电力电子装置将电能输送给电网或负载，从而实现系统的充电和放电。

整个飞轮储能阵列的控制目标是实现对所给参考充放电功率的跟随，其中阵列功率协调控制把总的参考功率值实时地分配给每一个飞轮储能单元，每个单元对所给功率进行跟随控制，从而实现整个阵列的功率跟随控制。飞轮储能阵列整体的功率控制策略如图 3-1 所示。

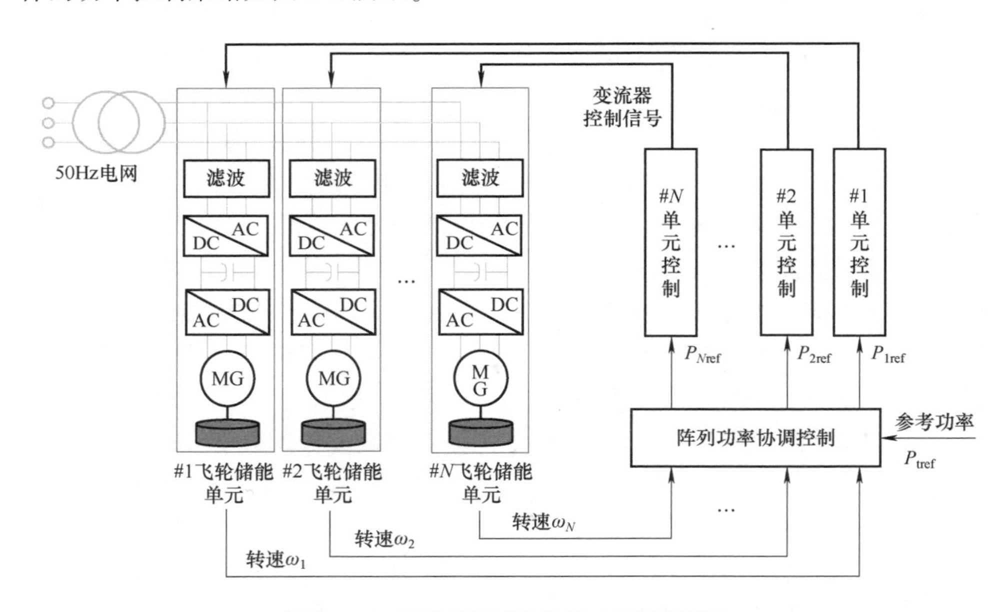

图 3-1　飞轮储能阵列整体的功率控制策略

飞轮储能阵列的功率分配策略的主要任务是实时计算各单元的功率分配比例系数 $k_1 \sim k_N$ 的值，且满足下式：

$$\sum_{i=1}^{N} k_i = 1,\ 且\ 0 \leqslant k_i \leqslant 1 \tag{3-1}$$

采用等功率分配时所有单元的分配比例系数都为 $1/N$，所有单元分到的参考功率都相等。按比例分配时，根据各单元的转速或电量进行有比例的分配，其分配比例系数与各单元转速或电量有关。

3.1.2　飞轮阵列储能系统拓扑结构

飞轮阵列储能系统有直流母线并联和交流母线并联两种拓扑结构。基于飞轮阵列的功率调节拓扑包括双向交直流整流逆变器、LC 滤波器、飞轮储能阵列、永磁同步电机、飞轮转子、总功率控制器、飞轮单元控制器和电力电子器件[24]。

考虑到经济性和占地面积，飞轮阵列储能系统通常设计为直流母线并联拓扑结构[25]。如图 3-2 所示，多个飞轮单元通过机侧 AC/DC 整流逆变器在直流侧并联到直流母线电压上，而容量较大的 AC/DC 整流逆变器接入电网。飞轮阵列功率主控制器负责根据电网的功率分配值将功率控制器分配给飞轮单元，然后通过 SVPWM 控制同步电机的输出，实现飞轮阵列的充放电操作。

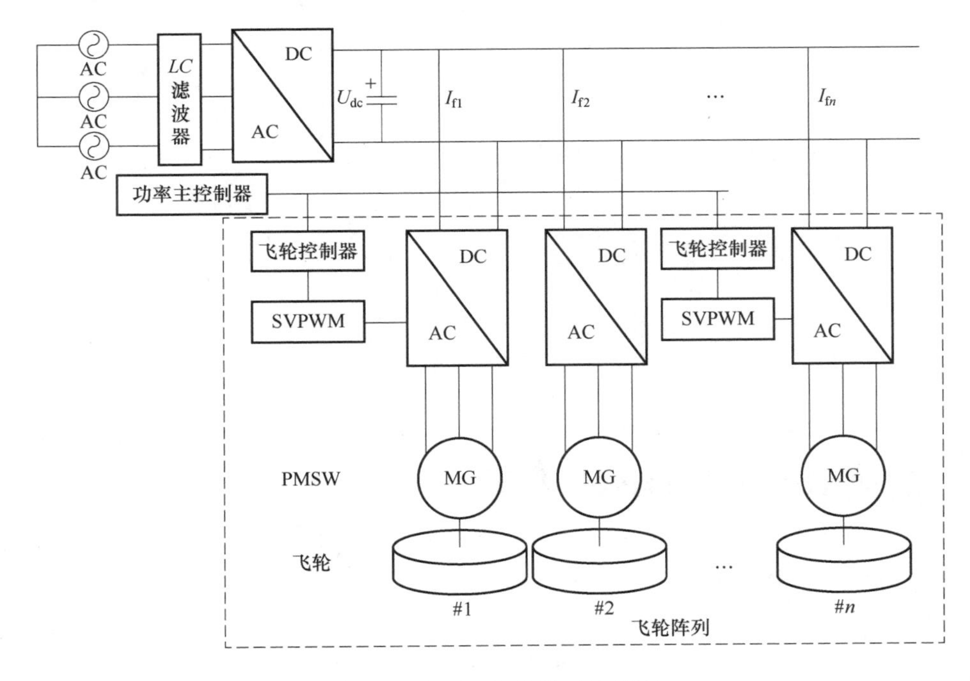

图 3-2　直流母线并联拓扑结构

从控制安全角度和飞轮单元运行角度来看，在一个飞轮单元的整流逆变器出现故障时，未发生故障的飞轮储能单元仍能发挥其作用，同时方便进行飞轮结构故障的诊断，飞轮阵列的交流母线并联结构似乎是更好的选择。如图 3-3 所示，多台飞轮单元机侧整流逆变器和网侧整流逆变器进行交–直–交变换，飞轮单元的交流母线并联在电网端[26]。

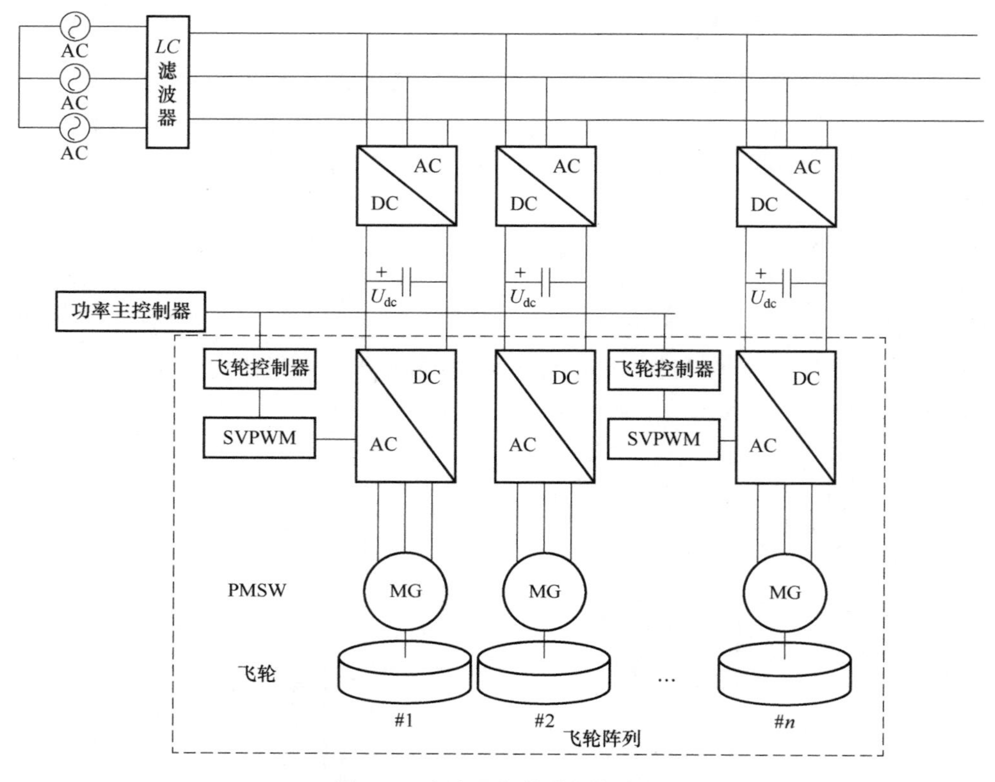

图 3-3　交流母线并联拓扑结构

3.2 传统的阵列控制管理方法

传统的阵列控制管理方法采用简单的功率分配方法，如飞轮储能阵列等功率分配、等时间分配和“能者多劳”分配。中国科学院电工研究所[12]对比分析了3 种放电功率分配策略在 UPS（不间断电源）场景中的应用效果。

3.2.1　飞轮储能阵列等功率分配

在飞轮储能阵列系统中最理想的情况就是每个单元的参数和运行状态都是相同的，此时系统总功率平均分配给每一个单元，这样无论充电放电多久，每个单元还都保持相同的转速或电量。采用等功率分配时所有单元的分配比例系数都为 $1/N$，所有飞轮单元分到的参考功率都相等，比较适用于功率型飞轮阵列满功率充放过程，分配公式见式（3-2），其分配策略如图 3-4 所示。

$$P_{fn}^* = \frac{P_{ref}^*}{N} \quad N = 1,2,\cdots,n \tag{3-2}$$

$$P_{f1}^* = P_{f2}^* = \cdots = P_{fn}^* \tag{3-3}$$

在式（3-2）和式（3-3）中，P_{ref}^*为阵列系统总参考功率，经过分配之后得到每个单元的功率指令 P_{fn}^*，每个飞轮单元控制输出跟随指令值，P_{f1}^* 表示飞轮单元 1 输出功率指令值，P_{fn}^* 表示阵列系统输出功率指令值。

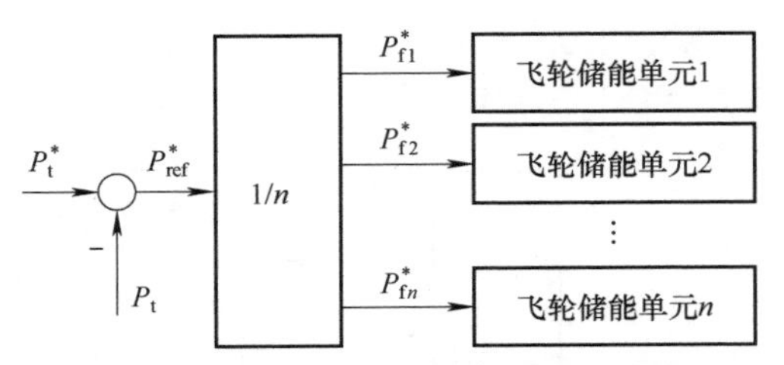

图 3-4　飞轮储能阵列等功率分配策略

3.2.2　飞轮储能阵列等时间分配

按电量比例分配的策略是等时间分配，其遵循的原则是无论此时每个单元的电量为多少，持续充电时要让所有单元能同时充满，持续放电时所有单元能同时放完电，比较适用于能量型飞轮阵列持续充放电。可以描述为下式：

$$t_t = \frac{\sum E_i}{P_{tref}}$$

$$P_{iref} = \frac{E_i}{t_t} = \frac{E_i}{\sum E_i} P_{tref} \tag{3-4}$$

式中，下标 i 表示第 i 个储能单元的量，放电时 E_i表示当前第 i 个单元剩余可放电量，充电时 E_i表示当前第 i 个单元剩余可充电量；P_{tref}为阵列系统总参考功率；P_{iref}为分配给第 i 个单元的参考功率；t_t为系统在当前参考功率下可持续运行总时间。

飞轮储能阵列等时间分配策略如图 3-5 所示。

3.2.3　飞轮储能阵列“能者多劳”分配

“能者多劳”分配策略由郭伟等人[17]提出，其遵循的原则是充电时，转速越低的飞轮储能单元分得的功率越多，转速越高的飞轮储能单元分得的功率越少，放电时相反。飞轮储能阵列“能者多劳”分配策略如图 3-6 所示。

按比例分配时（“能者多劳”分配），根据各单元的转速或 SOC 进行有比例的分配，其分配比例系数与各单元转速或电量有关。按 SOC 比例分配时，分配比例系数为

$$k_i = \begin{cases} \dfrac{\mathrm{SOC}_i^{\mathrm{t}}}{\sum\limits_{n=1}^{N} \mathrm{SOC}_n^{\mathrm{t}}}, P_{\mathrm{tref}} \geqslant 0 \\ \dfrac{\mathrm{SOC}_{\max} - \mathrm{SOC}_i^{\mathrm{t}}}{\sum\limits_{n=1}^{N} \mathrm{SOC}_n^{\mathrm{t}}}, P_{\mathrm{tref}} < 0 \end{cases} \quad (i = 1,2,\cdots,n) \tag{3-5}$$

式中，P_{tref}表示飞轮储能阵列为充放电状态；$\mathrm{SOC}_i^{\mathrm{t}}$ 为当前时刻某一个飞轮单元的荷电状态（能量储备）；$\mathrm{SOC}_{\max}$为 SOC 值的最大数值。

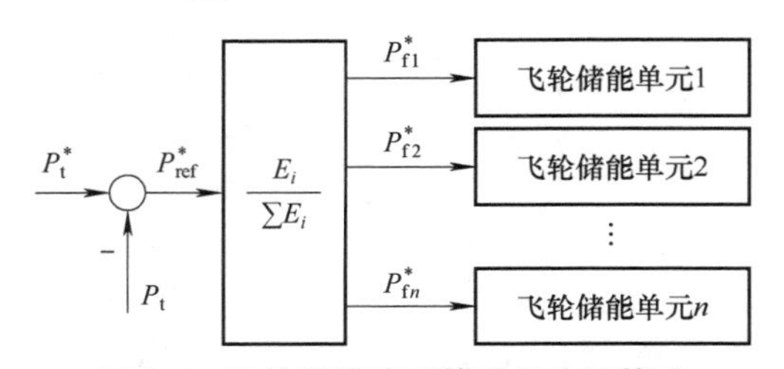

图 3-5　飞轮储能阵列等时间分配策略

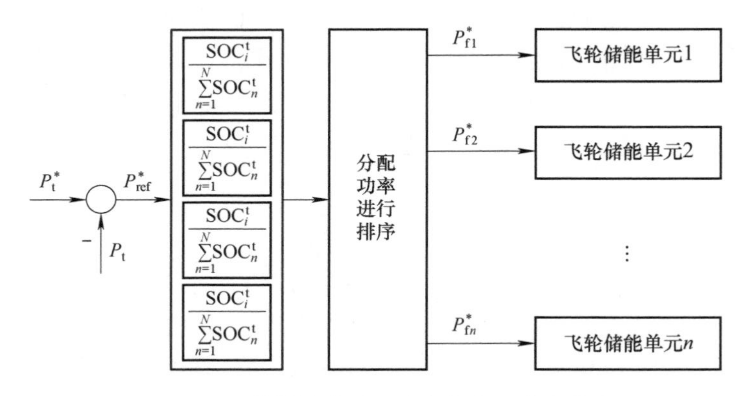

图 3-6　飞轮储能阵列“能者多劳”分配策略

等时间分配和“能者多劳”分配策略都属于比例分配的形式，当“能者多劳”分配中转速的函数取为平方关系时，可以等同于等时间分配。而且这两种分配形式都具有使所有储能单元的 SOC（即电量百分比）趋于一致的效果。

3.3　用于电网调频的飞轮储能阵列优化控制

由于现有传统的分配策略存在分配功率值超过额定值的问题，等功率分配存在不能使 SOC 趋于一致的问题，因此提出了改进的功率协调控制策略，不仅考虑了单元分配功率上限约束，保证了功率控制的稳定，实现各单元 SOC 值逐渐趋于一致，还采用一些有针对性的控制策略提高阵列的分配效率，同时采用分层分组或者 SOC 一致性的方法确保了功率控制精度和响应速度。

3.3.1　飞轮储能阵列功率协调控制策略

比例分配时可能存在分配功率超过额定功率的问题，即当阵列系统的参考功率较大或达到了系统的最大功率时，此时若采用比例分配，有的单元所分到的功率已超过了其额定功率或最大功率，那么实际输出功率将会小于给定的参考功率，从而产生功率误差，并且单元电量之间差距越大，最终误差越大。

在等时间分配的基础上，增加了对每个单元分配值与额定功率之间大小的判断，对一些单元所分配功率超出额定部分进行再分配的策略来保证阵列系统的功率能实现稳定控制。其分配策略如图 3-7 所示。

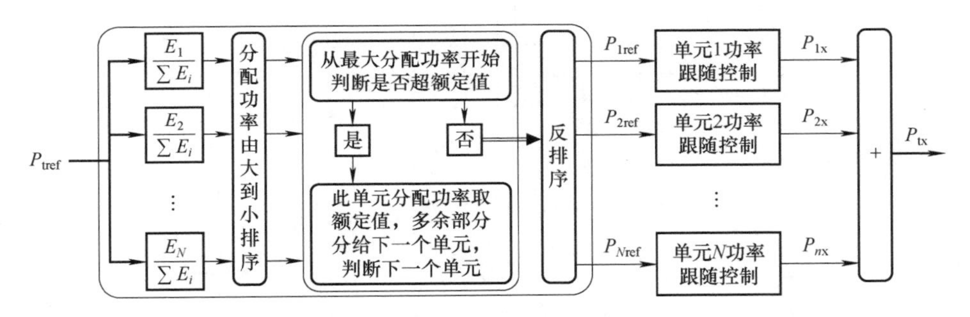

图 3-7　飞轮储能阵列系统改进的等时间分配策略

1. 协调控制策略控制框架

在图 3-7 所示的分配策略中，排序过程要消耗一定的时间，而且阵列中单元数量越多，排序完成所消耗的时间越长，进而要求阵列控制策略的采样时间间隔足够长，才能保证整个分配和控制正常运行。但是控制采样时间间隔越大时，实际功率控制精度越低，控制效果越差。因此需要减少图 3-7 所示的分配策略中排序所消耗的时间。可以采用两层的分配策略，先把所有单元分为 M 组，采用改进的等时间功率分配方法；然后每组内再按比例分配功率，进而得到飞轮储能阵列功率协调控制策略，如图 3-8 所示。

采用 4 台某公司 250kW/50kWh 的飞轮储能单元为一组组成阵列，仿真验证所提策略在功率分配和控制中的优势。其中飞轮储能单元参数见表 3-1，其转速和 SOC 之间的关系见式（3-6）。飞轮储能没有过充和过放电问题，可以完全充满电，也可以完全放完电，不影响自身性能，即可工作在 SOC 为 0～100% 的整个区间内。

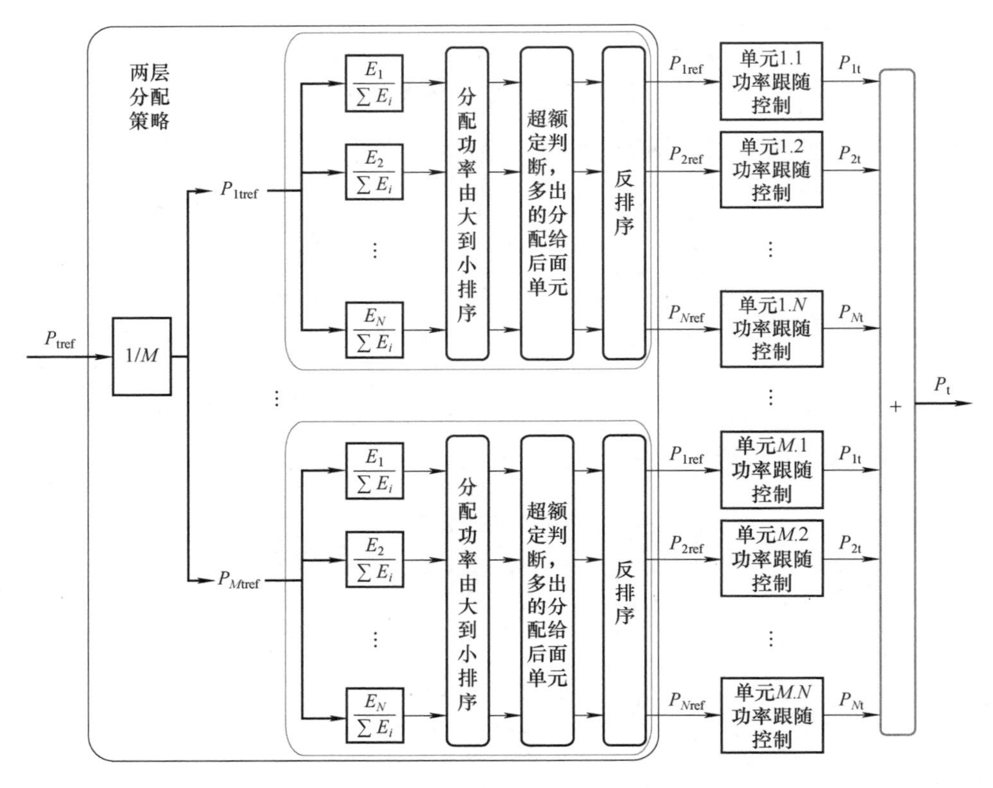

图 3-8　飞轮储能阵列功率协调控制策略

表 3-1　飞轮储能单元参数

参　数	取　值	参　数	取　值
额定功率 P_0/kW	250	额定转速 $n_{\_base}$/(r/min)	3600
额定电压 U/V	380	额定频率 F_{1_base}/Hz	120
最低运行转速 $n_{\_min}$/(r/min)	3600	电机极对数 n_p	2
最高运行转速 $n_{\_max}$/(r/min)	11500	额定转矩 T_{e_base}/Nm	663
储能量 En/kWh	50	转子总转动惯量 J/(kg·m²)	250

$$\text{SOC}_t = \frac{E_t}{E_n} \times 100\% = \frac{\omega_t^2 - \omega_{\min}^2}{\omega_{\max}^2 - \omega_{\min}^2} \times 100\% = \frac{n_t^2 - n_{\min}^2}{n_{\max}^2 - n_{\min}^2} \times 100\% \tag{3-6}$$

设定 4 个单元起始的 SOC 值分别为 0.4、0.6、0.8 和 0.2，对此阵列进行满功率（1MW）放电 1min，接着满功率充电 1min，再从满功率充电渐渐降功率到 0 持续 1min，最后从功率为 0 渐渐升功率为满功率放电持续 1min。

2. 协调控制策略模型搭建

在 Simulink 中建立的4个单元的功率分配模块的模型如图3-9所示。

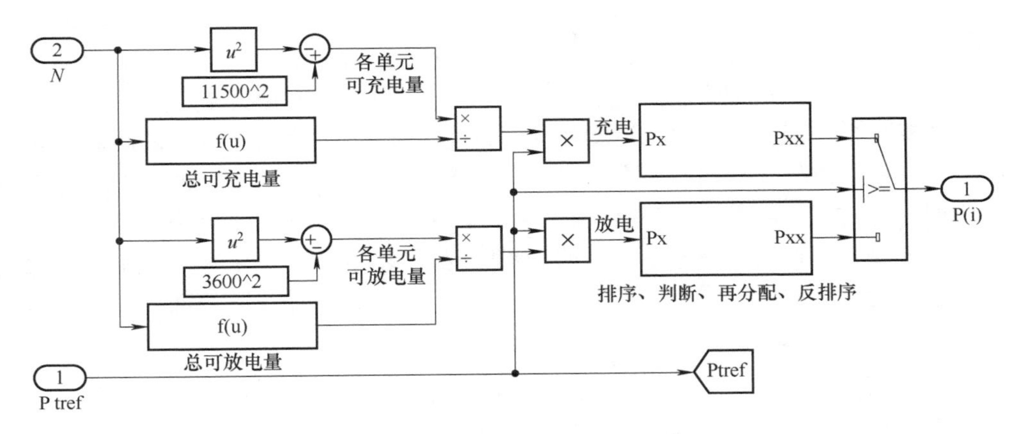

图3-9　功率分配模块 Simulink 模型

图中输入 N 表示每个单元当前的转速，单位为 r/min。输出 P(i) 是一个4维数组，表示4个单元的功率分配值。

4单元飞轮储能阵列系统功率控制模型如图3-10所示。此阵列系统额定功率为1MW，储能量为200kWh。

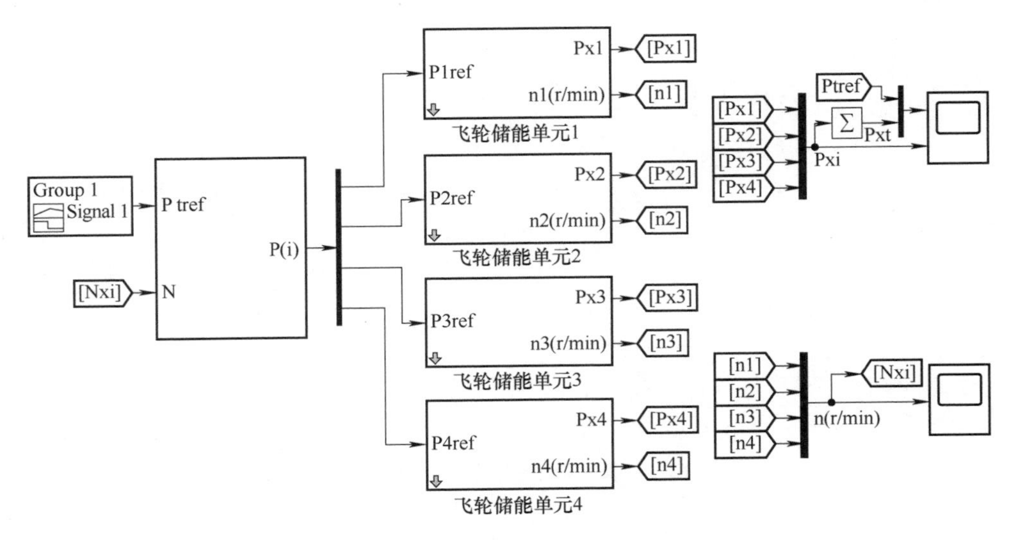

图3-10　4单元飞轮储能阵列系统功率控制模型

其中每个单元模型由4个单体飞轮单元组成如图3-10所示模型封装得到，系统总的功率信号经过功率分配环节传递给每个单元。

3. 协调控制策略仿真结果

三种策略的功率分配情况对比如图 3-11 所示。其中本文所提的分配策略在满功率充电和放电，以及较大功率充电和放电时，4 个单元所分配到的功率都不超过其额定值。对于普通比例分配，可以看出在放电功率较大时，单元 2 和单元 3 分到的功率超过了其额定值，充电功率较大时，单元 1 和单元 4 分到的功率超过了其额定值。但实际在单元控制环节中，单元的输出功率并不能跟随超额定的值，这最终造成整个阵列的功率控制出现误差甚至失效。当所有单元保持相同的状态时，等功率分配最简单有效，但在实际阵列系统中，单元之间不可避免地存在微小差别，在长期运行中各单元的 SOC 值差距会越来越大，最终将导致控制失效。因此，分配策略要能使各单元 SOC 值趋于一致。4 个飞轮储能单元的 SOC 变化曲线如图 3-12 所示。

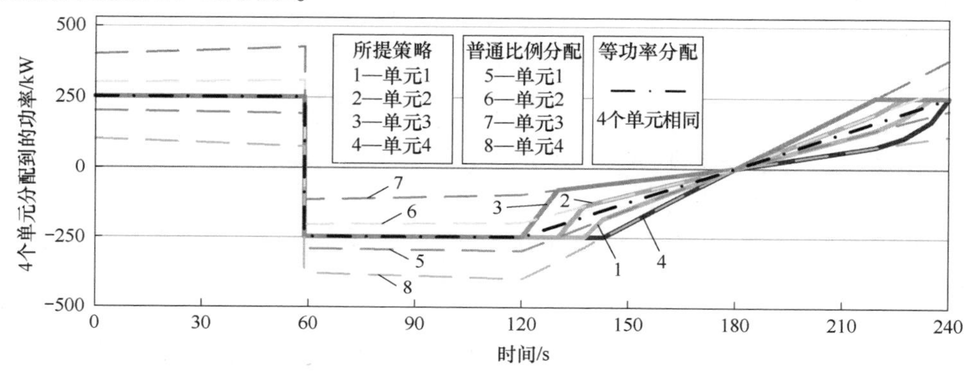

图 3-11　三种策略的功率分配情况对比

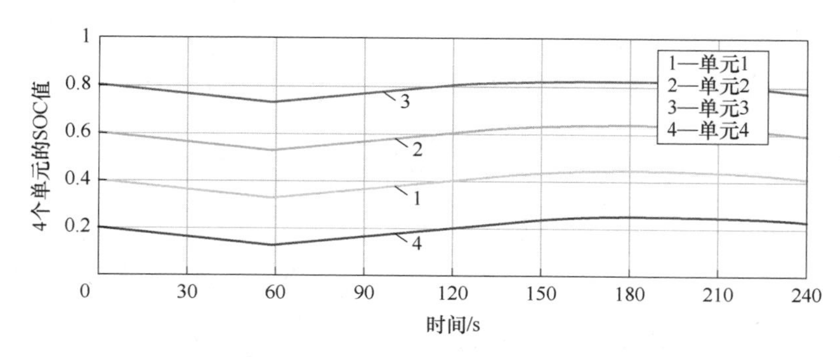

图 3-12　4 个飞轮储能单元的 SOC 变化曲线

3.3.2　飞轮储能阵列自适应双层控制策略

1. 阵列双层控制框架

传统的等比例分配或者平均分配的方法下，虽然所有的飞轮阵列都参与充放电，但是在分配过程中容易出现阵列分配的功率超过其额定功率的情况，导致实际输出功率不能满足电网调频需求，浪费飞轮有效资源，这种情况在飞轮储能系统功率指令较大或各飞轮阵列电量差距较大时经常发生。此外，常规方案并没有考虑到飞轮单体在不同 SOC 下的充放电特性，较低 SOC 下的飞轮实际充放电功率不一定能够满足所分配的功率指令。

针对上述问题，本节基于飞轮储能单体在实际运行中的特性，兼顾调频需求，设计了自适应双层控制器，控制策略框图如图 3-13 所示。整个控制器分为两层，上层为飞轮阵列分组排序控制，通过最大可充放电功率排序分组，选取合适的飞轮阵列参与功率响应；下层为阵列内部自适应均一控制，考虑单体充放电特性的同时兼顾 SOC 均一化。为方便说明阵列控制策略，本节飞轮储能系统设计由三组飞轮阵列组成，每组阵列则由 4 台飞轮储能单体组成。

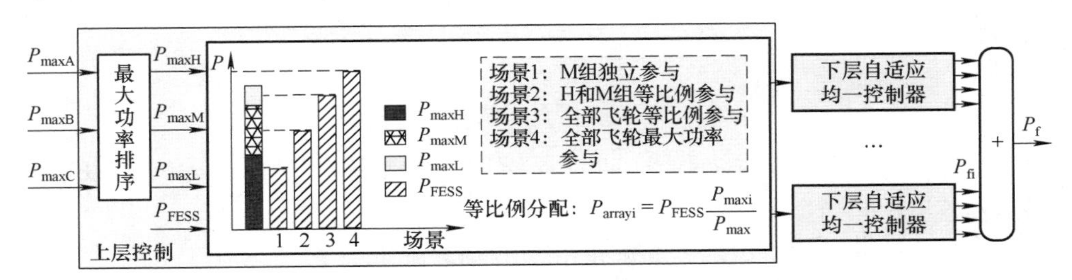

图 3-13 飞轮储能阵列自适应双层控制策略框图

2. 储能阵列上层分组排序控制器

飞轮阵列的上层控制中考虑各阵列状态，选取能够满足飞轮需求的阵列进行出力，满足调频出力需求的同时尽可能少地调用飞轮资源，以备下一次调频。飞轮阵列以 4 台飞轮为一体，阵列的对外输出特性表现为 4 台飞轮的特性综合。根据每个飞轮单体当前的 SOC 值，可以得到飞轮阵列当前的最大可充放电功率，对阵列按照其最大可充放电功率进行排序，得到优先充电组、次充次放组以及优先放电组，其对应的最大可放（充）电功率分别为 P_{maxH}、P_{maxM} 和 P_{maxL}。

面对电网频率波动下的功率需求 P_{FESS}，首先判断单一优先组能否满足需求，当优先放（充）电组的最大放（充）电功率可以满足需求，即 $|P_{maxH}|>|P_{FESS}|$ 时，由该阵列独立承担此次调频功率需求，各阵列功率指令计算如下式：

$$\begin{cases}P_{arrayH}=P_{FESS}\\P_{arrayM}=0\\P_{arrayL}=0\end{cases}\tag{3-7}$$

式中，P_{arrayH}、P_{arrayM}、P_{arrayL} 分别为优先放（充）电组、次充次放组及优先充

（放）电组功率指令。

当优先放（充）电组和次充次放组最大放（充）电功率能够满足当前功率需求时，即 $|P_{\text{maxH}}+P_{\text{maxM}}|>|P_{\text{FESS}}|$ 时，则由对应阵列按照当前最大可放（充）电功率等比例分配，优先充（放）电组不参与出力，各组功率指令计算如下：

$$\begin{cases} P_{\text{arrayH}}=P_{\text{FESS}}\dfrac{P_{\text{maxH}}}{P_{\text{max}}} \\ P_{\text{arrayM}}=P_{\text{FESS}}\dfrac{P_{\text{maxM}}}{P_{\text{max}}} \\ P_{\text{arrayL}}=0 \end{cases} \tag{3-8}$$

当飞轮储能系统整体共同出力才可以满足电网调频需求时，即 $|P_{\text{max}}|>|P_{\text{FESS}}|$ 时，多组阵列按照当前最大可放（充）电功率等比例分配，各组功率指令计算如下：

$$P_{\text{arrayi}}=P_{\text{FESS}}\frac{P_{\text{maxi}}}{P_{\text{max}}} \tag{3-9}$$

式中，P_{maxi}为飞轮储能系统整体最大可放（充）电功率；下标 i = H、M、L，分别代表各飞轮阵列。

当飞轮储能系统整体都不能满足电网调频需求，即 $P_{\text{max}}<P_{\text{FESS}}$ 时，所有阵列指令均以最大充放电功率执行，计算公式如下：

$$P_{\text{arrayi}}=P_{\text{maxi}} \tag{3-10}$$

由上述公式，可以得到不同调频需求下各组阵列的充放电功率指令并传递给下层阵列内部控制器，上层阵列控制器主要考虑各分组之间最大功率与调频需求的关系，尽可能少地调度飞轮阵列以满足功率指令，避免了所有阵列同时动作而功率分配不科学的问题。

3. 储能阵列下层自适应均一控制器

飞轮储能阵列以 4 台为一组，4 台飞轮储能系统共用一个预制舱进行充放电，因此在阵列内部需要尽可能维持飞轮储能单体的 SOC 一致性，便于充放电管理。相比于上层控制器，下层控制需要更多地考虑飞轮单体的充放电特性，基于飞轮单体充放电特性，将飞轮单体状态划分为充放受限区（SOC < 0.45）和满功率充放区（SOC≥0.45）。图 3-14 所示为根据飞轮运行数据绘制的飞轮单体充放电限制曲线，位于满功率充放区的飞轮单体可以以额定功率 500kW 充放电，充放受限区的飞轮单体最大功率则受到飞轮 SOC 的限制，最大充放电功率与飞轮实时 SOC 近似为一线性函数。

下层自适应均一控制器接收到上层的阵列功率指令 P_{a}后，根据每个飞轮单体实时状态，自适应分配飞轮单体的功率指令。在阵列控制过程中，应尽可能将飞轮储能的SOC保持在满功率充放区，兼顾飞轮SOC的变化，本节在按单体最大充放电功率等比例分配的基础上设计了自适应均一调整策略。

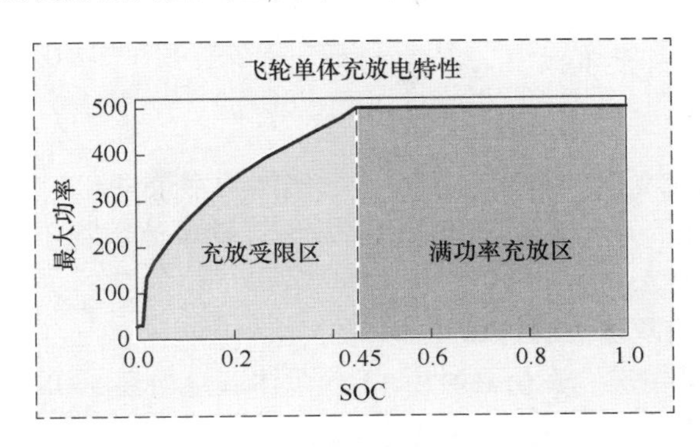

图3-14 飞轮单体充放电限制曲线

放电时由位于满功率充放区的飞轮单体优先出力，在按最大放电功率等比例分配的基础上，若处于满功率充放区的飞轮单体还未达到最大放电功率，则相应增加放电功率，同时减少充放受限区放电功率，保证总出力满足阵列功率指令平衡，另外需兼顾SOC平衡，功率自适应调整的大小由飞轮单体SOC等比例分配，SOC越大，调整幅值越多，飞轮单体放电功率越大。

充电时则由位于充放受限区的飞轮单体优先充电，充放受限区的飞轮单体以最大充电功率吸收电网多余的电量，满功率充放区飞轮单体作为灵活调节资源，弥补充电不足的同时保持SOC在中间位置，弥补出力的大小同样基于飞轮实时SOC，SOC越大，充电功率越小，可以保障飞轮阵列能具备最佳的充放电能力，便于响应下一次未知方向的充放电指令。

当$|P_{\mathrm{amax}}| < |P_{\mathrm{a}}|$时，飞轮阵列最大放（充）电功率$P_{\mathrm{amax}}$难以满足阵列功率指令需求，此时各飞轮以最大放（充）电功率进行出力，尽限动作以快速平衡电网波动。各飞轮单体功率指令计算如下：

$$P_{\mathrm{fi}} = P_{\mathrm{fmaxi}} \tag{3-11}$$

式中，P_{fi}为各飞轮单体功率指令；P_{fmaxi}为各飞轮单体最大可放（充）电功率。

当$|P_{\mathrm{amax}}| > |P_{\mathrm{a}}|$时，飞轮阵列内部首先根据各自最大可放（充）电功率进行功率指令等比例分配，功率初步分配计算公式如下：

$$P_{\mathrm{ri}} = P_{\mathrm{a}}\frac{P_{\mathrm{fmaxi}}}{P_{\mathrm{amax}}} \tag{3-12}$$

得到初步分配指令后，飞轮根据所处分区及单体的SOC进行自适应均一调整，具体计算公式如下：

$$
\begin{cases}
P_{\mathrm{fi}} = P_{\mathrm{ri}} + P_{\mathrm{margin}} \dfrac{\mathrm{SOC}_i}{\sum\limits_{i=1}^{n} \mathrm{SOC}_i}, \ \mathrm{SOC}_i > 0.45 \\
P_{\mathrm{fj}} = P_{\mathrm{rj}} - P_{\mathrm{margin}} \dfrac{1 - \mathrm{SOC}_j}{\sum\limits_{j=1}^{m} (1 - \mathrm{SOC}_j)}, \ \mathrm{SOC}_j < 0.45
\end{cases} \tag{3-13}
$$

式中，P_{margin}代表位于满功率充放区的飞轮单体功率余量和；SOC_i、SOC_j 为飞轮单体实时荷电状态；n 代表位于满功率充放区飞轮单体数量；m 代表位于充放受限区飞轮单体数量。

4. 阵列自适应双层控制仿真

根据项目现场情况，在仿真时由 12 台单体额定功率 500kW 的飞轮构成 3 组阵列，飞轮储能系统额定容量为 6MW/1.5MWh。通过响应设定的调频功率指令验证本节所提阵列自适应双层控制的有效性，采取等比例控制策略作为对照组，各飞轮单体的 SOC 初值设置见表 3-2。

表 3-2 各飞轮单体的 SOC 初值设置

# A 阵列	SOC 初值	# B 阵列	SOC 初值	# C 阵列	SOC 初值
# 1 飞轮	0.7	# 5 飞轮	0.5	# 9 飞轮	0.4
# 2 飞轮	0.6	# 6 飞轮	0.4	# 10 飞轮	0.3
#3 飞轮	0.5	#7 飞轮	0.3	#11 飞轮	0.2
#4 飞轮	0.4	#8 飞轮	0.2	#12 飞轮	0.1

（1）阶跃功率指令

以放电为例，设置飞轮储能系统的放电功率指令由 6MW 每隔 1min 下降 2MW，仿真时长为 3min，得到两种策略下飞轮储能系统功率跟踪曲线如图 3-15 所示，相对应的各阵列飞轮功率跟踪曲线如图 3-18 ~ 图 3-20 所示。

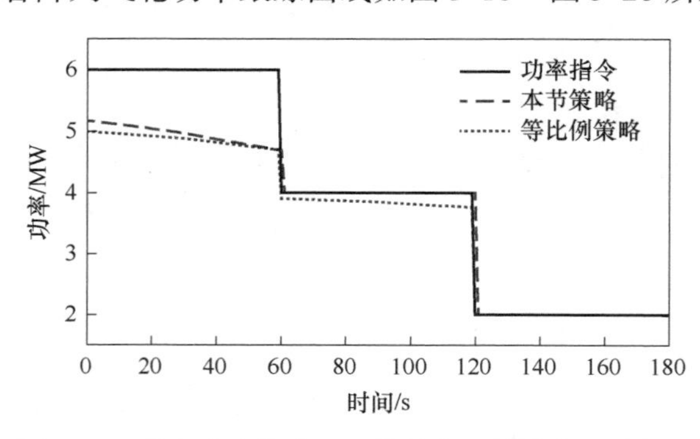

图 3-15 阶跃功率指令下飞轮储能系统功率跟踪曲线

对仿真数据进行分析，得到仿真过程中等比例控制策略下贡献电量偏差为21.38kWh，而本节策略下贡献电量偏差为17.65kWh，降低了17.45%。由图3-15可知，在初始6MW的功率需求下，受限于仿真设置的飞轮储能系统初始SOC，两种策略下都不能很好地跟踪指令，等比例控制策略下功率偏差相对更大，0~60s也是贡献电量出现偏差的主要时间段；在4MW功率需求下，由图3-18~图3-20可以看出，在60~120s期间，随着放电过程中飞轮单体SOC的下降，按照SOC等比例分配策略下B阵列和C阵列飞轮分配的功率指令太小，部分飞轮的能力没有得到充分利用，本节策略下飞轮调用更加充分，能够更好地跟踪指令，满足调频需求；而在较小的2MW功率需求下，两种策略下系统功率都能够满足阵列的放电需求。因此可得：在阶跃功率需求下，本节所提的控制策略能够更加合理地调用相应的飞轮群组，保证系统功率跟踪的延续性，最大限度维持功率跟踪指令需求。

（2）连续功率指令

为进一步验证本节所提的阵列控制策略，生成一组［-6，6］MW范围内的随机功率需求指令输入飞轮储能系统，观察在连续功率需求下阵列自适应双层控制效果。得到随机功率需求下两种策略对应的飞轮储能系统的功率跟踪曲线如图3-16所示，飞轮储能系统的SOC曲线如图3-17所示。

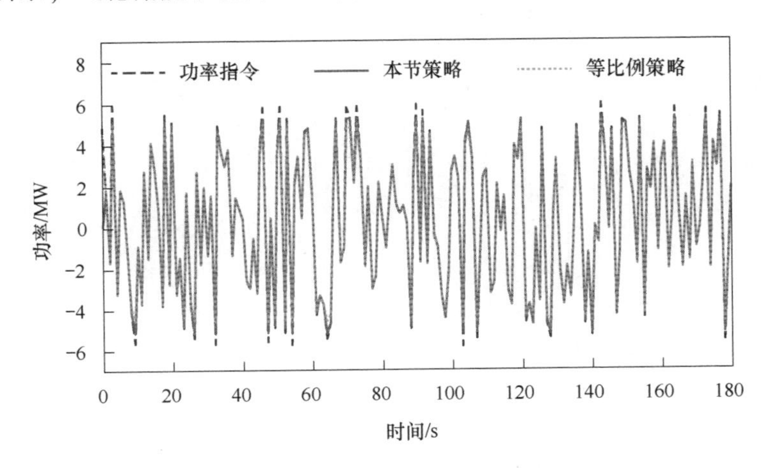

图3-16 连续功率指令下飞轮储能系统的功率跟踪曲线（见彩插）

由图3-17可知，自适应策略下飞轮储能系统功率跟踪连续功率指令的效果更好。通过计算跟踪过程的最大功率偏差、平均功率偏差和贡献电量偏差作为效果评价指标，相比于等比例控制，所提的阵列自适应双层策略下最大功率偏差由1145.21kW降低至793.10kW，平均功率偏差由172.62kW降低至126.93kW，贡献电量偏差降低了26.47%。在连续功率指令下，本节策略的储能系统SOC相比等比例策略更接近于SOC中间值，能够兼顾调频的充放电需求。自适应策略下的飞轮储能阵列跟踪更加精准，在电力系统调频场景应用时能够满足更多的调频需求，提供更多的电量贡献值，可以有效提升电网调频评价指标，获取更多辅助服务的经济收益。

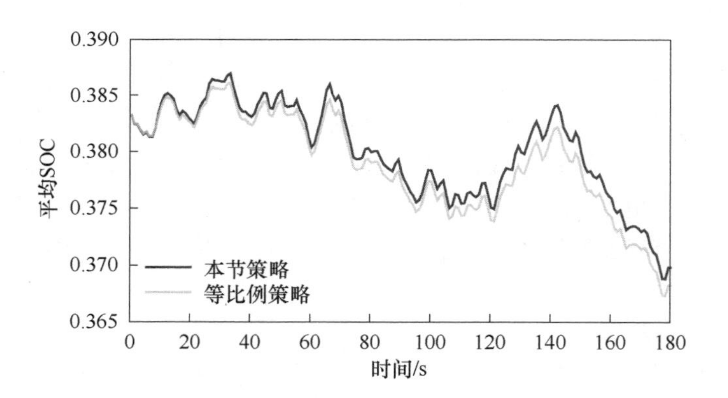

图3-17　连续功率指令下飞轮储能系统的SOC曲线

（3）双层功率分配策略验证对比图

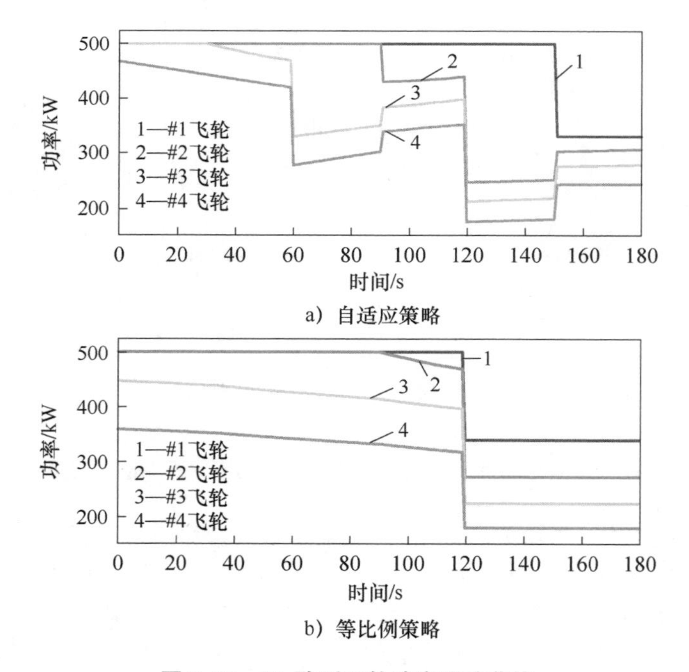

图3-18　#A阵列飞轮功率跟踪曲线

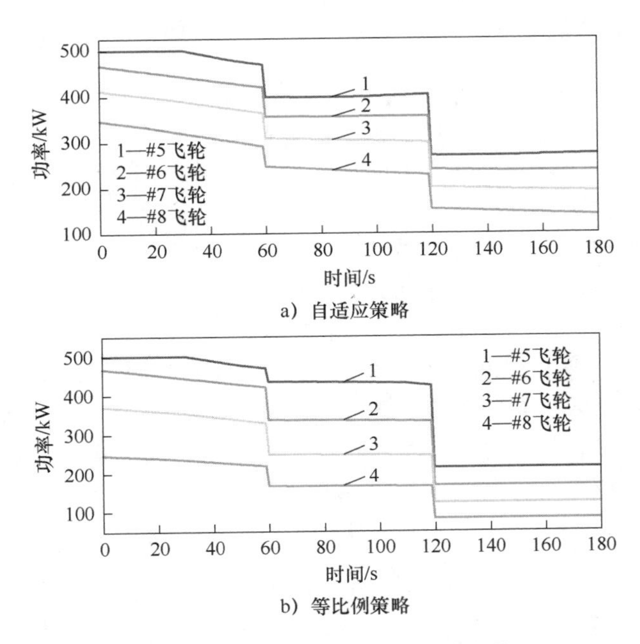

a）自适应策略

b）等比例策略

图 3-19　#B 阵列飞轮功率跟踪曲线

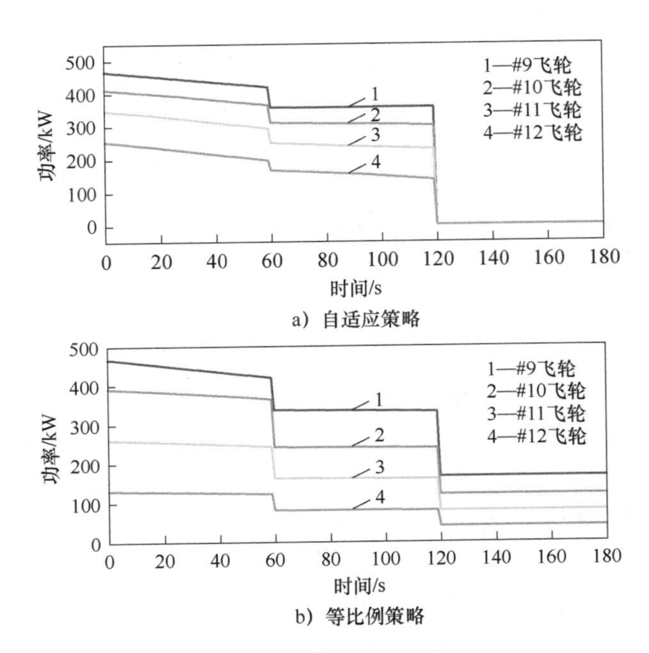

a）自适应策略

b）等比例策略

图 3-20　#C 阵列飞轮功率跟踪曲线

3.3.3 大容量飞轮储能阵列宏观一致性控制策略

考虑到飞轮储能的可调度性和大容量配比运行性以及大容量、大功率储能技术在电网上的深度应用，本节选择将多台小容量飞轮储能单元并联组成大功率飞轮储能阵列系统，进而对电网频率的波动进行削峰填谷的控制方案。通过对飞轮储能阵列系统进行灵活性改造，优化功率分配，提出了一种基于大容量飞轮储能阵列宏观一致性协调控制策略。为了减少飞轮储能阵列调动次数和适应功率分配，首先对飞轮储能阵列进行动态分组选择控制，飞轮储能阵列按照所分配功率指令进行组合阵列充放电，其次对阵列中单体飞轮进行 SOC 一致性功率分配，进而实现 FESAS（飞轮储能阵列系统）能量的合理应用，使得整体飞轮储能阵列在充放电过程中逐渐趋于宏观一致性。

基于大容量飞轮储能阵列宏观一致性控制策略，该策略不依赖于集中式等功率分配，也不仅仅进行分布式“能者多劳”控制，一方面考虑到大容量多飞轮组成的阵列储能系统，另一方面则考虑到如何降低对众多飞轮的控制难度，飞轮阵列电气分组拓扑图如图 3-21 所示。

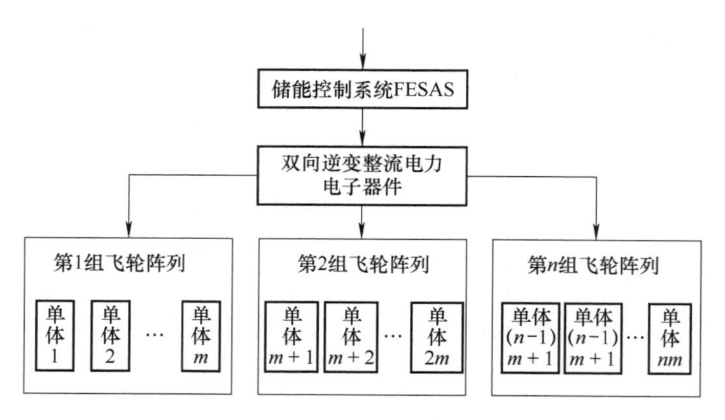

图 3-21 飞轮阵列电气分组拓扑图

1. 阵列宏观一致性协调控制策略

阵列协调控制策略的实质是如何将功率指令信号合理地分配给各个飞轮储能单元，同时考虑到各个飞轮储能单元的运行状态，既要满足响应负荷指令的要求，也要维护系统的安全稳定运行，更是为了提高飞轮储能阵列系统的总体能量利用率，同时产生较少的电力电子器件开关切换损耗以及飞轮维护成本，制定飞轮储能阵列间的动态分组选择控制充放电策略。

现有的 FESS（飞轮储能系统）辅助单机跟踪 AGC 策略，首先让火电机组跟踪电网下发的 AGC 指令，然后再由 FESS 弥补电厂机组实际出力与 AGC 指令的偏差[5]，即需要释放或储存的功率，如下所示：

$$\Delta P = P_{ge} - P_{AGC} \tag{3-14}$$

式中，ΔP 为飞轮储能阵列系统的总功率调度指令；P_{AGC}为电网调度计划的总参考功率；P_{ge}为电厂机组实际发电输出功率。当 $\Delta P > 0$，电厂实际输出的功率要高于电网的调度计划，飞轮储能阵列系统存储能量；当 $\Delta P < 0$，电厂实际输出的功率要低于电网的调度计划，飞轮储能阵列系统释放能量。

首先对飞轮阵列间进行分组选择控制，再对飞轮的总功率调度指令进行调度预判断，进而得知需要几组飞轮阵列进行充放电；其次对阵列内的飞轮进行功率协调一致性控制，进而使得整体飞轮储能系统实现宏观一致性，达到灵活性功率分配，在飞轮阵列间的控制策略仅仅考虑单体飞轮总成的阵列控制系统，不再考虑单体飞轮充放电过程。制定的阵列间动态分组选择控制策略如下：

1）当 $|\Delta P| \leqslant P_{Ai}$ 时，表示飞轮储能一个阵列所存储的能量能够满足总功率调度指令 ΔP，即仅仅由其中一组飞轮阵列进行充放电，不需要调度其他的飞轮阵列。其中，P_{Ai}为每个飞轮储能阵列目前最大放电或充电功率。

2）当 $P_{Ai} < |\Delta P| < \sum_{i=1}^{n} P_{Ai}$ 时，表示飞轮储能阵列目前所存储的能量能够满足总功率调度指令 ΔP，即在阵列中进行调动几组飞轮阵列进行充放电。具体到实际应用，得到 N 组阵列分配，前提是采用同种并联方式的飞轮阵列系统，N 组计算公式为

$$N \geqslant \frac{|\Delta p|}{P_{Ai}} \tag{3-15}$$

3）当 $|\Delta P| > \sum_{i=1}^{n} P_{Ai}$ 时，表示整个飞轮阵列联合调度的总功率无法满足总功率调度指令 ΔP，则整个飞轮储能阵列系统以最大充电功率或者放电功率进行调度运行。

飞轮储能阵列间的动态分组选择控制充放电策略流程框图如图 3-22 所示。

2. 阵列内部 SOC 一致性

飞轮储能阵列系统的控制策略是整个系统在具体场景中发挥最佳效果的重要保证，其主要目标是在跟踪给定指令的同时保证整个系统中所有单元的 SOC 值趋于一致，从而保证系统长期安全稳定运行。

在飞轮储能阵列充放电过程中，通过采取特定的控制策略，使阵列组中的各个电池单元之间的 SOC 差异尽可能小。实现 SOC 一致性控制通常通过飞轮管理系统监控飞轮阵列内部单体的 SOC，并根据需要进行充电或放电操作，将电荷从 SOC 较高的飞轮单体转移到 SOC 较低的飞轮单体，强调的是在一定的周期内，飞轮阵列内部中各个飞轮单体的 SOC 保持相对一致，即单体之间的 SOC 差异不

会显著增加，以实现 SOC 的均衡。SOC 一致性的实现需要通过动态均衡等措施来避免飞轮单体之间的差异累积，使每个飞轮单体的充电和放电过程尽可能均衡，减小之间的偏差。

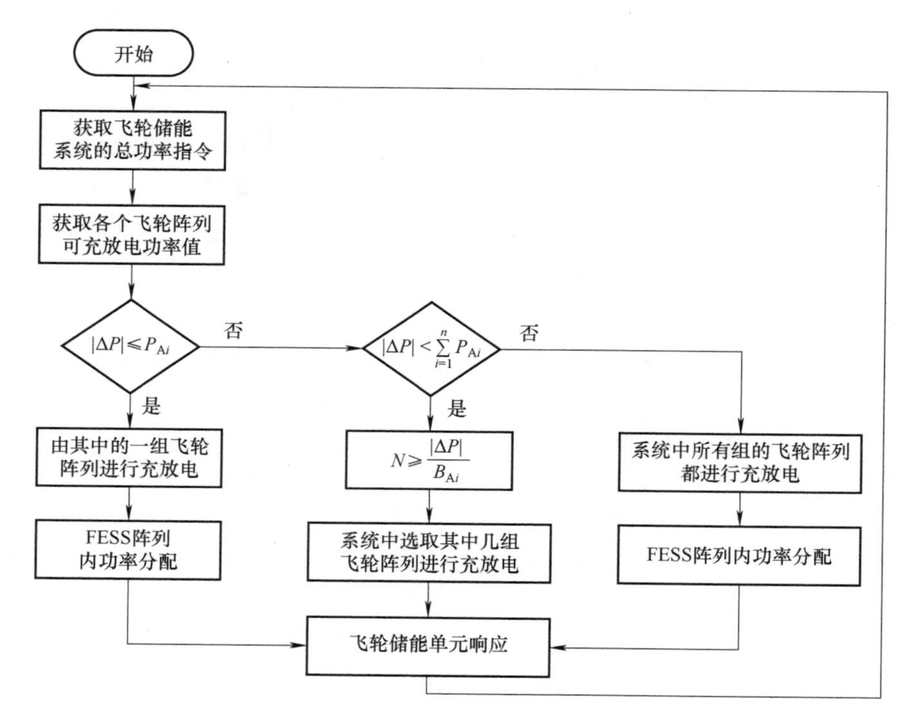

图 3-22　飞轮储能阵列间的动态分组选择控制充放电策略流程框图

通过提出考虑能量效率和 SOC 均衡的飞轮储能单体 SOC 一致性控制策略，其主要包括单元优化层和子系统优化层：单元优化层通过充电/放电优先级分区计算出实际运行单元数量及其编号，建立以储能单元能耗最小和 SOC 一致性为目标的优化模型。

在 FESS 实际运行过程中，如果出现 FESS 的 SOC 严重不一致的情况，会导致阵列内部储能不能满足整体调用需求，从而影响阵列间的供需平衡。因此在飞轮阵列运行过程中，需要对阵列内飞轮单体进行合理的功率分配，保持飞轮单体的 SOC 均衡，最后趋于一致性，以确保飞轮储能阵列整体安全性及可用容量，因此在飞轮阵列的运行过程中，需要进行对阵列内的飞轮的 SOC 一致性约束的功率协调控制策略。

单体飞轮 SOC 计算公式以及与转速 n、角速度 ω、能量 E 的关系式为

$$\mathrm{SOC}_i = \frac{E_t}{E_{\max}} \times 100\% = \frac{\omega_t^2 - \omega_{\min}^2}{\omega_{\max}^2 - \omega_{\min}^2} \times 100\% = \frac{n_t^2 - n_{\min}^2}{n_{\max}^2 - n_{\min}^2} \times 100\% \tag{3-16}$$

式中，ω_t 为 t 时刻的角速度；ω_{min} 为最小角速度；ω_{max} 为最大角速度；E_t 为 t 时刻的能量；E_{max} 为最大能量；n_t 为 t 时刻的转速；n_{max} 为最大转速；n_{min} 为最小转速。

在上述公式中可以看到，飞轮的 SOC 与转速有一定的关联，可以通过控制转速来达到 SOC 一致的目的。为了实现飞轮阵列的一致性，没有对飞轮单元进行 SOC 管理，导致各个飞轮单体 SOC 差值越来越大，通过对按转速比例分配方案进行结合 SOC 的约束性改良，引入了对每个飞轮单元当前能量和 SOC 值的监测和排序机制，以便更有效地管理各飞轮单元之间的能量分配。例如在飞轮充电过程中，优先把电量充到含有最低能量的飞轮上，然后对功率超出的部分进行再分配，反之，在放电的过程中同样进行功率排序，进行放电。

飞轮单体运行时还应尽量避免过充、过放，以防止发生安全事故，通过 SOC 来表征电池单元运行的容量限制，可写为

$$\begin{cases} SOC_{min} \leqslant SOC_i \leqslant SOC_{max} \\ P_{C(i)} \leqslant P_{Fmax} \\ P_{D(i)} \leqslant P_{Fmax} \end{cases} \tag{3-17}$$

式中，SOC_{min} 为维持飞轮转子的最小值；SOC_{max} 为飞轮转子转动的最大速度；$P_{C(i)}$ 为飞轮单体充电功率；$P_{D(i)}$ 为飞轮单体放电功率；P_{Fmax} 为飞轮单体最大负荷功率。

根据 FESS 阵列功率分配结果及各飞轮储能单体采用的功率分配原则，完成阵列内的功率分配。为实现飞轮组每个飞轮单元的 SOC 相对均衡，采用 Sigmoid 函数用隐层神经元输出，并将 SOC 值用指数化表示，通过引入公式表达飞轮单元的充电能力和放电能力。电池单元的充电函数和放电函数分别为

$$f_c(SOC_{i,t-1}) = 1 - \frac{1}{1 + e^{-10\times(SOC_i - 0.5)}} \tag{3-18}$$

$$f_d(SOC_{i,t-1}) = \frac{1}{1 + e^{-10\times(SOC_i - 0.5)}} \tag{3-19}$$

式中，$SOC_{i,t-1}$ 为飞轮阵列中第 i 个飞轮单元在 $t-1$ 时刻的 SOC。

SOC 均衡原则下飞轮阵列充电和放电时的功率分配方法分别为

$$\frac{p_{r,Fj,t}}{f_d(SOC_{j,t-1})} = \frac{P_{r,Fj,t}}{f_d(SOC_{j,t-1})} \forall i,\ j \in N \tag{3-20}$$

$$\frac{p_{r,Fj,t}}{f_c(SOC_{j,t-1})} = \frac{P_{r,Fj,t}}{f_c(SOC_{j,t-1})} \forall i,\ j \in N \tag{3-21}$$

根据充放电功率与 SOC 的指数函数关系设计分配策略，进一步动态调整每个 FESS 的充放电占比，使得阵列内部飞轮趋于一致性。飞轮能够在运行的过程中实现飞轮阵列整体的宏观一致性，从而便于飞轮进行充放电，其阵列分配流程框图如图 3-23 所示。

基于SOC值的一致性，以预设条件为优化目标，将飞轮阵列中的功率调节指令分配给飞轮单体。其中，预设条件可以是飞轮储能阵列系统在每一周期内的总运行成本最低。本发明中总运行成本同时考虑了充放电功率和SOC，如下所示：

$$\begin{cases} F = \sum_{i=1}^{n} k_1 \Delta P_i^2 - k_2 \Delta \mathrm{SOC}_i \\ \Delta P_i = P_{r,t} - P_{r,t-1} \\ \Delta \mathrm{SOC}_i = \dfrac{P_{r,t} T}{P_{\mathrm{Fmax}}} \end{cases} \tag{3-22}$$

式中，n 为FESS中总飞轮个数；k_1 和 k_2 为常系数，分别取0.002和0.4；ΔP_i 为飞轮阵列中第 i 个飞轮单体的功率变化量；$P_{r,t}$ 为 t 时刻电池单元 i 的分配功率；$\Delta \mathrm{SOC}_i$ 为电池组第 i 个电池单元的SOC变化量；T 为整个FESS的调度周期；P_{Fmax} 为飞轮阵列中第 i 个飞轮单元的最大容量。

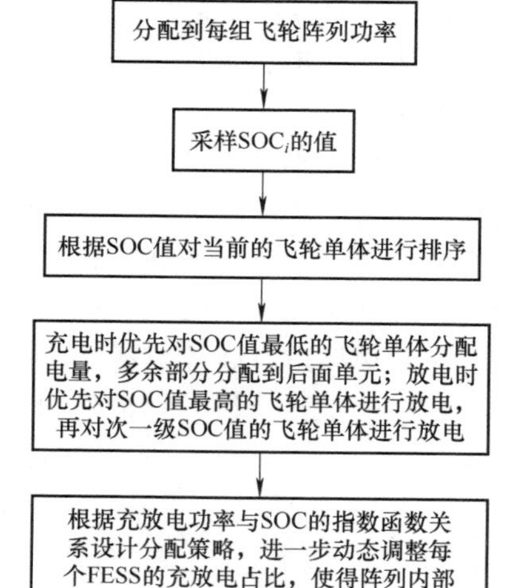

图3-23　阵列分配流程框图

采用充放电控制策略实现SOC值的一致性，引入了对每个飞轮单元当前能量和SOC值的监测和排序机制，以便更有效地管理各飞轮单元之间的能量分配。宏观一致性流程图如图3-24所示，该步骤如下所示：

1）获取进行充放电工作的飞轮阵列中每一飞轮单体的充放电功率和SOC值。

2）基于SOC值对飞轮单体进行排序处理得到飞轮单体序列。

3）判断采样时间内充放电功率的变化值是否大于零，得到第一判断结果。

4）当第一判断结果为是时，对飞轮单体序列中SOC值最小的飞轮单体进行充电。

5）判断SOC值最小的飞轮单体的充电功率是否小于或等于SOC值最小的飞轮单体的最大负荷功率，得到第二判断结果。

6）当第二判断结果为是时，确定SOC值最小的飞轮单体的充电能力。

7）当第二判断结果为否时，对SOC值最小的飞轮单体进行越限保护，并给SOC值第二小的飞轮单体进行充电，依次类推。

8）当第一判断结果为否时，对飞轮单体序列中SOC值最大的飞轮单体进行放电。

9）判断SOC值最大的飞轮单体的放电功率是否大于或等于SOC值最大的飞轮单体的最小负荷功率，得到第三判断结果。

10）当第三判断结果为是时，确定SOC值最大的飞轮单体的放电能力。

11）当第三判断结果为否时，对 SOC 值最大的飞轮单体进行越限保护，并给 SOC 值第二大的飞轮单体进行放电，依次类推。

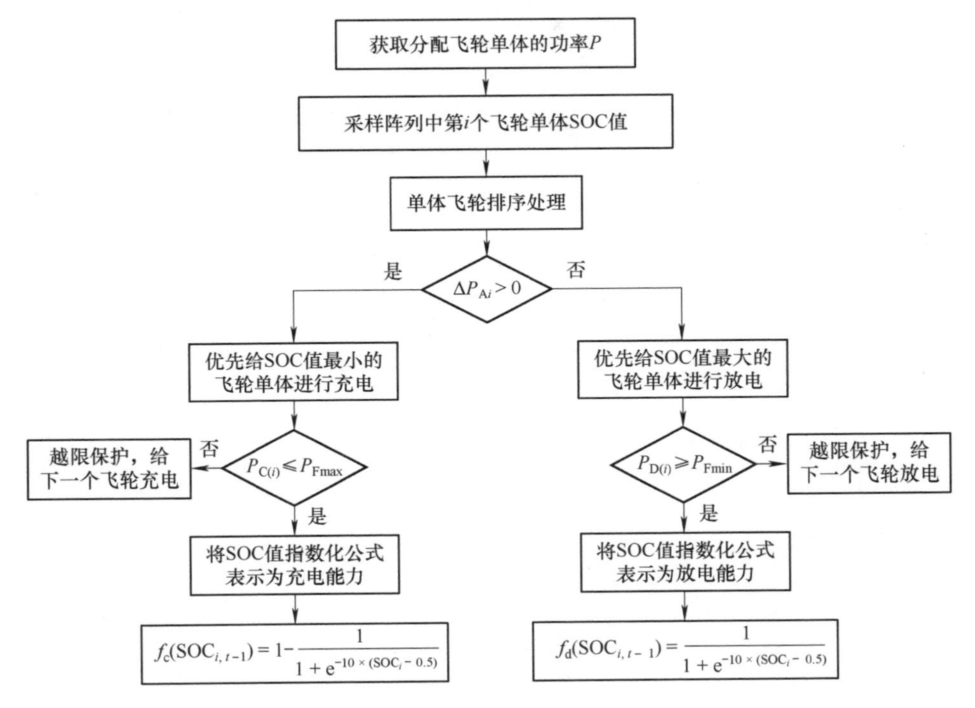

图 3-24　宏观一致性流程图

3. 仿真分析以及工程应用

在实际应用过程中，可以采用西部某个高比例新能源发电趋于对 4 台飞轮阵列的运行仿真，来验证上述提供的储能阵列宏观一致性协调控制方法的优越性。

依据目前飞轮储能参与火-储联合调频项目的经验，火电机组一般配备额定功率 2% ~3% 的储能系统，因此一台 300MW 的机组可以配 6MW/1.6MWh 的飞轮储能系统。基于国家风光储输出示范工程对大功率飞轮储能的研究，采用 12 台功率为 500kW，能量储存为 100kWh 的飞轮储能单体，把这些飞轮进行分组，组合成 3 组飞轮阵列，每个阵列包括 4 个飞轮单体，总功率为 2MW，总能量为 400kWh，采用永磁同步电机，单体飞轮储能单元的参数见表 3-3。

表 3-3　单体飞轮储能单元的参数

参数名称	数值	参数名称	数值
额定功率 P_0/kW	500	最大转速 n_{max}/(r/min)	10500
额定电压 U/V	380	电机极对数 p	2

（续）

参数名称	数　值	参数名称	数　值
额定频率 f/Hz	120	储存能量 E/kWh	100
额定转速 n/(r/min)	360	转动惯量 J/(kg · m^2)	250
最小转速 n_{min}/(r/min)	360		

设置 4 个飞轮储能单元的初始转速分别为 7600r/min、7000r/min、7100r/min 和 7500r/min。运行仿真，4 单元飞轮储能阵列系统功率控制仿真曲线如图 3-25 所示。仿真步长为 0.00001，采用四阶龙格库塔求解方法。4 单元飞轮储能阵列系统中各个单元飞轮转速变化曲线如图 3-26 所示，电流变化曲线如图 3-27 所示。

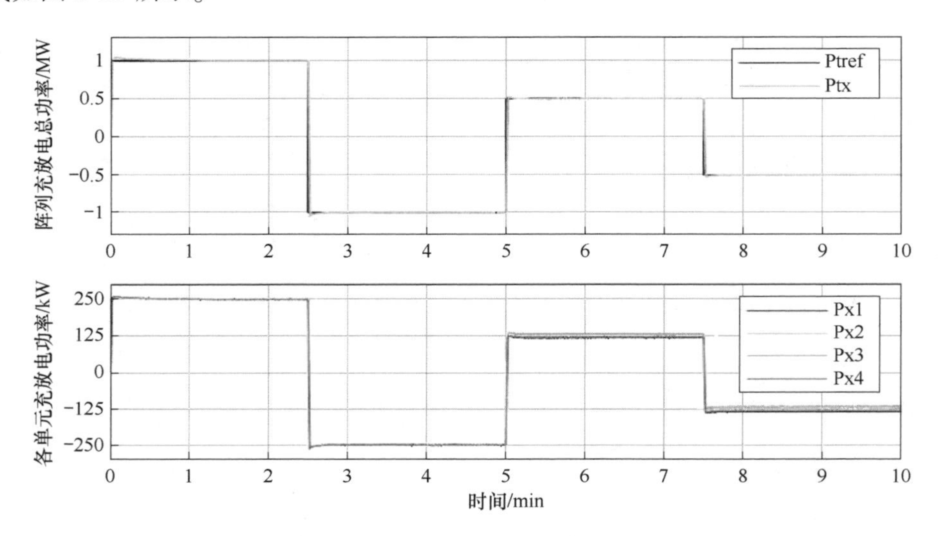

图 3-25　4 单元飞轮储能阵列系统功率控制仿真曲线

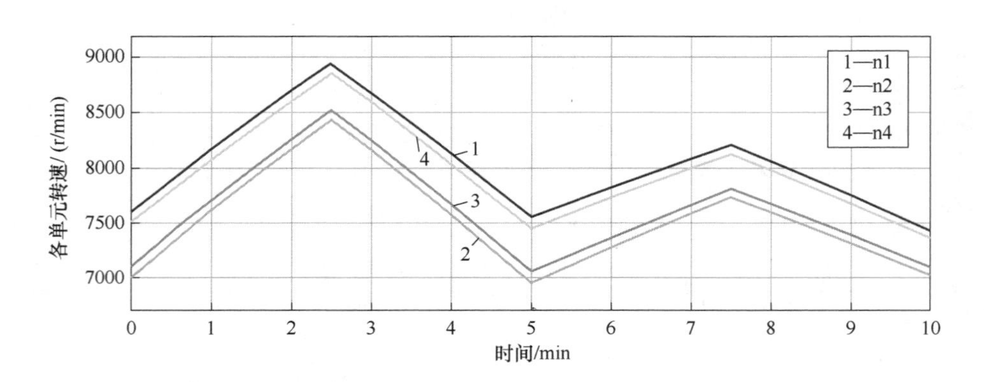

图 3-26　4 单元飞轮储能阵列系统中各个单元飞轮转速变化曲线

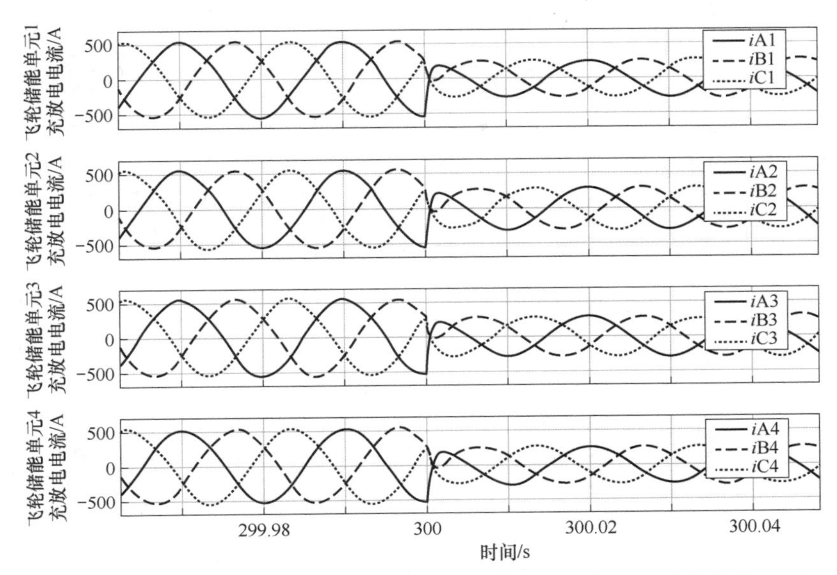

图 3-27　4 单元飞轮储能阵列系统中各个单元飞轮电流变化曲线

从图 3-25 中可以看出，在前 5min 内由于阵列系统的参考功率是额定功率，虽然每个单元的转速不同，经过改进的等时间分配之后，每个单元都能按额定功率进行充放电；在 5 ~ 10min 内，此时经过等时间分配后不会有单元的功率超过额定值，也可以正常按一定比例分配。阵列的总输出功率能稳定准确地跟上参考值。

由图 3-26 可知，前 5min 内 4 个单元都按额定功率进行充放电，最高转速和最低转速之差基本不变；在 5 ~ 10min 内，由于分配功率是有一定比例的，最高转速和最低转速之差在减小，即阵列系统中各单元的 SOC 值在趋于一致。

为了增强实验可依据性，选取某火电厂的典型一天中 20min 内的 AGC 参考指令取出 FESAS 调度指令 ΔP ，对 3 组阵列 12 台飞轮进行跟踪，能够在图 3-28 中看到，FESAS 能够准确跟踪调度指令 ΔP ，且 FESS 满足火联储的需求，同时可以观察到 3 组飞轮阵列总功率并未超过其功率最大总和，安全性大大提高。

由图 3-29 可知，改进功率分配策略可使 FESS 的 SOC 随着时长的增加而具有趋向性，但在仿真时长为 12min 的时候，FESS 的转速仍趋于一致。

采用动态分组选择对飞轮阵列进行调度控制功率分配，按照 FESS 的总调动指令 ΔP 进行选择调动几组飞轮阵列，既能够满足总调动指令 ΔP 的需求，也能改善飞轮充放电状态的频繁切换情况，节约了储能资源的损耗。考虑下层阵列内飞轮在运行过程运行不一致和分配功率越限，引入 Sigmoid 函数描述飞轮单元的充放电能力，帮助飞轮阵列中每个飞轮单元的 SOC 趋于一致。同时引入充放电周期经济指标，降低总体运营成本。控制策略既方便整体 FESS 控制，也实现了大容量飞轮储能阵列宏观一致性协调控制。

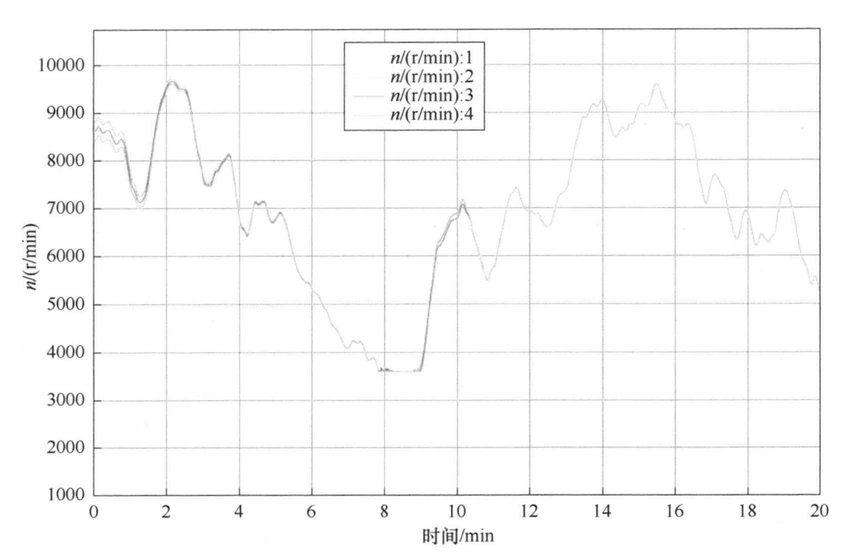

图 3-28　转速一致性控制曲线图（见彩插）

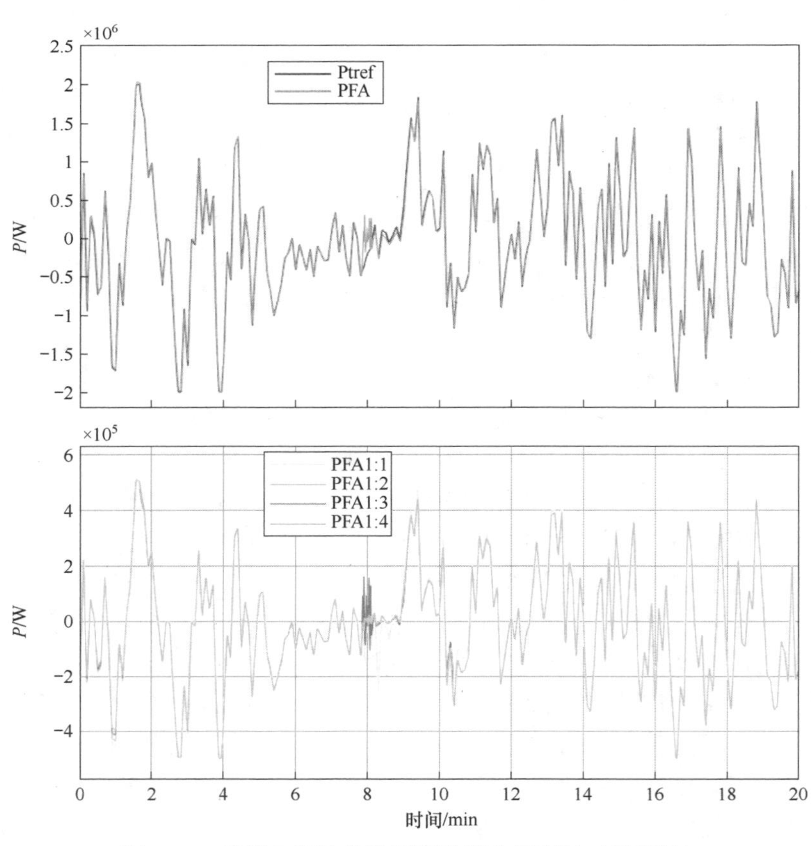

图 3-29　连续工况飞轮阵列跟踪指令示意图（见彩插）

以上结果中都能证明飞轮的转速没有越限，并且证明在 SOC 值的约束下，飞轮储能阵列能够在一致性的控制策略下准确实现 FESAS 对电厂出力不足的弥补，提高电网供电质量，并对电网频率的波动进行削峰填谷控制，从而改善了火-储系统运行经济性。

3.4　基于分布式控制的飞轮储能阵列管理

3.4.1　分布式控制概述

由于飞轮单体容量小，输出功率有限，常常考虑由多个飞轮组成的飞轮储能阵列系统。传统上对于飞轮储能阵列的控制方式采用集中控制，但这往往存在单点故障风险。飞轮储能阵列系统的分布式控制策略分为物理层、控制层和网络层，其中物理层包括飞轮单元、本地控制器和转换器；控制层用于设计分布式控制策略，比如平均能量分配、等功率分配和按储能能力大小分配等；网络层用于邻居节点之间的信息交换，包括功率、转速、能量和充放电状态等。每个单元都有一个本地控制器，它们监控自己的状态信息和接收邻居的状态信息，并控制其功率输出。能量管理目标是飞轮阵列的总充放电功率能满足给定的需求功率，同时要确保 SOC 偏差（最大 SOC 和最小 SOC 之间的差）在一定的范围内，防止个别飞轮机组过早达到临界值并停止工作，从而确保整体最大的功率容量。

关于应用 FESS 单元能量状态（SOE）概念的分层协调控制策略，通过研究 SOE 在无向图和不平衡有向图下的一致性算法，实现了能量分配。然后，利用不平衡有向图的 PageRank 算法思想，提出了将邻接矩阵转化为列随机矩阵的方法，并利用幂次迭代法实现了 FESS 单元 SOE 一致性，仿真结果表明了该算法的有效性。图 3-30 所示为 FESAS 的分层协调控制结构。

目前已提出了许多对于飞轮的分布式控制策略，比如分布式比率共识算法，每个飞轮的充放电功率由其充放电容量决定，通过其功率因子达到一致来实现飞轮的功率调度；自适应功率分配算法，通过加入功率偏差估计器来实现 SOC 的一致性；也有考虑了具有非均匀惯性、摩擦力和能量容量参数的飞轮储能系统的分布式 SOC 一致性控制。许多先进的控制方法也可以应用于飞轮储能系统，如分布式自抗干扰控制、分布式模型预测控制和神经网络 PI 控制等。对于动态的功率需求，分布式动态平均一致性算法是解决此问题不错的选择。总之，飞轮储能阵列系统的分布式控制可以把每一个飞轮单体当成一个多智能体，根据不同的能量管理策略和目标来设计不同的多智能体分布式控制方法。

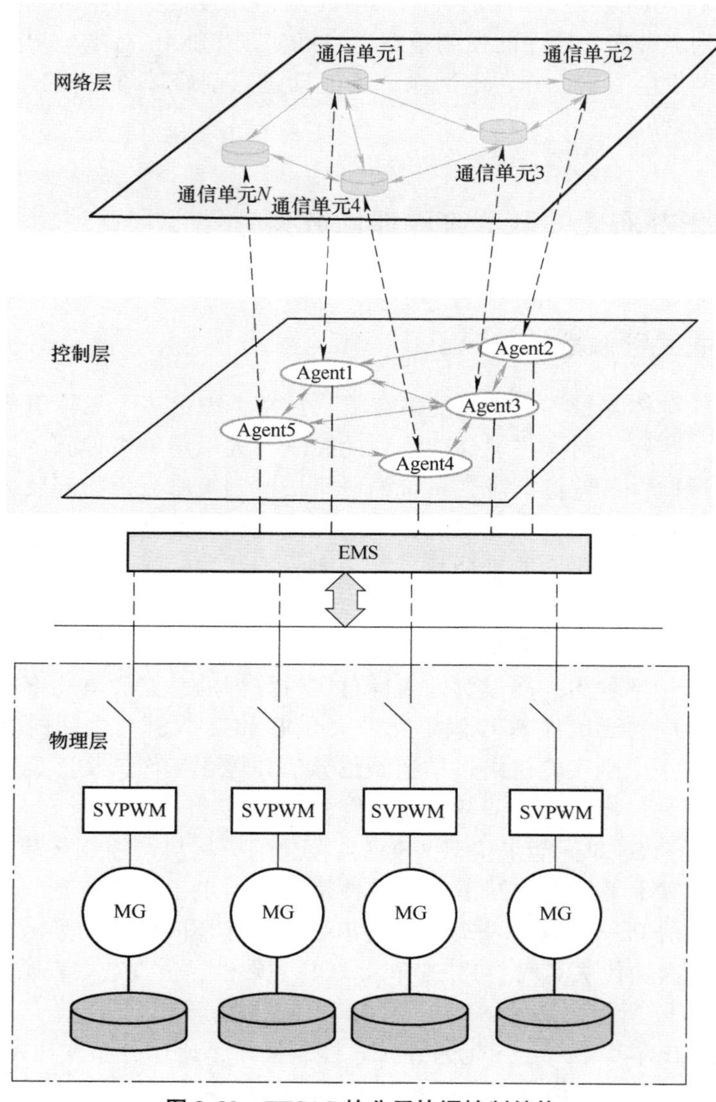

图 3-30　FESAS 的分层协调控制结构

3.4.2　转速一致性控制

在放电过程中，储存在飞轮中的动能转化为电能，飞轮的转速会下降。考虑到该过程涉及多个 FESS 单元同时运行，因此需设计适当的策略来协调它们的运行。首先对飞轮的 SOC 进行数学上的建模，永磁同步电机的电气与机械模型如下：

$$\begin{cases}\lambda_q(t) = L_q i_q(t) \\ \lambda_d(t) = L_d i_d(t) + \lambda_f \\ I\dot{\omega}(t) = -B_v\omega(t) + T_e(t) - T_l(t) \\ T_e(t) = 7\dfrac{3}{2}p(\lambda_f i_q(t) + (L_d - L_q)i_q(t)i_d(t))\end{cases} \tag{3-23}$$

利用矢量控制的方法，令 $i_d = 0$ 。电磁转矩方程可写为

$$T_e(t) = 7\frac{3}{2}p\lambda_f i_q(t) \tag{3-24}$$

代入转子动力学方程，能够得到转子转速与电磁转矩的关系式为

$$I\dot{\omega}(t) = -B_v\omega(t) + T_e(t) + T_l(t) \tag{3-25}$$

飞轮的能量来自转子，将转子动力学方程代入转子的能量方程，根据能量与功率之间的关系，能够得到飞轮的功率为

$$P(t) = B_v\omega(t)^2 - (T_e(t) + T_l(t))\omega(t) \tag{3-26}$$

等式右边第一项可视作摩擦损耗，第二项看作飞轮的净输出功率 $P_{out} = (T_e(t) + T_l(t))\omega(t)$ 。飞轮 SOC 的定义是当前容量与最大容量的比值，即

$$\phi(t) = \frac{E(t)}{E_{max}} = \frac{\omega(t)^2}{\omega_{max}^2} = \gamma\omega(t)^2 \tag{3-27}$$

最后可得到飞轮 SOC 能量状态与功率之间的关系，即

$$\dot{\phi}(t) = -\frac{2B_v}{I}\phi(t) - \frac{2\gamma}{I}P_{out}(t) \tag{3-28}$$

该模型从非线性的数学模型简化成了一阶线性的简单模型，其中飞轮的 SOC 值 $\phi(t)$ 是系统的状态，将飞轮的输出功率 $P_{out}(t)$ 作为系统的输入。接下来将模型应用至阵列并提出新的控制目标。其中有两个控制目标，一是要保证飞轮储能阵列的整体输出功率满足参考功率，即

$$P_{ref} = \sum_{i=1}^{N} P_{i,out}(t) \tag{3-29}$$

二是要保证飞轮阵列中每个飞轮 SOC 的平衡，即 $\phi_i(t) = \phi_j$ ，目的是为了让飞轮阵列的输出功率能够尽可能保持，不会因为某些飞轮自身参数不同而提前放电导致阵列总输出下降。但是这样驱动每个飞轮的 SOC 值到同一水平的控制目标不一定是最有效的，因为这样的控制策略会导致飞轮之间充放电模式的不同，可能会对电子器件造成损坏，也不符合一些飞轮阵列中的要求。为了避免这样的情况，提出了另一种协同控制的方法，一是保证飞轮储能阵列的整体输出功率满足参考功率，二是对飞轮的 SOC 值进行一定的约束，分为充放电两种情况。

在放电时，

$$\frac{\dot{\phi}_i(t)}{\phi_i(t)} = \frac{\dot{\phi}_j(t)}{\phi_j(t)} \tag{3-30}$$

在充电时，

$$\frac{\dot{\phi}_i(t)}{1-\phi_i(t)} = \frac{\dot{\phi}_j(t)}{1-\phi_j(t)} \tag{3-31}$$

这样的控制目标规定了 SOC 的演变方式，使所有飞轮能够同时完全充电或完全放电，避免了同时充放电的情况发生，体现出等时间长度放电的效果。

3.4.3 分布式协同控制策略

飞轮储能不同于电化学储能，它的能量存储在高速旋转的转子中。其能量方程为

$$E = \frac{1}{2}J_{\mathrm{m}}\omega_{\mathrm{m}}^2 \tag{3-32}$$

式中，J_{m} 为转子的转动惯量；ω_{m} 为转子的机械转速。通过控制飞轮储能电池转子转速来控制其能量。

控制飞轮转子转速的核心器件便是电机。相较于直流电机，永磁同步电机具备无需换向器和电刷等部件的优势。与异步电动机相比，永磁同步电机具有效率高、功率因数高、转动惯量比大、定子电流和定子电阻损耗小、转子参数可测、控制性能好等优点，因为它不需要无功励磁电流。与普通同步电机相比，永磁同步电机省去了励磁装置，简化了结构，提高了效率。永磁同步电机矢量控制系统可以实现高精度、高动态性能和宽范围的调速或定位控制，因此引起了国内外学者的广泛关注。电机输出的转矩是电机性能的关键参数之一。将 a、b、c 三相信号经过 Clark 变化和 Park 变换后，在转子参考和 $d-q$ 坐标下，表面贴装永磁同步电机的电气模型在数学上写为

$$\begin{cases} L_{\mathrm{d}}\dfrac{\mathrm{d}i_{\mathrm{d}}}{\mathrm{d}t} = -R_{\mathrm{s}}i_{\mathrm{d}} + L_{\mathrm{q}}\omega i_{\mathrm{q}} + v_{\mathrm{d}} \\ L_{\mathrm{q}}\dfrac{\mathrm{d}i_{\mathrm{q}}}{\mathrm{d}t} = -R_{\mathrm{s}}i_{\mathrm{q}} + L_{\mathrm{d}}\omega i_{\mathrm{d}} - \varphi_{\mathrm{m}}\omega + v_{\mathrm{q}} \end{cases} \tag{3-33}$$

式中，i_{d}、i_{q}、v_{d}、v_{q}、L_{d} 和 L_{q} 分别为 d 轴、q 轴对应的定子电流、电压和电感；R_{s} 为定子电阻；ω 为电角速度；φ_{m} 为转子永磁链。

电机的转矩与电机的电流有关，基于同步旋转坐标系，转矩公式为

$$T_{\mathrm{e}} = \frac{3}{2}n_{\mathrm{p}}[\varphi_{\mathrm{m}}i_{\mathrm{q}} + (L_{\mathrm{d}} - L_{\mathrm{q}})i_{\mathrm{d}}i_{\mathrm{q}}] \tag{3-34}$$

式中，T_{e} 为永磁同步电机转矩；n_{p} 为永磁同步电机的极对数。电角速度与转矩关系为

$$(J_{m} + J_{T})\frac{d\omega_{m}}{dt} = T_{e} - B_{m}\omega_{m} - T_{L} \tag{3-35}$$

式中，ω_{m} 为机械转速，其与电角速度的关系式为 $\omega = n_{p}\omega_{m}$；J_{T} 为负载转矩。转子位置 θ 是电角速度 ω 的积分。将式（3-34）和式（3-35）联立后可得

$$\begin{cases}\dfrac{d\theta}{dt} = \omega \\ \dfrac{d\omega}{dt} = \dfrac{3n_{p}^{2}\varphi_{m}}{2}i_{q} - \dfrac{B_{m}}{J}\omega - \dfrac{T_{L}}{J}\end{cases} \tag{3-36}$$

若将单个飞轮储能电池电机转速公式（3-36）推广到飞轮储能阵列，则可得第 i 个飞轮的状态空间表达式为

$$\begin{cases}\dfrac{d\theta_{i}}{dt} = \omega_{i} \\ \dfrac{d\omega_{i}}{dt} = \dfrac{3n_{p}^{2}\varphi_{m}}{2}i_{qi} - \dfrac{B_{m}}{J}\omega_{i} - \dfrac{T_{L}}{J}\end{cases} \tag{3-37}$$

式中，脚标 i 表示阵列第 i 个飞轮；输出设置为转子位置 θ_{i} 。考虑飞轮各项参数随着系统运行产生偏差，导致系统扰动增大且扰动不可测，可将该扰动与负载合并为系统总扰动，并通过设计分布式状态观测器估计总扰动值。将式（3-37）转化为范式：

$$\begin{cases}\dot{x}_{i} = Ax_{i} + Bu_{i} + Td_{i} \\ y_{i} = Cx_{i}\end{cases} \tag{3-38}$$

这样可以设计扩张状态观测器估计 d_{i} ，并将估计值 $\hat{d}_{i}$ 添加到 u_{i} 中来抵消扰动对系统造成的影响。通过设计 u_{i} 中的交互项，让整个飞轮阵列中所有飞轮转速达到一致，这样可以减少飞轮充放电不同步问题。

3.4.4　分布式优化策略

飞轮在运行过程中存在较大的能量损耗，即其自放电率较高。这些损耗包括机械损耗（阻力、轴承摩擦）、电气损耗（磁滞、涡流、铜）和功率转换器损耗（开关、传导）。其中损耗占比最大的是机械损耗，现在常采用磁悬浮飞轮和真空辅助装置从而大大减少其能量损耗。除此之外，对于其电气损耗和功率转换器损耗，也可以通过设计合理的功率分配策略来减少飞轮储能阵列的能量损耗。因此，可以考虑设计一个分布式优化算法在不同的功率需求下实现最小的能量损耗。其本质是根据飞轮的不同特性分配不同的输出功率，从而使整体损耗达到全局最小。

首先要考虑飞轮的损耗模型。飞轮的损耗与转子的角速度 w 、电流 I 和功率 P 有关，忽略损耗占比较小的部分，可以得到以下飞轮输出功率和简化飞轮功率损耗公式：

$$P_i(t) = 1.5\rho\psi_f I_i(t) w_i(t) \tag{3-39}$$

$$P_{loss}(t) = \sum_{i=1}^{N} (B_i w_i^2(t) + cI_i^2(t) + dP_i(t)) \tag{3-40}$$

式中，ρ、ψ_f、B、c 和 d 分别为极对数、磁链、摩擦系数、电流损耗系数和功率损耗系数。角速度和电流的关系即转子的运动方程表示为

$$\dot{w}_i(t) = -\frac{B_i}{J} w_i(t) + \frac{1.5\rho\psi_f}{J} I_i(t) \tag{3-41}$$

最终目标是功率平衡，即 $\sum_{i=1}^{N} P_i(t) - \Delta p = 0$，$\Delta p$ 表示总的需求功率。所以，可以得到以下目标函数，即优化目标为

$$J(x) = \min \int_0^{\infty} e^{-rt} \left(\sum_{i=1}^{N} P_{i,loss}(t) + \eta \left(\sum_{i=1}^{N} P_i(t) - \Delta p \right)^2 \right) \tag{3-42}$$

其值达到最小时即是最优的分配策略，同时也要考虑其最大转速和最大电流限制。对于此优化目标的求解是核心，可以采用基于自适应动态规划的分布式优化算法。将飞轮储能系统的功率分配和功率损耗问题等效为最优调节问题，利用 ADP（自适应动态规划）技术建立了一种自适应最优控制器，该控制器用神经网络来逼近 HJB 方程（哈密顿–雅可比–贝尔曼方程）的解。需要注意的是，为了实现分布式控制，需要设计全局状态估计使本地控制器可以通过邻居之间的通信得到全局优化信息。

同时考虑实际系统的状态约束和输入约束，通过引入饱和函数和屏障李雅普诺夫函数实现。此外，也可以采用分布式模型预测算法等分布式优化算法。除了损耗优化，也可以考虑成本优化等，根据不同的优化目标很容易写出其优化函数，核心是如何设计考虑实际物理约束之后的分布式优化算法，优化算法的好坏决定其优化效果。

除了效率优化，在实际飞轮阵列系统运行过程中也要考虑飞轮阵列中各个单体的剩余容量均衡，因为单体剩余容量均衡可以有效提高系统的最大功率运行时间，同时延长系统的整体寿命，优化系统的运行效率则可以减少系统的运行损耗。但是如果只针对系统的运行效率进行优化，则会导致阵列单体之间的剩余能量出现较大差异，因此兼顾飞轮阵列效率与飞轮单体能量均衡的协调控制策略是必要的研究方向。

3.5 本章小结

当前较为成熟应用的飞轮储能单体功率仍为百千瓦级别，而电网一次和二次调频的需求往往需要 MW 级瞬时储能功率和分钟级的储能容量，理论上来说可

以通过提升飞轮转子的转速或增加转子质量的方式获取更大的储能容量，然而受限于转子材料安全应力，过高的转速会引起转子解体从而带来安全风险，过重的飞轮转子也会引发待机损耗高等问题。通常采用多个飞轮单体并联的形式形成大规模飞轮阵列，联合响应调频功率指令。在长时间充放电运行下，飞轮阵列内部出现单体性能差异化，影响飞轮整体的功率输出特性，需要对各个单元的充放电功率进行合理分配。因此通过合理的阵列协同调控方法改善系统的输出特性是飞轮阵列在多种应用场景下发挥作用的重要保证。

面向电网调频运行的不同场景，本章概述了传统的阵列管理控制方法，如等功率、等时间分配等，传统的阵列控制方法分配方式简单，易于实现，在小规模的阵列中具有较好的应用效果，但是在面向大规模飞轮阵列联合运行的场景下，传统分配方法可能面临分配功率超过额定功率、飞轮单体电量差距逐渐增大等问题。针对这些问题，提出了多种飞轮储能阵列的运行控制和功率分配策略，通过将飞轮阵列分层优化控制，将功率需求与储能实时特性实现自适应匹配，有效提升了飞轮阵列的功率跟踪能力，阵列分配控制效果优越，能广泛应用于大规模飞轮储能阵列联合火电机组的工程项目实践。

参 考 文 献

[1] 中华人民共和国中央人民政府. 我国可再生能源装机占比过半今年原油产量稳定在两亿吨以上 [R]. 2023.

[2] XIE X, GUO Y, WANG B, et al. Improving AGC Performance of Coal-Fueled Thermal Generators Using Multi-MW Scale BESS: A Practical Application [J]. IEEE Transactions on Smart Grid, 2018, 9 (03): 1769-1777.

[3] 国家能源局. 国家能源局关于印发《电力辅助服务管理办法》的通知 [EB/OL]. [2021-12-21].

[4] 洪烽, 梁璐, 逄亚蕾, 等. 基于机组实时出力增量预测的火电-飞轮储能系统协同调频控制研究 [J]. 中国电机工程学报: 1-14.

[5] 谢志佳, 李德鑫, 王佳蕊, 等. 储能系统参与电力系统调频应用场景及控制方法研究 [J]. 热力发电, 2020, 49 (08): 117-125.

[6] 中华人民共和国国家发展改革委. 完善储能成本补偿机制助力构建以新能源为主体的新型电力系统 [R]. 2023.

[7] 隋云任, 梁双印, 黄登超, 等. 飞轮储能辅助燃煤机组调频动态过程仿真研究 [J]. 中国电机工程学报, 2020, 40 (08): 2597-2606.

[8] 梁志宏, 刘吉臻, 洪烽, 等. 电力级大功率飞轮储能系统耦合火电机组调频技术研究及工程应用 [J]. 中国电机工程学报: 1-14.

[9] 王楠, 李振, 周喜超, 等. 发电厂 AGC 与储能联合调频特性及仿真 [J]. 热力发电, 2021, 50 (08): 148-156.

[10] 胡东旭, 朱少飞, 魏晓钢, 等. MW 级大储能量飞轮轴系结构力学及动力学研究 [J].

储能科学与技术：1-10.

[11] 洪烽，梁璐，逄亚蕾，等．基于自适应协同下垂的飞轮储能联合火电机组一次调频控制策略［J］．热力发电，2023，52（01）：36-44.

[12] 唐西胜，刘文军，周龙，等．飞轮阵列储能系统的研究［J］．储能科学与技术，2013，2（03）：208-221.

[13] 曹倩，宋永端，王磊，等．基于比率一致性算法的飞轮储能矩阵系统分布式双层控制［J］．电网技术，2014，38（11）：3024-3029.

[14] 金辰晖，姜新建，戴兴建．微电网飞轮储能阵列协调控制策略研究［J］．储能科学与技术，2018，7（05）：834-840.

[15] 王磊，杜晓强，宋永端．用于风电场的飞轮储能矩阵系统协调控制［J］．电网技术，2013，37（12）：3406-3412.

[16] 任京攀，马宏伟，姚明清．基于粒子群算法的飞轮阵列协调控制策略［J］．电工技术学报，2021，36（S1）：381-388.

[17] 郭伟，张建成，李翀，等．针对并网型风储微网的飞轮储能阵列系统控制方法［J］．储能科学与技术，2018，7（05）：810-814.

[18] CAO Q，SONG Y D，GUERRERO J M，et al. Coordinated Control for Flywheel Energy Storage Matrix Systems for Wind Farm Based on Charging/Discharging Ratio Consensus Algorithms［J］．IEEE Transactions on Smart Grid，2016，7（03）：1259-1267.

[19] 刘文军．直流母线并联的飞轮储能阵列放电控制策略研究［C］．2011 中国电工技术学会学术年会，2011：6.

[20] 武鑫，杨威鹏，熊星宇，等．辅助核电机组一次调频的飞轮储能阵列容量配置方法［J］．动力工程学报，2023，43（07）：877-884.

[21] 王晨薇，姚广，魏振．基于剩余能量的储能飞轮阵列的功率分配策略［C］．中国核学会 2021 年学术年会，2021：6.

[22] 秦子豪．飞轮储能单元及阵列动力学分析［D］．北京：华北电力大学，2023.

[23] 涂伟超，李文艳，张强，等．飞轮储能在电力系统的工程应用［J］．储能科学与技术，2020，9（03）：869-877.

[24] HOLTZ J，LOTZKAT W，WERNER K H. A high-power multitransistor-inverter uninterruptable power supply system［J］．IEEE Transactions on Power Electronics，1988，3（03）：278-285.

[25] LIU W，TANG X，ZHOU L，et al. Research on Discharge Control Strategies for FESS Array Based on DC Parallel Connection［C］．2012 Asia-Pacific Power and Energy Engineering Conference，2012：1-5.

[26] LI S，LIU P. Power Regulation System and Charge-discharge Test Applied in Power Grid Based on the Flywheel Energy Storage Array［J］．International Journal of Sensors and Sensor Networks，2021.

第4章 飞轮储能-火电机组联合系统参与电网一次调频控制

4

4.1 飞轮储能-火电机组联合系统一次调频研究现状及问题概述

在“2030 年碳达峰，2060 年碳中和”目标的指引下，中央财经委员会提出构建清洁低碳安全高效的能源体系，构建以新能源为主体的新型电力系统[1]，预计到 2030 年全国风光装机总量将达到 12 亿千瓦[2]。新能源具有的波动性和随机性，严重威胁了电网频率安全[3]，如何提升新型电力系统调频性能成为当前电力系统稳定性研究的热点问题。在短期内，火电机组仍是电网调频的主要资源[4]，随着新能源的大规模并网，其大惯性大迟延所带来的调频响应速度慢、受运行工况影响大等问题逐渐凸显[5]。储能辅助传统火电机组调频，一方面可以改善调频质量，另一方面可以减缓机组出力波动，保障机组运行的安全性和经济性[6]。飞轮储能具有响应速度快、寿命长、充放电次数多等优势，十分适合由快速负荷扰动引起的一次调频，在储能系统辅助参与电网调频领域受到广泛关注[7]。因此，研究飞轮储能系统联合火电机组进行调频控制，对提高电网调频能力具有重要意义。2019 年华北能源监管局发布的《并网发电厂辅助服务管理实施细则和并网运行管理实施细则》（以下简称“两个细则”）对并网发电厂提供辅助服务提出了明确的考核指标，对传统发电机组在一次调频响应出力方面提出了新的要求。因此，提高并网机组调频能力对于稳定电力系统频率、提高发电厂经济收益具有重要意义。

现阶段，随着国家相关政策的大力推行，储能技术得到快速发展，火电机组配置储能参与电力系统调峰调频的控制策略成为研究热点。邓霞等人通过建立了符合调频需求的储能电池模型，验证了火-储联合系统相比传统机组在电网调频方面的优势[8]。李欣然等人采用储能下垂控制，但没有考虑电池 SOC 对储能输出功率的影响[9]。Pandi 等人通过将虚拟惯性控制与下垂控制结合，可以缓解负荷扰动初期频率的恶化程度，但一次调频效果稍显不足[10]。当前大多针对电池储能进行研究，飞轮储能作为一种功率型储能，在响应速度上有更大的优势。张兴等人通过模拟火-储联合调频运行和计算调频补偿收益，验证了飞轮储能参与联合调频具有良好的全生命周期经济性[11]。隋云任等人验证了飞轮储能系统辅助火电机组调频，在提高调频质量的同时可以降低汽轮机输出功率波动和锅炉主蒸汽压力波动[12]。何林轩等人建立了飞轮下垂控制参与电网一次调频的两区域模型，并证明了飞轮储能系统对一次调频具有很好的支撑作用[13]。因此，引入飞轮储能辅助传统火电机组调频，是减缓机组出力波动、改善调频质量的重要手段。

综上所述，火-储联合系统参与电网调频对于改善系统频率稳定性具有重要意义，但飞轮储能系统的控制策略大多采用虚拟下垂控制，独立于火电机组的响应特性，没有充分考虑火电机组响应速度慢等问题，不能充分利用飞轮储能系统的快速性。同时对于电网对并网电厂提供辅助服务的基本要求的一次调频的考核指标关注甚少，这一指标直接关系到电厂的经济收益。另外对火电机组调频性能的研究多数是在机组稳态工况下进行的，不能代表实际连续运行过程，且性能评价多是基于事后数据的辨识分析，不具备实时性。因此本章将针对上述问题，提出三种控制策略，分别从飞轮-火电协同下垂控制、考虑电网一次调频指标及飞轮电量划分、基于机组调频能力预测的飞轮储能控制三方面入手，提升火-储联合系统参与电网调频性能和收益，改善系统频率稳定性。

4.2 基于自适应协同下垂的飞轮储能联合火电机组一次调频控制策略

本节设计了一种基于自适应协同下垂的飞轮储能联合火电机组一次调频控制策略，实现了火-储联合系统的功率协同自适应调整。此外，对本节所提策略进行了仿真验证，采用此控制策略可以有效地改善火-储联合系统调频性能，缓解火电机组调频压力，有利于火电机组安全稳定运行。

4.2.1 基于自适应协同下垂的一次调频控制策略设计

1. 控制策略整体框架

一方面，传统的虚拟下垂控制没有充分考虑火电机组响应速度较慢容易引起的频率跌落，因此本节充分考虑火电机组迟滞严重、响应速度慢的特性，设计基于下垂控制的自适应功率分配控制策略，联合飞轮储能协同火电机组参与电力系统调频，充分发挥飞轮储能系统调频优势。

另一方面，虽然飞轮储能在调频方面的效果远比传统机组好，但其装机容量小、成本昂贵，为了充分利用其调频特性，需要尽可能将 SOC 保持在合理范围，因此本节考虑将飞轮储能的实时 SOC 纳入考虑，对飞轮的实时输出功率进行约束。

根据以上分析，本节提出了一种基于自适应协同下垂的飞轮储能联合火电机组一次调频的控制策略，整体框图如图 4-1 所示，主要包括基于非线性分解的功率自适应分配和飞轮储能输出功率约束。

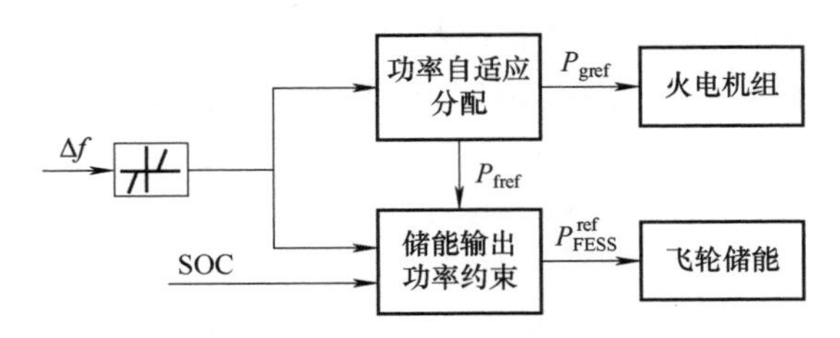

图 4-1　控制策略整体框图

SOC—飞轮储能系统实时荷电状态　P_{gref} —自适应功率分配给火电机组的输出参考功率，单位为 MW
Δf—系统频率偏差，单位为 Hz　P_{fref} —自适应功率分配得到的飞轮储能系统输出参考功率，单位为 MW
P_{FESS}^{ref} —约束控制飞轮储能输出参考功率，单位为 MW

2. 基于非线性分解的功率自适应分配

当电网频率出现偏差后，火电机组需要快速升降负荷以保持电网功率平衡，但是火电机组调节速度受到机组当前运行状态的影响，频繁快速的变负荷也会对火电机组执行机构带来磨损，不利于设备安全。

为了充分利用飞轮储能的快速性，减少火电机组出力波动，提出将火电机组一次调频指令进行分解，并将分解信号分配到飞轮储能系统和火电机组中，建立起火–储联合系统协同调度机制，分解的快变信号由储能系统来快速响应，火电机组响应分解出来的慢变信号，共同组成飞轮储能联合火电机组的自适应协同下垂控制，可以有效地减缓机组出力波动，快速稳定电网频率。建立的功率自适应分配策略框图如图 4-2 所示。

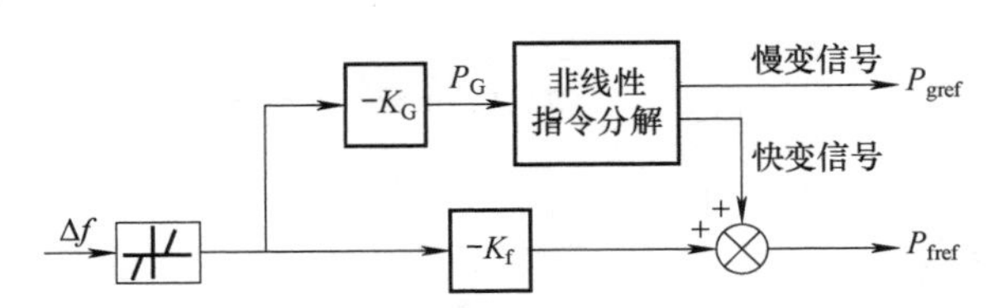

图 4-2　功率自适应分配策略框图

P_G —火电机组实时一次调频指令，单位为 MW　K_G —火电机组功频静特性系数
K_f —飞轮储能系统虚拟下垂系数

火电机组实时一次调频的功率指令即为非线性指令分解模块的输入，具体计算如下式：

$$P_{G} = -K_{G}\Delta f \tag{4-1}$$

其中，自适应模块对指令信号 $P_{G}(s)$ 进行分解，将分解后的非线性信号分别分配到储能系统和火电中，建立联合调度机制，储能系统的快速性平抑负荷波动。将信号 $P_{G}(s)$ 进行如下分解[14]：

$$P_{G}(s) = N_{0}(x)P_{G}(s) + [1 - N_{0}(x)]P_{G}(s) \tag{4-2}$$

式中，$N_{0}(x)$ 为速率限制环节的描述函数。

速率限制是一个非线性环节，环节输出与上一时刻的输出和此时刻的输入有关，其描述如下所示：

$$x(k) = \begin{cases} x(k-1) + \Delta tR, & r > R \\ u(k), & -R \leqslant r \leqslant R \\ x(k-1) - \Delta tR, & r < -R \end{cases} \tag{4-3}$$

式中，u 为输入；x 为输出；k 为当前时刻；$k-1$ 为上一时刻；Δt 为计算步长；R 为速率限制值；r 为当前信号变化速率。

$$r = \frac{u(k) - x(k-1)}{\Delta t} \tag{4-4}$$

为了火电机组安全稳定运行，本节设置速率限制环节 R 的取值为 0.01puMW/min。火电机组输出参考功率 P_{gref} 为非线性指令分解中的慢变信号，飞轮储能系统的输出参考功率 P_{fref} 为下垂控制参考功率与非线性指令分解中的快变信号之和。经过功率自适应分配后得到的火电机组和飞轮储能系统输出参考功率如下式：

$$\begin{cases} P_{\mathrm{gref}} = N_{0}(x)P_{G} \\ P_{\mathrm{fref}} = -K_{f}\Delta f + [1 - N_{0}(x)]P_{G} \end{cases} \tag{4-5}$$

3. 飞轮储能功率约束控制策略

采用 Logistic 回归函数对飞轮不同 SOC 下出力的最大值进行约束，平滑飞轮的出力、防止过充过放。飞轮储能功率约束控制结构图如图 4-3 所示。

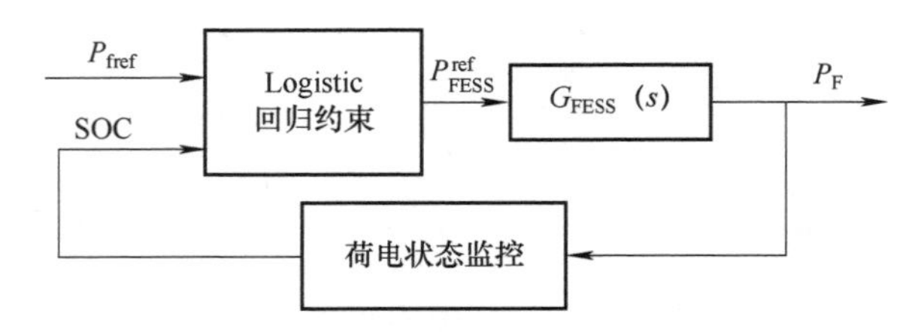

图 4-3 飞轮储能功率约束控制结构图

$P_{\mathrm{FESS}}^{\mathrm{ref}}$ —飞轮输出功率参考值，单位为 MW　P_{F} —飞轮实际输出功率，单位为 MW

SOC —储能当前荷电状态

飞轮储能的 SOC 监控模块通过对储能系统实时出力的监测，计算得到实时

SOC 信号传递给 Logistic 回归约束模块[16]。飞轮储能当前 SOC 可以由下式计算：

$$\mathrm{SOC} = \mathrm{SOC}_0 - \frac{\int_0^t P_\mathrm{F} \mathrm{d}t}{E} \tag{4-6}$$

式中，SOC_0 为初始荷电状态；E 为储能总储电量，单位为 MWh。

Logistic 回归约束模块将根据飞轮储能的实时 SOC 和实时需求功率，最终输出飞轮的实发功率参考值。引入 SOC 改造后的 Logistic 回归函数可以得到每个 SOC 下的输出功率限制值[16]，该函数表达式为

$$P_\mathrm{d} = \frac{KP_\mathrm{m}P \times \mathrm{e}^{\frac{r\times(\mathrm{SOC}-\mathrm{SOC}_{\min})}{b}}}{K + P_0 \times \mathrm{e}^{\frac{r\times(\mathrm{SOC}-\mathrm{SOC}_{\min})}{b}}} \tag{4-7}$$

$$P_\mathrm{c} = \frac{KP_\mathrm{m}P \times \mathrm{e}^{\frac{r\times(\mathrm{SOC}_{\max}-\mathrm{SOC})}{b}}}{K + P_0 \times \mathrm{e}^{\frac{r\times(\mathrm{SOC}_{\max}-\mathrm{SOC})}{b}}} \tag{4-8}$$

式中，P_d 为飞轮储能的约束放电功率，单位为 MW；P_c 为飞轮储能的约束充电功率，单位为 MW；P_m 为储能系统的额定功率，单位为 MW；$\mathrm{SOC}_{\max}$ 为储能荷电状态最大值；$\mathrm{SOC}_{\min}$ 为储能荷电状态最小值；K、P、P_0、b、r 均为常量，具体取值见表 4-1。

表 4-1　Logistic 函数参数

特征参数	数　值	特征参数	数　值
K	6	b	0.4
P	1/315	r	13
P_0	0.01		

根据系统频率偏差的大小，飞轮储能参与电网一次调频可以分为以下三种工况：

（1）$|\Delta f| \leqslant 0.033\mathrm{Hz}$

此时系统频率偏差信号处于储能系统动作死区，储能出力处于闭锁状态，储能与电网不进行功率交换。

$$P_\mathrm{FESS}^\mathrm{ref} = 0 \tag{4-9}$$

（2）$\Delta f < -0.033\mathrm{Hz}$。

在这种情况下，飞轮储能需要放电，以减少因为系统机械功率小于电磁功率而引起的频率偏差。经过出力约束控制后的飞轮储能输出功率参考值如下式：

$$P_\mathrm{FESS}^\mathrm{ref} = \begin{cases} P_\mathrm{m}, \mathrm{SOC} \geqslant 0.8 \\ \min(P_\mathrm{fref}, P_\mathrm{d}), 0.2 < \mathrm{SOC} < 0.8 \\ 0, \mathrm{SOC} \leqslant 0.2 \end{cases} \tag{4-10}$$

（3）$\Delta f > 0.033\text{Hz}$

在这种情况下，飞轮储能需要充电，以减少因为系统机械功率大于电磁功率而引起的频率偏差。经过出力约束控制后的飞轮储能输出功率参考值如下式：

$$P_{\mathrm{FESS}}^{\mathrm{ref}} = \begin{cases} 0, \ \mathrm{SOC} \geqslant 0.8 \\ -\min(|P_{\mathrm{fref}}|, |P_{\mathrm{c}}|), \ 0.2 < \mathrm{SOC} < 0.8 \\ -|P_{\mathrm{m}}|, \ \mathrm{SOC} \leqslant 0.2 \end{cases} \tag{4-11}$$

4.2.2 控制策略评价指标

控制策略在许多领域中都发挥着至关重要的作用，包括工业制造、交通运输、能源管理等领域。为了评估控制策略的性能，通常会考虑一系列评价指标。这些指标涵盖了性能、可靠性、经济性、安全性、可维护性和环境适应性等方面。

（1）性能指标

性能指标通常用于衡量控制策略的响应时间和精度。

1）响应时间：评估控制策略在处理输入信号或命令时所需的时间，以确定其快速性。响应时间越短，说明控制策略的实时性能越好。

2）精度：评估控制策略在处理输入信号或命令时的准确性和一致性。精度越高，说明控制策略在输出结果时越能准确反映输入信号或命令的真实意图。

（2）可靠性指标

可靠性指标通常用于衡量控制策略在特定环境中的稳定性和错误率。

1）稳定性：评估控制策略在特定环境中长时间运行时的性能表现。稳定性越高，说明控制策略在遇到各种情况时越能保持稳定的性能。

2）错误率：评估控制策略在处理输入信号或命令时发生错误的频率。错误率越低，说明控制策略的可靠性越高。

（3）经济性指标

经济性指标通常用于衡量控制策略在实现过程中的成本效益和资源利用率。

1）能源消耗：评估控制策略在运行过程中所需的能源成本和资源利用率。能源消耗越低，说明控制策略的经济性越高。

2）设备需求：评估实现控制策略所需的硬件和软件设备成本及资源利用率。设备需求越低，说明控制策略的经济性越高。

（4）安全性指标

安全性指标通常用于衡量控制策略对风险和威胁的抵御能力。

1）隐私保护：评估控制策略在处理用户数据时的隐私保护程度。隐私保护越高，说明控制策略对用户隐私的泄露风险越低。

2）安全漏洞：评估控制策略在面对各种安全威胁时的漏洞风险。安全漏洞越少，说明控制策略的安全性越高。

（5）可维护性指标

可维护性指标通常用于衡量控制策略在升级、修复和维护过程中的便利性。

1）易于维护：评估控制策略在升级、修复和维护时所需的工作量和难度。易于维护越高，说明控制策略的可维护性越好。

2）文档齐全：评估控制策略相关文档的完整性和准确性。文档齐全度越高，说明控制策略的可维护性越好。

（6）环境适应性指标

环境适应性指标通常用于衡量控制策略在不同环境和条件下的适应能力。

1）硬件环境：评估控制策略在不同类型硬件设备上的兼容性和性能表现。硬件环境适应性越高，说明控制策略的可用范围越广。

2）软件环境：评估控制策略在不同操作系统、软件版本和网络环境下的稳定性和性能表现。软件环境适应性越高，说明控制策略的可用范围越广。

综上所述，这些评价指标可以帮助我们全面评估控制策略的性能、可靠性、经济性、安全性、可维护性和环境适应性。根据实际需求和应用场景，可以选择适当的评价指标和方法来衡量和控制策略的性能表现。

为了评估本节控制策略应用于电网调频的有效性，采用以下指标来评价调频效果[16]。

当负荷扰动为阶跃扰动时，通过观察最大频率偏差 $\Delta f_{\max}$ 和稳态频率偏差 Δf_{s} 评价系统调频性能；当负荷扰动为连续扰动时，通过计算频率峰谷差 Δf_{p-v}、频率偏差的标准差 f_{SD}、两区域交换功率峰谷差 ΔP_{12p-v} 和交换功率偏差的标准差 P_{12SD} 评价区域电网调频能力及稳定性。

$$f_{SD} = \sqrt{\frac{1}{N}\sum_{i=1}^{N}(\Delta f_i - \Delta \bar{f})^2} \tag{4-12}$$

$$P_{12SD} = \sqrt{\frac{1}{N}\sum_{i=1}^{N}(\Delta P_{12i} - \Delta \bar{P}_{12})^2} \tag{4-13}$$

式中，Δf_i 为第 i 时刻的电网频率偏差；$\Delta \bar{f}$ 为连续扰动下电网频率偏差的平均值；ΔP_{12i} 为第 i 时刻的交换功率偏差；$\Delta \bar{P}_{12}$ 为交换功率的平均值；N 为采样点总量。

4.2.3　仿真结果与讨论

基于上述理论研究和分析，在 Simulink 仿真平台搭建含飞轮储能的两区域电网一次调频模型。选取汽轮机、飞轮储能和区域电网模型的参数见表4-2。火电机组的额定功率为350MW，电网额定频率为50Hz。本节设计的飞轮储能系统的功率及容量配置为5MW/0.25MWh，验证了本节提出的控制策略在参与电网调频的优越性。

表4-2　仿真模型参数

主要参数	数值	主要参数	数值
调速器时间常数 T_g	0.08	联络线同步系数 T_{12}	0.881
机组功频特性系数 K_G	20	飞轮储能下垂系数 K_f	16.7
高压蒸汽容积时间常数 T_{ch}	0.3	飞轮储能响应时间常数 T_f	0.02
中压蒸汽容积时间常数 T_{rh}	10	储能系统额定功率 P_m	5
低压蒸汽容积时间常数 T_{co}	0.5	飞轮初始荷电状态 SOC_0	0.6
高压缸功率系数 F_{HP}	0.3	发电机惯性常数 H	2
中压缸功率系数 F_{IP}	0.3	发电机负荷阻尼系数 D	12
低压缸功率系数 F_{LP}	0.4		

1. 阶跃扰动

当 $t=1$s 时，在区域1和区域2加入阶跃负荷扰动，它们的幅值分别为0.026pu MW和0.013pu MW，仿真时间设为25s。不同控制下频差变化如图4-4所示，火电机组出力值如图4-5所示，飞轮出力实际值如图4-6所示。阶跃扰动下不同策略的各项评价指标结果见表4-3。

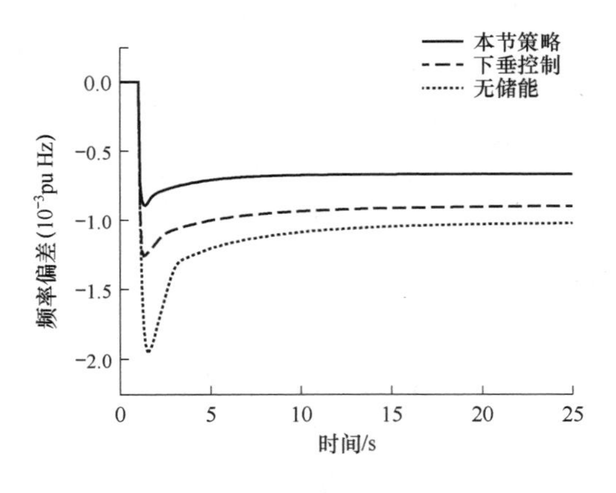

图4-4　不同控制下频差变化

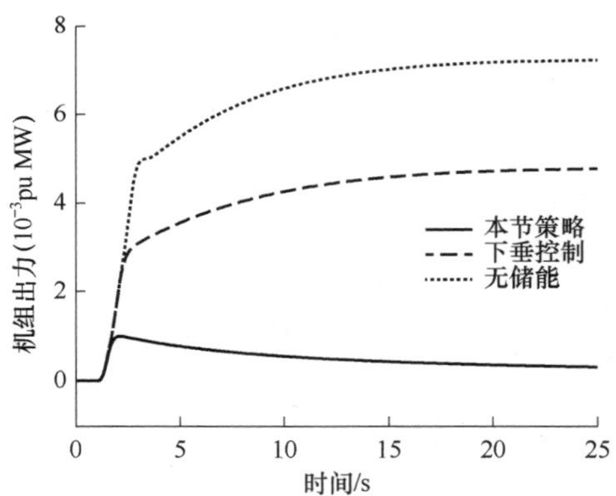

图4-5　不同控制下火电机组出力值

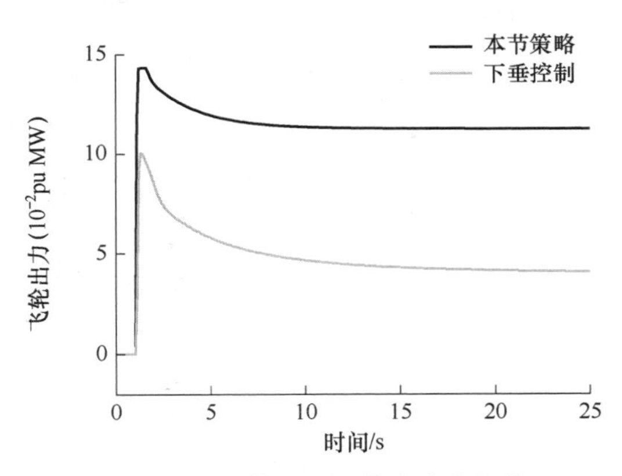

图 4-6　不同控制下飞轮出力实际值

表 4-3　阶跃扰动下不同策略的各项评价指标结果

控 制 策 略	$\Delta f_{max}(10^{-3})$	$\Delta f_{s}(10^{-3})$
本节策略	-0.896	-0.672
下垂控制	-1.262	-0.902
无储能	-1.942	-1.026

由图 4-4 可以看出，飞轮储能辅助火电机组调频可以有效地提升系统调频效果。相比于下垂控制，本节提出的自适应控制策略对系统频差的抑制作用和频率恢复作用更加明显，系统最大动态频差 Δf_{max} 减少了 29%，稳态偏差 Δf_{s} 减少了 34.23%。

由图 4-5 和图 4-6 可知，当飞轮储能系统参与调频时，飞轮承担了一部分调频出力任务，火电机组的出力明显减缓，机组实际最大输出功率变化量从 7.23×10^{-3} pu MW 减少到 4.76×10^{-3} pu MW，采用本节策略使得火电机组输出功率进一步减少到 9.97×10^{-4} pu MW；相应地，飞轮储能系统的输出功率极值由下垂控制下的 1.0×10^{-2} pu MW 提高到 1.42×10^{-2} pu MW，稳态下飞轮储能的输出功率提升为下垂控制的 2.77 倍，体现了本节策略可以充分利用飞轮高功率、响应快的优势，为火电机组分担调频压力，有利于机组安全稳定运行。

2. 连续扰动

实际上，电网一次调频负荷波动幅度较小且连续没有规律，所以为了验证提出策略的效果，需要在连续扰动的情况下进行仿真。在 MATLAB 中生成幅值范围在 [-0.03, 0.03] pu MW 和 [-0.015, 0.015] pu MW 的随机序列作为扰动信号，将该扰动信号作为两区域的负荷波动加入仿真系统。

选择飞轮储能下垂控制作为对照组，研究在连续扰动下系统频率、汽轮机输出功率、飞轮储能输出功率、SOC 和区域交换功率的变化情况，得到的仿真结果如图 4-7 ~ 图 4-9 所示。

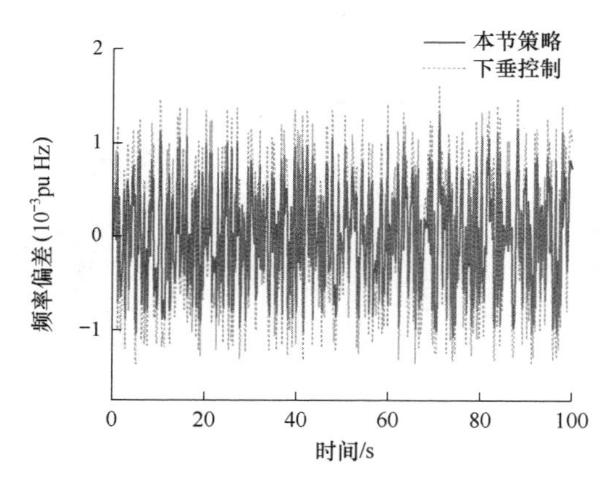

图 4-7　不同控制下频差变化

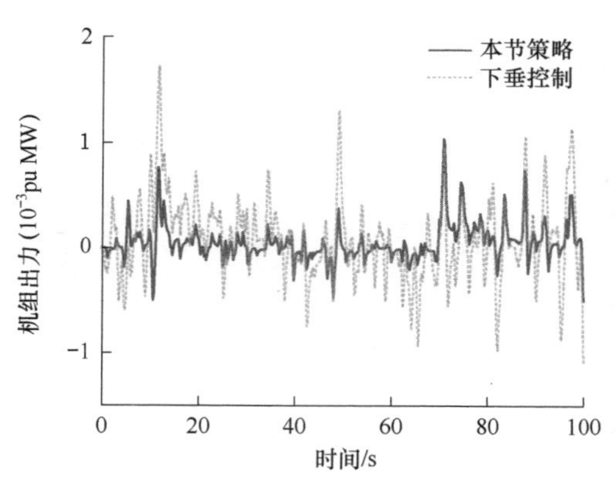

图 4-8　不同控制下火电机组出力值

连续扰动下不同控制策略的各项评价指标结果见表 4-4。由表 4-4 可知，在连续负荷扰动下，本节控制策略下的频率峰谷差 $\Delta f_{\mathrm{p-v}}$ 比下垂控制减少了 20.49%，说明本节提出的控制策略可以有效地减小系统频率波动。另外，本节策略的频率偏差波动指标 f_{SD} 比下垂控制减少了 31.10%。结合图 4-7 可知，本节提出的控制策略下系统频率波动的曲线相比下垂控制更稳定，且波动幅度更小，在维持频率稳定的性能上有了明显提升。

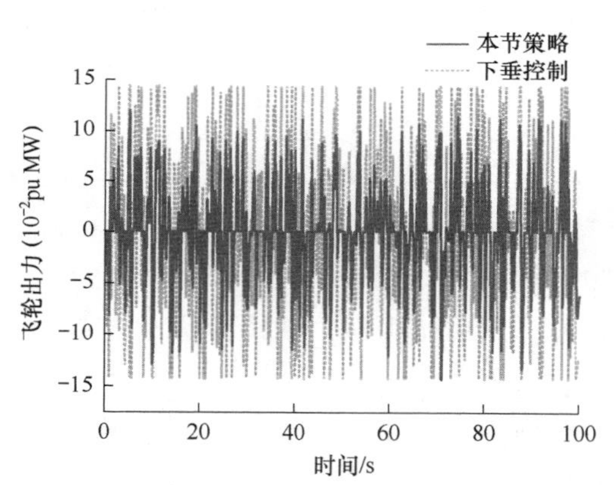

图 4-9　不同控制下飞轮出力实际值

表 4-4　连续扰动下不同控制策略的各项评价指标结果

控制策略	$\Delta f_{\mathrm{p-v}}(10^{-3})$	$f_{\mathrm{SD}}(10^{-3})$	$\Delta P_{\mathrm{12p-v}}(10^{-3})$	$P_{\mathrm{12SD}}(10^{-3})$
本节策略	2.378	0.576	8.392	1.555
下垂控制	2.991	0.836	11.531	2.185
无储能	4.628	1.028	14.951	2.535

图 4-10 所示为不同控制下飞轮 SOC 值，可以看出，对于本节提出的控制策略，机组出力波动明显减小，输出功率的峰值由原来的 1.737×10^{-3} pu MW 减少为 1.048×10^{-3} pu MW，输出功率的标准差由 0.392×10^{-3} pu MW 减少为 0.176×10^{-3} pu MW。飞轮出力的峰值和标准差相比下垂控制分别增加了 2.409×10^{-3} pu MW 和 4.24×10^{-3} pu MW。飞轮的 SOC 变化也更加频繁，峰谷差由 4.433×10^{-3}

增加到 1.083×10^{-2}，整个调频过程中飞轮储能的 SOC 良好。可见，在本节提出的控制策略下，飞轮储能系统能够做到快速出力以响应频差信号，承担了更多的调频需求，可以有效降低火电机组的出力波动，保护机组设备。

图 4-11 给出了两区域联络线上的交换功率对比曲线，结合表 4-4 连续扰动下评价结果的评价指标参数，在本节的控制策略下，两区域联络线上的交换功率峰谷差 ΔP_{12p-v} 减少了 27.22%，标准差 P_{12SD} 减少了 28.83%。因此，飞轮储能的自适应控制策略不仅可以提升火电机组调频性能，还可以降低两区域联络线上的交换功率的波动范围。

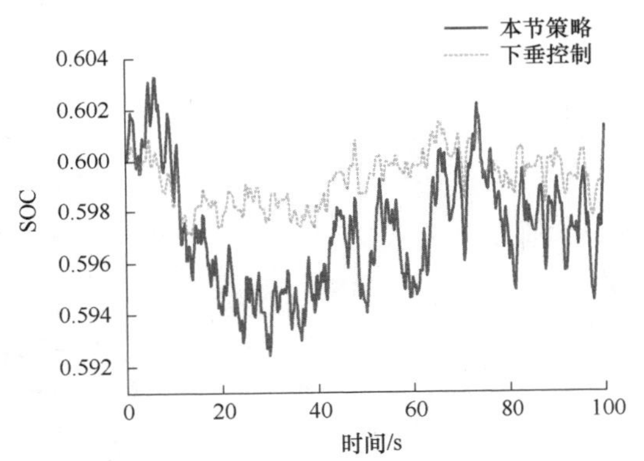

图 4-10　不同控制策略下飞轮 SOC 值

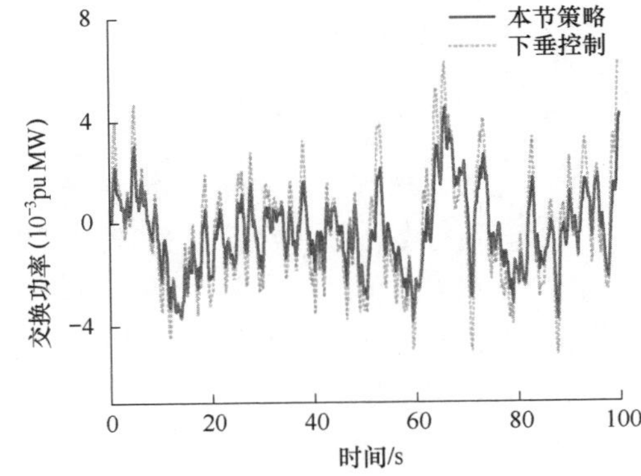

图 4-11　不同控制策略下交换功率对比曲线

清洁能源的快速发展给电网调频带来了一定的压力，同时对于常规火电机组调频能力有了更高的要求。为了应对大规模新能源并网带来的频率安全挑战，本节提出了一种基于自适应协同下垂的飞轮储能联合火电机组一次调频的控制策略，建立两区域电网调频模型，仿真验证了电网的一次调频过程，总结出下述结论：

1）与传统的下垂控制进行对比，本节运用的控制策略对系统频差的抑制作用和频率恢复作用更加明显，在阶跃扰动下，系统最大动态频差减少了 29%，稳态偏差减少了 25.5%；在连续扰动时，系统频率峰谷差及频率偏差标准差分别减少了 20.49% 和 31.10%。

2）本节提出的自适应下垂控制策略下，飞轮储能承担了更多的调频需求，火电机组出力波动明显变小，与此同时输出功率的变化范围缩小，充分利用了飞轮高功率、响应快的优势，为火电机组分担了调频压力，有利于机组安全稳定运行。

3）相比于传统虚拟下垂控制，本节所提的方法可以明显降低两区域联络线上的交换功率的波动范围，有利于联络线上交换功率的稳定。

4.3 基于划分电量的小规模储能参与电网一次调频控制策略

本节针对电网频率特性及机组调频特点，以满足调频指标为要求，充分考虑储能当前电量对调频性能的影响，提出一种基于提升华北电网考核指标的飞轮储能参与调频划分电量下垂控制策略。该策略根据飞轮储能当前电量进行计算，对不同电量采用不同出力时间限制，以尽力满足电网一次调频考核指标。所提方法能够在飞轮储能电量处在不同状况时，利用不同放电时间来有效改善机组调频性能，提高机组量化指标。

4.3.1 各区域不同电网一次调频考核指标

1. 南方电网一次调频考核指标

南方区域电力并网运行管理实施细则是为保障广东、广西、云南、贵州、海南五省（区）（以下简称“南方区域”）的并网细则，该细则旨在保障电力系统安全、优质、经济运行及电力市场有序运营，促进源网荷储协调发展，维护社会公共利益和电力投资者、经营者、使用者的合法权益。该细则指出，发电侧并网主体应加强一次调频管理。电力调度机构对发电侧并网主体一次调频的投入情况及相关性能进行考核。考核具体要求如下所述。

以 1min 为一个考核时段，系统频率超出一次调频死区期间，实际出力变化量与系统频率偏差数值的正负号相同（高频增出力或低频减出力）或一次调频实际动作的积分电量与理论动作积分电量的比值小于门槛值的计为不合格。其中，实际出力变化量是指相邻 1min 实际出力之差。火电、燃气机组一次调频动作合格的门槛值为 70%，即一次调频实际动作的积分电量与理论动作积分电量的比值不小于 70%，判动作合格，否则不合格。循环流化床、水煤浆、煤矸石机组适用的门槛值为 35%。风电场和光伏电站现阶段仅对功能投入进行考核，暂不进行一次调频动作性能评价，如确有需要，可向所属电力调度机构申请，经能源监管机构同意后参与一次调频动作性能评价。其他类型机组适用的门槛值为 60%。当中东部同步电网（包含广东、广西、贵州及海南四省区）发生频差超过 0.08Hz 的大频差扰动时，对接入中东部同步电网的机组开展一次调频专项考核。大频差扰动下所有类型机组一次调频动作合格的门槛值设为 70%，即大频差扰动下机组一次调频综合性能 $I_{大频差}$ 不小于 70%，判动作合格，否则不合格。

定义大频差扰动下机组一次调频综合性能计算公式如下：

$$I_{大频差} = (I_r + I_c)/2 \tag{4-14}$$

式中，I_r为机组一次调频响应最大出力调整量比值，具体为在频率变化超过一次调频死区下限（或上限）开始至机组一次调频应动作时间内，机组实际最大出力调整量占理论最大出力调整量的百分比；I_c为机组一次调频响应贡献电量比值，具体为在频率变化超过一次调频死区下限（或上限）开始至机组一次调频应动作时间内，机组一次调频实际贡献电量占理论贡献电量的百分比。

受云南异步联网影响，为确保电网频率稳定，云南电网部分水电机组调速器参数有所调整，此类机组一次调频考核如下（当频差大于0.07Hz时，采用分段考核方式）：

1）以2min为一个考核时段。系统频率超出一次调频死区30s内，若实际出力变化量与系统频率偏差数值的正负号相反（高频减出力或低频增出力），并且一次调频实际动作的积分电量与理论动作积分电量的比值大于30%统计为合格。

2）以2min为一个考核时段。系统频率超出一次调频死区60s内，若实际出力变化量与系统频率偏差数值的正负号相反（高频减出力或低频增出力），并且一次调频实际动作的积分电量与理论动作积分电量的比值大于50%统计为合格。

3）以2min为一个考核时段。系统频率超出一次调频死区120s内，若实际出力变化量与系统频率偏差数值的正负号相反（高频减出力或低频增出力），并且一次调频实际动作的积分电量与理论动作积分电量的比值大于80%统计为合格。

4）以上三种均不满足则统计为不合格。

一次调频功能投入时间与并网运行时间的百分比统计为一次调频投入率；一定时段内一次调频动作不合格次数与应动作次数的百分比为一次调频不合格率，一次调频合格率=1-一次调频不合格率。

机组一次调频月投入率不低于90%。每降低一个百分点（不足一个百分点的按一个百分点计），每月按机组额定容量×0.5h的标准进行考核。

一次调频合格率以100%为基准，当月合格率每降低0.1个百分点（不含0.1个百分点），每月按机组额定容量×0.25h的标准进行考核。接入中东部同步电网机组单次大频差一次调频专项考核不合格，每次按机组额定容量×1h的标准进行考核，大频差一次调频专项考核后不再重复纳入月度合格率考核。火电机组一次调频动作合格的门槛值按70%执行。当月一次调频考核电量最大不超过当月装机容量×2.5h。

对运行时间长、自动化程度低、纳入政府关停计划或经过技改后确实达不到技术要求的机组，经能源监管机构认定后，一次调频按照以下方法进行考核：

机组当月一次调频考核金额=（上月考核总金额÷上月参与考核总装机容量）×机组额定容量×μ。μ的取值范围在0.1~0.5之间。

2. 山东电网一次调频考核指标

山东电网两个细则指出，省调直调并网发电厂均应具备一次调频功能并投入运行，其一次调频性能需满足所属电力调度机构的要求。

机组在电网频率发生波动时典型一次调频调节过程表征一次调频贡献的各项指标中，最重要的四项指标是转速死区、响应时间、稳定时间和一次调频电量贡献指数。

1）转速死区：特指系统在额定转速附近对转速的不灵敏区。为了在电网周波变化较小的情况下，提高机组运行的稳定性，一般在电调系统设置有转速死区。但是过大的死区会减少机组参与一次调频的次数及性能的发挥。发电机组一次调频的转速死区应不超过 2 转。

2）响应时间：机组参与一次调频的响应滞后时间，目的是要保证机组一次调频的快速性。发电机组一次调频的响应滞后时间应不超过 3s。

3）稳定时间：机组参与一次调频的稳定时间，这一指标是为了保证机组参与一次调频后，在新的负荷点尽快稳定。发电机组一次调频的稳定时间应不超过 60s。

4）一次调频电量贡献指数：按照 GB/T 40595—2021《并网电源一次调频技术规定及试验导则》及 GB/T 30370—2013《火力发电机组一次调频性能验收导则》等相关技术标准要求，机组参与一次调频的响应时间应小于 3s；机组一次调频的负荷响应速度应满足：达到 75% 目标负荷的时间不大于 15s，达到 90% 目标负荷的时间不大于 30s；机组参与一次调频的稳定时间小于 1min。

根据上述规定，分别计算 15s、30s、45s 的一次调频电量贡献指数 $Q_{\%15}$、$Q_{\%30}$、$Q_{\%45}$ 以及最终的机组一次调频电量贡献指数 $Q_{\%}$：

$$Q_{\%}=k_{15}\times Q_{\%15}+k_{30}\times Q_{\%30}+k_{45}\times Q_{\%45} \tag{4-15}$$

其中：

$$Q_{\%15}=\frac{\Delta Q_{S15}}{\Delta Q_{E15}}\times 100\%\ （Q_{\%30}、Q_{\%45}\text{以此类推}）$$

式中，ΔQ_{S15} 为机组 15s 一次调频实际贡献电量；ΔQ_{E15} 为机组 15s 一次调频理论积分电量；k_{15} 为机组 15s 一次调频电量贡献指数的权重，系数 $k_{15}+k_{30}+k_{45}=1$，目前 k_{15}、k_{30}、k_{45} 分别取 0.55、0.3、0.15。

以下为 ΔQ_S、ΔQ_E 的详细计算方法：

1）实际贡献电量 ΔQ_S：从频率偏差超出死区开始，至计算时段结束，机组实际的有功发电量比一次调频动作前状态的发电量增加（或减少）的部分。高频少发或低频多发电量为正，高频多发或低频少发电量为负。一次调频应动作时段内实际贡献电量为正，则为正贡献电量；反之，则为负贡献电量。

$$\Delta Q_S=\pm\frac{\int_{A_0}^{B_0}(P_S(t)-P_0)\mathrm{d}t}{3600} \tag{4-16}$$

式中，ΔQ_S为机组一次调频实际贡献电量；A_0为一次调频评价起始时刻，为发生一次调频有效扰动时频率偏差越过一次调频死区的时刻；B_0为一次调频评价结束时刻（即A_0时刻后 15s、30s 或 45s）；P_0为评价起始出力，取机组A_0时刻前 10s 内实际出力平均值；$P_S(t)$为机组一次调频动作时段内，机组在t时刻的实际出力。

2）理论贡献电量ΔQ_E：考虑机组实际负荷限制，从频率偏差超出死区开始至计算时段结束，机组一次调频理论贡献电量。

$$\Delta Q_E = \frac{\int_{A_0}^{B_0} \Delta P_E(t)\,\mathrm{d}t}{3600} \tag{4-17}$$

$$\Delta P_E = -\frac{\Delta f \times P_N}{f_N \times \delta}，且 |\Delta P_E| \leqslant (K_P \times P_N)$$

式中，ΔQ_E为机组一次调频理论贡献电量，始终为正；A_0为一次调频评价起始时刻，为发生一次调频有效扰动时频率偏差越过一次调频死区的时刻；B_0为一次调频评价结束时刻；$\Delta P_E(t)$为机组一次调频动作时段内，t时刻机组理论出力对应的调整量；P_N为机组额定有功出力；K_P为机组最大出力限幅；Δf为一次调频动作时段内，实际频率与调频死区［$(50 \pm 0.033)\mathrm{Hz}$］的频率偏差；$f_N$为机组额定频率（50Hz）；$\delta$为转速不等率理论整定值。

3）一次调频考核综合指标：机组一次调频考核综合指标K_0的计算公式为

$$K_0 = \begin{cases} 0，当 Q_{\%} > Q_{E\%} \\ 1 - \dfrac{Q_{\%}}{Q_{E\%}}，当 40\% \leqslant Q_{\%} < Q_{E\%} \\ 1，当 Q_{\%} < 40\% \end{cases} \tag{4-18}$$

式中，$Q_{\%}$为机组一次调频电量贡献指数；$Q_{E\%}$为分段电量贡献指数合格率，目前按 70% 执行。

3. 华北电网一次调频考核指标

华北区域并网发电厂“两个细则”是为国家电网华北分部，国网北京市、天津市、河北省、冀北电力公司，内蒙古电力（集团）有限责任公司，华北区域主要发电集团公司以及新能源企业制定的并网细则。细则指出，并网发电厂机组必须具备一次调频功能，其一次调频投/退信号应接入所属电力调度机构。并网发电厂机组一次调频的人工死区、调速系统的速度变化率和一次调频投入的最大调整负荷限幅、调速系统的迟缓率、响应速度等应满足华北电网发电机组一次调频技术管理要求。并网运行的机组必须投入一次调频功能，当电网频率波动时应自动参与一次调频，并网发电厂不得擅自退出机组的一次调频功能。

一次调频月投运率应达到 100%。一次调频月投运率 =（一次调频月投运时间/机组月并网时间）×100%。

对并网发电机组一次调频的考核，分投入情况及性能两个方面，考核方法如下：

1）投入情况考核：未经电力调度机构批准停用机组的一次调频功能，发电厂每天的考核电量为

$$P_{\mathrm{N}} \times 1\mathrm{h} \times \alpha_{一次调频} \tag{4-19}$$

式中，P_{N}为机组容量，单位为MW；$\alpha_{一次调频}$为一次调频考核系数，数值为3。

一次调频月投运率每月考核电量为

$$(100\% - \lambda) \times P_{\mathrm{N}} \times 10\mathrm{h} \times \alpha_{一次调频} \tag{4-20}$$

式中，λ 为一次调频月投运率；P_{N}为机组容量，单位为MW；$\alpha_{一次调频}$为一次调频考核系数，数值为3。

2）性能考核："两个细则"指出，机组一次调频性能评价指标为15s出力响应指数不小于75%，30s出力响应指数不小于90%，电量贡献指数不小于75%。上述考核指标中，15s和30s出力响应指数用于考核机组调频响应的快速性，电量贡献指数则考核机组调频出力的持续性。

15s出力响应指数：从频率偏差超出死区开始15s内，机组实际最大出力调整量占理论最大出力调整量的百分比。

30s出力响应指数：从频率偏差超出死区开始30s内，机组实际最大出力调整量占理论最大出力调整量的百分比。

电量贡献指数：机组调频持续时间内，机组一次调频实际贡献电量占理论贡献电量的百分比。

机组理论最大出力调整量由下式计算可得：

$$\Delta P_{\mathrm{E.max}} = -\frac{\Delta f_{\max} \times P_{\mathrm{N}}}{f_{\mathrm{n}} \times \delta} \tag{4-21}$$

式中，$\Delta P_{\mathrm{E.max}}$ 为机组调频时间内理论最大功率增量，单位为MW；$\Delta f_{\max}$ 为实际最大频率偏差，单位为Hz；P_{N} 为机组额定功率；f_{n} 为额定频率，大小为50Hz；δ 为转速不等率。

针对上述考核指标，需对当前飞轮储能辅助火电机组参与调频的控制策略进行改进，以满足电网的考核指标，减少电厂因考核带来的经济损失，提高电厂收益。

3）当机组一次调频动作方向与AGC指令方向相反时，机组应设置一次调频优先。

4）火电机组在深度调峰期间（指火电机组为配合电网调整需要，机组出力低于50%额定容量的时段），对于火电、燃气机组，15s出力响应指数小于37.5%为不合格；对于火电、燃气机组，30s出力响应指数小于45%为不合格；对于火电、燃气机组，电量贡献指数不小于37.5%。

5）并网机组按照调度要求，每月参与机组一次调频大扰动性能实验考核，参与大扰动性能实验考核的机组试验期间不参与电网实际一次调频考核。

4.3.2　考虑电网调频指标及划分电量的飞轮储能控制策略

本节提出了一种基于提升华北电网考核指标的飞轮储能参与调频划分电量控制策略，该策略针对电网一次调频需求，以飞轮储能当前电量为依托，兼顾飞轮储能的实时电量以及华北电网一次调频考核指标要求，在飞轮储能处在各种电量情况下均有着较好的调频效果。

火-储联合系统主要由火电机组和飞轮储能组成，当出现负荷扰动时，电网频率发生波动，火-储联合系统共同对信号作出反应，以抑制频率的波动。其中，飞轮储能系统采用永磁同步电机作为储能单元，调频指令到来时，经延时模块、出力时间限制、出力大小限制进行响应，建立的电网调频整体模型[17]如图 4-12 所示。

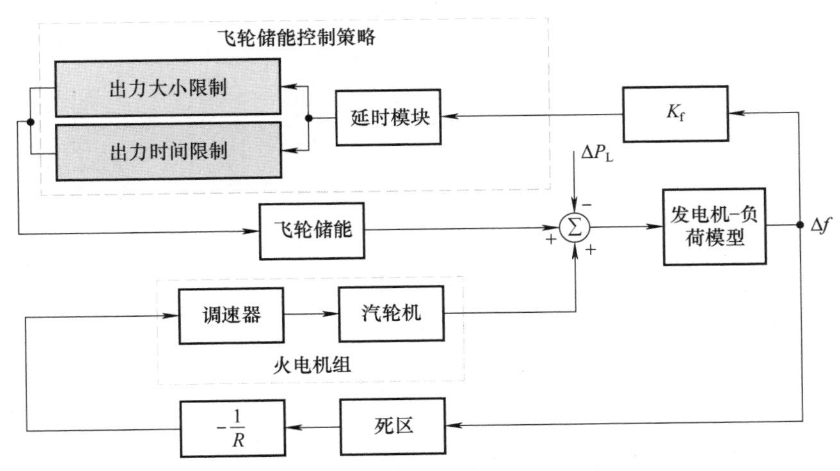

图 4-12　飞轮储能参与电网调频整体模型

R—火电机组转速不等率　ΔP_L—负荷扰动量，单位为 MW　K_f—飞轮储能下垂系数
Δf—频率变化量，单位为 Hz

为提升一次调频各项考核指标、提高电厂总收益、减少因考核的经济损失，飞轮辅助火电参与调频时，需考虑飞轮电量设计调频策略。飞轮储能控制策略如图 4-13 所示，主要包括延时模块、出力时间限制、出力大小限制[17]。当储能电量充足时，按一次调频需求值进行放电，由于储能具有毫秒级响应速度，此时对一次调频量化指标有很好的改善效果；当电量不足时，需对储能放电时间进行设计，以尽最大努力满足一次调频量化指标。

储能辅助火电机组调频可以有效改善电网频率恶化问题[18]。负荷扰动发生时，采用下垂控制[19]作为储能一次调频出力需求值，计算公式为

$$P_f' = K_f \Delta f \tag{4-22}$$

式中，P_f'为储能一次调频功率需求值，单位为MW。

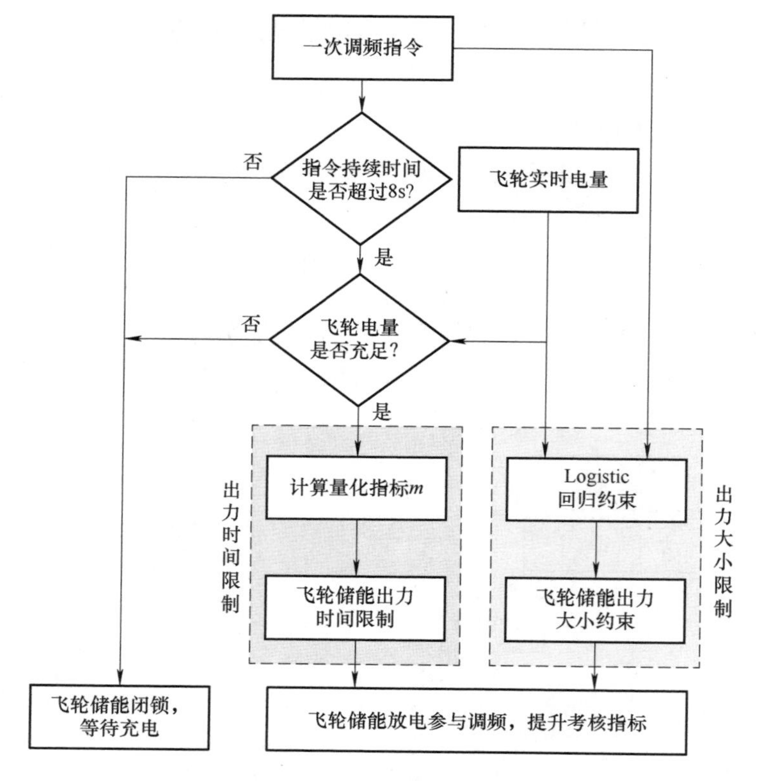

图4-13　飞轮储能控制策略

同时，使用Logistic函数对飞轮输出功率进行约束，计算方法同4.2.1节。为了更好地响应一次调频各项考核指标，本节考虑对储能出力的持续时间进行优化控制，采用出力时间限制约束飞轮的出力时刻，该模块对储能电量实时监测，根据调频前储能电量决定储能出力的时间。

在收到调频指令8s后，计算飞轮储能在当前储能出力需求功率P_{FESS}^{ref}下可以放电的时长。以4s时长为一个周期，定义相对于4s放电量的量化指标，量化指标m表示如下：

$$m = \frac{E_{FESS}}{P_{FESS}^{ref} \times 4} \tag{4-23}$$

式中，E_{FESS}为飞轮当前电量，单位为MWh。

量化指标有助于较好地表现飞轮当前能放电时间，为使储能无论在何种状况均尽量提升考核指标，当调频指令到达时，划分为以下5种情况：

1）当 $m<1$ 时，飞轮电量较低，此时储能不适合参与调频，储能闭锁，待合适时间进行充电。

2）当 $1\leqslant m<2$ 时，飞轮当前电量较低，应尽可能提高 15s 出力极值，改善一次调频 15s 指标合格率，因此设定飞轮储能放电时间为 13～17s。

3）当 $2\leqslant m<3$ 时，可同时兼顾 15s 指标与 30s 指标，因此需尽可能提高 15s 和 30s 时刻出力极值，设置飞轮储能放电时间为 13～17s，28～32s。

4）当 $3\leqslant m<6$ 时，飞轮电量较为充足，可增大其放电时间，尽可能提高前 30s 出力极值，设置飞轮储能放电时间为 8～17s，28～32s。

5）当 $m\geqslant 6$ 时，飞轮储能电量充足，可以按需求持续放电。

此外，当飞轮储能电量不足时，考虑电网运行安全性，对储能出力速度进行约束，限制增长速度最大不超过 0. 6p. u. MW/min。本节方法充分考虑飞轮储能当前状态，当飞轮储能电量充足时，可按期望值进行响应，有效减小频差，提升量化指标；当飞轮储能电量不足时，该方法可对 15s、30s 考核指标进行有效支撑。

4.3.3　仿真结果与讨论

按照 4. 3. 1 节在 MATLAB 中搭建基于划分电量的小规模储能参与电网一次调频控制策略模型进行仿真。选取额定 350MW 的火电机组，有关参数采用标幺值，以 50Hz 为基准值，火电机组仿真参数见表 4-5。基于 2020 年 11 月至 2021 年 2 月三河电厂#2 机组 350MW 火电机组考核数据进行参考，11 月至 2 月最大频差为 0. 05Hz，对应调频负荷量为 2. 38MW（按 5% 转速不等率折算），采用 3MW 飞轮储能可较好地弥补机组 15s、30s 出力差额。此外，积分电量最大差额为 10. 33kWh，均值为 2. 73kWh。根据飞轮储能设备特性，由于储能系统运行过程中 SOC 维持在 50% 左右，同时飞轮储能效率大于 85%，若采用 3MW 储能设备，实际可提供 10. 63kWh 储能容量，即可覆盖全部积分电量差额。综上所述，本节采用 3MW/0. 1MWh 的飞轮储能系统参与调频。其中，飞轮储能系统参数见表 4-6。

表 4-5　火电机组仿真参数

主要参数	数　值	主要参数	数　值
调速器时间常数 T_g/s	0. 1	高压缸功率系数 F_{HP}	0. 3
机组功频特性系数 R	0. 05	中压缸功率系数 F_{IP}	0. 3
高压蒸汽容积时间常数 T_{ch}/s	0. 3	低压缸功率系数 F_{LP}	0. 4
中压蒸汽容积时间常数 T_{rh}/s	10	发电机惯性常数 H	2
低压蒸汽容积时间常数 T_{co}/s	0. 5	发电机负荷阻尼系数 D	12

表 4-6 飞轮储能系统参数

主要参数	数值	主要参数	数值
定子电阻 R_s/Ω	0.097	定子电感 L/mH 极对数 n_p	2.0852
永磁磁链 Ψ_f/Wb	0.1286		
黏滞摩擦系数 B/[N·m/(rad/s)]	0.0005	飞轮转动惯量 $J/(\text{kg}\cdot\text{m}^2)$	24.2

当 $t=1$s 时，在模型中引入 0.0026p. u. MW 的阶跃扰动，由于区域特性一致，因此选取区域 1 为分析对象，分别仿真研究验证飞轮电量充足时和飞轮电量不足时（以 $2\leqslant m<3$ 为例）的频率变化曲线，15s、30s 量化指标曲线，积分电量指标曲线以及输出功率变化曲线。

1. 飞轮电量充足

当飞轮电量充足时，$m\geqslant 6$，可以按需求持续放电，效果等同于下垂控制。由图 4-14 可以看出，区域频率最大暂态偏差由 1.6×10^{-3}p. u. Hz 减少至 1.35×10^{-3}p. u. Hz，最大稳态偏差由 1.28×10^{-3}p. u. Hz 减少至 0.928×10^{-3}p. u. Hz。在储能协同控制下，火-储联合系统频率暂态偏差及稳态偏差都显著减少，系统稳定性明显提升。

由图 4-15 可以看出，系统的 15s 量化指标由 66.34% 增大到 118.01%，30s 量化指标由 89.75% 增大到 110.96%，增加飞轮储能后，系统的两个考核指标均有大幅度提升。由图 4-16 可以看出，系统的 60s 积分电量指标由 86.1% 增大到 153.7%，增加飞轮储能后，由于储能补偿一次调频火电机组输出缺额部分，使得 60s 时积分电量有了大幅度提高。

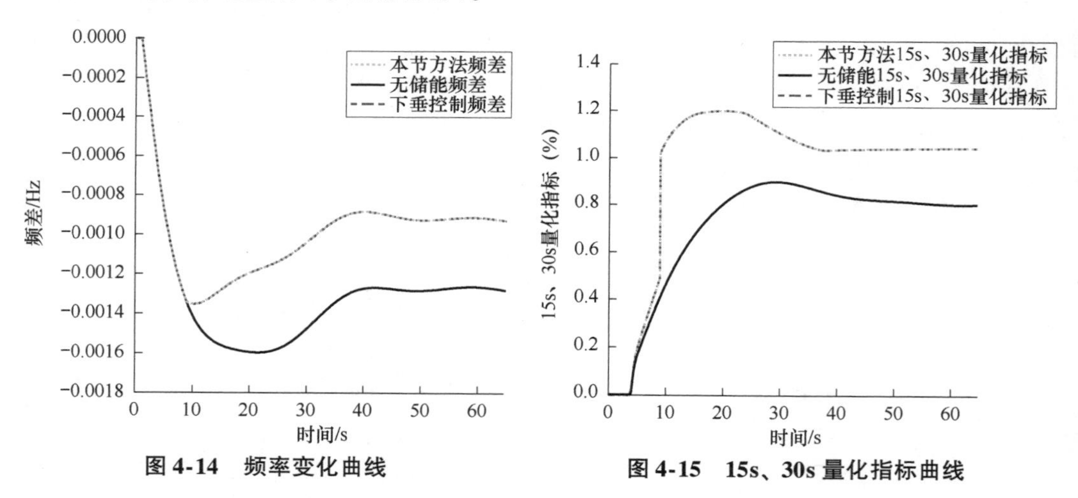

图 4-14 频率变化曲线

图 4-15 15s、30s 量化指标曲线

由图 4-17 可得，在加入扰动后火电机组的暂态最大输出功率变化量由 0.029p. u. MW 减少至 0.021p. u. MW，稳态输出功率变化量由 0.0256p. u. MW 减

少至0.0184p.u.MW，这是因为飞轮储能的参与减少了一部分火电机组的输出。由此可以看出，加入飞轮储能后可以使火电机组输出功率减少，有助于机组调频动作结束后恢复至稳态，为下一次调频积蓄能量。

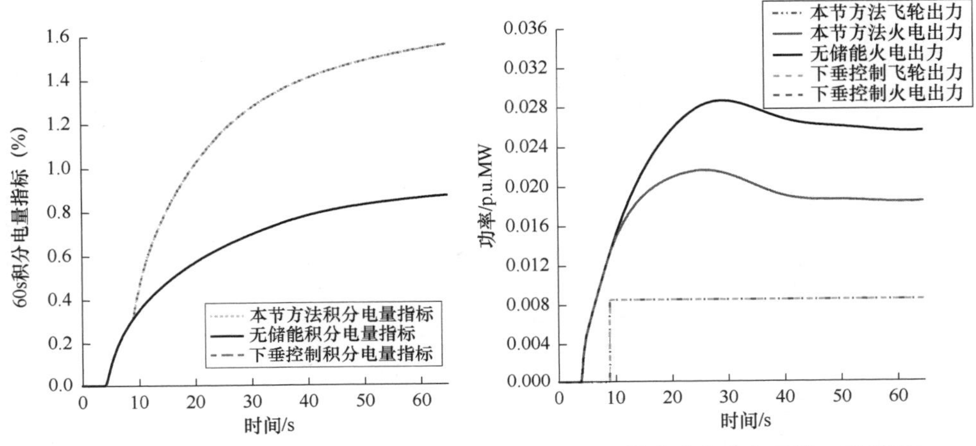

图4-16　积分电量指标曲线　　**图4-17　输出功率变化曲线**（见彩插）

2. 飞轮电量不足

在运行中，常有飞轮电量不足的情况，本节选取 $2 \leqslant m < 3$ 电量不足状况进行分析。由图4-18可知，在储能电量不足时，相比于无储能，频率的最大暂态偏差由 1.391×10^{-3}p.u.Hz减少至 1.351×10^{-3}p.u.Hz，而系统频率的稳态偏差基本不变。由图4-19可知，系统15s量化指标由63.46%增大到100.3%，30s量化指标由85.59%增大到114.2%。由图4-20可知，60s积分电量指标由85.53%增大到89.96%，同比增长4.43%。可以看出，当电量不足的情况时，本节方法可以对频率，15s、30s量化指标起到很好的支撑作用。

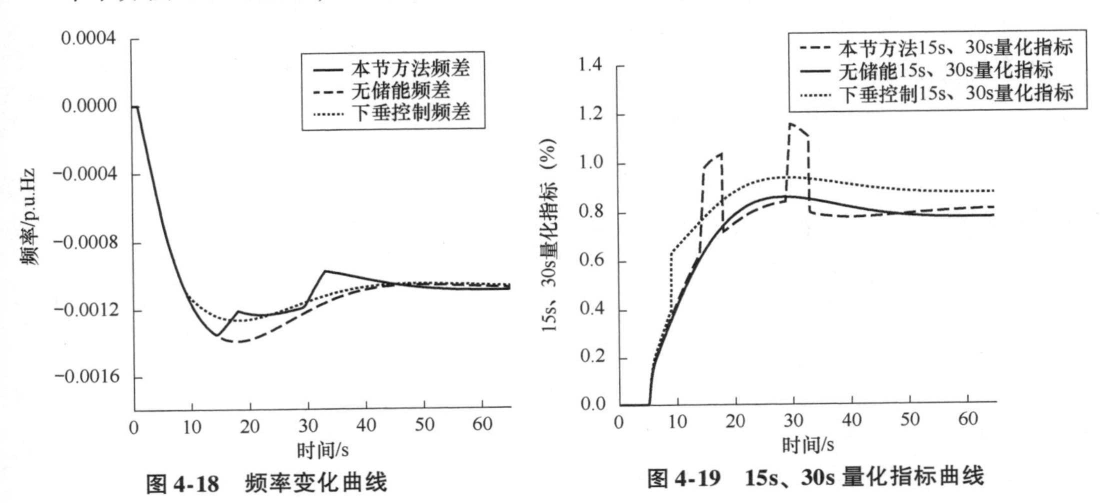

图4-18　频率变化曲线　　**图4-19　15s、30s量化指标曲线**

由图4-21可以看出，当飞轮电量不足时（以$2 \leq m < 3$为例），飞轮储能仅在受到负荷扰动后13～17s，28～32s进行响应，从而改善15s、30s一次调频量化指标。

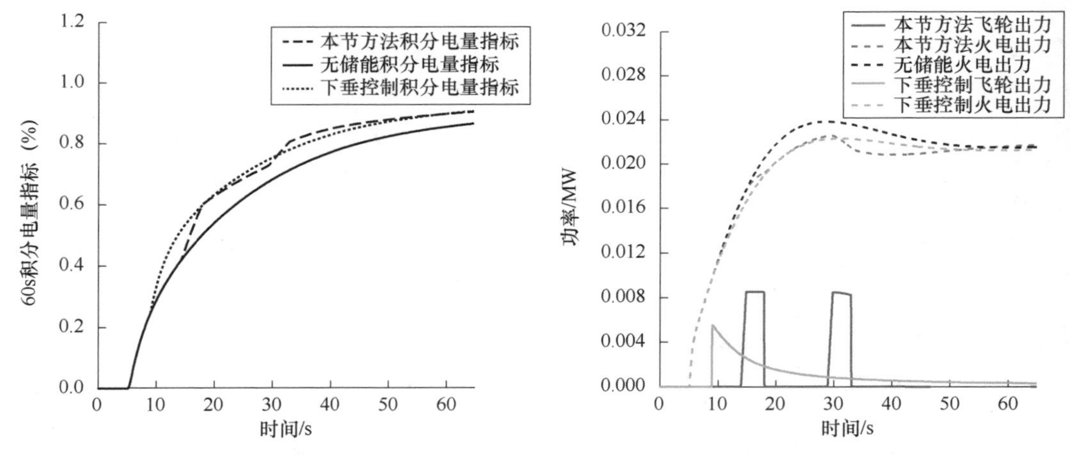

图4-20　积分电量指标曲线

图4-21　输出功率变化曲线（见彩插）

本节提出了一种基于划分电量的小规模储能参与电网一次调频控制策略，在储能不同电量指标下划分不同放电时间，以提升一次调频考核指标。

当飞轮电量充足时，本节的控制方法可以有效地减少系统频率的暂态偏差值和稳态偏差值，维持电网频率稳定。此时，由于飞轮电量充足，该方法与下垂控制结论基本一致，能够在一次调频考核周期内充分放电。同时，飞轮电量充足时该方法可以有效提高15s、30s出力响应指数和一次调频电量贡献指数。

当电量不足时，限制模块可对当前储能电量以及调频需求电量进行计算，按指标划分飞轮储能出力时间，相比于下垂控制，系统频率的稳态偏差基本不变，15s量化指标由76.97%增大到100.3%，30s量化指标由92.65%增大到114.2%，可以看出，当电量不足的情况时，本节方法可以对频率，15s、30s量化指标起到很好的支撑作用，有效提高了电厂考核的经济性。

4.4 基于机组实时出力增量预测的火电-飞轮储能系统协同调频控制策略

上文介绍了飞轮储能系统辅助一次调频研究的两种方法，可以看出，飞轮储能具有响应速度快、无充放电次数限制等优点，在辅助火电机组一次调频中具有较好的响应效果。然而，火电机组动态特性复杂，各动态工况下调频能力差别较大，对联合调频系统的协同出力带来了挑战。本节提出了一种机组实时出力增量的量化预测模型，进而设计了火电-飞轮储能系统协同调频控制策略，实现了动态工况下飞轮储能出力的自适应调整。

4.4.1　机组实时出力增量的动态预测及量化表征

本节建立了动态工况下机组实时出力的增量预测模型，定量分析机组在调频动态过程中的出力增量。在 AGC 变负荷的动态工况下，对区域电网调频的动态过程进行建模分析，考虑火电机组锅炉侧大惯性和迟延的影响，增加了对锅炉侧动态特性的建模，体现机组蓄能的影响，火电机组和飞轮储能系统的功率叠加后实现并网。

1. 区域电网调频动态建模

区域电网的动态特性可由以下非线性微分方程表示[23]：

$$N = N_e + N_f \tag{4-24}$$

$$\Delta\dot{\omega} = \frac{1}{M}(N_m - N_e - K_D\Delta\omega) \tag{4-25}$$

$$\dot{N}_m = \frac{1}{T_g}\left(-N_m + N_c - \frac{1}{R}\Delta\omega\right) \tag{4-26}$$

$$\dot{N}_f = \frac{1}{T_s}(-N_f + N_r) \tag{4-27}$$

式中，N 为火-储联合系统输入电网的总功率；N_e 为火电机组输入电网的有功功率；N_f 为飞轮储能系统提供的有功功率；N_m 为机械功率；$\Delta\omega$ 为发电机转子转速偏差；M 和 K_D 分别为发电机转子惯性常数和阻尼系数；N_c 为汽轮机调速器的功率设定值；T_g 和 R 分别为调速器时间常数和下垂系数；N_r 和 T_s 分别为飞轮储能系统的有功功率参考值和响应时间常数。

建立整个区域电网调频动态模型如图 4-22 所示，由锅炉、汽轮机、飞轮储能和自适应协调控制器部分组成。

汽轮机的输出功率指令由电网下达的 AGC 指令和频率偏差经过调速器计算得到的一次调频指令叠加产生。本节对常规区域电网调频模型进行了改进，在对火电机组进行建模时加入机组动态特性对锅炉侧蓄能的影响。对飞轮储能系统的控制加入了火电机组实时出力增量的量化预测，提出了一种基于火电机组实时出力增量预测的火电-飞轮储能系统协同调频控制策略用以改善电网频率稳定性。

一般在研究火电机组参与调频过程时，不考虑锅炉侧主蒸汽压力等状态参数对机组出力的影响，默认火电机组的频率动态特性主要由汽轮机状态决定。但是在实际生产过程中，不同动态工况下的火电机组主蒸汽压力等状态参数有很大的差异，这些特征参数直接决定机组的蓄能状态，进而决定进入汽轮机的蒸汽参数。因此应将锅炉的动态特性考虑到火电机组调频的建模中。

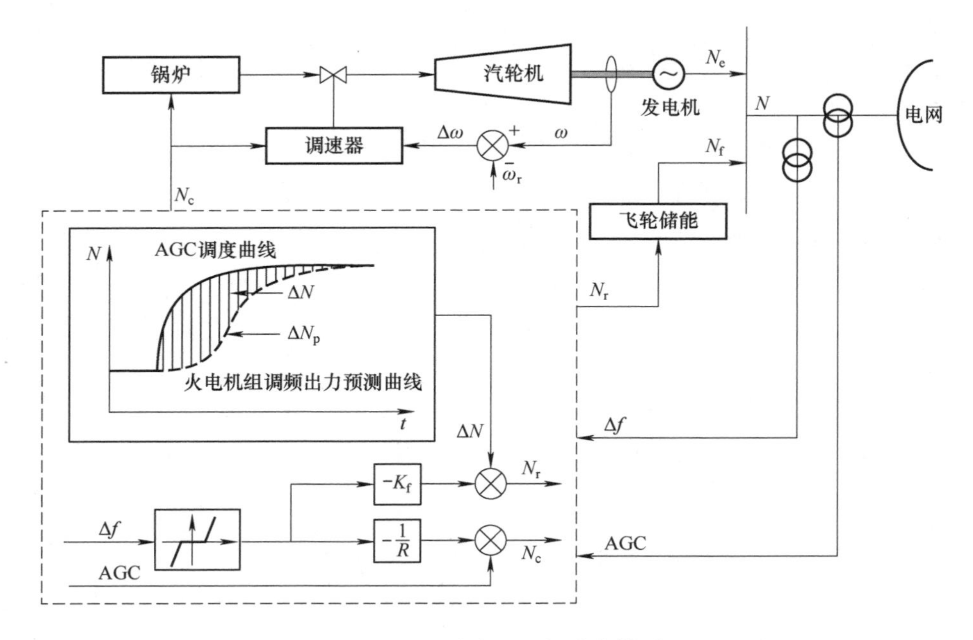

图 4-22 区域电网调频动态模型

Δf—电网频率偏差 AGC—电网下发给机组的 AGC 功率指令 ΔN—飞轮弥补火电机组出力的补偿量 ΔN_p—机组实时出力增量预测值

建立的锅炉模型采用团队提出的汽包炉机组简化非线性模型，该模型能够很好地反映汽包炉机组的动态特性，且具有一定的通用性。

磨煤机及水冷壁动态传递函数模型为

$$G_m(s) = \frac{1}{(30s+1)(5s+1)}e^{-40s} \tag{4-28}$$

锅炉核心状态空间模型为

$$\begin{cases} \dot{p}_b = -0.0389\,(p_b - p_t)^{0.5} + 0.0463D_q \\ \dot{p}_t = 0.7\,(p_b - p_t)^{0.5} - 0.0476p_t u_t \\ D_t = 60p_t u_t \end{cases} \tag{4-29}$$

式中，p_b 为汽包压力，单位为 MPa；D_q 为标幺化的锅炉有效吸热量；p_t 为主蒸汽压力，单位为 MPa；D_t 为主蒸汽流量，单位为 t/h；u_t 为阀门开度，单位为%。

火电机组汽轮机大多采用中间再热式朗肯循环，由于中间再热容积影响产生的过调现象，已有学者提出高压缸过调系数 λ 来表征，该系数还可以体现汽轮机的工作条件以及中间再热容积迟延特性，根据国内提出的改进动态理论模型[26]，建立的再热式汽轮机仿真模型如图 4-23 所示。

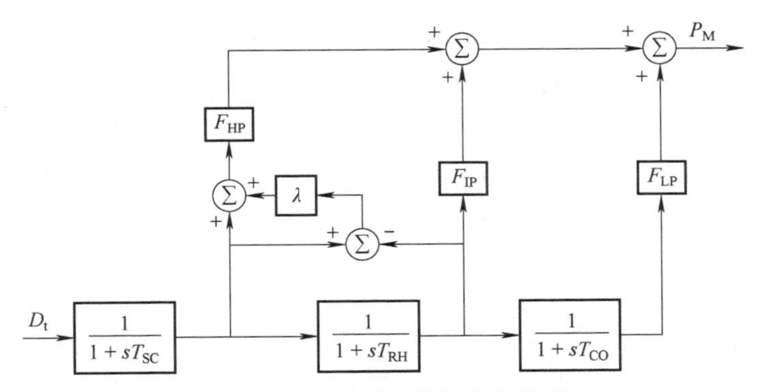

图 4-23　再热式汽轮机仿真模型

T_{SC} —高压蒸汽容积时间常数　T_{RH} —中压蒸汽容积时间常数　T_{CO} —低压蒸汽容积时间常数
F_{HP} —高压缸功率系数　F_{IP} —中压缸功率系数　F_{LP} —低压缸功率系数　λ—高压缸过调系数
P_M —汽轮机输出的机械功率

忽略中、低压缸之间连通管的蒸汽体积影响参数，模型可以推导为

$$\frac{N_M}{D_t}=\frac{1+s\lambda T_{RH}F_{HP}+sT_{RH}F_{HP}}{(1+sT_{SC})(1+sT_{RH})} \tag{4-30}$$

2. 机组实时出力增量的动态预测及量化表征

根据“两个细则”，电网要求机组一次调频响应过程时间应小于 60s，因此在一次调频的调节过程中，机组出力变化主要依靠锅炉系统蓄能[27]。锅炉的蓄能状态直接决定机组一次调频响应速率和响应能力，在实际运行过程中，机组锅炉侧的汽水工质和工质管道中存储有大量的蓄能，这些蓄能的释放依赖于阀门开度的变化。一次调频初期充分通过改变阀门开度调整汽轮机进汽量从而充分利用机组锅炉侧的蓄能，能够快速调节机组出力，稳定电网频率。

图 4-24 给出了常规控制策略下火-储联合系统在火电机组处于不同蓄能状态下对于电网调频需求的典型响应情况示意，飞轮储能系统的出力控制与火电机组出力没有直接联系，各自的出力指令由电网频差信号经过各自的功频特性系数计算得到。机组蓄能充足的时候，机组调频能力强，叠加飞轮出力可以很好地满足电网调频需求，频率快速稳定；机组蓄能不足的时候，机组实际调频出力远远小于正常状态的机组，飞轮的出力指令仅依靠电网系统的频率偏差计算得到，并不能够快速弥补机组的实际出力不足的部分，造成联合系统出力出现欠缺，系统频率不能较快地恢复。

由于锅炉蓄能状态的不稳定，要实现火电机组和飞轮储能系统的协同控制，就要根据机组出力及时自适应调整飞轮储能系统出力，从而快速提高飞轮储能-火电联合系统的调频出力。这种控制策略的关键是要对机组实时调频能力进行动态预测和评估。

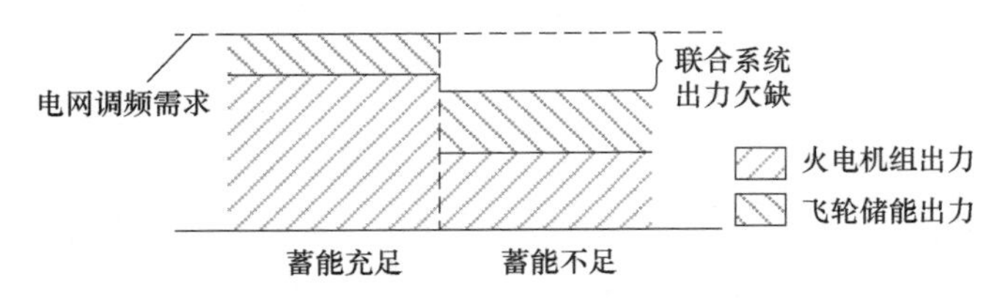

图 4-24　火-储联合系统电网调频出力示意图

火电机组的汽轮机阀门流量特性、主汽压力等非线性环节等因素对机组一次调频性能有显著影响。汽机主控通过快速增加阀门开度，改变进入汽轮机做功的主蒸汽流量，从而提高机组出力，机组出力与主蒸汽流量具有绝对的关联性，可以通过预测机组主蒸汽流量的变化量来推导机组出力的变化情况，从而获得对机组当前时刻出力增量的预测值。亚临界汽包炉机组的协调控制系统动态模型结构如图 4-25 所示，系统的结构一方面反映了能量平衡关系，另一方面反映了系统中存在的本质非线性特征。

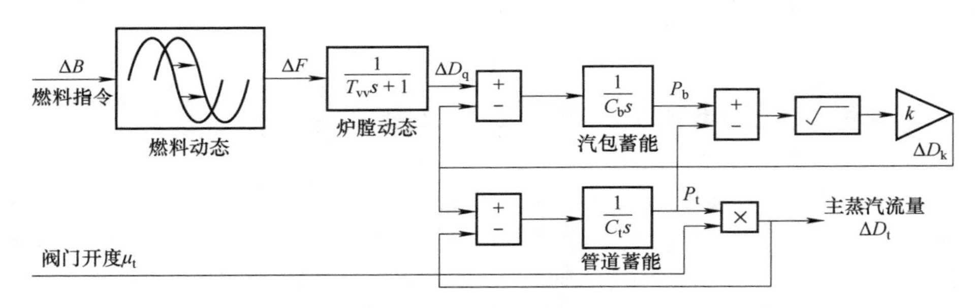

图 4-25　协调控制系统动态模型结构

两种相关的能量平衡关系如下：

1）汽包压力 P_b 反映了锅炉吸热量 D_q 和汽包出口蒸汽发热量 D_k 的平衡，汽包蓄热系数反映了汽包蓄能的大小。

2）主蒸汽压力 P_t 反映了汽包出口蒸汽发热量 D_k 与主蒸汽发热量 D_t 的平衡，主蒸汽管道的蓄热系数反映了主蒸汽管道的蓄能大小。

得到两个能量平衡方程如下：

$$\Delta D_q - \Delta D_k = C_d \frac{\mathrm{d}\Delta p_b}{\mathrm{d}t} \tag{4-31}$$

$$\Delta D_k - \Delta D_t = C_t \frac{\mathrm{d}\Delta p_t}{\mathrm{d}t} \tag{4-32}$$

锅炉动态过程中存在的非线性特性主要反映在两个方面：

1）汽包压力 p_b 与主蒸汽压力 p_t 的压力降同汽包出口蒸汽流量 D_k 之间存在

二次方根关系。

2）主蒸汽流量 D_t 同汽轮机调节阀开度 u_t 和主蒸汽压力 p_t 的乘积成比例关系。

可由下面两个方程描述：

$$p_b - p_t = kD_k^2 \tag{4-33}$$

$$D_t = \mu_t P_t \tag{4-34}$$

通过软测量和增量模型的预测，挖掘机组主蒸汽压力、阀门开度等与储能系统控制变量的关系，量化机组实时一次调频能力，据此形成控制策略，以解决动态工况下火-储联合系统调频响应不足的问题。在机组动态过程中，通常可以将主蒸汽压力和主蒸汽流量的响应变化归结于锅炉和汽轮机共同作用的结果，主蒸汽流量和压力的输出由两部分组成：锅炉燃料侧输入的能量贡献以及汽轮机阀门开度变化带来的影响。对于一次调频，燃料侧的迟延和惯性因素导致其对机组调频能力影响有限，故分析时可以忽略燃料侧的波动，瞬时主蒸汽流量的输出变化主要由当前主蒸汽压力和阀门开度的变化决定。

对于主蒸汽流量模型。通过对式（4-34）两边取微分得到：

$$\mathrm{d}\Delta D_t = u_t \mathrm{d}p_t + p_t \mathrm{d}u_t \tag{4-35}$$

再对上式两边取积分可以得到主蒸汽流量的增量预测模型：

$$\Delta D_t = \int u_t \mathrm{d}p_t + \int p_t \mathrm{d}u_t = \int \left(u_t \frac{\mathrm{d}p_t}{\mathrm{d}t} + p_t \frac{\mathrm{d}u_t}{\mathrm{d}t} \right) \mathrm{d}t \tag{4-36}$$

主蒸汽流量进入汽轮机推动汽轮机做功，由式（4-30）可得汽轮机输出功率的增量预测模型为

$$\Delta N_p = \frac{1 + s\lambda T_{RH}F_{HP} + sT_{RH}F_{HP}}{(1 + sT_{SC})(1 + sT_{RH})}\Delta D_t \tag{4-37}$$

基于上述推导，可以得到主蒸汽流量和汽轮机输出功率的预测模型，对机组调频出力进行实时评估，根据机组当前的调频能力调整飞轮出力，以保证联合系统输出功率满足电网需求。

3. 仿真结果与讨论

（1）不同工况火电机组调频出力量化分析

在前文理论研究和分析的基础上，在 MATLAB/Simulink 平台建立飞轮储能辅助火电机组调频的模型。选取汽轮机、飞轮储能和区域电网仿真模型参数见表 4-7。火电机组的额定功率为 315MW，本节设计的飞轮储能系统的功率及容量配置为 3MW/0.15MWh。验证了在动态和稳态工况下机组面对不同转速偏差的一次调频能力，定量预测了机组在动态工况下的主蒸汽流量和出力增量变化，最后验证了提出的协同控制策略参与电网调频的有效性。

表 4-7　仿真模型参数

主要参数	数　值	主要参数	数　值
高压缸过调系数 λ	0.805	低压缸功率系数 F_{LP}	0.436
高压蒸汽容积时间常数 T_{SC}	0.271	飞轮储能响应时间常数 T_S	0.02
中压蒸汽容积时间常数 T_{RH}	13.562	储能系统额定功率 P_m	3
低压蒸汽容积时间常数 T_{CO}	0.391	飞轮初始荷电状态 SOC_0	0.6
高压缸功率系数 F_{HP}	0.311	发电机惯性常数 M	2
中压缸功率系数 F_{IP}	0.253	发电机负荷阻尼系数 D	12

为了充分验证火电机组在动态工况下由于蓄能不足所带来的调频能力的有限性，本节设计稳态工况进行对照，动态工况下主蒸汽压力偏离额定值，在 $t=5s$ 时刻输入一次调频指令进行仿真，仿真时间为60s，一次调频指令为机组分别在 Δn = 4r/min、6r/min 和 8r/min 典型转速差下由火电机组调差系数产生的功率需求。得到不同工况下汽轮机输出功率变化量曲线如图 4-26 所示。

由图 4-26 可知，动态工况下的汽轮机输出功率在调频初始时刻快速增大，与稳态工况出力基本一致，大约 3s 后因为蓄能不足产生了功率大幅掉落，然而由于燃料侧的惯性和迟延，短期内机组蓄能不能快速提升，出力偏差极值也随着时间的推移而增大。可以看出，处于动态工况下的机组调频出力相对于稳态工况的偏差都很大，各种转速差下由机组蓄能不足导致的调频能力缺失接近电网需求的一半，且转差越大出力偏差量越大，这也揭示了电网频差越大调频过程越难以完成的本质。

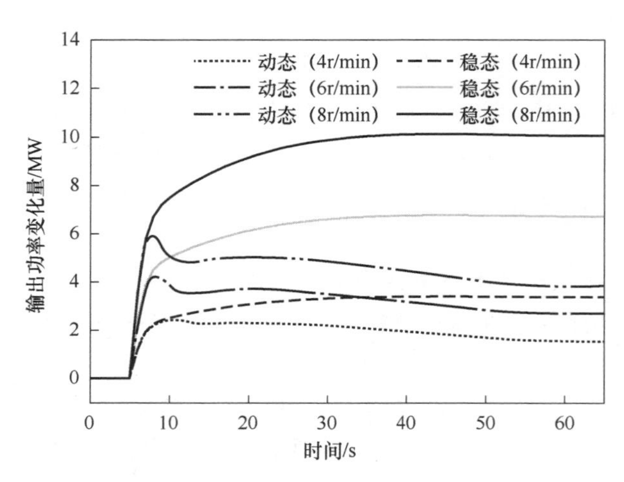

图 4-26　不同工况下汽轮机输出功率变化量曲线

不同工况下系统频率变化量曲线如图 4-27 所示。系统频率的最大动态偏差主要由机组短时间（2～3s）内的出力影响，稳态偏差则依靠机组持续出力改善。可以看出，8r/min 的转速差下，系统的最大动态偏差达到了 0.131Hz，6r/min 和 4r/min 的转速差下，系统的最大动态偏差分别为 0.09Hz 和 0.05Hz，且两种工况下的最大动态频差区别不大，图 4-27 中机组短时间的出力情况也可以解释这种现象，调频初始时刻两种工况下的机组出力基本一致。

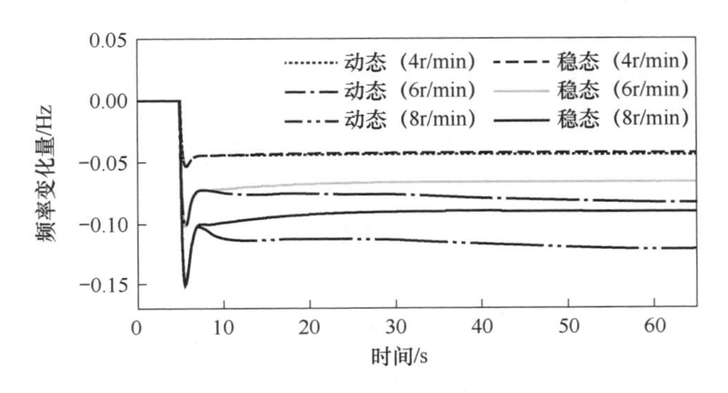

图 4-27　不同工况下系统频率变化量曲线

燃料侧到机组出力的响应一般在分钟级，与一次调频的秒级响应需求相差太大。如果机组蓄能不足，面对一次调频需求时响应能力有限，机组出力不能快速提高。因此在 6r/min 和 8r/min 的转速差下，动态工况下 60s 内的系统稳态频差均小于稳态工况。而在较小的 4r/min 转速差下，两种工况下的系统稳态频差很小，只有 0.002Hz。说明当前动态下机组面对较小幅度的调频指令还是拥有一定响应能力的，但面对大幅度的调频需求，动态工况下的机组调频出力难以满足电网需求，严重威胁电网频率安全。

（2）火电机组实时出力增量的动态预测

基于第 2 章的理论分析建立主蒸汽流量和出力增量的预测模型。图 4-28 和图 4-29 分别给出了一次调频指令下达后，动态工况下主蒸汽流量和汽轮机调频出力增量的预测输出和实际输出的对比曲线，由图可见，预测模型的输出与实际输出幅值大小稍有偏离，但变化趋势基本一致。流量变化量预测值的最大偏差为 1.48t/h，为额定流量的 0.14%，汽轮机调频出力增量预测值的最大偏差为 0.51MW，且均出现在一次调频指令下达时刻。究其原因为机组协调系统动态特性复杂，调频指令下达时阀门开度变化迅速，主汽压随着大幅度变化，对预测模型的精度造成了一定的影响。预测模型输出与实际输出的相关性系数和方均根误差见表 4-8。可见，主蒸汽流量的变化量和调频出力的变化量预测输出与实际输出的相关性系数均高于 0.99，这足以说明预测模型的输出与实际输出在趋势上高度吻合；此外，预测输出和实际输出的方均根误差为 0. 999 和 0. 312，验证了预测模型在动态工况下的稳定性。因此，该预测模型可以满足飞轮储能辅助机组调频控制策略的设计需求。

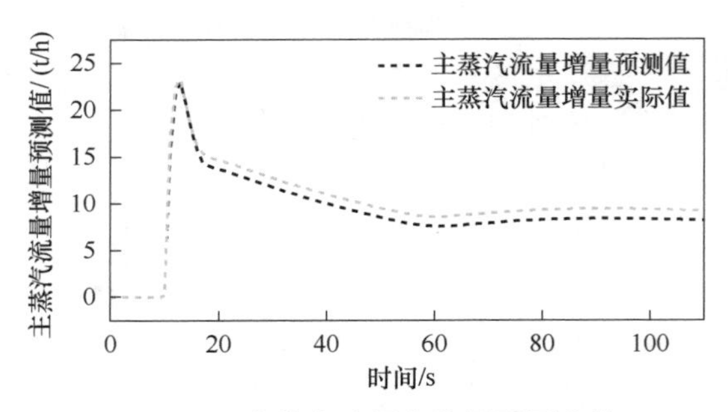

图 4-28　主蒸汽流量变化量预测曲线

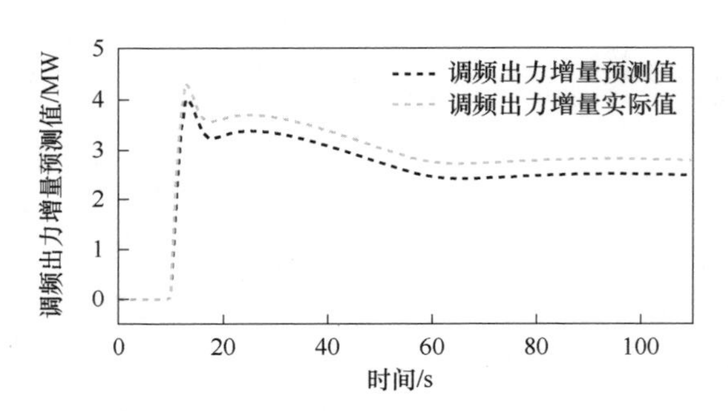

图 4-29　调频出力变化量预测曲线

表 4-8　预测模型输出与实际输出的相关性系数和方均根误差

	主蒸汽流量	调 频 出 力
方均根误差	0. 999	0. 312
相关性系数	0. 999	0. 998

4. 4. 2　基于机组调频能力预测的飞轮储能运行控制策略

基于 4. 4. 1 节提出的一种基于机组实时出力增量预测的火电−飞轮储能系统协同调频控制策略，可实现动态工况下飞轮储能系统出力的自适应调整，提升了电网频率稳定性和火电机组运行的安全性。

飞轮储能辅助机组调频的运行控制模式如图 4-30 所示，针对某一机组，通过 4. 4. 1 节的预测模型可以预测得到火电机组实时的调频出力，设计的改进控制策略在下垂控制的基础上结合火电机组实时调频出力，可自发地调整飞轮储能系统的出力，增加联合系统调频出力，优化调频效果。

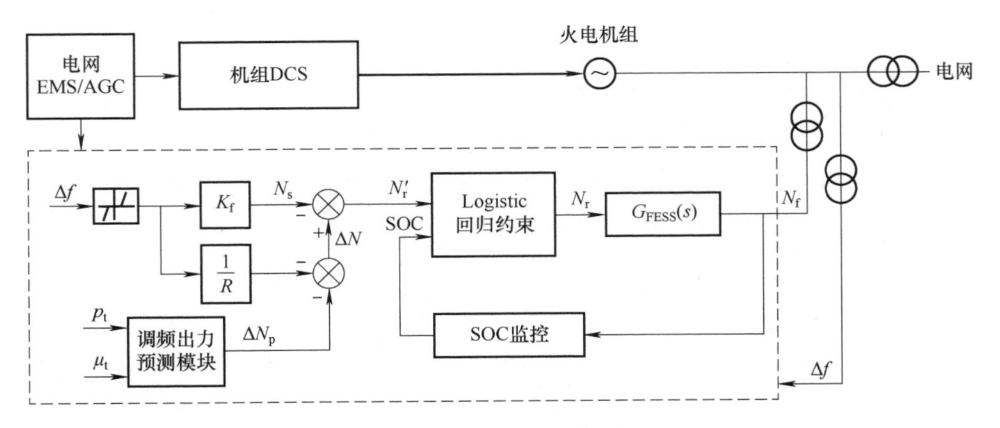

图 4-30　飞轮储能辅助机组调频的运行控制模式

飞轮的出力由两部分组成，一部分为随电网频差的下垂控制出力 N_s ，另一部分为弥补火电机组出力缺失的补偿量 ΔN 。各部分出力值由以下公式计算得到：

$$N_s = -K_f\Delta f \tag{4-38}$$

$$\Delta N = -\frac{1}{R}\Delta f - \Delta N_p \tag{4-39}$$

$$N'_r = N_s + \Delta N \tag{4-40}$$

式中，K_f 为飞轮储能系统下垂控制系数；Δf 为电网频率偏差；N'_r 为飞轮储能系统初始功率指令。

由式（4-38）~式（4-40），可以得到下式：

$$N'_r = \left(-K_f - \frac{1}{R}\right)\Delta f - \Delta N_p = -C \times \Delta f - \Delta N_p \tag{4-41}$$

式中，$C = K_f + \frac{1}{R}$ ，定义为协同因子，代表了火-储联合系统在协同调频中的下垂控制作用，只要电网频率出现偏差且超出死区，飞轮储能就会出力，促使频率快速恢复，C 越大则表明火-储联合系统的下垂控制作用越强；ΔN_p 为火电机组出力增量的预测结果，反映了机组的实时状态。

一般认为，在稳态工况下，火电机组蓄能状态良好，调频能力可以满足电网需求，此时机组出力能够很好地跟踪调速器的设定功率，即 $-\frac{1}{R}\Delta f \approx \Delta N_p$ ，不需要飞轮储能系统进行补偿，且 $\Delta N \approx 0$ 。飞轮储能系统的出力参考指令仅由飞轮自身的下垂控制产生。

为避免飞轮储能的过充过放、平滑储能出力，提高储能运行寿命，引入 Logistic 回归函数来约束飞轮储能在不同 SOC 下出力的最大值，具体计算方法同 4.2.1 节。

4.4.3 运行效果验证

1. 阶跃扰动

当 $t=5\mathrm{s}$ 时，火电机组处于动态运行工况，对区域电网加入幅值为 6.3MW 的阶跃负荷扰动，仿真时长为60s。统计不同控制策略下联合系统在电网中的频率偏差情况及输出功率情况，结果见表4-9。

表4-9 不同控制策略下联合系统频率及输出功率情况

控制策略	最大动态偏差/Hz	稳态偏差/Hz	汽轮机		飞轮	
			出力极值/MW	稳态值/MW	出力极值/MW	稳态值/MW
无储能	-0.0775	-0.0636	1.9648	1.4905	—	—
下垂控制	-0.0535	-0.0487	1.2843	0.9845	1.9004	1.6411
协同控制	-0.0362	-0.0344	0.9532	0.8417	2.6208	2.1483

由图4-31可知，飞轮储能参与辅助火电机组调频后，系统调频效果有了明显提升，且本节提出的火–储协同控制策略相对于传统的下垂控制有了很大提升，系统频率偏差的最大值降低了32%，稳态偏差减少了约30%，对系统频率的稳定效果更加明显。

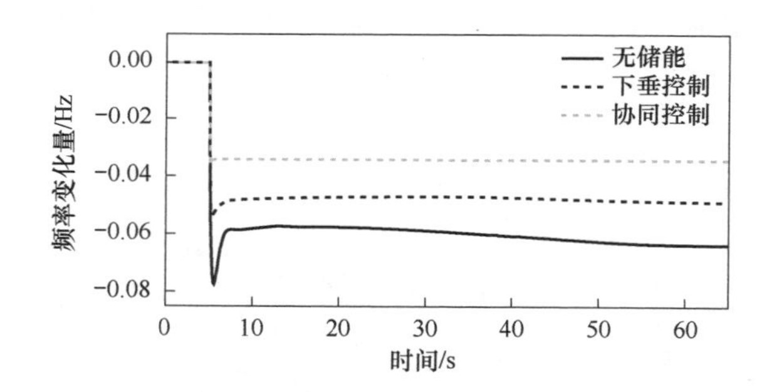

图4-31 阶跃扰动后系统频率变化曲线

由图4-32和图4-33可知，如飞轮储能不参与调频，火电机组在当前动态工况下最大调频出力只有1.965MW，不到负荷扰动功率的1/3，远远不能满足系统调频需求。当飞轮辅助火电机组参与调频时，由于飞轮主动承担了一部分功率需求，下垂控制下火电机组出力峰值减小为1.284MW，协同控制策略下火电机组出力峰值为0.953MW，火电机组出力波动减少了26%。

可以得出，当飞轮储能辅助机组参与调频时，飞轮储能的出力越多，相同负荷扰动对于机组调频出力的影响越小，可以减缓火电出力波动，保护机组设备，有利于机组蓄能的恢复，以应对电力系统未来可能的调频需求。

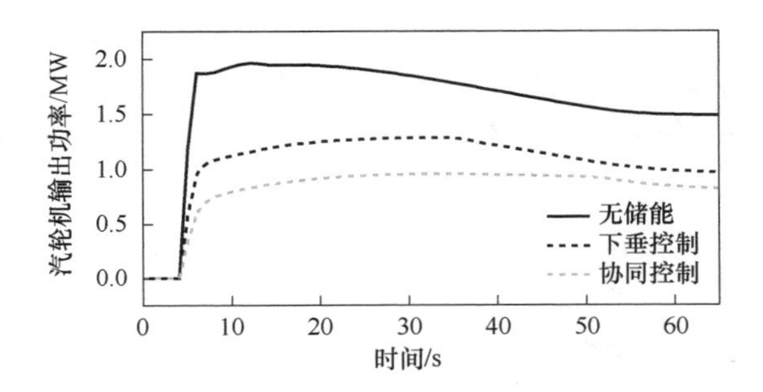

图 4-32　阶跃扰动后汽轮机输出功率曲线

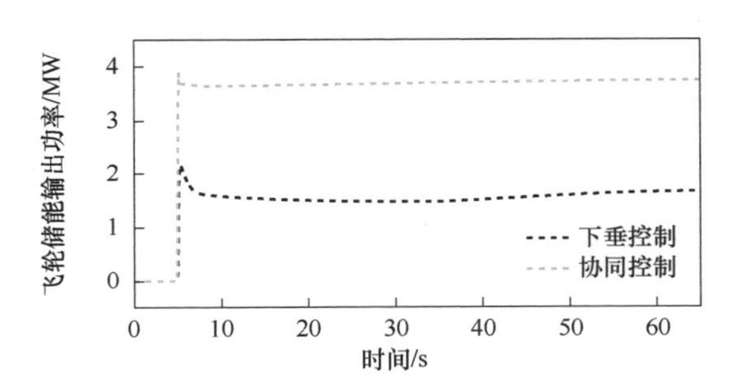

图 4-33　阶跃扰动后飞轮储能输出功率曲线

由图 4-34 可以看出，动态工况下锅炉的主蒸汽压力偏离额定值 17.5MPa，飞轮储能的参与可以减少主蒸汽压力的偏差，有助于主蒸汽压力的恢复，且火-储协同控制策略下的主蒸汽压力比下垂控制更稳定，最大偏差减小了 0.01MPa。

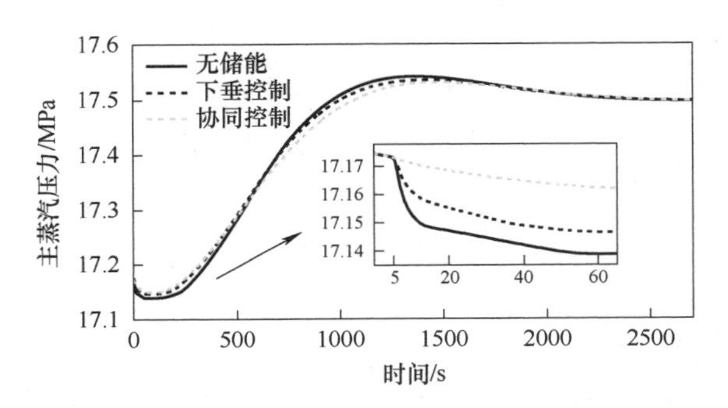

图 4-34　阶跃扰动后锅炉主蒸汽压力变化曲线

2. 连续扰动

4.2.3 节说明了在阶跃扰动下，飞轮储能的参与可以有效提升系统调频效果，帮助机组蓄能快速恢复，但引起机组调频动作的频率波动一般是由连续无规律的小负荷快速波动引起的，因此，本节进一步在连续扰动的情况下仿真飞轮储能辅助机组参与一次调频的效果。在 MATLAB 中生成幅值范围在 [-6.3, 6.3] MW 的随机序列作为连续扰动信号。采用无储能参与和传统下垂控制作为对照，研究在连续扰动下系统频率、汽轮机输出功率、锅炉主蒸汽压力以及飞轮储能输出功率的变化情况，得到仿真结果如图 4-35 所示。

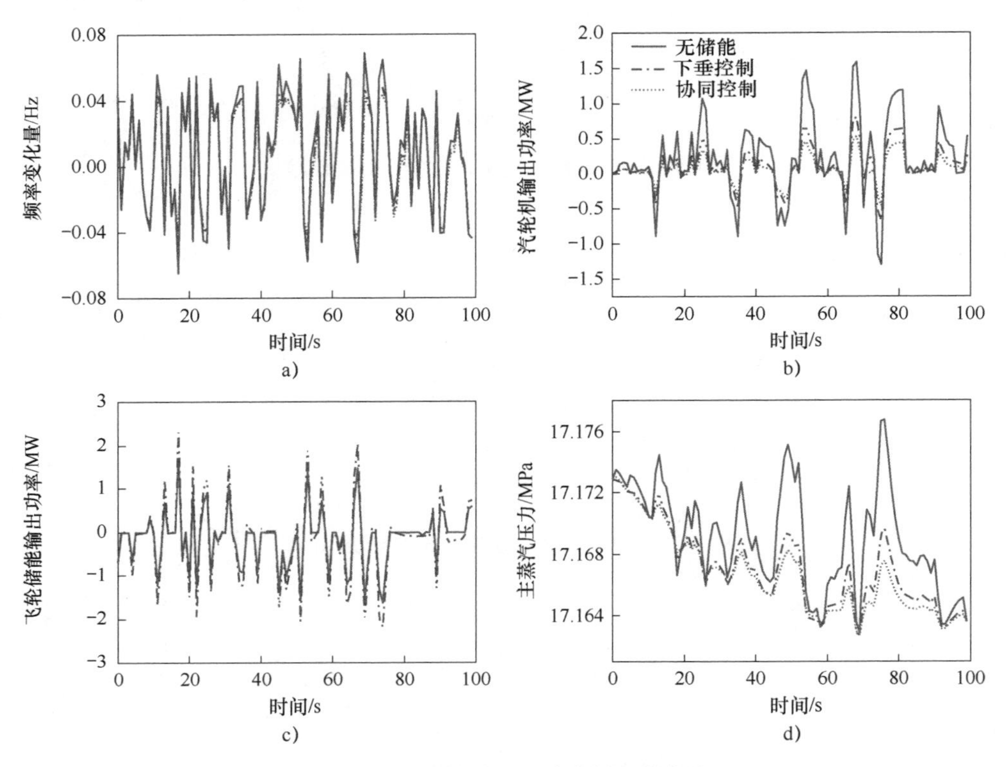

图 4-35　连续扰动下系统参数变化曲线

通过对仿真数据的分析和计算，在连续扰动下，改进的控制策略相比于无储能参与和储能下垂控制，系统频率变化量的峰值由 0.069Hz 和 0.05Hz 减少至 0.043Hz，频率变化量的标准差由 0.036Hz 和 0.032Hz 减少至 0.03Hz，说明利用储能辅助参与调频可以有效降低频率波动，火-储协同控制策略相比于传统下垂控制具有更好的控制效果。

由图 4-35b 和图 4-35c 可以看出，采用储能参与调频可以将汽轮机输出功率变化量峰值由 1.588MW 减少至 0.810MW，功率变化量的标准差由 0.541MW 减少至 0.275MW，在协同控制策略下，变化量峰值和标准差进一步减少至 0.531MW 和 0.182MW，飞轮储能的输出功率变化量峰值也由 1.71MW 增加至 2.33MW。结合图 4-35d 不同策略下主蒸汽压力的波动情况，可以看出，采用飞轮储能辅助参与调频可以有效降低汽轮机输出功率的波动，减小主蒸汽压力波动的幅值，保障火电机组安全运行，提高机组寿命。

3. 现场运行效果

飞轮储能系统联合灵武电厂一期机组参与一次调频，由电网调度中心获取 2022 年 10 月及 11 月同一日期下#2 机组的历史合格率数据（见图 4-36），一次调频越限及反调次数对比如图 4-37 所示。

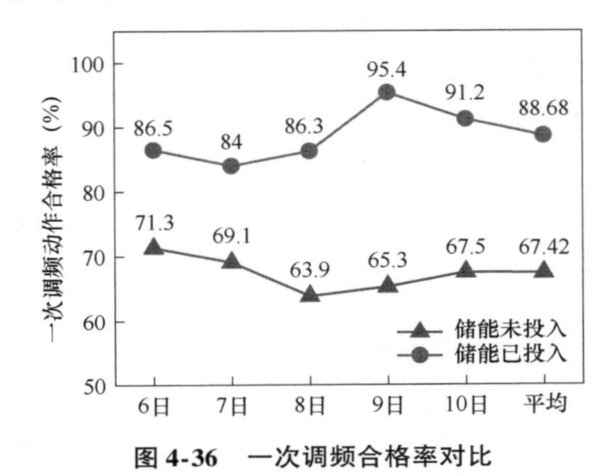

图 4-36　一次调频合格率对比

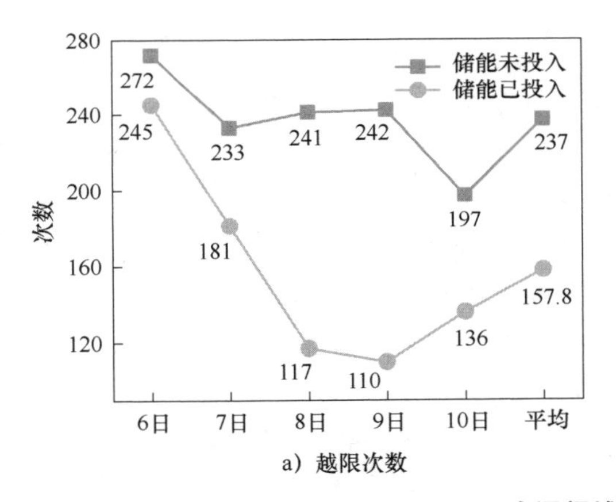

a）越限次数

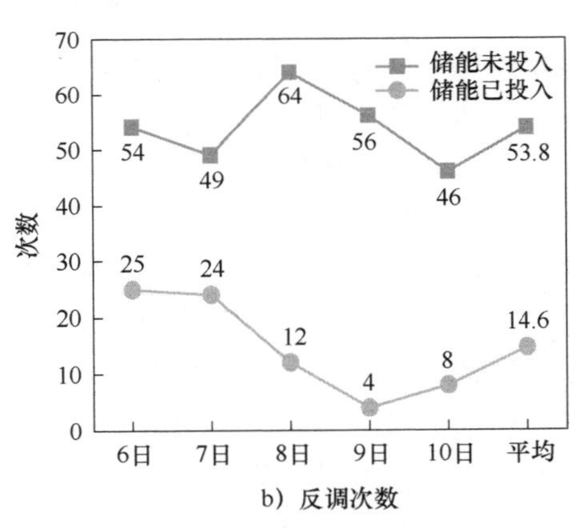

b）反调次数

图 4-37　一次调频越限及反调次数对比

可以看出，未投入飞轮储能系统参与一次调频时，灵武电厂#2 机组的一次调频合格率最低为 63. 9%，最高为 71. 3%，平均只有 67. 42%；飞轮储能系统投入后，一次调频合格率明显改善，最低调频合格率为 84%，最高为 95. 4%，平均合格率达到 88. 68%，火-储联合系统参与一次调频相比于原有火电机组独立参与提升了 21. 26%。此外，火-储联合系统参与调频的越限次数和反调次数也明显降低，调频的越限次数由平均 237 次降低至 157. 8 次，反调次数最多的 64 次降低至平均 14. 6 次。

一次调频合格率考核主要分为一次调频动作次数指标和贡献电量指标，通过本章所设计的火储耦合一次调频控制策略，飞轮储能系统在电量充足的情况下可以快速响应，主动参与一次调频，增加动作次数合格率。同时飞轮的调节功能可以弥补部分火电机组出力反向或超限的情况，有效降低了一次调频的越限次数和反调次数。飞轮的参与同时增加了火电参与一次调频的贡献电量，综合调频动作次数和贡献电量的一次调频合格率明显提升。

国能宁夏灵武电厂通过建设22MW/4.5MWh飞轮储能系统辅助2×600MW机组参与一次调频和AGC调频。飞轮项目工程依托于国能集团灵武公司基于光火储耦合技术研究与应用项目，一次性工程投资8890万元，包含飞轮储能单体设备、变流器和变压器等电气设备、相应控制器软硬件以及相关技术服务。随着36台飞轮储能系统逐步投运，根据调度提供的数据，对比2022年同周期电网一次调频补偿结果见表4-10。

表4-10　一次调频补偿结果对比

项　　目	1月	2月	3月
2022年补偿分数	214.11	373.38	484.42
2023年补偿分数	1871.85	1426.43	2160.00
2023年调度收益/万元	187.2	142.6	216.0

从数据可知，2022年同期一次调频平均补偿分数为357.3分，2023年1月～3月一次调频平均补偿分数为1819.43分，平均等比增长1462.13分，根据调度公布的数据，2023年前三个月平均一次调频收入可达181.93万元。当飞轮储能系统全容量投运以后，其一次调频收益会进一步提高，并网同步发电机组一次调频服务补偿按照一次调频月度动作积分电量150分/万kWh补偿，分数兑现按照1000元/分执行。飞轮储能投运后一次调频月度平均增加动作积分为2492分，合计月度收益约249.2万元，年度约2990.4万元。

本节通过建立改进的区域电网调频模型，对电网调频的过程进行研究，提出一种基于火电机组实时出力增量预测的火电-飞轮储能系统协同调频控制策略。通过Simulink仿真平台验证了预测模型的准确性以及协同调频控制策略的可行性，得到以下结论：

1）传统火电机组在处于动态工况下时，由于蓄能不足会导致调频出力欠缺，面对8r/min转速差的调频需求，相比稳态工况最大出力偏差达到了6.24MW，6r/min和4r/min下分别为4.05MW和1.84MW。

2）在飞轮运行控制策略设计中，相比于下垂控制，改进的火-储协同控制策略实现系统频率偏差的最大值降低32%，稳态偏差减少约30%，更有利于对系统频率的稳定支撑。

3）当外界负荷发生扰动时，飞轮储能辅助机组参与调频可以降低汽轮机输出功率波动，协同策略下汽轮机出力的峰值约为原机组出力峰值的 50%，可以有效减缓火电机组出力波动，有利于机组蓄能的恢复，保护机组设备。

4）采用改进的飞轮储能运行控制策略可以有效减小主蒸汽压力波动的幅值，避免主蒸汽压力变化过大引发的机组运行及安全问题，保障火电机组安全运行，提高机组寿命。

综上，本章设计的基于火电机组实时出力增量预测的火电-飞轮储能协同调频控制策略可以很好地应用于电网调频，改善系统频率波动。

4.5 本章小结

在短期内，火电机组仍是我国电网调频的主要资源，其大惯性大迟延所带来的调频响应速度慢、受运行工况影响大等问题逐渐凸显。引入飞轮储能辅助传统火电机组调频，一方面可以改善调频质量，另一方面可以减缓机组出力波动，保障机组运行的安全性和经济性，是抑制电网频率波动、提高新能源消纳水平的重要手段。同时“两个细则”对并网发电厂提供辅助服务提出了明确的考核指标，对传统发电机组在一次调频响应出力方面提出了新的要求。在目前的相关研究中，对于飞轮储能参与电网调频的有效性已经得到了广泛验证，但是在设计飞轮储能系统的出力控制策略时仍存在不足。

本章针对飞轮储能系统和火电机组联合出力控制，在传统的下垂控制基础上，充分考虑了火电机组响应速度慢等问题，结合飞轮储能的快速性，提出了基于自适应协同下垂的飞轮储能联合火电机组一次调频控制策略。其次，针对“两个细则”对并网电厂一次调频要求提高，充分考虑了储能当前电量对调频性能的影响，提出了基于提升考核指标的飞轮储能参与调频划分电量下垂控制策略。另外为了进一步增加飞轮储能和火电的协调互补能力，提出了基于机组实时出力增量预测的火电-飞轮储能系统协同调频控制策略。本章的研究充分挖掘了飞轮储能辅助火电机组参与电网一次调频的难点及问题，综合考虑飞轮-火电协同特性，优化电网考核指标，可以很好地应用于电网调频，改善系统频率波动，提高运行安全性。

参考文献

[1] 华北监能市场〔2019〕254 号．并网发电厂辅助服务管理实施细则和并网运行管理实施细则 [R]．2019.

[2] 彭鹏，胡振恺，李毓烜，等．储能参与电网辅助调频的协调控制策略研究 [J]．电气制造，2021，16（03）：106-114.

[3] 肖春梅，电储能提升火电机组调频性能研究 [J]. 热力发电，2021 (06)：98-105.

[4] 涂伟超，李文艳，张强，等. 飞轮储能在电力系统的工程应用 [J]. 储能科学与技术，2020. 9 (03)：869-877.

[5] PERALTA D，CANIZARES C，BHATTACHARYA K. Practical Modeling of Flywheel Energy Storage for Primary Frequency Control in Power Grids [C]. Power & Energy Society General Meeting (PESGM)，2018.

[6] 洪烽，梁璐，逄亚蕾，等. 基于自适应协同下垂的飞轮储能联合火电机组一次调频控制策略 [J]. 热力发电，2023. 52 (01)：36-44.

[7] 吴天宇，基于模糊控制理论的两区域互联电网 AGC 的研究 [D]. 长沙：长沙理工大学，2016.

[8] 邓霞，孙威，肖海伟，等. 储能电池参与一次调频的综合控制方法 [J]. 高电压技术，2018，44 (04)：1157-1165.

[9] 李欣然，崔曦文，黄际元，等. 电池储能电源参与电网一次调频的自适应控制策略 [J]. 电工技术学报，2019. 34 (18)：3897-3908.

[10] PANDI H，BOBANAC V. transactions on power systems 1 an accurate charging model of battery energy storage [J]. IEEE Transactions on Power Systems，2019，34 (02)：1416-1426.

[11] 张兴，阮鹏，张柳丽，等. 飞轮储能在华中区域火电调频中的应用分析 [J]. 储能科学与技术，2021，10 (05)：1694-1700.

[12] 隋云任，梁双印，黄登超，等. 飞轮储能辅助燃煤机组调频动态过程仿真研究 [J]. 中国电机工程学报，2020. 40 (08)：2597-2605.

[13] 何林轩，李文艳. 飞轮储能辅助火电机组一次调频过程仿真分析 [J]. 储能科学与技术，2021，10 (05)：1679-1686.

[14] 邓拓宇，田亮，刘吉臻. 供热机组负荷指令多尺度前馈协调控制方案 [J]. 热力发电，2016 (03)：48-53.

[15] 蒋华婷，储能系统参与自动发电控制的控制策略和容量配置 [D]. 北京：华北电力大学，2019.

[16] 李军徽，侯涛，穆钢，等. 基于权重因子和荷电状态恢复的储能系统参与一次调频策略 [J]. 电力系统自动化，2020，44 (19)：63-72.

[17] 吴天宇，基于模糊控制理论的两区域互联电网 AGC 的研究 [D]. 长沙：长沙理工大学，2016.

[18] 周皓，李军徽，葛长兴，等. 改善风电并网电能质量的飞轮储能系统能量管理系统设计 [J]. 太阳能学报，2021，42 (03)：105-113.

[19] 盛锴，邹鑫，邱靖，等. 火电机组一次调频功率响应特性精细化建模 [J]. 中国电力，2021，54 (06)：111-118.

[20] 王育飞，杨铭诚，薛花，等. 计及 SOC 的电池储能系统一次调频自适应综合控制策略 [J]. 电力自动化设备，2021 (10)：192-198.

[21] 刘吉臻，邓拓宇，田亮，负荷指令非线性分解与供热机组协调控制 [J]. 中国电机工程

学报, 2016, 36 (02): 446-452.

[22] 李若, 李欣然, 谭庄熙, 等. 考虑储能电池参与二次调频的综合控制策略 [J]. 电力系统自动化, 2018, 42 (08): 74-82.

[23] ROSTAMI M, KIAEI I, LOTFIFARD S. Improving Power Systems Transient Stability by Coordinated Control of Energy Storage Systems and Synchronous Generators in Presence of Measurement Noise [J]. IEEE Systems Journal, 2019 (99): 1-10.

[24] 曾德良, 刘吉臻. 汽包锅炉的动态模型结构与负荷/压力增量预测模型 [J]. 中国电机工程学报, 2000, 20 (12): 75-79.

[25] 曾德良, 高耀岿, 胡勇, 等. 基于阶梯式广义预测控制的汽包炉机组协调系统优化控制 [J]. 中国电机工程学报, 2019, 39 (16): 4819-4826.

[26] 田云峰, 郭嘉阳, 刘永奇, 等. 用于电网稳定性计算的再热凝汽式汽轮机数学模型 [J]. 电网技术, 2007, 31 (05): 39-44.

[27] 董珍柱. 600MW 亚临界机组多蓄能协同调度的控制技术研究 [J]. 电力学报, 2021, 36 (06): 573-586.

第5章 飞轮储能-火电机组联合系统参与电网二次调频控制

5

5.1 火电机组参与电力现货市场现状与概述

在新一轮电力体制改革背景下，火电厂主要通过中长期交易以及现货交易并举的形式参与电力市场，其中中长期交易已在全国范围内大面积成功推行，而八个第一批电力现货市场改革试点地区在 2019 年 6 月底前全部投入试运行。

我国作为碳排放大户，为实现双碳目标[1]，电力行业需加大新能源的投入建设，构建以新能源为主体的新型电力系统，大力发展风电、光伏等可再生能源以加速脱碳进程[2]近年来我国电力行业电源结构、网架结构发生重大变化，电力装机规模持续扩大，清洁能源发展迅猛。新能源电站逐步进入现货交易市场，但是由于风电出力的不确定性和波动性会带来一定的调峰调频[3]成本，辅助服务市场建设也面临新的挑战。储能的加入很好地解决了新能源引入的挑战[4-5]，以锂电池和飞轮储能为代表的新型规模化储能资源既可解决风光出力高峰与负荷高峰错配的难题，通过削峰填谷增加谷负荷以促进可再生能源的消纳，减少峰负荷以延缓容量投资需求；又可解决风光出力随机性和波动性带来的频率稳定[6]难题，尤其是电化学等响应速度较快的新型储能，能提供调频服务提高电网可靠性。

5.1.1 储能系统参与电力现货市场现状与机制

新型储能联合火电机组参与电力现货市场，对激励储能的发展具有重要意义，也推进了电力市场政策的进一步发展。从“十四五”新型储能发展实施方案提出新型储能发展目标，到关于促进新时代新能源高质量发展的实施方案部署研究储能成本回收机制，再到国家发展改革委办公厅、国家能源局综合司发布《关于进一步推动新型储能参与电力市场和调度运用的通知》[7]提出新型储能参与电力市场的机制。未来电力现货市场制度将不断成熟完善，新型储能行业将迎来政策密集出台期，新型储能将深度融入电网，而在现货市场不断发展的过程中，要建立完善适应储能参与的市场机制，鼓励新型储能自主选择参与电力市场，发挥储能技术优势，提升储能总体利用水平，保障储能合理收益，促进行业健康发展。

随着电力市场化改革的逐步推进，未来储能的发展与运营将主要在市场化的背景下实现。在电力市场[8]中，因为储能在物理约束上具备独特的能量有限性，使得其充放电能力不仅受功率上下限的约束，还受到荷电状态的限制，这使得储能在电力市场出清模型中的建模具有特殊性，容量价值[9]核算也较为复杂，对市场的竞争、价格信号的产生、市场成员的收益等都将产生重要影响；在成本特性上，储能的放电成本并无固定值，而是取决于充电时段的价格和其他时段无法放电的机会成本，复杂的成本核算将对市场成员的决策和组织者的监管提出挑战。

储能与电网[10]的深度融合，极大地改进了现阶段偏重于电力平衡的传统电网规划和调度方式。储能以不同角色定位（独立电站或联合电站）进入电力市场，与发电站以多种不同形式[11]的合作方式进入电力现货市场也成了一大趋势。以现有的市场体系为背景，对于储能参与电力市场[12-13]的角色，现阶段大多数地区的政策都是偏向于站在储能的角度，研究其作为市场主体的调节、投资或者交易，提升清洁能源的消纳能力[14]、大电网安全稳定运行水平和电网投资运行效率，电网侧储能项目大多引入第三方主体作为项目投资方，负责项目建设和运营；储能使用权[15-16]也作为单独设计的标的成为市场的一种新的交易方式，此交易可行性和市场规范政策有待研究和进一步完善，电网公司可采用租赁形式获得项目使用权，可利用储能资源替代传统输配电资产投资，从而提高电力系统运行可靠性；储能联合火电参与电力辅助服务市场[3]也是一大发展趋势，储能通过保证火电厂的性能参数以增大其参与辅助市场的竞争力，从而增大中标概率，获得可观收益。

辅助服务市场[17]的构建保障了我国电力系统安全。辅助服务市场与电力现货市场一样，都是我国新一轮电力市场建设的重要组成部分，对电力、辅助服务资源起到了市场化配置的作用，两者相互依存，电力现货市场中的日内实时市场需要辅助服务市场予以支持，有利于打破省际间壁垒、促进跨省区交易，进一步促进可再生能源消纳，更好地推进可再生能源的发展。2021 年 12 月 21 日，国家能源局修订发布《电力辅助服务管理办法》[18]，重点对辅助服务提供主体、交易品种分类、电力用户分担共享机制、跨省跨区辅助服务机制等进行了补充深化。电力辅助服务是指为维持电力系统安全稳定运行，保证电能质量，促进清洁能源消纳，除正常电能生产、输送、使用外，由火电、水电、核电、风电、光伏发电、光热发电、抽水蓄能、自备电厂等发电侧并网主体[19]，电化学、压缩空气、飞轮等新型储能，传统高载能工业负荷、工商业可中断负荷、电动汽车充电网络等能够响应电力调度指令的可调节负荷提供的服务。

“双碳”目标下的新型电力系统可再生能源发电和分布式发电[20]占比将逐渐提高，供需双方的稳定性和可预测性均会降低，使得系统平衡的过程变得越发复杂，辅助服务市场建设面临重大挑战。系统运行管理的复杂性不断提高，对辅助服务的需求量显著增加，现有辅助服务品种需进一步适应系统运行需要；仅通过发电侧单边承担整个系统辅助服务成本，已无法承载系统大量接入可再生能源产生的需求；跨省跨区交易电量规模日益扩大[21]，省间辅助服务市场机制和费用分担原则有待完善；新型储能、电动汽车充电网络等新产业新业态也亟须市场化机制引导推动发展。

现阶段储能主要联合火电参与电力辅助服务市场，“火电 + 储能”系统联合调频通过给火电机组配置储能可明显提升调频综合性能。火-储联合调频以小容量储能为补充单元改善火电机组调频性能，运行过程中电网调度指令同时发送给火电和储能控制系统，火电机组正常跟踪调度指令并响应。储能系统实时监测火电功率并计算出储能系统的出力快速响应，同时随着火电机组的响应过程逐渐退出。整个过程中储能系统在缩短机组响应时间、提高调节速率[22]及调节精度等性能指标的同时，还可以减少火电机组调速阀门的动作，减少其磨损，延长火电机组使用寿命。随着飞轮储能在功率和容量上实现突破，众多飞轮储能项目参与到调频市场[23-24]中。目前飞轮储能技术在中国仍处于示范应用前期阶段，但 2021—2022 年，中国飞轮储能项目不断升级，开始出现具有完全自主知识产权的项目。具有全球自主产权的国内龙头企业华驰动能，在 2023 年实现全球最大飞轮 4MW 飞轮实现科技突破。在 2021 年 11 月，第一个全容量飞轮储能-火电联合调频工程，也是全球单体储电量最大、单体功率最大的飞轮储能，突破 500kW 级大功率飞轮单体的技术瓶颈，实现大功率飞轮单体工程应用。

而电力辅助服务市场的市场机制存在着辅助服务激励不当的问题。修订的《电力辅助服务管理办法》通过完善用户分担共享新机制，来提升需求侧调节能力，健全市场形成价格新机制的方式来降低系统辅助服务成本，更好地发挥市场在资源配置中的决定性作用。山西调频辅助服务市场化试点来看，调频市场的运行显著提高了供给质量，证明了通过市场配置资源的有效性。

综上来说，储能参与现货市场与辅助服务市场[3]的竞争已变得越发成熟，推动储能参与市场竞争并更好地融入市场竞争，还需要市场组织者明确现有市场机制的适应性与不足，针对性研究适合储能的市场参与方式，明确需要调整的机制要素，并选择合适的技术路线，使市场能更好地配置储能资源。

5.1.2 山西现行现货交易市场下的调频辅助服务细则

1. 山西市场化机制现状

山西电网富煤、多风、多光、少水、供暖需求大，电网调峰能力难以满足新能源快速发展的需要，亟待建立“现货 + 辅助服务”[25]联合运行的市场化机制。结合山西电网的特点和政策背景，设计了多日滚动机组组合、日前市场、实时市场深度融合的现货与调频市场联合优化机制，建立了基于多日滚动机组组合的电力现货与调频市场联合优化出清数学模型，并在山西电网某次连续 7 天结算试运行实际应用。试运行验证了机制合理性和模型有效性，是市场化方式解决山西电网调频能力不足与新能源消纳受限矛盾的有益尝试。

近年来，山西新能源发展迅速，截至 2020 年 5 月，山西省新能源场站总装机容量达到 2472 万 kW，同比增长 21.6%；风电出力首次突破千万 kW，最大达到 1006 万 kW，风光叠加最大出力为 1468 万 kW，占当时全网用电的 61%。根据“十三五”规划，到 2020 年底山西新能源装机将达到 3800 万 kW，新能源发电的随机性、间歇性和波动性对电网的灵活调节能力提出更高要求，将大幅度增加系统辅助服务需求和成本。在这个背景下，依然依靠“两个细则”辅助服务计划补偿模式和力度已不能满足电网运行需求。山西省目前调峰机组主要以火电机组承担，有最小启停时间约束要求使得火电机组在短时间周期内不能频繁启停；再加上系统备用等运行约束要求，仅靠火电机组组合难以充分保障风光等新能源的充分消纳。

2017 年 8 月，山西被选择为第一批 8 个电力现货市场建设试点地区之一，加快电力现货市场建设步伐。因为市场建设尚处于起步阶段，距离国外成熟电力市场靠现货市场解决调峰问题仍有一定距离，在现货市场建设初期，保留深度调峰市场，以鼓励火电企业进行灵活性改造。对于同台发电机组而言，参与调频与电能的竞价空间是耦合互斥[26]，调频市场和电力现货市场联合优化运行更能获得最佳经济效益，促进资源优化配置。

国内现阶段辅助服务市场与现货电能量市场还是分开独立运营的，但两者之间是存在衔接的，如图 5-1 所示。

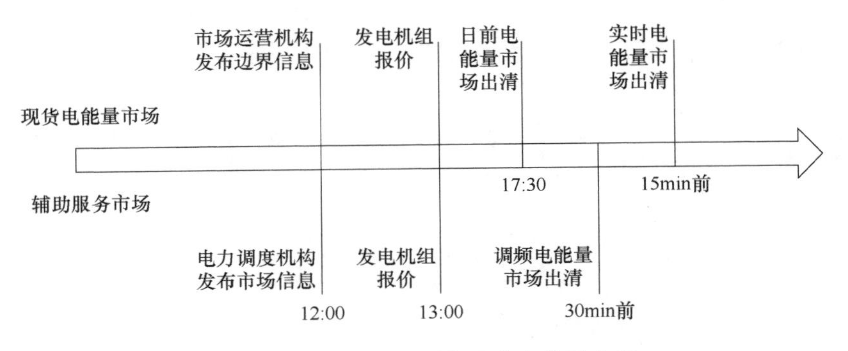

图 5-1　辅助服务市场与现货电能量市场

2. 辅助服务市场交易流程

山西电力现货与参与调频服务市场交易组织流程图如图 5-2 所示。

在 2022 年 7 月 15 日，山西能源监管办关于修订电力调频辅助服务市场有关规则条款的通知，为优化做好电力调频辅助服务市场与现货市场的衔接，提升发电企业参与调频积极性，保障电力系统安全稳定运行，结合实际，现对《关于完善电力调频辅助服务市场有关规则条款的通知》[27]第一条、《山西并网发电厂辅助服务管理实施细则》（晋监能市场〔2021〕94 号）第二十一条、《山西电力调频辅助服务市场运营细则》（晋监能市场〔2017〕143 号）第十七条、《关于强化市场监管有效发挥市场机制作用促进全省今冬明春电力供应保障的通知》（晋监能市场〔2021〕187 号）第五条做如下修订：

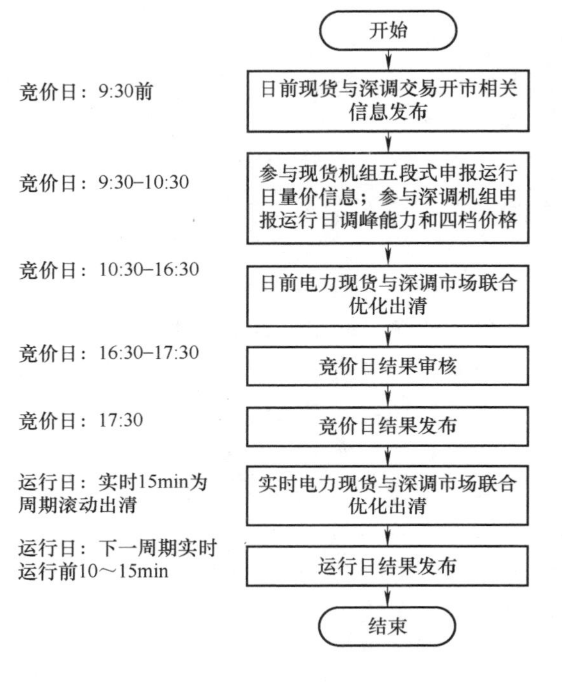

图 5-2　山西电力现货与参与调频服务市场交易组织流程图

提高部分时段的里程价格，维持现有调频市场的 5 个时段不变，缩短中午低谷时段时长，提高部分时段申报价格范围。将申报积极性较低的中午低谷时段由原先的10:00—16:00缩短为12:00—16:00，晚高峰时段时长范围16:00—21:00暂保持不变。将中午低谷时段和晚高峰时段的价格范围，由目前的 5 ~ 15 元/MW 调整为 10 ~ 30 元/MW，其余时段保持 5 ~ 15 元/MW 不变，具体见表 5-1。

表 5-1　调整后的调频时段与价格范围

序　号	时间名称	时间范围	报价范围
1	凌晨时段	00:00—06:00	5 ~ 15 元/MW
2	早高峰时段	06:00—12:00	5 ~ 15 元/MW
3	中午低谷时段	12:00—16:00	10 ~ 30 元/MW
4	晚高峰时段	16:00—21:00	10 ~ 30 元/MW
5	后夜降负荷时段	21:00—24:00	5 ~ 15 元/MW

（1）日前出清

1）确定次日各时段调频需求 P^{R}_{demand}。

次日调频市场各时段的可调容量需求，暂定为该时段直调发电需求最大值的 5%～15%。调度机构可依据市场运行情况及实际电网调频情况，按需调整系统调频需求。

2）计算机组历史调频性能指标。

每次 AGC 动作时按下式计算 AGC 调节性能：

$$K_p^{i,j} = K_1^{i,j} \times K_2^{i,j} \times K_3^{i,j} \tag{5-1}$$

式中，$K_p^{i,j}$ 衡量的是该 AGC 调频资源 i 第 j 次调节过程中的调节性能好坏程度；$K_1^{i,j}$ 衡量的是 AGC 调频资源 i 第 j 次实际调节速率与其应该达到的标准速率相比达到的程度；$K_2^{i,j}$ 衡量的是 AGC 调频资源 i 第 j 次实际调节偏差量与其允许达到的偏差量相比达到的程度；$K_3^{i,j}$ 衡量的是 AGC 调频资源 i 第 j 次实际响应时间与标准响应时间相比达到的程度。

调节性能日平均值 K_{pd}^{i} 为

$$K_{pd}^{i} = \begin{cases} \dfrac{\sum\limits_{j=1}^{n} K_p^{i,j}}{n}, & \text{调频资源 } i \text{ 被调用 AGC}(n > 0) \\ 1, & \text{调频资源 } i \text{ 未被调用 AGC}(n = 0) \end{cases} \tag{5-2}$$

调频资源历史调频性能指标，选取最近一个调用日（向前查询最多不超过 15 天）的调频性能各时段的平均值数据（该日调频资源再运行状态）。当某调频资源某时段的历史调频性能指标小于或等于 1 时，调控中心在该时段不予调用，待性能测试试验符合标准后方可再次进入调频市场，历史调频性能指标按照测试结果计算。

3）调整历史调频性能指标。

选定的调频资源历史调频性能指标，经过归一化出力，使其数值在 0～1 之间，调整公式如下：

$$\lambda(Kp_i) = \begin{cases} 1, & Kp_i \geqslant Kp_{\text{staturation}} \\ 0.5 + \dfrac{0.5}{Kp_{\text{staturation}} - Kp_{\min}} \times (Kp_i - Kp_{\min}), & Kp_{\min} \leqslant Kp_i \leqslant Kp_{\text{staturation}} \\ 0.1, & Kp_i \leqslant Kp_{\min} \end{cases} \tag{5-3}$$

式中，$Kp_{\min}$ 与 $Kp_{\text{staturation}}$ 的数值依据实际情况确定和调整。暂定 $Kp_{\min} = 1$，$Kp_{\text{staturation}} = 4$。

4）计算各机组排序价格。

将各调频服务供应商的申报价格，除以其归一化的历史调频性能指标，得到其排序价格：

$$C_i = C_i^R / \lambda(Kp_i) \tag{5-4}$$

式中，C_i^R 为调频服务供应商 i 的原始报价。

5）出清顺序。

按各调频资源的排序价格由低到高确定中标优先次序。当排序价格相同时，优先调用调节性能好的调频资源；调节性能指标相同时，选取调节容量大的调频资源。

6）确定调频市场边际调频资源。

对于调频资源 i^M，对于所有按价格顺序排列的机组，则有

$$\sum_{1}^{i^M-1} P_i^R < P_{\text{demand}}^R \text{ 且} \sum_{1}^{i^M} P_i^R \geqslant P_{\text{demand}}^R \tag{5-5}$$

式中，i^M 为边际调频资源，$1 \leqslant i \leqslant i^M$ 为中标的调频资源。各调频服务供应商按照申报价格进行结算。

（2）交易结果执行

运行日按照 00:15—06:00、06:15—10:00、10:15—16:00、16:15—21:00、21:15—24:00 各时段调频市场交易结果，切换中标调频资源，由其跟踪 AGC 系统的调频指令，提供调频服务。运行日中，当值调度员发现某调频（ACE）机组不跟踪 AGC 指令或不满足调频机组基本调峰能力要求时，取消其参与调频市场交易资格及调频收益，并做好当班记录。

若某调频资源历史调频性能小于或等于 1，调频资源供应商应积极消缺整改，及时向省调提交 ACE 调节试运申请票。待申请票批复后，调频资源供应商向当值调度员申请投入 ACE 模式，获得同意后当值调度员将调频资源 AGC 模式改为 ACE，产生调节性能指标后，由市场决定是否参与 ACE 调频服务。

下一个运行日 02:00 后，在各调频服务供应商等确认无误的情况下，调控中心依据调频资源的实际调频效果与贡献，计算调频收益，生成调频市场费用清算单并发送至交易中心，由交易中心出具结算凭据。电网出现断面越限或事故处理时，调控机构根据电网实际情况退出相关调频机组的 ACE 控制模式。

中标的调频资源在提供调频服务以后，可以获得调频收益：该时段内调频资源 i 的调频收益 = 该时段内调频资源 i 实际的调节深度 D^R × 该时段内调频资源 i 当日的性能指标 × 该时段内调频市场结算价格。当调频市场供不应求或运行日调频容量不足时，调控机构对未申报的调频资源按历史调频性能指标排序依次进行调用，并按价格上限为标准计算补偿费用。机组调频试验期间不获得调频补偿费用。

（3）调频市场结算

调频市场的结算按五个时段进行，分为收益和费用分摊两部分。

1）收益。

中标的调频资源在提供调频服务以后，可以获得调频收益：

$$R_i = D^R \times Kp_i \times C_i^R \tag{5-6}$$

式中，R_i 为该时段内调频资源 i 的调频收益；D^R 为该时段内调频资源的调节深度且 $D^R = \sum_{i=1}^{n} D_{i,j}^R$；$C_i^R$ 为该时段内的调频市场结算价格。

当调频市场供不应求或运行日调频容量不足时，调控机构对该时段内未申报的调频资源按其对应时段的历史调频性能指标排序依次进行调用，并按价格上限为标准计算补偿费用。机组调频试验期间不获得调频补偿费用。

2）费用分摊。

调频市场月度总费用等于当月每天调频市场收益之和，调频市场所产生的费用按月由发电侧和用户侧均分。其中发电侧承担费用优先从“两个细则”考核费用中扣除，不足部分由火电、风电、光伏按照月度上网电费 1:1:1 分摊。用户侧承担费用部分由批发市场用户（含售电公司、电网企业代理购电用户）和优先购电用户按照实际用电量比例分摊，其中，由售电公司代理购电的零售用户承担的费用，未完成分时表计改造的由所代理的电力用户承担，完成分时表计改造的由售电公司和零售用户协商确定；由电网企业代理购电的零售用户承担的费用由所代理零售用户承担，优先购电用户承担的费用由优先发电量电费和外送发电量电费分摊。电网企业应在每月电费账单中单列辅助服务类别及费用，增加用户的知情权。

随着山西电力调频辅助服务市场的不断成熟和完善，后期考虑根据市场化用户分行业用电对调频的需求程度制定分行业分摊办法。

3. 调频性能与市场收益

目前，不同类型储能和火电机组参与电网调频时仅具备调频性能评价标准，如“两个细则”从时间、速率、精度方面考核性能，但实际不同调节资源的成本也不相同，尤其随着储能的投运时间增加，各储能单元寿命参差不齐，不同储能单元衰减特性、调节成本、调频收益等均存在差异。细化调节速率 k_1、调节精度 k_2、响应时间 k_3 的考核电量计算方式，首先对每日各次调节指令中 k_1、k_2、k_3 进行等值处理，若 k_1、k_2、k_3 大于或等于 1 则记为 1，小于 1 则取实际值，然后再计算 k_1、k_2、k_3 的日平均值，并对平均值分三类情况实施考核。

图 5-3 所示为网内某台机组一次典型的 AGC 机组设点控制过程。

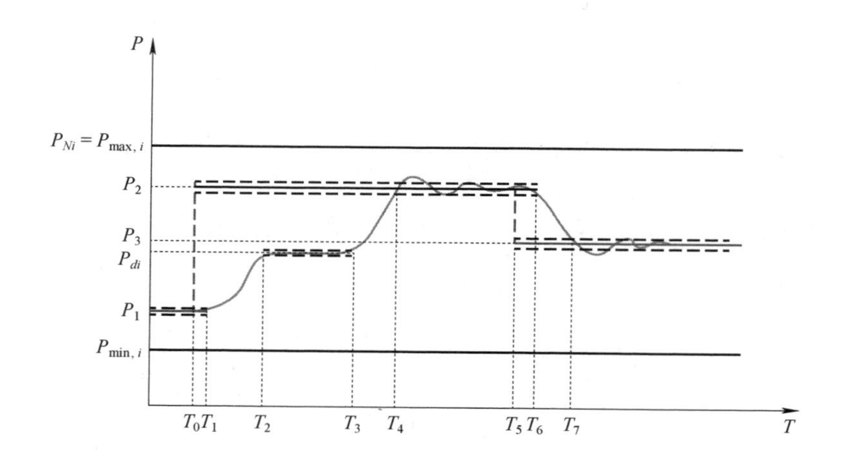

图 5-3　机组一次典型的 AGC 机组设点控制过程

在图 5-3 中，$P_{\min,i}$ 是该机组可调的下限出力，$P_{\max,i}$ 是其可调的上限出力，P_{Ni} 是其额定出力，P_{di} 是其启停磨临界点功率。整个过程可以这样描述：T_0 时刻以前，该机组稳定运行在出力值 P_1 附近，T_0 时刻，AGC 控制程序对该机组下发功率为 P_2 的设点命令，机组开始涨出力，到 T_1 时刻可靠跨出 P_1 的调节死区，然后到 T_2 时刻进入启磨区间，一直到 T_3 时刻，启磨过程结束，机组继续涨出力，至 T_4 时刻第一次进入调节死区范围，然后在 P_2 附近小幅振荡，并稳定运行于 P_2 附近，直至 T_5 时刻，AGC 控制程序对该机组发出新的设点命令，功率值为 P_3，机组随后开始降出力的过程，T_6 时刻可靠跨出调节死区，至 T_7 时刻进入 P_3 的调节死区，并稳定运行于其附近。

储能参与调频市场响应 AGC 功率指令时，储能的荷电状态与储能系统安全性、运行寿命、储能最大可用调节容量、日前中标容量以及调节里程都密切相关。为保证储能系统响应调频 ACE 信号时的安全性，应避免储能状态进入过度充电区和过度放电区，功率型飞轮储能可以应对深度充放电的调频需求，能量型飞轮储能适合应对浅充浅放的调频需求，并且让储能的荷电状态保持在浅充浅放区可以申报尽可能大的调频容量以获得可观的调频市场收益。

4. 山西正备用辅助服务市场交易

2023 年 5 月，山西能源监管办发布《山西正备用辅助服务市场交易实施细则（试行）》的通知。在夏度冬电力供应紧张时期，山西已出现晚高峰正备用容量严重不足的情况。随着“十四五”规划的落地，新能源大量接入，预计到 2030 年，全省新能源装机占比达 60% 以上，但也进一步加大了发电波动性，使系统顶峰面临较为紧张的局面。其中正备用容量是为保障用户可靠供电的电网安全最小正备用容量，满足新能源跨日大幅波动及预测偏差、省间需求或保供要求引起的备用需求。为充分挖掘发电顶峰能力，保证高峰时段电力供应充足，因此制定了此文件，主要特点如下：

1）鼓励新的市场主体参与辅助市场。除火电、燃气等常规机组外，新型储能、虚拟电厂、用户可控负荷和具备调节能力的新能源场站均可参与备用辅助市场。

2）基于山西电力市场相对成熟的基础上，直接实行了市场化模式。不再通过“两个细则”以固定模式和价格补偿正备用辅助服务费用，而是采用市场化竞争手段引导市场主体提供正备用辅助服务并获得收益。

3）在现有的电能量市场与辅助服务市场的基础上，进一步规范了两者相互之间的衔接。厘清了与现货市场、中长期市场和其他辅助服务市场在交易申报、交易时序等方面的衔接关系，明确了各类市场独立结算的机制，使市场更加条理清晰。

4）明确分五个时段组织交易，保证晚高峰的电量供应。为提升市场主体参与交易灵活性的同时提升晚高峰时段市场主体参与积极性，保障高峰时段备用充足，全天分五个时段组织开展，并适当提升高峰时段报价范围，降低低谷时段报价范围。

5.1.3　国内其他地区现行调频辅助服务细则

1. 山东调频市场

为深入贯彻落实党中央、国务院决策部署，推动构建新型电力系统，规范电力系统并网运行管理和电力辅助服务管理，2021 年 12 月，国家能源局修订印发《电力并网运行管理规定》《电力辅助服务管理办法》，对并网运行管理及辅助服务管理提出了新的要求。山东能源监管办根据国家能源局有关规定要求，结合山东省网源结构、电力运行、市场建设等实际情况，修订发布了《山东省电力并网运行管理实施细则》《山东省电力辅助服务管理实施细则》，变化如下：

1）建立健全新增并网主体考核条款：新版“两个细则”首次将抽水蓄能电站、独立新型储能电站、地方公用电厂纳入并网运行管理。一是抽水蓄能电站。抽水蓄能电站与直调火电、核电同属于省调直调并网发电厂，除不参与调度计划偏曲线考核外，其他考核条款与直调火电、核电保持一致。二是独立新型储能电站。调度纪律、继电保护及安自装置、自动化设备、电力监控系统等考核条款作为通用考核与其他类型并网主体保持一致，并对 AGC、AVC、一次调频、非计停、快速调压、检修超期等考核条款进行差异化设置。三是地方公用发电厂。包括调度纪律、继电保护及安自装置、自动化设备、电力监控系统等为通用考核，以及调峰受阻、非计停、母线电压合格率等差异化考核条款。

2）完善并网运行相关考核条款。一是优化机组降出力考核条款。根据降出力申报时间区分降出力考核标准，对于日前降出力申请，考核力度降低为现行标准的1/3，日内临时提报的降出力考核力度保持不变。设置民生供热机组降出力免考容量，且将供暖期民生供热机组日前降出力考核系数下调25%。保供期间的调峰考核系数由8下调至6，其他时段维持不变。在降低降出力单次考核的基础上，将机组降出力最大考核电量由当月上网电量的1%上调至1.5%。二是增加机组非计停免考核条款。为鼓励机组深度调峰，在低谷调峰期间机组运行在额定容量的40%及以下出力且不影响电力平衡时产生的非计划停运，不计入非计划停运考核。同时根据机组申请停机时间及电力调度机构批准情况，明确非计划停运与临时检修判断条件。三是调整机组调频系数。考虑山东受端电网特性，以及风电、光伏迅猛增长情况下，强化火电机组在电网异常情况下的快速、大幅度负荷调整能力要求，将机组一次调频正确动作率考核系数由3调整为1，一次调频性能考核系数由1调整为3。同时将机组AGC调频速率指标由1.2提高至1.3。四是完善风电场、光伏电站考核条款。

3）新增辅助服务补偿品种。为鼓励风电场、光伏电站以及独立新型储能参与电网正向调节，对满足一定条件下的风电场、光伏电站以及独立储能电站所提供的转动惯量、快速调压、一次调频辅助服务给予补偿，补偿费用由风电场、光伏电站以及独立储能电站按上网电量比例分摊。

4）优化考核费用计算与分摊方法。一是差异化设置考核电价。对于直调火电机组非计划停运，考核电价为发生时段实时市场结算均价。对于其他考核项目，参与市场结算的并网主体采用月度综合市场交易价格、优先发电采用政府批复上网电价作为考核电价。二是调整考核及补偿费用分摊方式。并网主体考核费用由按照同类并网主体上网电费占比分摊改为按照上网电量占比分摊。

5）调整调试期发电机组和独立新型储能辅助服务费用分摊办法。调试运行期的发电机组（火电、水电、核电等）和独立新型储能，以及退出商业运营但仍然可以发电上网的发电机组（火电、水电、核电等，不含煤电应急备用电源）和独立新型储能，辅助服务费用分摊标准按照《发电机组进入及退出商业运营办法》要求，高于商业运营机组分摊标准，但不超过当月调试期电费收入的10%。

2. 南网调频市场

2022年6月，国家能源局南方监管局印发了《南方区域电力并网运行管理实施细则》《南方区域电力辅助服务管理实施细则》[28]及配套专项实施细则，提出了新主体、新品种、新机制、新要求，健全多层次统一电力市场体系，推进适应能源结构转型的电力市场机制建设，促进源网荷储协调[29]发展。修订细则重点如下：

1）扩大电力并网运行新主体，为满足新型电力系统的建设运行需要。新版南方区域“两个细则”重新定义了独立储能电站的涵义，不再受储能电站所在位置限制，只要是直接与调度机构签订并网调度协议满足直控调节的储能电站都认为是独立储能电站。新规则中将容量每小时 5MW 及以上，调度机构能够直接控制的独立储能电站纳入管理。新型储能响应速度快、调节灵活，在调峰、调频、缓解阻塞、替代和延缓输配电投资、电压支撑与无功控制、故障紧急备用等方面可发挥重要作用。独立储能电站参照火机深度调峰第二档的补偿标准，其他辅助服务如一次调频、AGC、无功调节等品种采用与常规机组一致补偿标准。考虑到独立储能电站运行成本较高，鼓励小容量且分散的储能聚合成为直控型聚合平台，包含负荷聚合商、虚拟电厂等形式。

2）将直控型可调节负荷纳入新主体进行统一管理。直控型可调节负荷是指具备电力调度机构直接控制条件和自动功率控制能力，并与电力调度机构签订并网调度协议的可调节负荷，包括直控型电力用户和直控型聚合平台（含负荷聚合商、虚拟电厂等形式聚合，目前仅允许对同一地市管辖范围内的多个电力用户进行聚合）两类。新规则将容量不小于 30MW，最大上下调节能力不小于 5MW，持续时间不少于 0.5h 的直控型可调节负荷纳入新主体统一管理。直控型可调节负荷参与调峰（削峰）辅助服务补偿标准参照火电深度调峰第二档的补偿标准2 倍执行；直控型可调节负荷参与调峰（填谷）辅助服务补偿标准按照煤机深度调峰第二档的补偿标准执行；其他辅助服务如一次调频、APC 等采用与常规机组一致补偿标准。

3）建立健全电力用户参与辅助服务分担共享等新机制，完善非停考核规定和算法。一是提高考核力度。在电网保供电时期或在全省或地区局部存在电力供应缺口期间，非停按 2 倍计算考核；在上述时期内，发现存在保供不力、恶意非停、虚报瞒报机组运行信息等行为的机组，非停按 5 倍计算考核。二是建立考核费用专项返还机制。对当月超出原标准部分的非计划停运考核费用（即原标准 1 倍以上的考核费用）单独进行平衡结算。按照电厂对系统运行的贡献度分档奖励返还。三是建立现货市场运行的地区考核单价与现货价格接轨的机制。开展现货结算运行区域的市场化机组非计划停运期间以所在节点非停时段实时电价的算数平均值作为考核单价，其他时段以所在结算省（区）上一年平均上网电价作为考核单价；非市场化机组或未开展现货结算运行区域的机组以所在结算省（区）上一年平均上网电价作为考核单价。

4）丰富电力辅助服务新品种，增加一次调频有偿化、爬坡、调相、稳控切机切负荷等新品种。一是对机组一次调频动作合格且实际动作积分电量超过理论动作积分电量 70% 的部分进行补偿，并引入独立储能电站等第三方主体提供一次调频，激励机组进一步加大一次调频功能改造。二是明确由电力调度机构根据实际需要报请能源监管机构同意后，启动相关省（区）爬坡辅助服务，并给予参与爬坡辅助服务的发电企业补偿。爬坡补偿费用由新能源发电企业按照预测偏差比例分摊。三是对调相机不发出有功功率，只向电网输送感性无功功率服务供应量参照迟相无功调节的标准进行补偿。四是现阶段将影响南方区域全局性安全稳定运行的稳定切机、切负荷辅助服务纳入经济补偿试点。

5）建立健全对规则执行情况的监督管理机制。一是建立常态化分级监督管理机制。要求南网总调、广州电力交易中心每年要对规则执行情况进行自查自纠，每年对省级电力调度、交易机构对规则执行情况进行考核评价，相关自查情况和评价结果需及时报送区域能源监管机构；要求各省级电力调度机构对地市级电力调度机构规则执行情况加强评价和管理。能源监管机构结合有关单位自查和评价情况采取约谈、通报和责令整改等监管措施。二是建立不定期专项督查和监管机制。能源监管机构结合实际情况和相关问题线索，重点围绕考核豁免、电费结算、运行管理、安全管理以及新型主体并网等方面，不定期组织对电网企业、电力调度机构、电力交易机构和并网主体执行本细则情况开展专项督查和监管。

因为南方区域五省（区）经济发展情况不同、电源网架结构和负荷特性差别较大，整体潮流分布呈现云贵向华南地区送电的格局。对此，为适应南方区域各省（区）之间情况的不同，对在“两个细则”中对各省（区）辅助服务补偿、分摊参数做了差异化设置。

5.1.4 辅助服务市场竞价的不完全信息博弈模型与分析

在调频辅助服务市场[30]中，将每个发电单元及其成本数据和性能参数聚合成一个单独的个体，且每个单独个体都具有独立的分析能力和决策行为，发电商对上一轮其他发电商的报价情况是完全已知的，但是本轮信息[31]是未知的。发电商可以通过其他发电商之前的报价策略和调频收益来调整自己在本轮竞价过程中的竞价策略。

由于策略调整过程本质上是一个寻优过程，因此采用遗传算法作为竞价模型的寻优算法，每个发电商个体都能够使用遗传算法及逆行寻优。市场与发电商个体的交互关系为发电商个体从市场环境中得到信息并通过自己的计算来调整当下的报价策略，并作为本轮的报价输出到市场环境中。市场主体能够独立参与电力辅助服务市场交易并进行博弈过程[32]，并在市场博弈过程中能够最终达到市场的均衡状态。每个发电商每次做出自己的决策调整都会影响整个市场价格，市场系统环境也会随之变化，同时市场环境中的任何参数的变化也会影响每个发电商个体，这样就将发电商市场竞价构建成一个能够感知调频市场动态的过程。竞价模型具体过程如下：

1）每个发电商的行为是向市场提供自己的决策量，所有的发电机组在日前向电力调度机构提交自身的申报调频容量和调频里程价格信息，即调频市场中所有发电单元产生各自的初始策略。

2）通过向电力调度机构提供竞价策略后，市场会通过出清机制进行运算，然后向发电商个体反馈市场信息，即在该轮的竞价过程结束后，市场会将竞价结果和全部市场信息反馈给各发电机组。

3）每个发电商个体从市场中得到上一轮竞价过程中竞争对手的信息，并根据上一轮的出清情况来调整本轮的申报调频容量和调频里程价格。

4）所有的个体在市场中经过多轮的竞价博弈过程，使其不断向对自身更有利的方向调整策略，最终达到市场均衡状态，每个个体都不再改变竞价策略，然后每个个体再计算自己的调频收益。

竞价模型和算法求解流程如下：

1）竞价模型。

在调频市场模型中，各发电商受装机容量和价格范围限制，通过目标函数计算自己的利润，公式如下：

$$R = R_D - C_1 - C_2 \tag{5-7}$$

式中，C_1 为运行成本；C_2 为固定成本。许多研究对发电机发电功率和燃料的数据进行拟合，可将发电机组运行成本与机组功率之间的成本函数表示如下：

$$C_1 = a_0 + a_1 p + a_2 p^2 \tag{5-8}$$

C_2 指设备的固定投资成本，计算方法如下式：

$$C_2 = \frac{C_{AGC} \times T_{\Delta t}}{T} \tag{5-9}$$

式中，C_{AGC}为发电单元所投入 AGC 设备的固定投资；$T_{\Delta t}$为发电单元在 Δt 时间段内的 AGC 设备投运时间；T 为机组设备的预计使用时间，单位为 s。

另外，各发电商通过目标函数计算自己的利润，目标函数的约束条件如下：

$$\begin{aligned} C_{min} \leqslant C \leqslant C_{max} \\ P_{min} \leqslant P \leqslant P_{max} \end{aligned} \tag{5-10}$$

2）算法求解流程。

调频市场竞价模型的算法流程如图 5-4 所示。

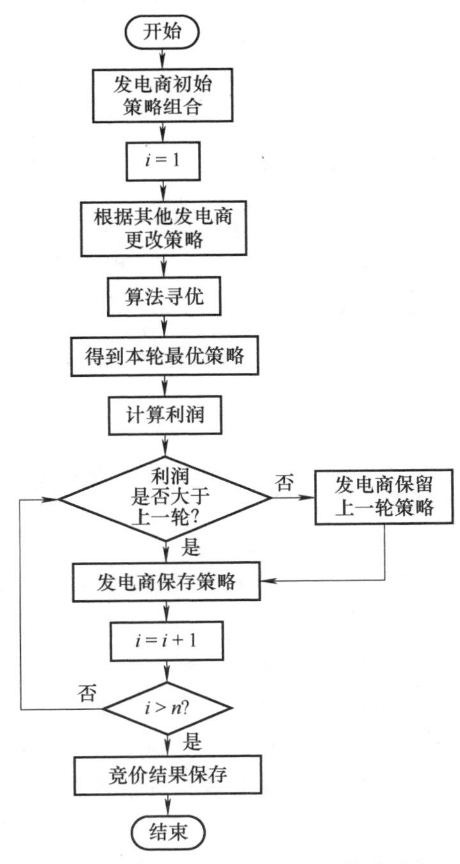

图 5-4　调频市场竞价模型的算法流程

5.2 基于提升 AGC 性能指标的飞轮储能系统二次调频控制策略

5.2.1 火-储耦合 AGC 调频控制

火电机组-飞轮储能联合调频系统示意图如图 5-5 所示。联合调频系统由火电机组、飞轮储能、远程测控终端以及火电机组侧分散控制系统（Distributed Control System，DCS）和飞轮能量管理系统组成。

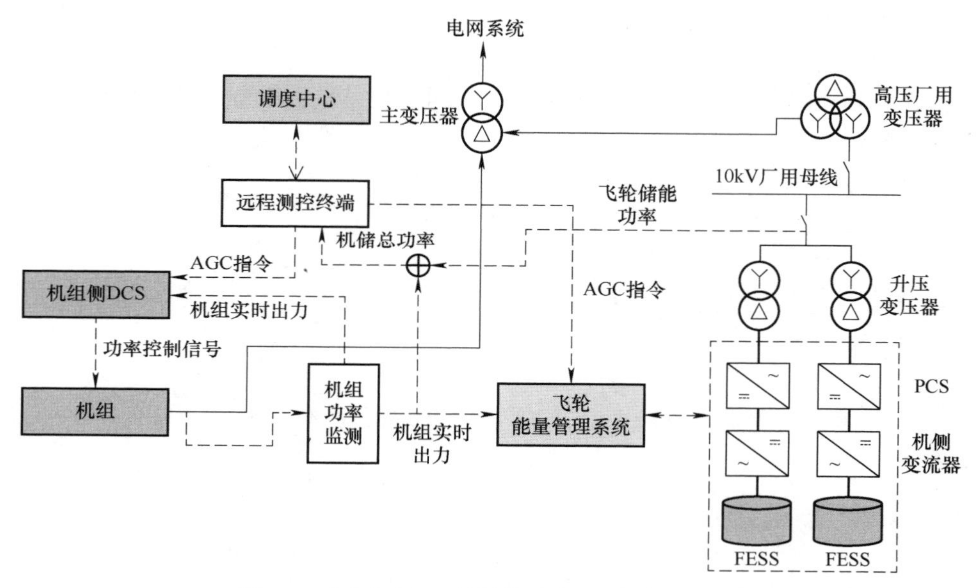

图 5-5　火电机组-飞轮储能联合调频系统示意图

火电机组为亚临界、一次中间再热直接空冷凝汽式机组，额定功率为 600MW。飞轮储能系统额定容量为 22MW/4.5MWh，由 36 台飞轮单体组成。飞轮单体额定功率为 630kW，储电量为 125kWh。

飞轮储能系统以电缆形式接入 10kV 厂用段。飞轮系统充电时，厂用段电压经过储能干式变压器转化为 660V，再由飞轮储能配备的网侧变流器将交流电转化为直流电，随后由机侧变流器将直流电转化为 380V 的交流电驱动电机加速旋转。飞轮储能放电时，飞轮转子转速下降，动能转化为电能释放回厂用段。

联合调频系统控制方式如下：火电机组侧 DCS 检测到 AGC 指令变化后，改变机组负荷目标，机组出力向设定负荷目标变化。飞轮能量管理系统根据 AGC 指令以及机组实时出力来决定飞轮储能系统输出的功率大小。具体过程为：AGC 指令下发给机组侧 DCS 和飞轮能量管理系统，储能侧根据从机组侧传来的机组实时出力以及电网下发的 AGC 指令，在飞轮能量管理系统计算后将得到的功率指令作为飞轮储能的总功率指令，将总功率指令等比例分发至每个飞轮单体，群组内飞轮充放电状态保持一致。飞轮储能系统依照飞轮能量管理系统下发的总功率指令进行输出，火电机组输出功率和飞轮储能功率叠加后传输至远程测控终端。

在联合调频系统中，飞轮储能系统响应指令速度快。相较于机组的功率输出特性，飞轮储能可以在收到指令后迅速改变自身功率输出，因此飞轮储能辅助火电机组进行 AGC 调频可以弥补机组本身响应输出特性的不足，进而提升调频能力，改善调频效果。

5.2.2　AGC 爬坡性能指标

《西北区域电力辅助服务管理实施细则》对火电机组参与 AGC 调频的辅助服务提出了更高的要求，对于机组在投入跟踪联络线模式下的 AGC 性能，提出了新的性能指标用于计算辅助服务补偿，可用于衡量 AGC 单元响应 AGC 控制指令的综合性能表现，具体指标如下。

1. 调节速率 k_1

AGC 单元响应 AGC 控制指令的速率，计算公式为

$$k_1 = \text{AGC 实际速率} / \text{标准调节速率} \tag{5-11}$$

式中，标准调节速率按水、火、储能机组参照各自标准（直吹式制粉系统的汽包炉的火电机组为每分钟机组装机容量的 1.5%，即 9MW/min）。

2. 响应时间 k_2

AGC 单元响应 AGC 控制指令的时间延迟，计算公式为

$$k_2 = 1 - (\text{AGC 单元响应延迟时间} / 5\text{min}) \tag{5-12}$$

式中，AGC 单元响应延迟时间是指 AGC 单元从接到 AGC 指令到开始动作的延迟时间。

3. 调节精度 k_3

AGC 单元机组响应 AGC 控制指令的精准度，计算公式为

$$k_3 = 1 - (\text{AGC 单元调节误差} / \text{AGC 单元调节允许误差}) \tag{5-13}$$

式中，AGC 单元调节误差指 AGC 单元响应 AGC 控制指令后实际出力值与控制指令值的偏差量；AGC 单元调节允许误差为其额定出力的 1.5%（9MW）。

4. 综合爬坡性能指标 k

指 AGC 单元响应 AGC 控制指令的综合性能表现，计算公式为

$$k = 0.2 \times (3 \times k_1 + k_2 + k_3) \tag{5-14}$$

5.2.3　飞轮储能耦合 AGC 调频控制策略

工程应用中大多以火电机组实际功率与 AGC 功率指令偏差作为飞轮储能功率

指令，控制策略中难以表现单个 AGC 功率指令变化后火电机组的跟踪过程，没有与 AGC 性能指标相结合。本节以 AGC 功率指令变化作为飞轮储能动作标志，将火电机组跟踪 AGC 功率指令变化过程拆解为多个 AGC 功率指令下火电机组跟踪过程。根据考核指标将飞轮储能辅助火电机组跟踪单个 AGC 功率指令过程分为响应阶段、爬坡阶段以及维持阶段。每个阶段都有单独的触发条件以及结束条件，并且根据实时火电机组以及飞轮储能相关信息计算出对应阶段飞轮储能的输出功率指令。AGC 指令发生变化后，3 个阶段按条件依次触发计算飞轮储能功率指令。

飞轮储能辅助机组调频控制策略示意图如图 5-6 所示。

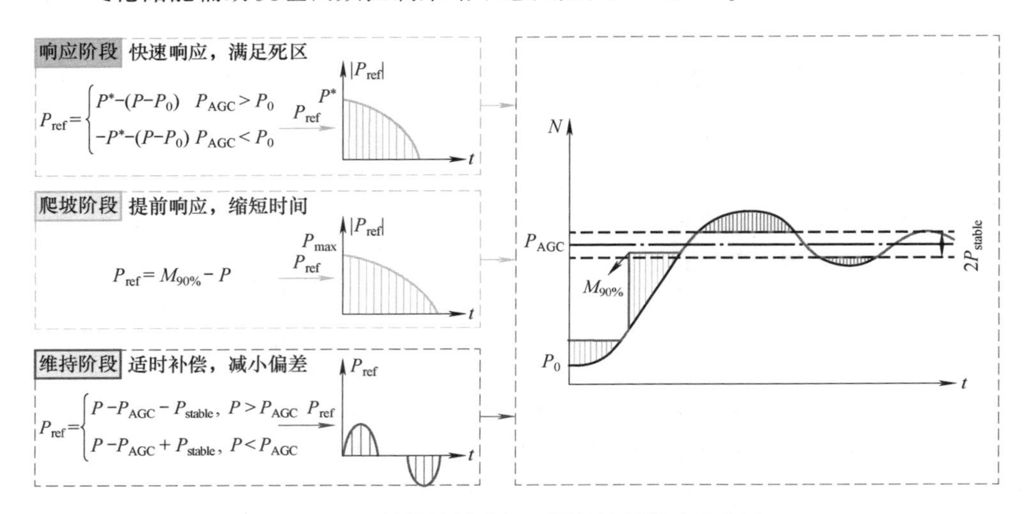

图 5-6　飞轮储能辅助机组调频控制策略示意图

P_{ref}—飞轮储能功率指令　P^*—火电机组允许稳态偏差　N—机储联合功率

P—火电机组实际功率　P_{stable}—火电机组调节允许误差

1. 响应阶段

响应阶段作为 AGC 指令变化后飞轮储能首先进入的阶段，对应考核指标中的响应时间（k_2），该阶段下飞轮储能需要快速响应 AGC 指令变化。

大容量的火电机组采用单元制运行方式：1 台汽轮发电机组和 1 台锅炉组成相对独立的系统。在响应外部负荷变化时，系统不但要保障负荷平衡要求，同样要维持内部参数稳定。火电机组在进行 AGC 调频中通过协调控制系统（CCS）使机组能够快速安全地响应外界负荷变化。系统在接到负荷变化请求后，对锅炉侧燃烧率进行控制，进而改变机组出力的变化，其过程中有较大的延迟和惯性。飞轮储能系统对接收到的功率指令可以完成毫秒级响应，通过控制飞轮快速响应 AGC 指令的变化可以有效提升机组参与 AGC 调频下的响应时间指标。

响应阶段将 AGC 指令变化作为飞轮储能系统的动作开始标志。AGC 指令变化后，飞轮储能快速响应 AGC 指令变化，提供快速功率支撑，使得火–储联合调频系统出力变化幅度快速超过稳态偏差允许范围。随着机组调整自身出力，机组出力变化后，飞轮储能功率指令不断减少直至为 0，飞轮储能退出响应阶段，保持电量。

响应阶段飞轮储能输出功率指令为

$$P_{ref}=\begin{cases}P^*-(P-P_0) & P_{AGC}>P_0\\ -P^*-(P-P_0) & P_{AGC}<P_0\end{cases}\tag{5-15}$$

2. 爬坡阶段

联合系统出力到达实际速率计算终点并维持联合出力不变的阶段记作爬坡阶段，爬坡阶段对应考核指标中的调节速率（k_1），调节速率主要受限于机组本身的爬坡速率。火电机组的爬坡速度一般低于燃气发电组和燃油发电组。对于一些火电机组，其炉内燃烧稳定性差，需在调峰过程中缓慢调整炉内热量，不适合快速加煤，机组爬坡速率低。

计算机组实时出力与 AGC 指令的偏差大小，将该偏差与飞轮储能系统的实时最大充放电功率比较。当飞轮储能系统的可充放电功率能够弥补指令偏差时（$|M_{90\%}-P|<P_{max}$，其中 P_{max} 为飞轮储能最大输出功率），储能系统快速动作，使得火–储联合系统调频出力快速达到目标变化负荷，从而提高联合系统的调节速率，有效提升爬坡阶段考核指标。当火电机组实际负荷达到 AGC 指令的目标区间时，飞轮储能系统退出。

爬坡阶段飞轮储能系统的输出功率指令为

$$P_{ref}=M_{90\%}-P\tag{5-16}$$

爬坡阶段控制策略下，飞轮储能以最大化提升调节速率方式辅助机组进行 AGC 调频，随着机组出力变化直至等于 $M_{90\%}$，飞轮储能功率指令置零。

3. 维持阶段

机组出力与 AGC 指令相等后，飞轮储能维持机组出力处于调节允许误差范围的阶段记为维持阶段。维持阶段用于提升考核指标中的调节精度（k_3）。

由于火电机组自身存在的延迟和惯性，在机组出力变化至 AGC 指令值后，其出力变化趋势并不会立刻消失，因此容易造成超调行为。此外，在火电机组出力维持在 AGC 指令值运行时，其机组内部也有许多扰动影响机组最终的出力，造成机组实时负荷在 AGC 指令附近波动。当机组出力值超出 AGC 指令值，飞轮储能可以进行充电以吸收多发的电量；当机组出力低于 AGC 指令值，飞轮储能可以及时放电以维持减小火电机组实时负荷 AGC 指令的偏差，提升调节精度。

飞轮储能在维持阶段的功率指令为

$$P_{ref}=\begin{cases}P-P_{AGC}-P_{stable}, & P>P_{AGC}\\ P-P_{AGC}+P_{stable}, & P<P_{AGC}\end{cases}\tag{5-17}$$

式中，P_{stable}为火电机组调节允许误差。

某西北电厂火电机组额定功率为600MW，飞轮储能额定功率为22MW。控制策略按照西北电网的“两个细则”设计参数，策略在飞轮能量管理系统上执行，火–储联合系统投入AGC调频模式跟踪电网系统下发的AGC指令。

图5-7所示为电厂实际火–储联合调频系统跟踪AGC指令响应曲线，深灰色线为AGC指令，浅灰色线为机组功率，黑色线为火–储联合系统功率。由图5-7可见，火电机组配备飞轮储能系统后跟踪AGC指令效果显著，有效改善了火电机组的调频性能，机组实时出力与AGC指令偏差减小。

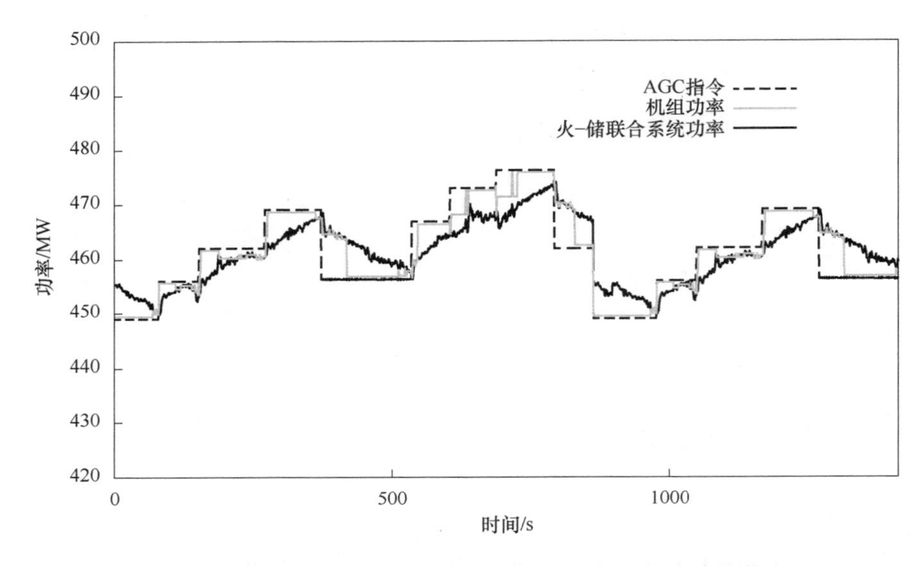

图5-7　电厂实际火–储联合调频系统跟踪AGC指令响应曲线

相较于以火电机组功率与AGC指令偏差为飞轮储能参考功率指令的控制方法，本节所提的控制策略能够实现对单个性能指标的提升，在实际应用中可以分别设计3个阶段的人工手动触发开关，实现人工选择飞轮储能辅助参与提升的性能考核指标。此外，本节所提的控制策略结合了AGC性能考核指标统计方法，可以在有限的电量下最大程度地提升火电机组AGC性能考核指标。

图5-8所示为联合调频系统跟踪单个AGC指令响应曲线。由图5-8可见，12s时，AGC指令由313.4MW升为332.2MW，此时飞轮储能开始进入响应阶段；13s时检测到飞轮储能的输出功率为3.34MW；18～30s时，火电机组响应AGC指令升高负荷，飞轮储能功率逐渐降为0进而退出响应阶段；31s时，火电机组出力为316.8MW，此时飞轮储能最大输出功率为15MW，火电机组出力与$M_{95\%}$间相差14.7MW，小于飞轮储能最大充放电功率，飞轮储能进入爬坡阶段并输出爬坡阶段

对应的功率指令，联合调频系统在该点的出力为 331.3MW，提前进入目标负荷。在该 AGC 指令变化内，$M_{90\%}$ 值为 329.7MW，105s 时机组出力为 329.7MW，飞轮储能退出爬坡阶段。在该 AGC 指令变化阶段，火电机组配备飞轮储能系统参与 AGC 调频后，单元响应延迟时间由 18s 提升至 1s，到达负荷目标值 $M_{90\%}$ 的时间由 93s 减少至 19s，联合系统实际调节速率较机组实际调节速率提升 321%。

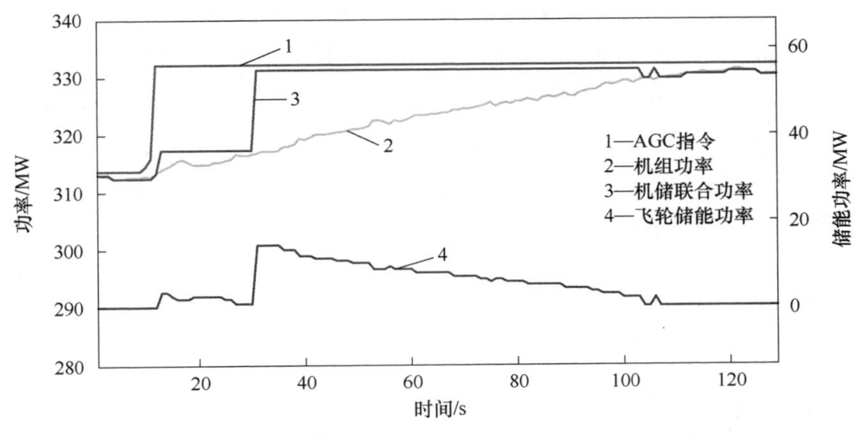

图 5-8　联合调频系统跟踪单个 AGC 指令响应曲线

图 5-9 所示为联合调频系统跟踪 AGC 指令局部响应曲线，可显示出多个 AGC 指令变化下火-储联合调频系统各部分的响应过程。由图 5-9 可见，本控制策略从单个指令下扩展为多个 AGC 指令下依旧可以完成设定控制目标。飞轮储能参与辅助火电机组调频后，联合系统相较于火电机组本身能够更快地响应 AGC 指令变化，并且能够提升火电机组爬坡速率。

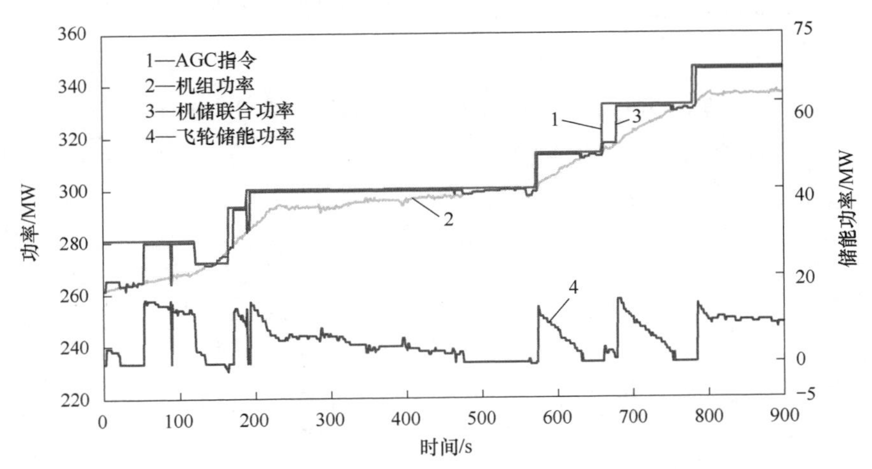

图 5-9　联合调频系统跟踪 AGC 指令局部响应曲线

5.2.4 爬坡性能提升

1. 爬坡性能指标

火电机组联合飞轮储能投入 AGC 调频，在上一节所述控制策略运行下，火-储联合系统相较于火电机组爬坡性能指标见表 5-2。由表 5-2 可知，飞轮储能的参与极大地提高了机组自身的调节速率，很好地改善了 AGC 的跟踪效果，响应时间提升了 2.6%，调节速率提升了 18.3%；并且由于机组自身出力变化引起的波动，飞轮储能的参与可以及时进行补偿，调节精度提升了 24.4%，整体 k_p 指标提升了 16.4%。

表 5-2 爬坡性能指标

项　目	调节速率 k_1	响应时间 k_2	调节精度 k_3	k_p 值
机组独立调频	1.09	0.75	0.49	0.902
火-储联合调频	1.29	0.77	0.61	1.05
提升幅度(%)	18.3	2.6	24.4	16.4

2. 积分电量

实际积分电量为 AGC 指令下发期间机组实际出力与指令变化时出力差值的积分。理论积分电量为机组处于标准调节速率下，指令下发期间机组实际出力与指令变化时出力差值的积分。表 5-3 为不同 AGC 指令变化阶段下各系统的积分电量情况。由表 5-3 中的数据可知，飞轮储能对于积分电量的提升与 AGC 指令变化幅值以及持续时长有关。AGC 指令变化幅值大且持续时间较短时，飞轮储能系统对于积分电量的提升较大，最高可提升 376.82%。经过计算，飞轮储能参与 AGC 调频日均积分电量可达 32MWh，按西北电网考核细则计算电厂月收入预计可提高 42 万元。

表 5-3 不同 AGC 指令变化阶段下各系统的积分电量情况

序　号	AGC 变化幅值/MW	AGC 指令持续时间/s	火电机组积分电量/kWh	联合系统积分电量/kWh	积分电量提升幅度(%)
1	5.646	60	95.596	129.199	35.15
2	17.834	36	43.953	106.425	142.13
3	6.744	60	95.349	122.401	28.37
4	7.312	51	87.352	109.510	25.37
5	9.343	33	41.001	73.763	79.90
6	3.453	51	66.298	72.799	9.81
7	8.978	27	33.234	57.943	74.35
8	7.719	54	65.092	102.240	57.07

（续）

序　　号	AGC 变化幅值/MW	AGC 指令持续时间/s	火电机组积分电量/kWh	联合系统积分电量/kWh	积分电量提升幅度(%)
9	8.369	148	311.431	357.149	14.68
10	8.287	19	11.028	37.941	244.04
11	7.109	16	6.011	28.664	376.82
12	8.531	44	42.000	74.160	76.57
13	8.328	67	125.008	156.791	25.42
14	15.640	106	310.549	427.276	37.59
15	8.288	30	37.074	65.677	77.15

3. 调节容量

机组单日跟踪 AGC 指令下，统计实际最大出力与最小出力值，两者之间的差值为机组调节容量。表 5-4 为飞轮储能投运后 1 周内火-储联合系统调节容量统计。由表 5-4 可以看出，调节容量平均由 201.543MW 提升至 221.015MW，提升幅值为 9.71%。调节容量的变化与机组配备的储能容量大小和机组自身到达出力最大值与最小值时飞轮储能荷电状态有关，当机组出力到达上下限出力，飞轮储能荷电状态满足自身额定功率要求且响应对应的满功率充放电指令，调节容量可以有进一步的提升。

表 5-4　火-储联合系统调节容量

序　　号	机组最大出力/MW	机组最小出力/MW	联合最大出力/MW	联合最小出力/MW	机组调节容量/MW	联合调节容量/MW	容量提升幅度(%)
1	483.744	285.688	491.841	274.693	198.056	217.148	9.64
2	461.038	289.866	466.932	281.562	171.172	185.37	8.29
3	518.131	283.237	527.015	271.299	234.894	255.716	8.86
4	517.716	294.634	527.021	285.812	223.082	241.209	8.13
5	461.191	293.759	470.861	284.137	167.432	186.724	11.52
6	497.284	292.688	504.709	278.985	204.596	225.724	10.33
7	473.134	261.559	483.48	248.263	211.575	235.217	11.17
平均	487.462	285.918	495.979	274.964	201.543	221.015	9.71

4. AGC 调频

国能宁夏灵武发电有限公司飞轮储能系统的容量配置为 3% Pe，因此增加 3% Pe 的调节指令开展 AGC 性能实验，在 300MW 负荷工况下通过机组协调控制系统模拟 AGC 调节方式，通过改变机组目标负荷的设定值，机组指令变化为 300MW-320MW-300MW。3% Pe 单向斜坡指令测试结果见表 5-5，AGC 变负荷试验 300MW-320MW-300MW 实际曲线如图 5-10 所示。

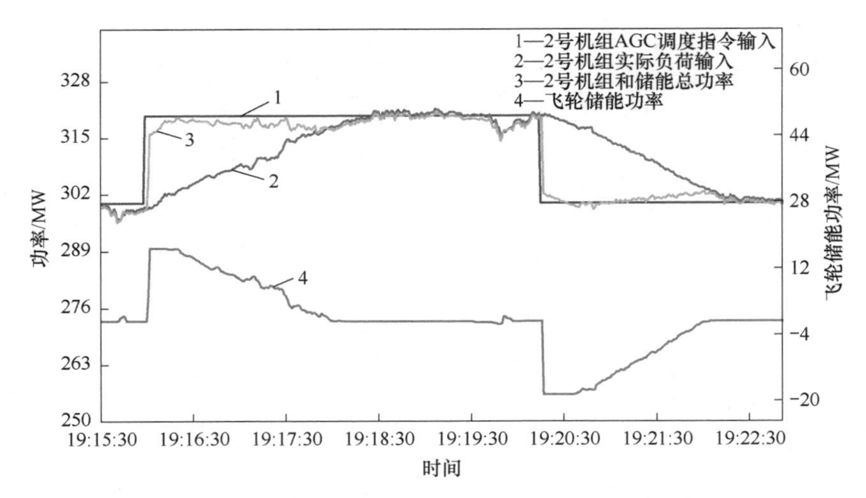

图 5-10　AGC 变负荷试验 300MW-320MW-300MW 实际曲线

由表 5-5 可以看出，在 3% Pe 单向斜坡指令测试下，机组自身 AGC 实际升降负荷变化率分别达到 1. 41% Pe/min 和 1. 57% Pe/min，磁悬浮飞轮储能系统耦合火电机组参与调频时，负荷响应时间由 6s 减少至 1s，耦合系统的实际升降负荷变化率达到 9. 36% Pe/min 和 15. 05% Pe/min，相较于机组自身调节速度分别提升了 6. 64 倍和 9. 59 倍。

表 5-5　3%Pe 单向斜坡指令测试结果

指　标	允 许 值	实　验　一		实　验　二	
方式	—	火电机组	火-储耦合	火电机组	火-储耦合
AGC 指令下发时间		19:15:57		19:20:11	
负荷指令/MW		300 ~ 320		320 ~ 300	
实际负荷/MW		298. 27 ~ 319. 39	298. 27 ~ 319. 79	319. 89 ~ 300. 42	319. 89 ~ 300. 32
出力到达时间		19:18:27	19:16:20	19:22:15	19:20:24
负荷平均变化速率/(% Pe/min)	≥1. 5	1. 41	9. 36	1. 57	15. 05
负荷响应时间/s	60	6	1	6	1
T10%	—	19:16:12	19:16:00	19:20:23	19:20:13
T90%	—	19:18:12	19:16:18	19:22:03	19:20:22
负荷动态过调量	±1. 5	<1	<0. 5	<1	<0. 5

针对 AGC 不同时间段的考核指标，本节针对性设计的火-储耦合 AGC 调频出力策略能够对应不同阶段调整飞轮出力。响应阶段飞轮储能系统的毫秒级响应能力可以将响应时间减少到 1s 内，爬坡阶段飞轮储能能够及时弥补火电机组的不足，提升联合系统的负荷平均变化速率，并在火电机组出力满足后逐渐退出；

稳态阶段时，飞轮的调节能力可以减小火-储耦合系统动态过调量，当机组出力波动超过允许偏差时，飞轮通过充放电参与调整。

5.3 基于模态匹配的飞轮/锂电池混合储能耦合火电 AGC 控制策略及应用

风光大规模并网成为国家推动“双碳”战略落地的重要举措。截至 2023 年 12 月底，可再生能源成为保障电力供应新力量，占全国发电总装机比重超过 50%，历史性超过火电装机[33]，新能源的间歇性和波动性给电网稳定运行带来了挑战。

目前，火电机组的角色也由主体电源转向基础保障性和系统调节性电源，是承担电网调频调峰任务的主体。然而，火电机组在参与调频时存在响应时滞长、运行工况复杂、热力参数波动偏离设计工况等问题，无法满足电网频繁波动的调频需求，因此，提升火电机组调频灵活性是实现电力系统灵活调控，保障和维持电网频率稳定的有效方式[34]。

电化学储能、飞轮储能等新型储能技术的发展为火电机组灵活性改造提供了新的思路，储能系统具备的快速响应、跟踪准确以及双向调节的特点可以有效弥补火电机组调频不足。2023 年 9 月，国家发展改革委、国家能源局在《关于加强新形势下电力系统稳定工作的指导意见》中指出：积极推进新型储能建设。充分发挥各类新型储能的优势，结合应用场景构建储能多元融合发展模式，提升安全保障水平和综合效率。

国家政策的制定有力推动了新型储能在辅助火电机组参与电网调频、提供调频辅助服务方面的研究及工程应用。目前已有多位国内外研究学者对储能辅助机组调频的控制策略开展了相应研究。

参考文献［35］提出了 22MW 飞轮群组应用于宁夏灵武火电机组提升一次调频合格率，参考文献［36－37］提出了一种锂电池满补偿策略，可以辅助石景山机组提升 AGC 调频能力。参考文献［38］验证了超级电容可以有效地提升深度调峰下火电机组一次调频响应能力。

国家政策的驱动和储能技术的进步推动了储能系统在调频领域的示范应用和商业推广，然而不同的储能形式存在各自的优势和劣势，飞轮储能系统可以频繁充放电，但是系统造价高；锂电池容量大、成本低，但其运行寿命受充放电次数限制；超级电容充放电速度快，但存在能量密度低，自耗电率高，成本高的劣势。结合不同储能形式的特点，建立混合储能系统应用于电网调频是储能技术应用发展的新趋势。目前尚不存在高频大功率充放电与低成本兼容的单一储能技术[39]，因此有学者针对混合储能系统辅助发电侧调频开展研究。参考文献［40］提出了一种基于经验模态分解的火电-混合储能间 AGC 指令分配策略，将指令的高低中频分配给各调频资源。参考文献［41］提出了一种基于随机模型预测控制的火电-储能两阶段协同调频控制模型，构建储能充放电切换模型，限制电化学储能频繁切换。参考文献［42］提出了一种提升火电机组 AGC 性能的混合储能优化控制，以及一种考虑储能装置过度放电、荷电状态水平强制归位的优化控制策略。参考文献［43］根据蓄电池和超级电容的荷电状态，采用模糊控制理论将超出目标值的功率偏差在两种储能介质之间进行分配，当超级电容电量充足时，由其独立补偿功率偏差值，减少蓄电池的充放电次数。参考文献［44］提出了一种兼顾混合储能 SOC 自恢复和并网过程的模型预测控制策略，降低电池寿命损失。

当前混合储能系统在电网调频领域的理论研究虽然取得了一定成果，但是仍然存在以下问题：①混合储能系统策略的设计过程没有考虑储能特性和电网调频指令、考核指标的匹配；②混合储能系统内部对于各种储能的特点及容量配置大小考虑不足，单纯地采取一些信号分解的算法过于理想化，一定程度上禁锢了储能的灵活性；③针对锂电池循环寿命的保护策略设计不足，没有充分考虑锂电池在调频过程中应该承担的主要角色；④协调控制策略停留在理论研究阶段，尚未考虑工程的可行性。对储能容量配置的不充分利用，无法使混合储能系统的功能性和经济效益最大化。

针对上述不足，本节提出了一种基于模态匹配的混合储能辅助火电机组控制策略。首先，基于山西电网的考核指标，对电网 ACE 指令进行调频模态分解，提出混合储能模态与机组响应过程匹配 ACE 指令模态匹配的方案；其次，考虑混合储能各自特性，对飞轮和锂电池参与调频模态初始投入节点、功率大小、调频模态切换、退出节点进行分配控制；最后，考虑锂电池的寿命和能量特性，设计了自适应动态 SOC 区间管理策略，使得锂电池长期运行在最佳 SOC 区间，提供全天候的调频服务。本节依托华电集团 2022 年第一批科技项目，在山西某电厂开展了飞轮 + 锂电混合耦合火电机组参与电力系统调频相关的技术研究，并首次实现工程化应用。现场应用效果证明了本节所设计策略的有效性，储能功率配比小于 3%（2.28%）下尽限调控，锂电池寿命衰减较传统满功率补偿策略减少 48%，实现经济性配储。调频辅助市场奖励超 2500 万元/年。

5.3.1 混合储能辅助火电机组调频辅助服务

1. ACE 控制模式及火电机组调频特性分析

ACE 控制模式是在联络线功率偏差下，AGC 系统将跟踪电力系统的频率和电力负荷状况，根据实际的电力负荷情况和给定的参考负荷计算区域控制误差[45]（ACE），即 $ACE = \Delta P + \beta\Delta f$。调度中心将 ACE 信号按照预定的控制规则计算出二次调频功率下发给辖区内的调频资源参与，有计划地进行全网分摊功率，实时、往复调整发电出力，实现有功功率与负荷平衡[46]。

根据对山西某 350MW 火电机组参与 ACE 模式下发的 AGC 指令，在图5-11中通过统计 ACE 指令大小分布和频次分布，发现在 ACE 指令存在的四种显著工况：①大幅值连续升调功率或者下调功率调节过程，连续调节深度大；②快速频繁折返调节过程，调节幅值较小；③ACE 指令的变化频次快，幅值大，相较于计划 AGC 模式变化量由原来的平均 15min 变化量转变为平均 2.5min 的变化量，变化的幅度由原来最大变化值 15MW 提升到 28MW；④指令的变化区间在申调机组的运行上限和运行下限，且会长时间在高负荷指令区间和低负荷指令区间。

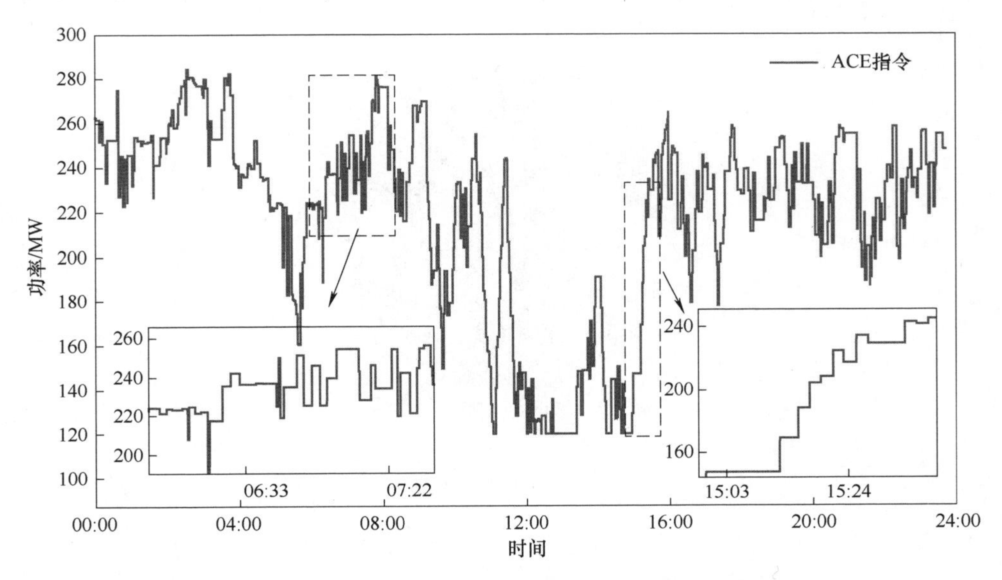

图 5-11　山西省区域电网典型日 ACE 指令变化图

由图 5-12 可知 ACE 指令的升降负荷幅值的变化，变化幅值超过 20MW 的指令为 63 次，火电机组不能在规定的时间内快速跟踪指令。

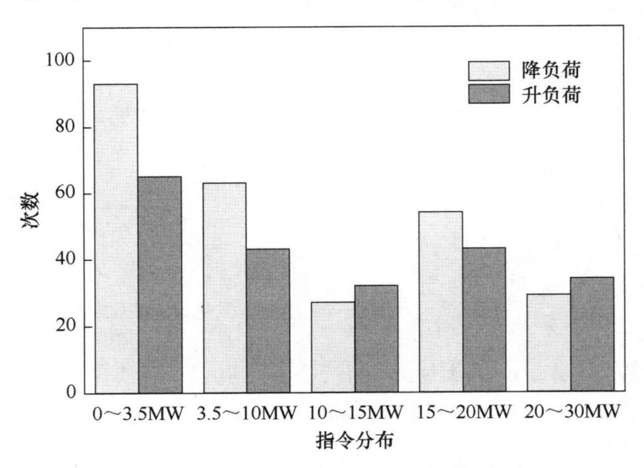

图 5-12　典型日 ACE 指令的升降负荷幅值次数统计

分析图 5-13 可得，在典型日统计一天的 ACE 升降负荷变化，在 24h 的变化频次有 454 次，在 1min 内的变化频次有 66 次，1 ~ 2min 的变化频次有 89 次，2 ~ 3min 的变化频次有 134 次，3 ~ 4min 的变化频次有 52 次，4min 以上的变化频次有 113 次。

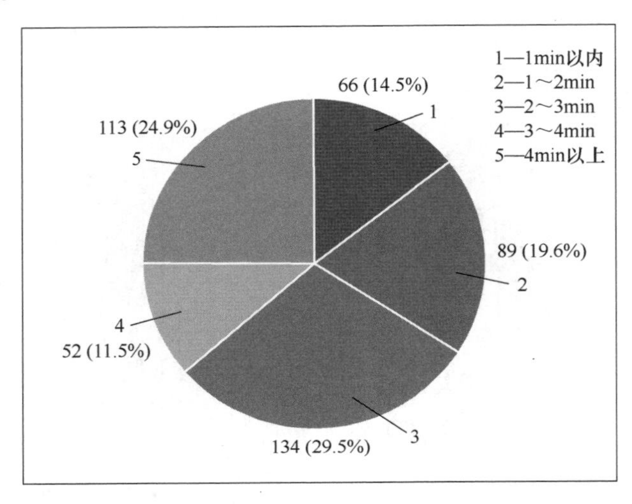

图 5-13　典型日 ACE 指令时序变化间隔频次统计

国内某火电厂 350MW 循环流化床机组跟踪 ACE 指令变化曲线如图 5-14 所示，1.5h 内 ACE 指令的变化有 36 次，平均每 2.5min 变化一次，变化量最大值到达额定功率的 9.45%。与普通的煤粉锅炉相比，循环流化床锅炉具有较强的蓄热能力和热惯性特点，当机组煤量、风量进入炉膛后，需要较长的时间才能释放能量，机组负荷变动速率较慢。

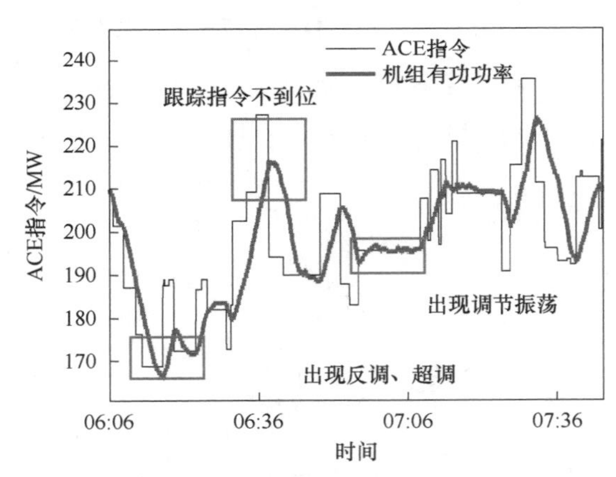

图 5-14　循环流化床机组跟踪 ACE 指令变化曲线

当机组面对连续、频繁的 ACE 指令快速降负荷时，由于循环流化床机组自身的热惯性大，极易造成机组主汽压力超压和床温过热的情况，循环流化床锅炉的燃烧过程是一个具有非线性、大滞后、多耦合特性的复杂调节过程，无法实现并网出力在升降出力之间的快速折返调节，出现跟踪指令不到位现象和超调、反调现象，机组的变负荷速率很难准确跟踪电网的 ACE 指令。

在爬坡阶段，跨出死区的反方向调节能力不够，呈现缓慢上升趋势，出现大滞后调节现象。在稳态过程，机组的调节精度则受到煤质、锅炉、汽机、环境因素的影响，存在较大的稳态和动态调节偏差，出现调节振荡。

在此频率的变化下，造成了发电煤耗高、设备磨损严重等一系列负面影响；从时间序列上看，ACE 调频一个滞后的过程，大量备用功率用于滞后过程校正，不利于电网频率快速恢复。

2. 混合储能系统联合火电机组调频系统

华北电网以大型火电机组作为主要调频资源而储能的 AGC 调频效果远好于火电机组，引入相对少量的储能系统，将能够迅速并有效地解决区域电网调频资源不足的问题，对华北电网的 AGC 调频运行产生明显影响，改善电网运行的可靠性及安全性。

本节的研究对象为两台 350MW 循化流化床火电机组侧配置 2MW/0.5MWh 飞轮 +6MW/6MWh 锂电池混合储能系统组成的调频联合系统，火电机组与混合储能系统耦合后参与电网调频。图 5-15 所示为混合储能系统接入一次系统结构图，飞轮和锂电池分别独立接入#1、#2 机组 6kV 厂用母线 A 段和 B 段，在实际运行过程中，两种储能系统充放电过程相互独立，运行人员可以自主选择储能系统辅助机组参与调频的组合方式，最大限度提升机组调频性能的同时有效提高了储能的利用率。

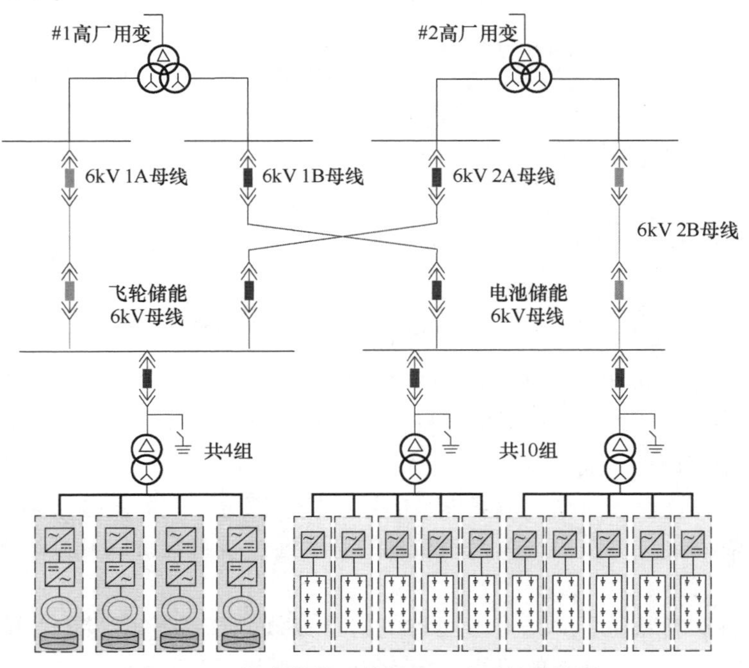

图 5-15　混合储能系统接入一次系统结构图

混合储能以主动介入的方式辅助火电机组 ACE 调节，混合储能系统联合火电机组调频系统结构如图 5-16 所示。系统控制结构为双层结构，由上层的火电-混合储能耦合控制系统和下层的混合储能能量管理系统（EMS）组成。调度中心通过检测电网频率和联络线功率等实时数据生成 ACE 指令，火电-混合储能耦合控制系统接收电网调频需求和火-储联合系统的状态信息，根据实时信息分别控制火电机组和混合储能系统二次调频出力；混合储能能量管理系统在接收到功率指令后，在飞轮和锂电池混合出力策略下将指令发给对应的储能阵列，从而实现储能调频资源的出力分配。

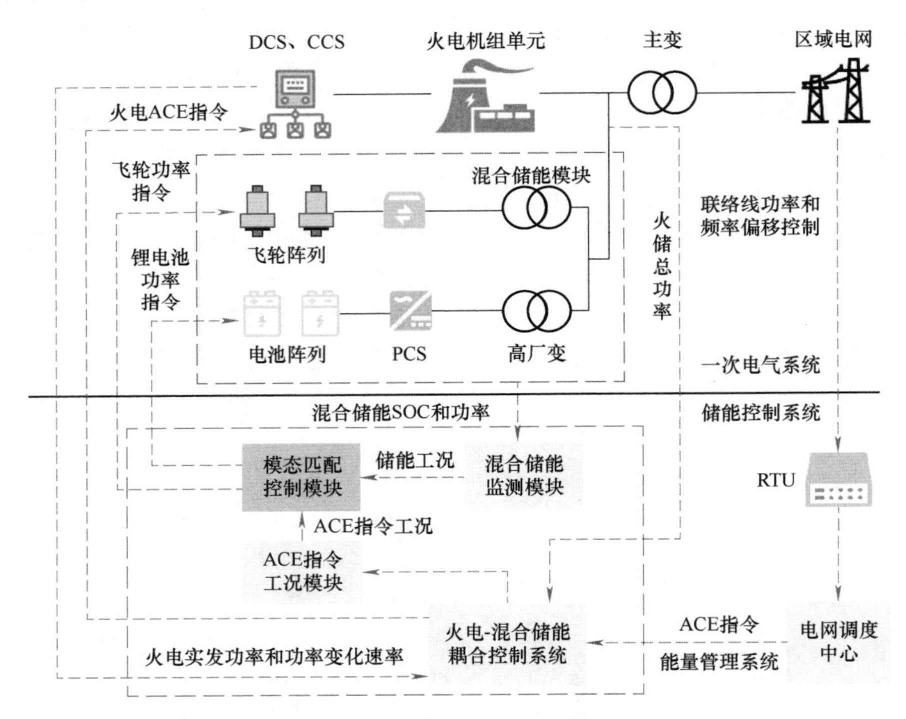

图 5-16　混合储能系统联合火电机组调频系统结构图

3. 山西电力现货市场调频辅助服务

2015 年，山西省作为我国第一批电力现货市场试点的省份，自 2023 年 12 月 22 日起，山西电力现货市场转入正式运行，成为我国首个正式运行的电力现货市场。电力现货市场是电力市场体系的重要组成部分，调频服务市场目标为实现供应成本最小化，对做出实际调频贡献的企业通过机组报价以及调频性能两大指标执行补偿措施。

在山西省能源局下发的《山西省电力市场规则汇编》中指出，调频辅助市场的交易主体是省调并网的机组，分 5 个时段跟踪 ACE 指令。在调频辅助市场出清时，按照每台机组的报价与日前的调频性能指标的比值由低到高排序，之后依次出清直至满足整个调频市场的容量需求。

统计山西区域电网总容量需求为4405MW，需要 18 个火电机组。由此可知，排序价格与机组的调频性能指标成反比，调频性能指标越高，进入调频辅助市场的概率越高。机组参与调频辅助服务后，电网调度根据调节深度、调频性能指标和申报价格三者乘积，进行计算调频收益。为确保调频质量和效果，增加了机组性能筛选机制，若机组不跟踪 ACE 指令或调频性能低于准入性能值，将退出调频状态并取消当日调频收益及相关补偿，连续十天将其退出调频市场准入。同时，调频收益与调节深度密切相关，储能充放电动作过程可以提升机组的调频里程。

根据山西电网的调频辅助市场和华北电网“两个细则”，机组参与 AGC 调频爬坡性能考核涉及以下指标，其中调频性能以调节速率、调节精度和响应时间三个维度进行计算。

1）调节速率 k_1。

调节速率 $k_1=2-$AGC 实际速率/标准调节速率，调节速率的最大值为 2。其中，实际速率计算如式（5-18）：表示机组朝着 AGC 指令方向出力，从跨出机组的磨煤点，响应死区 1% PeMW 逐步过渡至调节死区后 1% PeMW 的速率，连线斜率的绝对值。

$$v=\left|\frac{P_{\mathrm{id}}-P_{\mathrm{ed}}}{T_{\mathrm{id}}-T_{\mathrm{ed}}}\right|\times 100\% \tag{5-18}$$

$$k_1=2-\frac{v}{v_{\mathrm{N}}} \tag{5-19}$$

式中，v 为机组在调节过程中所达到的调节速率；v_{N} 为机组标准调节速率，单位为 MW/min，一般的直吹式制粉系统的汽包炉的火电机组为机组额定有功功率的 1.5%，循环流化床机组为机组额定有功功率的 1%。

2）调节精度 k_2。

机组响应稳定以后，实际的出力功率点与设定功率点之间的差值，在进入机组的调节死区范围内，机组围绕设定功率值轻微波动，对实际出力与设点指令之差的绝对值进行积分，然后用积分值除以积分时间，即为该时段的调节偏差量，如下所示：

$$\Delta P=\frac{\int_{T_{\mathrm{s}}}^{T_{\mathrm{e}}}|P(t)-P_{\mathrm{s}}|\times \mathrm{d}t}{T_{\mathrm{e}}-T_{\mathrm{s}}} \tag{5-20}$$

式中，ΔP 为机组调节偏差量；$P(t)$ 为该时间段内的实际出力；P_{s} 为设定功率值；T_{s} 为该指令结束时刻；T_{e} 为进入调节死区起点时刻。

调节精度 k_2 是 ACE 机组实际调节偏差量与其允许达到的偏差量相比达到的程度。

$$k_2 = 2 - \frac{\Delta P}{\Delta P_N} \tag{5-21}$$

式中，目前调节允许的偏差值 ΔP_N 为机组额定有功功率的 1%。

3）响应时间 k_3。

机组接收电网调度指令之后，在原出力点的基础上，跨出与调节方向一致的响应死区所用的时间。

$$k_3 = 2 - \frac{T_f - T_i}{T_N} \tag{5-22}$$

式中，T_f 为迈出响应死区的时间；T_i 为进入响应的时间；T_N 为标准响应时间，火电机组的标准响应时间应小于 1min。

4）综合调频性能指标 k_p。

为单一性能指标的乘积，同等兼顾三个指标的比例，衡量该调频资源调节性能的好坏程度。不同时期内 AGC 单元综合爬坡性能指标的算术平均数即对应统计周期内的综合爬坡性能指标。

$$k_p = k_1 k_2 k_3 \tag{5-23}$$

5.3.2 基于模态匹配的混合储能系统协调控制

在传统的混合储能调频控制的设计过程没有考虑储能特性和电网调频指令、考核指标之间的匹配；对混合储能单纯地采取一些信号分解的算法，一定程度上禁锢了储能的灵活性；对锂电池循环寿命的保护策略设计不足。针对这些问题，本节提出模态匹配的混合储能耦合火电 AGC 控制策略。图 5-17 展示了基于模态匹配的飞轮/锂电池混合储能耦合火电 AGC 控制框图，该框图通过分析 ACE 指令模态并监测混合储能的运行状态，利用模态匹配控制策略来调节飞轮和锂电池储能的输出功率，通过混合储能 SOC 的动态区间管理策略，提高混合储能参与调频的参与度，满足全天候调频。

1. 模态匹配控制原理

模态是指火电机组在跟踪多变、随机且繁杂的 AGC 调频指令工况时所呈现的动态特性。整个调频过程可以分解为多种模态，每一种模态具有特定的储能功率和容量响应曲线。在多种模态下，通过控制功率型储能与能量型储能的功率输出节点和时长，实现混合储能的优势互补，满足各种模态的特定需求，提高调频性能指标。混合储能各自的出力特性与各种模态之间的匹配关系被称为模态匹配，模态匹配控制过程展示了混合储能出力与调频性能之间的衔接关系。

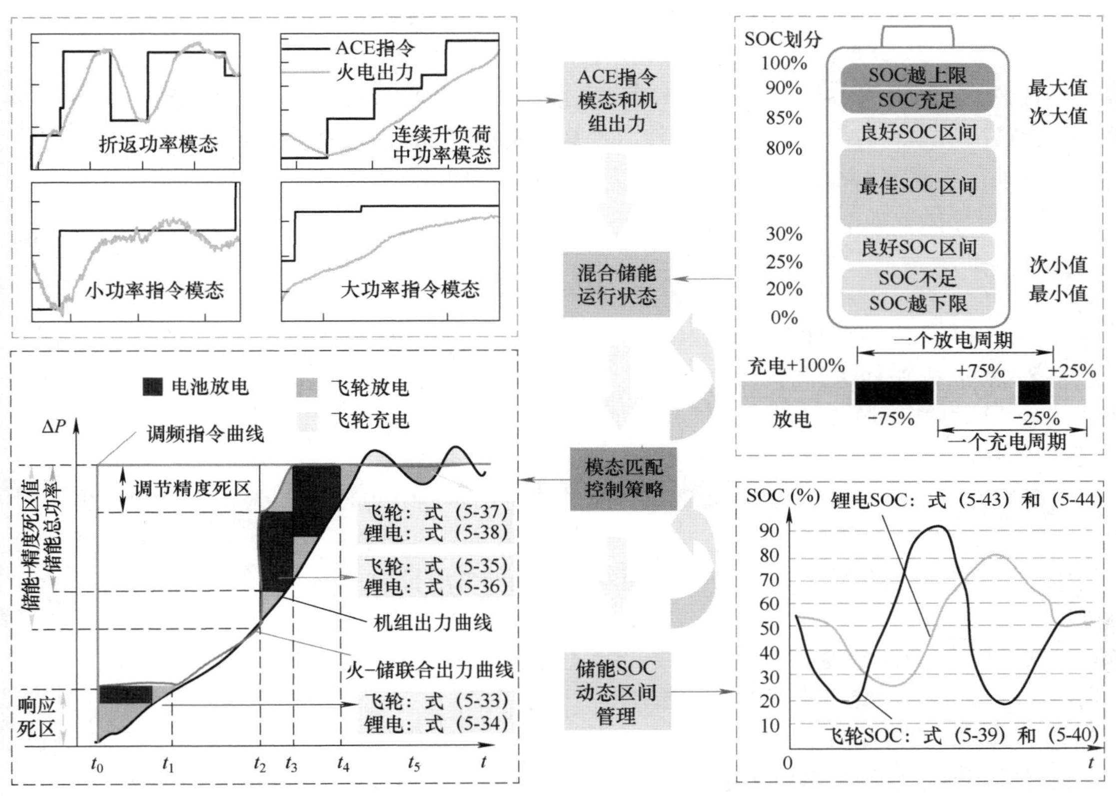

图 5-17　基于模态匹配的飞轮/锂电池混合储能耦合火电 AGC 控制框图

华北电网为了衡量并网发电机组 AGC 调频性能[47]，考虑调节速率、调节精度与响应时间三个因素的综合体现，制定了调频性能指标。调频性能 k_p 的高低不仅决定机组是否能参与到调频辅助市场，而且直接影响参与调频的市场主体的补偿收益。混合储能辅助火电机组参与调频辅助市场最大收益 C_e 为目标，目标函数如下所示：

$$\max(C_e) = k_p D_u C_i \tag{5-24}$$

式中，k_p 为火-储联合系统的调频性能指标；D_u 为调节深度；C_i 为申调价格。

量化飞轮/锂电池混合储能提升火电机组的单一性能指标的增量关系，实现储能出力特性与火电机组跟踪 ACE 指令特性的匹配。联合调频系统的 k_p 指标计算公式为

$$k_p = (k_1 + \Delta k_1)(k_2 + \Delta k_2)(k_3 + \Delta k_3) \tag{5-25}$$

式中，k_1、k_2 和 k_3 分别为机组的调节速率、响应时间和调节精度；Δk_1、Δk_2 和 Δk_3 分别为混合储能提升单一性能指标的增量。

$$\Delta k_1 = (\alpha P_f + \beta P_b)\Delta t_1 / P_{e,k1}\Delta t_{k1} \tag{5-26}$$

$$\Delta k_2 = (\alpha P_f + \beta P_b)\Delta t_2 / P_{e,k2}\Delta t_{k2} \tag{5-27}$$

$$\Delta k_3 = (\alpha P_f + \beta P_b)\Delta t_3 / P_{e,k3}\Delta t_{k3} \tag{5-28}$$

式中，α 和 β 为参与调频的输出功率系数；P_f、P_b 和 Δt 分别为飞轮和锂电池储能输出功率和时长；$P_{e,k}$和 Δt_k 分别为单一性能指标需求功率和时长。

每次充放电都会导致锂电池的老化，在充放电过程中，减少额定容量衰减率 λ，目标函数如下所示：

$$\lambda = \sum_{i=1}^{n} Q_{sum} / \Gamma_C \times 100\% \tag{5-29}$$

式中，λ 为电池循环老化造成的寿命损失率，当 λ 值低于 80% 时电池寿命达到终点；n 为循环次数。

锂电池总循环电量 Q_{sum} 计算如下所示：

$$Q_{sum} = Q_{bc,t}^{+} + Q_{bd,t}^{-} + Q_{loss,t} \tag{5-30}$$

式中，$Q_{bc,t}^{+}$、$Q_{bd,t}^{-}$分别为电池第 t 时段的放电电量和充电电量；$Q_{loss,t}$为储能系统第 t 时段的电量损耗。

采用的经验模型法[48]预测电池寿命耗尽的总电量为

$$\Gamma_C = L_C D_L Q_{BC} \tag{5-31}$$

式中，L_C 为锂电池额定循环次数；D_L 为充放电深度；Q_{BC}为设计循环总电量。

2. 混合储能模态匹配控制策略

本节的研究对象为山西某 8MW/6.5MWh 混合储能电站耦合 350MW 机组，对模态匹配控制策略应用进行案例分析。

表 5-6 显示了山西某电厂典型日的 ACE 调频指令变化数据。根据模态匹配控制原理，若幅值变化在调节死区内，则视为小功率指令模态，此时飞轮储能功率能够满足需求，只有飞轮储能参与调频；若幅值变化小于混合储能总功率加上调节死区功率值，则视为中功率指令模态，混合储能功率能够满足需求；而若幅值变化大于混合储能总功率加上调节死区功率值，则视为大功率指令模态，其占比达到 53.02%，另外，ACE 指令的步长大于 3min 的情况也占据较大比例，对混合储能功率和能量要求较高。

表 5-6　山西某电厂典型日的 ACE 指令的步长和幅值次数统计表

项　目	0～3.5MW	3.5～11.5MW	11.5～20MW	>20MW
1min 以内	22	50	39	7
1～2min	12	44	65	10
2～3min	22	31	65	6
3min 以上	26	49	87	10

混合储能指令的参考值 P_e 是 ACE 指令值与机组出力功率的差值，其正值为储能放电指令，负值为储能的充电指令：

$$P_e = P_{ACE} - P_g \tag{5-32}$$

式中，P_e 为 ACE 指令和机组出力的偏差值，作为混合储能出力的参考值；P_{ACE} 为区域电网的调频指令；P_g 为火电机组的发电功率。

针对大功率指令模态分析，当 ACE 指令出现大幅值变化时，由于机组自身惯性较大及响应迟滞的特性[49]，其调节速率受到限制，导致调频性能较差。在 AGC 调节过程中，机组可根据电网单一性能指标划分为三个阶段：响应阶段、爬坡阶段和稳态阶段。

（1）响应阶段

图 5-17 左下为升负荷指令下混合储能大功率指令模态飞轮和锂电池协调出力示意图，t_0时刻为 ACE 指令变化时刻，$t_0 \sim t_1$ 时刻为机组的响应阶段，由于机组原动机和燃烧系统相互配合存在滞后性，机组在原出力点基础上跨出与调节方向一致的响应死区所用时间较长，在 t_0时刻混合储能出力，提升响应时间 k_3。混合储能系统的动作条件为 ACE 指令发生阶跃变化，飞轮优先响应，锂电池储能可以弥补响应死区的功率差值，飞轮和锂电池功率指令公式为

$$P_{f1} = \begin{cases} \min(P_{f,N}, P_e), & P_e > P_H \\ -\min(P_{f,N}, |P_e|), & P_e < -P_H \end{cases} \tag{5-33}$$

$$P_{b1} = \begin{cases} \min(P_{b,N}, (P_D - P_{f1})), & P_e > P_H \\ -\min(P_{b,N}, |P_D - P_{f1}|), & P_e < -P_H \end{cases} \tag{5-34}$$

式中，P_{f1}、P_{b1}分别为响应阶段飞轮储能系统和锂电池储能系统的功率指令；$P_{f,N}$、$P_{b,N}$分别为飞轮和锂电池储能的额定功率；P_D为机组的响应死区，为装机容量的 1%；P_H为大功率指令模态的判断值。

（2）爬坡阶段

$t_1 \sim t_4$为机组的爬坡阶段，飞轮和锂电池储能在 t_2时刻联合出力提升调节速率，机组存在机械和热力转换过程的约束，具体负荷出力表现为先缓慢后迅速的趋势。混合储能联合出力在 t_2时刻进入稳态阶段，缩短机组在该阶段调节时间，提高调节速率 k_1。以升负荷指令为例，混合储能辅助机组参与调频的条件为 ACE 指令与机组的出力偏差 P_e 小于大功率指令模态判断值 P_H，混合储能系统充放电功率指令可由下式计算：

$$P_{f2} = \begin{cases} \min(P_{f,N}, P_e), & P_e < P_H \\ -\min(P_{f,N}, |P_e|), & P_e > -P_H \end{cases} \tag{5-35}$$

$$P_{b2} = \begin{cases} \min(P_{b,N}, |P_e - P_{f2}|), & P_e < P_H \\ -\min(P_{b,N}, |P_e - P_{f2}|), & P_e > -P_H \end{cases} \tag{5-36}$$

式中，P_{f2}、P_{b2}分别为爬坡阶段飞轮储能系统和锂电池储能系统的功率指令。

（3）稳态阶段

$t_4 \sim t_5$为机组的稳态阶段，飞轮储能在t_3阶段出力，提高调节精度k_2。由于机组自身的热惯量较大，主蒸汽压力波动较大，在其达到目标值指令区间值时，难以快速稳定其出力等于目标值，在稳态阶段出现小幅振荡，产生超调现象。在t_4时刻，机组进入稳态阶段，充分发挥飞轮储能不限次数的特性，飞轮储能参与稳态阶段，锂电池功率为零。混合储能系统的功率指令可由下式计算：

$$P_{f3} = \begin{cases} \min(P_{f,N}, P_e), & P_e < P_M \\ -\min(P_{f,N}, |P_e|), & P_e > -P_M \end{cases} \tag{5-37}$$

$$P_{b3} = 0 \tag{5-38}$$

式中，P_{f3}、P_{b3}分别为稳态阶段飞轮储能系统和锂电池储能系统的功率指令；P_M为中功率指令模态的判断值。

5.3.3 混合储能 SOC 的动态区间管理策略

储能系统的剩余容量决定了其功率输出的能力，长时间持续充放电会使电池存储的电量蓄满或耗尽，而储能在耗竭或蓄满状态下只能进行单向调频[50]，这将大大削弱其参与调频的能力。因此，混合储能的 SOC 区间管理策略十分重要，由于飞轮储能和锂电池的储能特性不一致，设计了飞轮自恢复策略和计及锂电池寿命特性的动态区间管理策略。

为方便混合储能的 SOC 管理，对混合储能的 SOC 进行区间划分，如图 5-17 右上所示，分别为最佳 SOC 区间（0.40，0.70），对不同方向的功率指令模态都具备较强的响应能力；良好 SOC 区间为（0.25，0.40）和（0.7，0.85），具备一定能力的单向充放电区间；充电恢复 SOC 区间为（0.20，0.25）；放电恢复 SOC 区间为（0.85，0.90）；限制放电区间为（0.0，0.2），限制充电区间为（0.9，1.0）。

1. 飞轮储能自恢复控制策略

当储能 SOC 值在其上下限范围内时，储能应以响应调频需求为第一目标值。当飞轮储能的 SOC 低于最小值，其机械结构具有自耗电率高的特性[52]，导致飞轮储能的 SOC 值下降，若不进行功率补偿，则影响其满功率参与调频。因此，当 SOC 值低于最小值 soc_f^{min}，飞轮进行小功率补偿，直到恢复到飞轮 SOC 值的次小值 soc_f^{low}；当 SOC 值大于最大值 soc_f^{max}，飞轮进行小功率放电，飞轮储能自恢复控制策略的充放电功率指令如下所示：

当 $P_e > 0$ 时，

$$P'_{f,d} = \begin{cases} -k_f P_{f,N}, & soc_f < soc_f^{min} \\ P_f, & soc_f^{low} < soc_f < soc_f^{max} \end{cases} \tag{5-39}$$

当 $P_e<0$ 时，

$$P'_{f,c}=\begin{cases}P_f, & soc_f^{min}<soc_f<soc_f^{high}\\ k_fP_{f,N}, & soc_f>soc_f^{max}\end{cases} \tag{5-40}$$

式中，$P'_{f,d}$、$P'_{f,c}$分别为飞轮储能 SOC 约束的放电功率指令和充电功率指令；k_f为飞轮储能充放电系数，设为 0.1；$P_{f,N}$为飞轮额定功率；P_f 为功率模态飞轮功率输出指令；soc_f^{min} 为飞轮储能 SOC 的最小值；soc_f^{low} 为飞轮储能 SOC 的次小值；soc_f^{max} 飞轮储能 SOC 的最大值；soc_f^{high} 为飞轮储能 SOC 的次大值。

2. 计及锂电池的寿命特性动态区间管理策略

锂电池寿命受到温度、电压、循环次数等多种因素[51]的影响。大容量储能装置通常由多个电芯串并联而成，由于单体电池之间存在个体差异，充放电过程中可能出现串联单体电池过充或欠充现象，因此导致电压不均衡[52]，某些电池容量衰减会严重影响锂电池的使用寿命[53]。参考文献［54］指出了电芯 SOC 一致性问题，电芯电压稳定区间对应的 SOC 区间为（0.25，0.8），可增强锂电池的循环寿命。

锂电池储能 SOC 是提升火-储联合系统的调节速率 k_2 的关键，由于调频指令的变化趋势是不可预测的，因此为避免锂电池储能 SOC 长期运行在边界状态，在设计锂电池储能参与调频策略时，需要控制锂电池的充放电功率，动态调整 SOC 处于最佳充放电区间，提高锂电池可充可放电裕度，满足全天候调频容量需求。

锂电池储能参与大功率指令模态的响应阶段，其输出功率 P_{b1} 并非满功率参与调频。因此，根据锂电池当前的 SOC，可得到其充电和放电系数，如下所示：

$$k_d=\begin{cases}e^{soc-0.5}, & 0.7<soc<0.9\\ 1, & 0.2<soc<0.7\end{cases} \tag{5-41}$$

$$k_c=\begin{cases}e^{0.5-soc}, & 0.2<soc<0.4\\ 1, & 0.4<soc<0.8\end{cases} \tag{5-42}$$

式中，k_d 为锂电池储能的放电系数；k_c 为锂电池储能的充电系数。

锂电池储能动态区间管理策略功率输出如下所示：

当 $P_e>0$ 时，

$$P'_{b1,d}=\begin{cases}-k_bP_{b,N}, & soc_b<soc_b^{min}\\ k_dP_{b1}, & soc_b<soc_b^{max}\end{cases} \tag{5-43}$$

当 $P_e<0$ 时，

$$P'_{b1,c}=\begin{cases}k_cP_{b1}, & soc_b>soc_b^{min}\\ k_bP_{b,N}, & soc_b<soc_b^{max}\end{cases} \tag{5-44}$$

式中，$P'_{b1,d}$、$P'_{b1,c}$分别为锂电池 SOC 值约束的放电功率指令和充电功率指令；P_{b1}为大功率指令模态响应阶段的功率输出；k_b 为锂电池储能充放电系数，设为 0.1；$P_{b,N}$为锂电池额定功率；soc_b^{min}、soc_b^{max} 分别为锂电池储能 SOC 的最小值和最大值。

5.3.4 仿真验证与现场运行效果

1. 仿真验证

基于 MATLAB/Simulink 仿真平台，本节搭建了混合储能辅助火电机组参与 ACE 调频的模型，其中火电机组为 350MW 循环流化床机组，混合储能系统为 2MW/0.5MWh 飞轮储能系统和 6MW/6MWh 锂电池储能系统。

（1）阶跃功率指令

选取某电厂 600s 的实际 ACE 调频数据作为输入指令。图 5-18 所示为火–储联合系统功率跟踪指令曲线，可以看出，在 0～191s 为小功率指令，只有飞轮储能参与调频，机组在调节过程中产生超调，飞轮储能在 0～49s 期间以放电状态参与调频，随后转为充电状态，充分发挥飞轮储能的优势，提升调节精度 k_2。在 191～502s 期间，系统接收到两个连续中功率模态指令，火–储联合系统能够精准跟踪 ACE 指令，调频性能 k_p 值相较于火电机组的 3.26 提升到了 7.32。

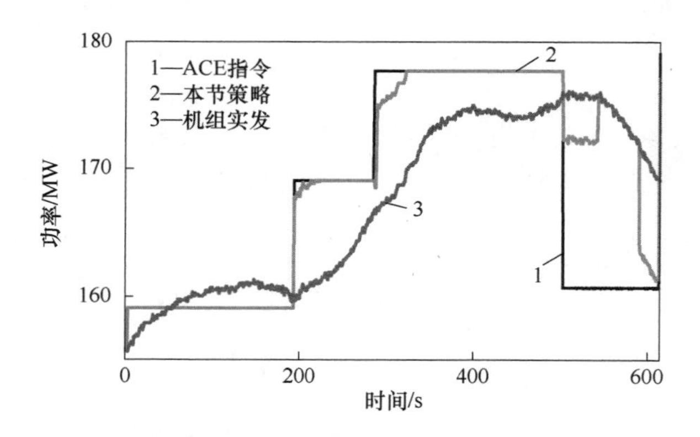

图 5-18 火–储联合系统功率跟踪指令曲线

图 5-19 所示为飞轮和锂电池储能功率输出曲线，从 502～600s，系统接收到大功率指令，飞轮储能出力为 2MW，锂电池储能出力为 1.5MW，辅助机组迈出死区，响应时间为 40s，在 542s 时，混合储能退出响应阶段。等到 588s，ACE 指令与机组的出力偏差小于大功率指令模态的判断值时，飞轮和锂电池储能开始以 8MW 充电指令输出，辅助机组进入稳态阶段，提高了机组调节速率 k_1，k_p 值相较于火电机组的 1.6 提升到了 5.82。

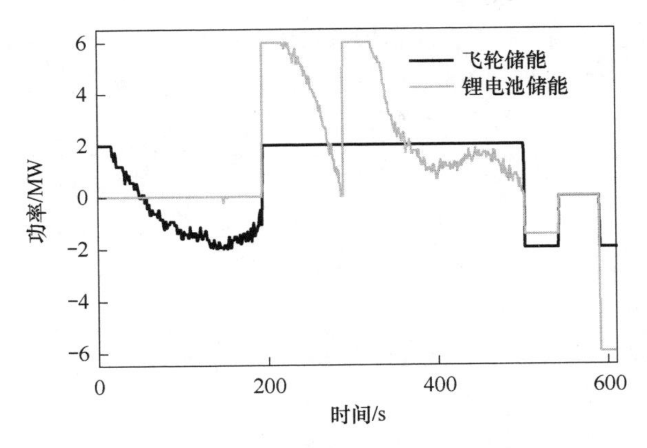

图 5-19　飞轮和锂电池储能功率输出曲线

（2）连续功率指令

选取典型日 24h ACE 调频数据作为常规控制策略与本节控制策略对比的输入指令，常规控制策略为实时跟踪 ACE 指令与机组出力功率偏差控制策略。图 5-20 所示为联合储能跟踪 ACE 指令变化曲线。可以看到，本节控制策略能够按照功率模态匹配原理进行匹配 ACE 指令特性，对比常规控制策略，本节控制策略在大功率指令模态下，能够按照机组特性输出锂电池功率，减少锂电池功率输出，中功率指令能够精准跟踪 ACE 指令。

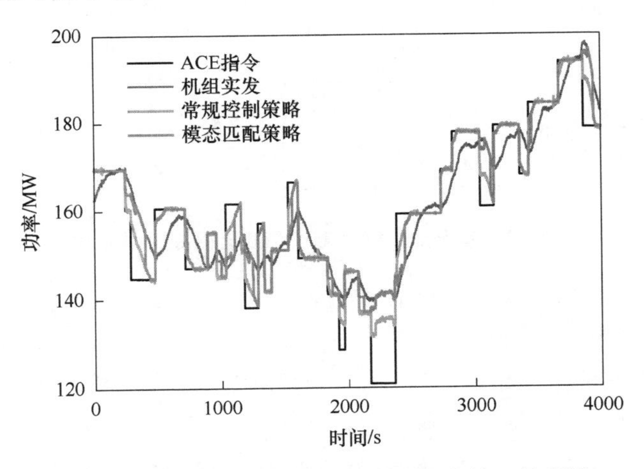

图 5-20　联合储能跟踪 ACE 指令变化曲线（见彩插）

图 5-21 和图 5-22 所示分别为两种控制策略下飞轮和锂电池储能输出功率变化曲线。在图 5-21 中可以看到，在 3663s 时，本节控制策略使得飞轮储能处于满功率放电状态，而常规控制策略下飞轮储能表现为 –200kW 自恢复，并且未参与调频的时间达到 203s，从而降低了调频性能指标。在图 5-22 中可以看到，

本节控制策略下锂电池能量输出的次数明显减少，经过计算等效循环次数为0.24次，而常规控制策略下为0.33次，减少了27.2%的等效循环次数。

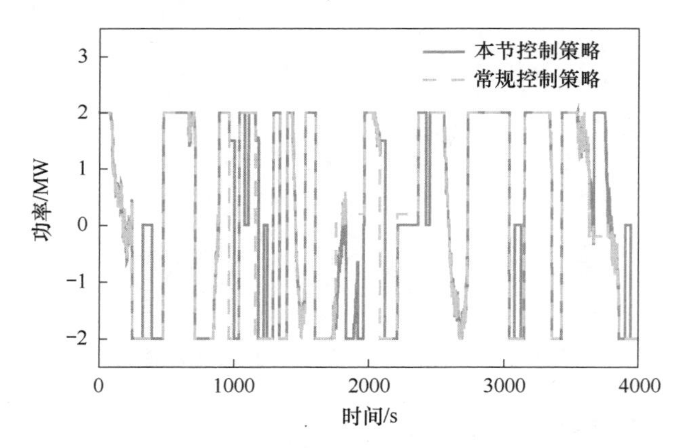

图5-21　飞轮储能输出功率变化曲线（见彩插）

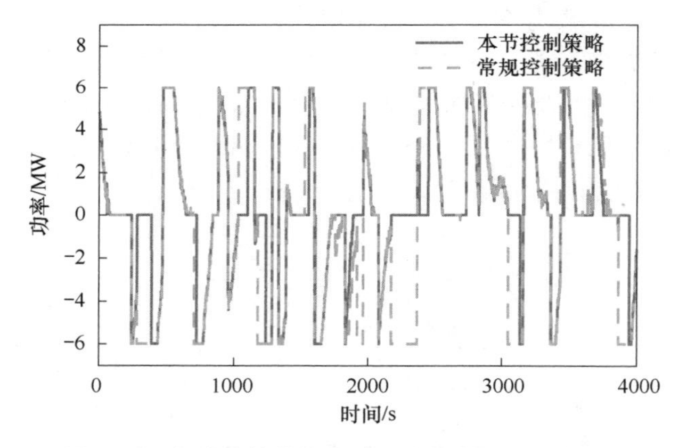

图5-22　锂电池储能输出功率变化曲线（见彩插）

表5-7显示了火-储联合系统在典型日ACE指令下，本节控制策略与常规控制策略的平均调频性能值，相比于常规控制策略，本节控制策略的k_p值提升了27.93%；与无储能情况相比，提升了126.58%。本节控制策略主要集中在提升机组的调节精度k_2和响应时间k_3调频指标。

表5-7　典型日的平均调频性能值统计

项　　目	调节速率k_1	调节精度k_2	响应时间k_3	调频性能k_p
无储能	1.202	1.358	1.342	2.186
常规控制策略	1.314	1.675	1.769	3.871
本节策略	1.439	1.874	1.837	4.953

2. 混合储能 SOC 变化

（1）飞轮储能 SOC 变化曲线

图 5-23 所示为在典型日 ACE 指令下，两种策略下飞轮储能 SOC 变化曲线，可以看到有补偿策略的飞轮储能 SOC 值比无补偿策略的 SOC 值更加贴近 0.5，自恢复控制策略能够在低 SOC 值给飞轮储能进行小功率（200kW）补偿，从而防止飞轮储能设备因功率跌落而导致飞轮 SOC 低于 20%，从而影响其在满功率参与调频的效果。在 75000～76000s，有自恢复策略的 SOC 值更高，飞轮储能参与全天的调频指令响应次数提升了 37.8%。

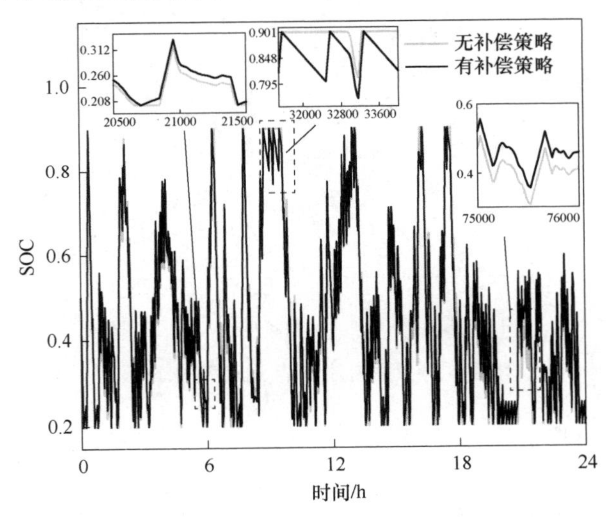

图 5-23　飞轮储能 SOC 变化曲线（见彩插）

（2）锂电池储能 SOC 变化曲线

图 5-24 所示为在典型日 ACE 指令下，两种控制策略下锂电池储能 SOC 变化曲线，可以看到采用动态 SOC 控制策略时，电池储能的 SOC 处于最佳充放电区间的概率提升了 27.5%。动态 SOC 管理策略下进行自恢复调节的次数为 2 次，而无 SOC 管理的情况下自恢复的次数为 4 次。对仿真数据进行分析，动态 SOC 管理策略使电池储能的 SOC 处于最佳充放电区间的概率提升了 41.84%，也提升了单体锂电池的一致性。

图 5-25 为图 5-24 锂电池储能 SOC 在 9 点～10 点半的局部图，可以看到，在 2345～2538s 时间段，动态 SOC 管理的放电功率值较大，SOC 的变化斜率更快，使得 SOC 值更加接近 0.5，本节控制策略 SOC 位于最佳 SOC 区间概率相较于常规控制策略提升了 19.04%，且本节控制策略的 SOC 值更贴近 0.5。

取充放电循环周期次数作为等效循环次数，计算示意图为图 5-17 右上。统计锂电池参与典型日调频的等效充放电循环次数结果见表 5-8。数据显示，与混合储能同等功率和容量的单一锂电池储能等效循环次数为 8.976 次，在常规控制策略下，一天的电池等效循环次数为 6.697 次，本节控制策略下，等效循环次数为 4.267 次。锂电池储能的循环次数为 5000 次左右，常规控制策略的使用寿命为 747.5 天（2.1 年），而本节控制策略的使用寿命为 1133.79 天（3.11 年），等效循环寿命年限增加了 48.09%。

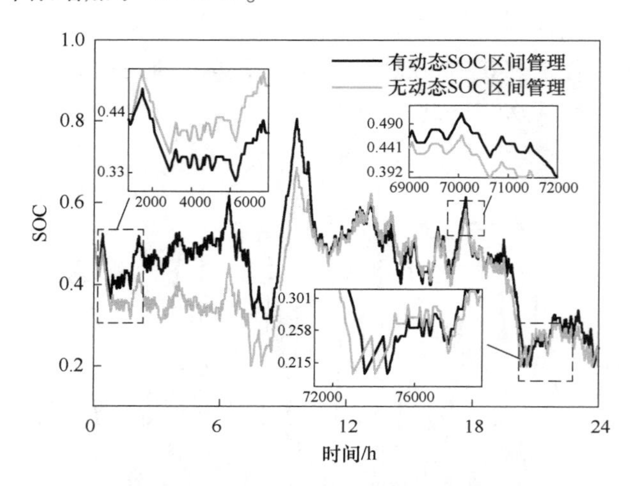

图 5-24　锂电池储能 SOC 变化曲线

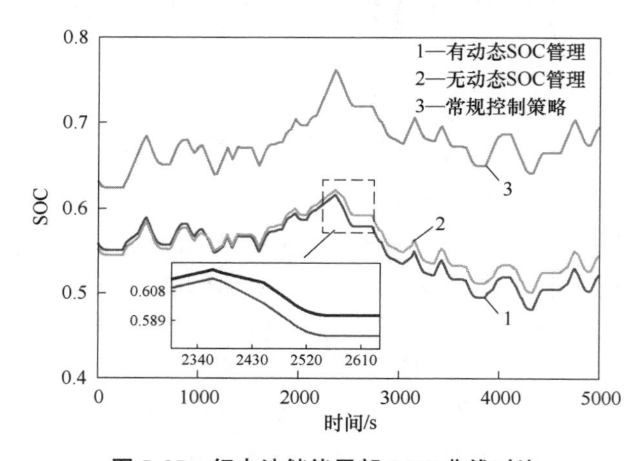

图 5-25　锂电池储能局部 SOC 曲线对比

表 5-8　典型日锂电池等效充放电循环次数统计

项　　目	单一锂电池储能	常规控制策略	本节控制策略
充电循环周期次数	9.283	6.989	4.419
放电循环周期次数	8.976	6.697	4.267

3. 现场运行效果

本节控制策略应用于山西某电厂飞轮/锂电池混合储能辅助火电机组调频能量管理系统。

（1）现场连续调频指令

图 5-26 所示为储能耦合火电跟踪 ACE 指令连升连降曲线，火-储联合调频系统 k_p 值为 4.89。在 1319s 之前，曲线呈现连续降负荷指令，控制策略能够有效根据功率指令模态来控制飞轮和锂电池的功率充电指令。随后，在 1181s 时，出现连续升负荷指令，飞轮储能和锂电池储能满功率跟踪功率指令模态运行。在 2148s 时，飞轮储能进入稳态阶段，以小功率（200kW）进行补偿，以防止飞轮功率下降，使其恢复到 SOC 的次小值。

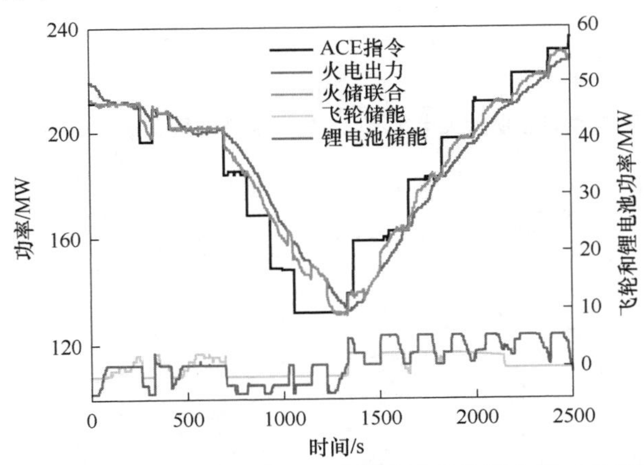

图 5-26　储能耦合火电跟踪 ACE 指令连升连降曲线（见彩插）

图 5-27 所示为混合储能耦合火电跟踪 ACE 指令连续折返响应曲线。在 717s 时，ACE 指令从 232.2MW 降低至 211.4MW，幅值变化为 11.2MW，此为中功率指令模态。此时，飞轮储能和锂电池储能共同输出，火-储联合系统提前进入调节阶段。该功率模态的响应阶段和爬坡阶段存在耦合关系，此指令模态的 k_p 值为 6.43。在 914s 时，ACE 指令由 231.15MW 升至 245.9MW，幅值变化为 13.75MW，为大功率模态指令。此时，飞轮储能和锂电池以 2MW 出力，提高响应时间 k_3。混合储能暂时退出 40s 等待机组出力，在 1011s 时，机组进入爬坡阶段，混合储能共同出力，以提升调节速率 k_1，并最终进入稳定阶段，此指令模态的 k_p 值为 4.08。

（2）调频性能指标

根据电网调度中心显示，表 5-9 统计了部分日期 5 个时段的调频性能指标。与 2019 年无储能参与调频辅助市场相比，火-储联合调频系统的 k_p 平均值从 1.36 提升至 4.70，最高值达到 5.58，能够在全天 5 个时段内参与电网 ACE 调频。

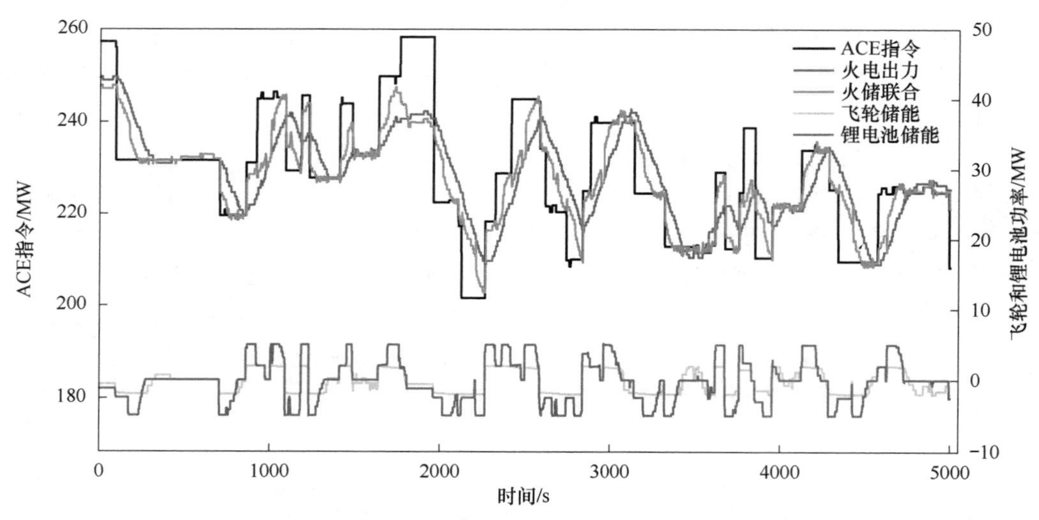

图 5-27　混合储能耦合火电跟踪 ACE 指令连续折返响应曲线（见彩插）

表 5-9　部分日期调频性能指标统计表

日　　期	第 1 时段	第 2 时段	第 3 时段	第 4 时段	第 5 时段
10 月 28 日	4.91	4.37	4.14	5.30	5.39
12 月 30 日	4.44	5.02	4.91	5.33	4.91
1 月 2 日	4.81	4.49	3.48	5.12	4.97
1 月 15 日	4.95	4.36	3.96	4.88	5.02
2 月 10 日	4.54	4.75	4.85	4.16	5.12
2 月 11 日	5.58	4.20	4.73	3.74	4.58

（3）经济收益

2023 年 5 月—2024 年 4 月的电网调度中心调频辅助市场调频收益见表 5-10。联合系统调频辅助收益达到 2525.98 万元。在 2023 年 12 月，调频收益达到最高点，为 348.47 万元，平均月调频收益为 210.49 万元，项目整体经济效益明显，投资回报高，可在一年半内收回全部投资成本。

表 5-10　12 个月的调频辅助市场调频收益

月　　份	收益/万元	月　　份	收益/万元
2023 年 5 月	120.49	2023 年 11 月	325.93
2023 年 6 月	166.55	2023 年 12 月	348.47
2023 年 7 月	71.55	2024 年 1 月	272.3
2023 年 8 月	76.69	2024 年 2 月	194.9
2023 年 9 月	95.35	2024 年 3 月	288.19
2023 年 10 月	323.17	2024 年 4 月	242.39

2022 年和 2023 年电网对机组同期的两个细则考核对比如图 5-28 所示。可以看出，在未投入混合储能系统时，考核金额平均每月为 –365. 86 万元；而在投入混合储能系统后，两个细则补偿收益共计 879. 81 万元。这意味着混合储能系统的投入不仅免除了电网对火电机组的调频考核，调频性能的提升还使得机组获取了额外的奖励。

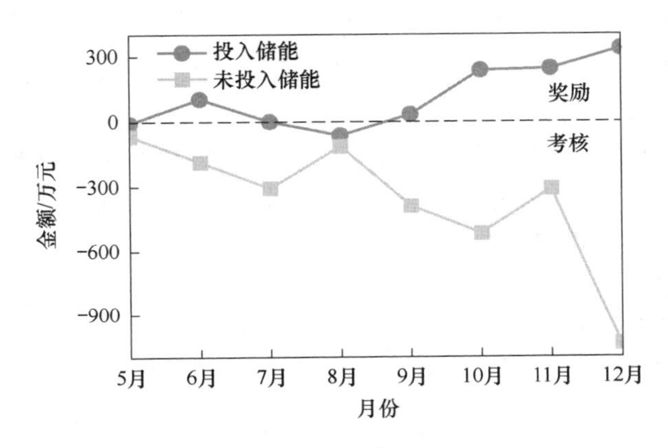

图 5-28　同期月份两个细则考核对比

本节提出了基于模态匹配的混合储能耦合火电 AGC 控制策略，并通过仿真和工程实践验证了所提策略的可行性，得到以下结果：

1）相比于常规控制策略，本节所提的控制策略调频性能得到显著提升，k_p 值提升了 27. 93%，调节速率 k_1 提升了 9. 51%，飞轮/锂电池混合储能可全天候参与调频辅助服务。

2）基于模态匹配的飞轮和锂电池分配策略，在响应阶段和稳态阶段充分利用了飞轮不限次数特性优势，在爬坡阶段充分利用了锂电池大容量特性，实现了混合储能的优势互补。

3）动态 SOC 管理控制策略使得电池储能的 SOC 处于最佳充放电区间的概率提升了 41. 84%，锂电池的等效循环寿命年限增加了 48. 09%。自恢复控制策略使得飞轮储能参与全天调频指令响应次数提升了 37. 8%。

4）飞轮/锂电池混合储能系统在山西某机组的成功应用，以及相应的混合储能模态匹配控制策略的实现，证明了混合储能系统可以显著提高火电机组在二次调频方面的能力，相较于无储能，k_p 平均值由 1. 36 提升至 4. 70，平均月调频收益为 210. 49 万元，实现了经济性配储。

综上，本节所研究的基于模态匹配的混合储能控制策略能够提升机组的二次调频性能，延长锂电池循环寿命，为提高工程实践中电源侧火电机组频率主动支撑能力提供了全新的解决思路。

5.4 本章小结

截至2023年12月底，可再生能源成为保障电力供应新力量，占全国发电总装机比重超过50%，历史性超过火电装机，但新能源的间歇性和波动性给电网稳定运行带来了挑战。目前，火电机组参与二次调频辅助服务时，会产生额外的机械损耗和碳排放，且调节时间较长，难以胜任新型电力系统严峻的调频任务。在“两个细则”考核和补偿模式导向下，储能辅助机组在国内储能参与调频辅助服务中成为首要商业模式，已经成为国内研究的热点领域。

本章首先分析了储能参与电力现货市场的现状与机制，以及各个省之间的调频辅助服务细则；其次，针对火电机组耦合飞轮储能阵列的多场景协同调频控制方法和飞轮储能系统的技术优势，设计了适用于电网调频全工况的火电机组-飞轮储能耦合调控策略；然后，针对单一储能技术存在的限制，特别是功率密度、能量密度和循环寿命等问题，提出了飞轮/锂电池混合储能解决方案，提炼了机组调频复杂工况和混合储能调节特性之间的模态特征，设计了基于模态匹配的混合储能耦合火电机组AGC控制策略和动态SOC区间管理策略，为飞轮/锂电池混合储能系统在电网频率支撑方面的应用提供了工程示范，进一步激发了区域电网发电侧参与电力现货市场的积极性，充分发挥系统在调节能力和连续调节方面的优势。

参考文献

[1] 习近平. 在第七十五届联合国大会一般性辩论上的讲话［R］, 2020.

[2] 黄雨涵, 丁涛, 李雨婷, 等. 碳中和背景下能源低碳化技术综述及对新型电力系统发展的启示［J］. 中国电机工程学报, 2021, 41 (S1): 28-51.

[3] 李国庆, 闫克非, 范高锋, 等. 储能参与现货电能量-调频辅助服务市场的交易决策研究［J］. 电力系统保护与控制, 2022, 50 (17): 45-54.

[4] 李建林, 田立亭, 来小康. 能源互联网背景下的电力储能技术展望［J］. 电力系统自动化, 2015 (23): 11.

[5] 孙伟卿, 裴亮, 向威, 等. 电力系统中储能的系统价值评估方法［J］. 电力系统自动化, 2019, 43 (08): 47-55.

[6] 李欣然, 黄际元, 陈远扬, 等. 基于灵敏度分析的储能电池参与二次调频控制策略［J］. 电工技术学报, 2017, 32 (12): 224-233.

[7] 国家发展改革委, 国家能源局. 关于进一步推动新型储能参与电力市场和调度运用的通知［EB］, 2022.

[8] 胡静, 黄碧斌, 蒋莉萍, 等. 适应电力市场环境下的电化学储能应用及关键问题［J］.

中国电力，2020，53（01）：100-107.

[9] 徐天韵，陈涛，高赐威．电力市场背景下的近用户侧储能站容量优化配置研究［J］．综合智慧能源，2023，45（02）：77-84.

[10] 谢惠藩，王超，刘湃泓，等．南方电网储能联合火电调频技术应用［J］．电力系统自动化，2021，45（04）：172-179.

[11] 时智勇，王彩霞，胡静．独立新型储能电站价格形成机制及成本疏导优化方法［J］．储能科学与技术，2022，11（12）：4067-4076.

[12] ARTEAGA J，ZAREIPOUR H，AMJADY N. Energy Storage as a Service：Optimal Pricing for Transmission Congestion Relief［J］. 2020（07）：514-523.

[13] PANDZIC H，DVORKIN YMC. Investments in merchant energy storage：Trading-off between energy and reserve markets［J］. Applied energy，2018，230：277-286.

[14] 邱伟强，王茂春，林振智，等．“双碳”目标下面向新能源消纳场景的共享储能综合评价［J］．电力自动化设备，2021，41（10）：244-255.

[15] TO'MASSON E，MEMBER S，IEEE，et al. Optimal offer-bid strategy of an energy storage portfolio：A linear quasi-relaxation approach［J］. Applied Energy，2020，260：114251.

[16] 宫瑶，张婕，孙伟卿．基于功率权与容量权解耦的共享储能组合拍卖机制［J］．电工技术学报，2022，37（23）：6041-6053.

[17] 陈浩，贾燕冰，郑晋，等．规模化储能调频辅助服务市场机制及调度策略研究［J］．电网技术，2019，43（10）：3606-3617.

[18] 国家能源局．电力辅助服务管理办法［R］．2021.

[19] 何俊，邓长虹，徐秋实，等．风光储联合发电系统的可信容量及互补效益评估［J］．电网技术，2013，37（11）：7.

[20] 王成山，武震，李鹏．分布式电能存储技术的应用前景与挑战［J］．电力系统自动化，2014，38（16）：1-8.

[21] 刘昊，郭烨，孙宏斌．省间电力现货交易优化设计与定价机制［J］．电力系统自动化，2024，48（04）：76-85.

[22] 洪烽，贾欣怡，梁璐，等．面向风电场频率支撑的混合储能层次化容量优化配置［J］．中国电机工程学报：2023：1-12.

[23] 洪烽，贾欣怡，梁璐，等．火-储耦合协同调频策略下飞轮储能容量配置一体化研究［J］．热力发电，2023，52（09）：65-75.

[24] 李本瀚，梁璐，洪烽，等．基于飞轮储能的火电机组一次调频研究［J］．电工技术，2022（09）：15-18.

[25] 段晓宇，张鸿浩．山西省电力现货模式下火电机组参与调频辅助服务市场分析［J］．电器工业，2023（03）：72-75+87.

[26] 葛晓琳，凡婉秋，符杨，等．基于改进柔性策略评价的风火储多主体博弈电能-调频市场联合竞价模型［J］．电网技术，2023，47（05）：1920-1933.

[27] 国家发展改革委，国家能源局．关于完善电力调频辅助服务市场有关规则条款的通知［EB］．2022.

［28］ 国家能源局南方监管局．广东调频辅助服务市场交易规则（试行）［EB］.2018.
［29］ 国家能源局南方监管局．南方区域统一调频辅助服务市场建设方案［EB］.［2021-01-11］.
［30］ 苏烨，石剑涛，张江丰，等．考虑调频的储能规划与竞价策略综述［J］．电力自动化设备，2021，41（09）：191-198.
［31］ 江昕玥，吕瑞扬，何洁，等．考虑不完全信息披露的共享储能联合调频分散交易机制［J］．电力系统自动化，2023，47（18）：68-79.
［32］ 肖云鹏，张兰，张轩，等．包含独立储能的现货电能量与调频辅助服务市场出清协调机制［J］．中国电机工程学报，2020，40（S1）：167-180.
［33］ 中华人民共和国中央人民政府．我国可再生能源装机占比过半 今年原油产量稳定在两亿吨以上［R］．2023.
［34］ 郑林烽，缪源诚，滕晓毕，等．考虑配储的火电机组灵活性改造模型与方法［J］．中国电机工程学报，2024：1-14.
［35］ 梁志宏，刘吉臻，洪烽，等．电力级大功率飞轮储能系统耦合火电机组调频技术研究及工程应用［J］．中国电机工程学报，2024：1-14.
［36］ GUO Y H，XIE X R，WANG B，et al. Improving AGC performance of a coal-fueled generators with MW-level BESS［C］．2016 IEEE Power & Energy Society Innovative Smart Grid Technologies Conference（ISGT），2016：1-5.
［37］ XIE X R，GUO Y H，WANG B，et al. Improving AGC Performance of Coal-Fueled Thermal Generators Using Multi-MW Scale BESS：A Practical Application［J］．IEEE Transactions on Smart Grid，2018，9（03）：1769-1777.
［38］ 王伟，陈钢，常东锋，等．超级电容辅助燃煤机组快速调频技术研究［J］．热力发电，2020，49（08）：111-116.
［39］ 陈崇德，郭强，宋子秋，等．计及碳收益的风电场混合储能容量优化配置［J］．中国电力，2022，55（12）：22-33.
［40］ 李军徽，贾才齐，朱星旭，等．降低火电调频损耗的混合储能系统容量优化配置双层模型［J］．高电压技术，2023，49（09）：3965-3980.
［41］ 唐早，刘佳，刘一奎，等．基于随机模型预测控制的火电-储能两阶段协同调频控制模型［J］．电力系统自动化，2023，47（03）：86-95.
［42］ 牛阳，张峰，张辉，等．提升火电机组 AGC 性能的混合储能优化控制与容量规划［J］．电力系统自动化，2016，40（10）：38-45+83.
［43］ 丁明，林根德，陈自年，等．一种适用于混合储能系统的控制策略［J］．中国电机工程学报，2012，32（07）：1-6+184.
［44］ HAN X，MU Z，WANG Z. Optimization control and economic evaluation of energy storage combined thermal power participating in frequency regulation based on multivariable fuzzy double-layer optimization［J］．Journal of Energy Storage，2022，56：105927.
［45］ 隋云任，梁双印，黄登超，等．飞轮储能辅助燃煤机组调频动态过程仿真研究［J］．中国电机工程学报，2020，40（08）：2597-2606.

[46] 谢志佳，李德鑫，王佳蕊，等．储能系统参与电力系统调频应用场景及控制方法研究[J]．热力发电，2020，49（08）：117-125.
[47] 国家能源局华北监管局．并网发电厂辅助服务管理实施细则和并网运行管理实施细则[R]．(2019-10-01）[2023-12-11].
[48] LI Y，PENG J Q，JIA H，et al. Optimal battery schedule for grid-connected photovoltaic-battery systems of office buildings based on a dynamic programming algorithm [J]. Journal of Energy Storage，2022，50：104557.
[49] 吕力行，陈少华，张小白，等．考虑规模化电池储能SOC一致性的电力系统二次调频控制策略[J]．热力发电，2021，50（07）：108-117.
[50] 梁璐，洪烽，季卫鸣，等．大规模飞轮储能阵列协同火电机组调频的能量管理系统[J]．中国电机工程学报，2024：1-14.
[51] ANDREA C A，SIMONA O，YANN G，et al. Capacity and power fade cycle-life model for plug-in hybrid electric vehicle lithium-ion battery cells containing blended spinel and layered-oxide positive electrodes [J]. Journal of Power Sources，2015，278：473-483.
[52] YU X Q，CHEN R，GAN L Q，et al. Battery Safety：From Lithium-Ion to Solid-State Batteries [J]. Engineering，2023，21：9-14.
[53] DONG G ZH，WEI J W. A physics-based aging model for lithium-ion battery with coupled chemical/mechanical degradation mechanisms [J]. Electrochimica Acta，2021，395：139133.
[54] JI J，ZHOU M X，GUO R W，et al. A electric power optimal scheduling study of hybrid energy storage system integrated load prediction technology considering ageing mechanism [J]. Renewable Energy，2023，215：118985.

第6章

飞轮储能–火电机组联合系统调频容量优化配置

6

6.1 储能系统配置的必要性分析

6.1.1 储能辅助火电机组调频的优势

随着全球能源的日益紧张，气候变暖、环境污染问题已引起世界各国的广泛重视。在全球范围内开发和利用清洁能源，减少化石能源的使用，逐步向以清洁能源为主的能源结构转型的理念得到了国内外的广泛认可。为应对气候变化，中国提出将采取更加有力的政策和措施，二氧化碳排放力争于2030年前达到峰值，努力争取2060年前实现碳中和。为了实现《巴黎协定》目标，完成“碳达峰、碳中和”的目标，推动能源生产及消费向清洁低碳化转型，实现可持续发展，风电及光伏等可再生能源得到了迅速发展。2013—2020年期间，全球可再生能源发电量增长了45%，预计到2040年将达到总发电量的40%。

以风能、太阳能为主的清洁能源随机性与间歇性较强，且难以预测，当其大规模并网后会对电网的频率稳定带来显著影响，而其本身往往不具备调频能力，从而加重了整个电网的调频负担。因此，如何在清洁能源不断提高并网占比的情况下保持电网的频率稳定已成为当前热点研究问题。

我国电力系统的调频任务主要由火电机组来承担，其调频实现离不开机械装置，频繁的调频动作使机组的机械部件产生磨损，从而影响电网运行安全和电能质量。另外，火电机组响应时滞长，不适于短周期的调频需求，同时受自身蓄热制约，可用调频量也不能满足系统一次调频需求；而参与二次调频的火电机组，由于受爬坡速率限制，不能快速准确地跟踪调频指令，使调节过程出现延迟、偏差甚至反向调节。

储能系统的电力电子调功装置可控制其非线性出力，具有快速响应、精准控制和双向出力的特点，几乎可瞬间追踪功率指令，逐步广泛应用于电力系统调频领域。随着集成技术发展和各国市场激励，储能参与调频辅助服务成为全球规模化储能示范项目中开展最多的三个应用领域之一，渗透于发电端、输配环节和需求侧。

近些年来，以锂电池、液流电池、飞轮储能以及超级电容为代表的新型储能技术得到了长足发展，在储能系统投资成本、循环寿命、瞬时功率、运行可靠性以及规模化集成应用方面取得了革命性的突破。储能系统的充放功率具有以下特点：指令响应速度快，可在毫秒级时间范围内由满功率输入转换至满功率输出；精确控制，能够在额定功率范围内保持在某一功率点稳定输出；功率瞬时吞吐量大，可以进行短时脉冲放电，并且可双向调节。储能系统具有快速、精确、瞬时吞吐量大的功率充放特点，能够较好地满足电网的调频需求。

将储能技术引入调频领域，配合传统机组辅助调频具有多方面优势：

1）快速响应系统指令，弥补传统火电机组爬坡速度慢、响应滞后的缺点，可快速稳定系统频率，防止频率波动的进一步扩大。

2）精确调节出力，可以改善传统调频技术出力精度低的缺点，提高调频效果。单位容量的储能系统的平均调频效果可以代替相应 1.7 倍容量的水电调频机组，2.5 倍容量的燃气调频机组，以及 20 倍以上容量的火电机组，理想情况下 1MW 的储能系统可以替代 50MW 的传统火电机组，可有效减少系统调频备用容量。一方面减小了系统调频的总投资；另一方面，可减小系统备用调频容量用于提供能量，增加机组的机会成本。

3）具有较高的可双向调节的瞬时功率，较高的瞬时功率可以应对系统出现的频率突变，可以较好地维持系统频率，并抑制了调频机组因出力滞后产生的反向调节。

4）在一定场景下，利用具有双向调节能力的储能系统暂时替代传统机组进行调频，避免传统机组频繁改变运行工况，可以有效提高机炉的运行稳定性。

在电网规模不断扩大、新能源发电占比不断提高和现有调频机组调频效果不足的发展现状下，储能系统在调频领域应用的优点很快得到国内外电力学者的高度关注，将储能系统引入调频领域配合传统机组参与频率稳定调节具有十分重要的理论意义及现实意义。

6.1.2　火-储联合系统容量配置研究现状

在传统机组调频能力不足的情况下，随着储能技术的迅速发展，储能逐渐作为新型的辅助调频手段。储能的响应速度是传统调频机组的数十倍，而且储能系统可以准确、迅速地追踪功率指令，具有参与电力系统频率调节的能力，可明显提高传统机组的调频能力，降低了系统中传统机组的备用容量，所以大规模储能参与系统频率调节的研究越发受到重视。

在储能参与电网调频的可行性方面，黄际元等人以电池、电容器和超导磁三种储能电源为研究对象，建立了含储能电源的经典两区域电力系统模型，对比分析了常规电源与三种储能电源参与电网调频的控制效果[1]。参考文献［2］对储能的响应特性利用简化后的一阶惯性模型来比拟，根据系统频率的方均根误差来定量分析兆瓦级储能电池参与电力系统一次调频的作用，研究表明，储能电池能有效改善因系统负载扰动引起的频率偏移。参考文献［3］在不同的应用场景下，从技术和经济两个角度深入研究储能电源参与一次调频是可行的。

在调频特性方面，杨水丽等人通过对电池储能系统的功率-频率特性分析，得出电化学电池储能系统的调频效果是火电机组的3.3倍左右[4]。在控制策略方面，参考文献［5］针对火电机组响应时滞长、机组爬坡速率低等问题，提出了基于模糊控制的储能系统辅助AGC调频的控制方法。参考文献［6］在系统调频需求分析的基础上，通过利用离散傅里叶变换将调频需求分解为高频和低频。根据储能系统快速响应的特点，分别提出了基于区域调节需求所处的区间灵活分配储能资源承担调节量和将调频需求的高频分量指派给储能资源承担的两种控制策略，并对不同储能系统容量占比下的两种控制策略进行了比较分析。参考文献［7］以最大化储能系统AGC运行净收益为目标，结合华北区域AGC补偿机制，提出了基于储能系统响应电网AGC指令的优化控制策略。但该策略是基于已有的AGC指令特性进行事后评估，不涉及实际运行中的详细控制策略。参考文献［8］针对常规机组调频的固有特性，研究了基于铅酸电池和全钒液流电池组成的混合储能装置配合传统机组参与AGC的充放电策略，根据常规机组调频的特点，提出一种考虑反向调频、死区振荡、储能装置过度放电和SOC强制归位的优化控制策略。参考文献［9］结合储能电源的荷电状态（SOC），根据SOC的初始值、实际充放电的一个市场以及SOC的期望值，提出了一种能使储能电源保持较好充电状态，防止储能充电过度和放电过度。不仅满足了电力系统不同用户的充电与放电需求，而且有效地提高了调频效果，从而降低了储能辅助电网调频容量需求门槛，这对储能电源在电网调频中的大规模应用意义深远。参考文献［10］构建了一种适用于调整的控制策略，它结合了区域偏差与需求的优点，利用灵敏度分析手段，以此来确定储能调频开始时机、参与调频方式和调频结束时机，该策略可以最大限度地发挥储能的优势，从而提高电网的调频能力。参考文献［11］提出在分解电网的调频需求时创新性采用离散傅里叶变换，对高频调频需求分量的特性和占有率进行深入分析，验证了当储能容量不足时，将系统需求的低频和高频分量分别予以分解，并分别交由传统机组和储能来控制将具有更多的优势。在储能容量配置方面，参考文献［12］提出了一种考虑储能电池经济性来优化储能电池容量配置的一次调频方法，当调频中加入储能时，随着储能电池分配比例的增大，调频效果增强，但调频的净效益将会降低。因此，可以根据系统调频，对储能电池的容量进行合理配置，使其效益能够最大化。

储能调频的容量配置主要基于实测信号和区域电网调频动态模型展开。从实测频率和调频信号出发，根据储能调频的动作深度设置和持续时长整定，综合储能成本和调节效果优化配置储能。国内外学者从储能参与电网级 AGC、辅助机组跟踪指令两个角度，对储能容量配置方法进行研究。对于储能参与电网级 AGC 调频的容量配置研究较多。参考文献 [13] 在储能动作深度上实时叠加额外充放电功率，克服储能控制信号在运行周期内偏离零均值的影响，但该方法会导致储能运行成本增加。参考文献 [14] 以参与调时储能所需的功率和容量最小为目标，运用线性规划原理提出一种基于经济性最优的储能容量配置方法。参考文献 [15] 建立以综合收益为优化目标的经济模型，借助粒子群优化算法求解经济效益最优时的储能功率与容量。对于储能辅助单台火电机组跟踪 AGC 指令的容量配置研究较少。参考文献 [16] 基于储能充放电策略设计，考虑过度放电的寿命损耗以 k_p 指标下的净收益为目标对储能容量进行优化，但未计及放电深度不同的损耗和运行维护等成本。参考文献 [17] 由 A 指标考核性能设计充放策略及容量配置，其寿命损耗为荷电状态变化量之和，未在相应放电深度下折算，结果较为粗略。上述的储能辅助单台机组 AGC 调频的容量配置研究，以调频技术指标为主要需求，并未考虑储能运行层面的容量优化，同时忽略或粗略计及储能充放策略对应的寿命损耗等成本，因此工程应用经济性研究并不充分。基于此，需结合储能运行策略，以运行效果和经济效益为目标对储能功率和容量进行优化配置。

6.2　辅助火电机组一次调频的飞轮储能容量配置

6.2.1　火-储耦合系统一次调频控制

1. 系统拓扑结构

通过在电源侧配置飞轮储能系统主动参与一次调频，可以有效提升电网频率安全支撑能力[18]。飞轮储能系统辅助火电机组参与一次调频的拓扑结构如图 6-1 所示。

当发电侧与用户侧功率偏差导致电网频率出现波动时，火电机组协同飞轮储能系统根据频差信号快速响应，提供或吸收电网有功功率，减小电网频率偏差的波动量。目前在工程实践中，飞轮储能系统通常通过扩建高压柜和升压变压器接入高压厂用母线，通过从高压厂用母线吸收和释放电能参与一次调频，储能系统的功率和火电机组发电机功率经过同步相量测量装置测量合成后上传至电网，便于电网侧监测与考核[19]。

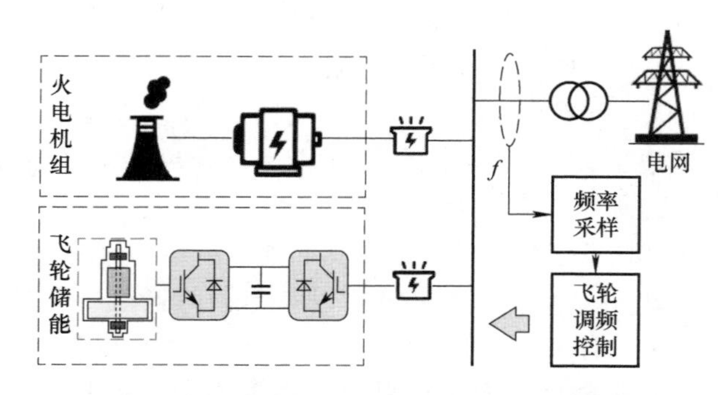

图6-1　飞轮储能系统辅助火电机组参与一次调频的拓扑结构

2. 汽轮机实时出力增量的动态预测

火电机组运行过程中内部耦合严重，从多变量控制系统角度考虑，通常认为主蒸汽热力参数的变化受到锅炉侧和汽轮机侧的共同影响。主蒸汽压力和进入汽轮机做功的主蒸汽流量变化影响因素有汽轮机调节阀的开度变化以及锅炉侧燃料量的输入能量改变两部分[20]。由于一次调频时间尺度较短，一般在 1min 以内，而燃料侧响应的时间较长，因此燃料量的改变并不能达到快速弥补锅炉蓄能的效果，其对于机组一次调频性能影响有限[21]。本章分析时忽略机组燃料侧的影响，认为一次调频过程中主蒸汽流量的增量变化主要由锅炉侧实时主蒸汽压力和汽轮机阀门开度变化共同决定。

基于火电机组实时主蒸汽压力和阀门开度的状态和变化量，建立主蒸汽流量预测模型[22]：

$$\begin{aligned}\Delta D_{\mathrm{t}} &= \int u_{\mathrm{t}}\mathrm{d}P_{\mathrm{t}} + \int P_{\mathrm{t}}\mathrm{d}u_{\mathrm{t}} \\ &= \int\left(u_{\mathrm{t}}\frac{\mathrm{d}P_{\mathrm{t}}}{\mathrm{d}t} + P_{\mathrm{t}}\frac{\mathrm{d}u_{\mathrm{t}}}{\mathrm{d}t}\right)\mathrm{d}t\end{aligned} \tag{6-1}$$

式中，ΔD_{t} 为主蒸汽流量实时增量；u_{t} 为汽轮机调节阀开度；P_{t} 为主蒸汽压力。

锅炉侧主蒸汽在压力作用下进入汽轮机做功，联合汽轮机传递函数模型[23]，可以得到汽轮机输出功率的增量预测模型：

$$\Delta P_{\mathrm{pre}} = \frac{1 + s\lambda T_{\mathrm{RH}}F_{\mathrm{HP}} + sT_{\mathrm{RH}}F_{\mathrm{HP}}}{(1 + sT_{\mathrm{SC}})(1 + sT_{\mathrm{RH}})}\Delta D_{\mathrm{t}} \tag{6-2}$$

式中，ΔP_{pre} 为汽轮机输出功率实时增量；T_{SC}、T_{RH} 分别为高、中压蒸汽容积时间常数；F_{HP} 为高压缸功率系数；λ 为高压缸过调系数。

根据汽轮机输出功率的增量预测模型，动态工况下机组的一次调频出力能够实现准确量化评估。飞轮的功率指令根据评估结果自适应地调整，弥补机组调频出力的不足，使得联合调频系统的出力满足电网频差需求。

3. 飞轮储能系统协同调频控制

飞轮储能协同调频控制策略如图6-2所示。采用的协同调频控制策略在飞轮储能系统下垂控制的基础上，考虑机组实时调频出力。根据机组预测出力值自适应地调整飞轮的功率指令，弥补动态工况下机组调频能力的不足，提高联合调频系统的合作出力，该控制策略的有效性已在参考文献［24］中得到验证。

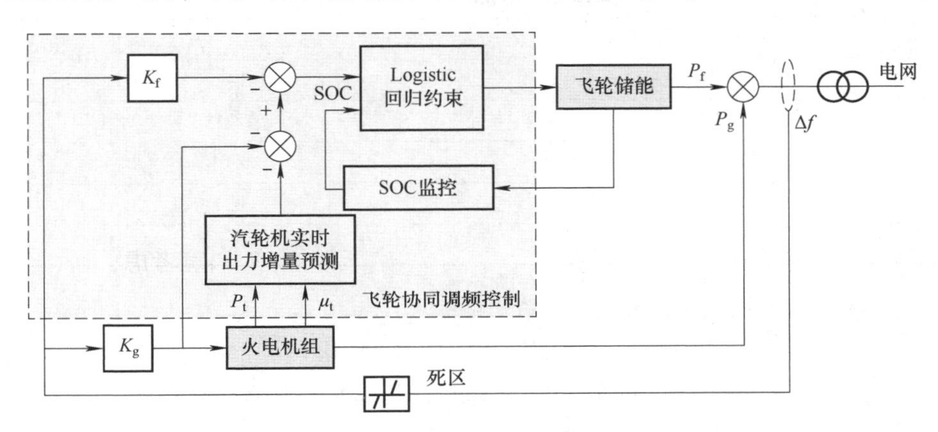

图6-2　飞轮储能协同调频控制策略

火电机组出力指令由频差信号经过死区与调差系数后产生，飞轮储能系统的功率指令主要由下垂控制出力 P_s 和弥补火电机组出力的 ΔP 组成，对应的两部分出力计算公式为

$$P_s = -K_f \Delta f \tag{6-3}$$

$$\Delta P = -K_g \Delta f - \Delta P_{pre} \tag{6-4}$$

飞轮储能系统的初始出力指令计算公式为

$$P'_r = P_s + \Delta P \tag{6-5}$$

相比化学电池，飞轮储能系统具有循环充放电次数更多的优势，但是这种能力并不是无限的。为了平滑储能出力，尽可能避免过充过放，提高运行寿命的同时留一定的备用容量来响应多次调频指令。本节引入逻辑回归函数，根据飞轮的实时荷电状态约束飞轮的实时充放电功率。计算公式为[25]

$$P_d(t) = \frac{KP_m P \times e^{\frac{r\times(\mathrm{SOC}-\mathrm{SOC_{min}})}{b}}}{K + P_0 \times e^{\frac{r\times(\mathrm{SOC}-\mathrm{SOC_{min}})}{b}}} \tag{6-6}$$

$$P_c(t) = \frac{KP_m P \times e^{\frac{r\times(\mathrm{SOC_{max}}-\mathrm{SOC})}{b}}}{K + P_0 \times e^{\frac{r\times(\mathrm{SOC_{max}}-\mathrm{SOC})}{b}}} \tag{6-7}$$

式中，$P_c(t)$ 为飞轮储能系统的实时最大充电功率，单位为MW；$P_d(t)$ 为飞轮储

能系统的实时最大放电功率，单位为 MW；P_m 为储能系统额定功率，单位为 MW；SOC 为储能系统当前荷电状态；SOC_{min} 为储能系统最小允许荷电状态；SOC_{max} 为储能系统最大允许荷电状态；K、P、P_0、b、r 为逻辑回归函数的特征参数，具体取值见表 6-1。

表 6-1　Logistic 函数参数

特 征 参 数	数　值
K	3. 15
P	1/315
P_0	0. 01
b	0. 4
r	13

最终得到飞轮储能系统的实时功率指令：

$$P_r = \begin{cases} \min(P_{d(t)}, P'_r), & \Delta f < -0.033\text{Hz} \\ -\min(|P_{c(t)}|, |P'_r|), & \Delta f > 0.033\text{Hz} \end{cases} \tag{6-8}$$

6. 2. 2　飞轮储能系统容量配置模型

1. 目标函数

运营商对产品的选择不仅取决于飞轮储能系统的初始成本，还要考虑产品在全生命周期内的投资、运维等费用。基于全生命周期成本理论并采用净现值将不同时间上的成本折算为现值[26]，同时考虑飞轮参与一次调频的相关收益，包括调频收益、环境收益以及节约煤耗收益，建立飞轮储能系统辅助发电机组一次调频的经济评估模型。

全生命周期成本。

根据飞轮储能系统的建设需求及储能特性，本书考虑的全生命周期成本包括初始投资成本、运行维护成本和损失电量成本 3 项。对于飞轮储能系统，其设备寿命一般为 20 年，在全生命周期内无需更换，因此不考虑其置换成本。

1）初始投资成本。

飞轮储能系统寿命长，不像电池储能系统需要经常置换，因此在其生命周期内，其整体投资成本只有初始投资成本 C_{inv}，按照功率和容量分为功率投资成本以及容量投资成本。初始投资成本 C_{inv} 计算公式为

$$C_{inv} = C_{pcs} P_{rated} + C_{fess} E_{rated} \tag{6-9}$$

式中，P_{rated} 为 PCS 的额定功率，单位为 MW；E_{rated} 为储能额定容量，单位为 MWh；C_{pcs} 为 PCS 的单位功率成本，单位为万元/MW；C_{fess} 为单位容量成本，单位为万元/MWh。

2）运行维护成本。

与初始投资成本相同，运行维护成本 $C_{\mathrm{O,M}}$ 也分为功率维护成本及容量维护成本两部分。运行维护成本 $C_{\mathrm{O,M}}$ 计算公式为

$$C_{\mathrm{O,M}} = C_{\mathrm{PO,M}} P_{\mathrm{rated}} + C_{\mathrm{EO,M}} E_{\mathrm{rated}} \tag{6-10}$$

式中，$C_{\mathrm{PO,M}}$ 为单位功率维护成本，单位为万元/MW；$C_{\mathrm{EO,M}}$ 为单位容量维护成本，单位为万元/MWh。

因为运行维护成本按年度产生，采用净现值方法可以将生命周期内全部成本折算为经济现值 $N_{\mathrm{CO,M}}$，转换计算公式为

$$N_{\mathrm{CO,M}} = C_{\mathrm{O,M}} \frac{(1+r)^{T_{\mathrm{LCC}}} - 1}{r(1+r)^{T_{\mathrm{LCC}}}} \tag{6-11}$$

式中，T_{LCC} 为飞轮寿命周期，本书取 20 年；r 为贴现率。

3）损失电量成本。

飞轮储能系统虽然采用了磁悬浮和真空系统减少能量损耗，但在其充放电过程中，仍有部分电量损耗，损失电量成本 C_{el} 计算公式为

$$C_{\mathrm{el}} = P_{\mathrm{ef}} \left[\begin{aligned} & \int_{\{P_{\mathrm{FESS}}(t)<0\}} |P_{\mathrm{FESS}}(t)| \left(\frac{1}{\eta_{\mathrm{c}}} - 1 \right) \mathrm{d}t \\ & + \int_{\{P_{\mathrm{FESS}}(t)>0\}} P_{\mathrm{FESS}}(t)(1-\eta_{\mathrm{d}}) \mathrm{d}t \end{aligned} \right] \tag{6-12}$$

式中，$P_{\mathrm{FESS}}(t)$ 为飞轮实时出力，单位为 MW；P_{ef} 为飞轮运行损失电量单价，单位为元/kWh；η_{c}、η_{d} 分别为充、放电效率，单位为%。

损失电量成本同样按年度产生，其现值 N_{cel} 计算公式为

$$N_{\mathrm{cel}} = C_{\mathrm{el}} \frac{(1+r)^{T_{\mathrm{LCC}}} - 1}{r(1+r)^{T_{\mathrm{LCC}}}} \tag{6-13}$$

综上分析，可得飞轮储能系统在全生命周期内总成本 C_{LCC} 为

$$C_{\mathrm{LCC}} = C_{\mathrm{inv}} + N_{\mathrm{CO,M}} + N_{\mathrm{cel}} \tag{6-14}$$

2. 相关效益

（1）一次调频收益

各地区“两个细则”指出火电机组参与调频要接受电网考核。与之相对应，在未来的发展趋势下，发电侧机组如能提供额外的一次调频服务，有关部门也将给予补助奖励产生的服务价值，已有多地发布相关细则提出对火电机组辅助参与调频考虑提供补偿。因此本书考虑飞轮储能系统参与调频辅助服务，电力市场支付对应的费用予以鼓励。一次调频收益计算公式为

$$Y_{\mathrm{S}} = A_{\mathrm{f}} \int |P_{\mathrm{FESS}}(t)| \mathrm{d}t \tag{6-15}$$

式中，A_f 为储能参与一次调频的收益单价，单位为万元/MWh。

（2）火电机组节约成本收益

对于常规火电机组来说，飞轮储能系统参与并网调频，一方面可以减少机组频繁动作，延长寿命；另一方面可以减少火电机组一次调频期间发电量，有效节约机组煤耗，从而为机组运行节约成本[27]。

常规火电机组因飞轮储能系统而减少的发电量 M 为

$$M = \int P_{G0}(t) - P_G(t)\mathrm{d}t \tag{6-16}$$

式中，$P_{G0}(t)$为常规火电机组单独参与调频时 t 时刻出力，单位为 MW；$P_G(t)$为火-储联合调频时火电机组在 t 时刻的出力，单位为 MW。

飞轮储能接入常规机组后所节省煤耗成本 Y_C 计算公式为

$$Y_C = MP_C C_C \tag{6-17}$$

式中，Y_C 为减少火电机组煤耗成本，单位为万元；P_C 为火电机组煤耗水平，单位为 t/MWh；C_C 为燃煤平均价格，单位为万元/t。

（3）环境收益

飞轮储能系统可以在电网电量充裕时充电，在电网电量短缺时放电，因此可以减少火电机组参与一次调频时的发电量，火电机组污染物排放量随之减少，环境治理成本降低，将其认定为飞轮储能系统参与一次调频的环境收益。当前火电机组主要产生的环境污染物为 SO_2 和 NO_x，两种气体对应的环境治理成本 Y_E 为

$$Y_E = M(G_{SO_2}X_{SO_2} + G_{NO_x}X_{NO_x}) \tag{6-18}$$

式中，G_{SO_2}和 G_{NO_x}分别为单位电量下 SO_2 和 NO_x 气体排出量，单位为 kg/MWh；X_{SO_2}和 X_{NO_x}分别为单位 SO_2 和 NO_x 治理成本，单位为万元/kg。

采用净现值方法将飞轮运行寿命内的收益进行折现，最终得到飞轮储能系统辅助火电机组一次调频的综合效益为

$$C = Y_S + Y_E + Y_C - C_{LCC} \tag{6-19}$$

本书采取全生命周期内的飞轮储能系统辅助火电机组一次调频综合收益最大化为优化目标，因此容量配置的优化目标函数为

$$F = \max C \tag{6-20}$$

3. 约束条件

（1）额定功率约束

本书考虑采用传统的额定功率通用计算方法对飞轮储能系统的功率上限进行限制，可将飞轮储能系统最大充放电功率设置为储能功率指令的最大值，该值在不同控制策略下进行仿真实验得到，因此其额定功率 P_{rated}约束为

$$0 < P_{rated} < P_{fmax} \tag{6-21}$$

式中，P_{fmax}为不同控制策略下飞轮储能系统功率指令的最大绝对值，单位为 MW。

（2）额定容量约束

电网对一次调频的考核周期一般为 60s，为充分发挥飞轮调频能力，容量配置应保证电量充足的情况下飞轮可以多次参与一次调频。因此，本书考虑对飞轮留有一定的调频裕量，飞轮额定放电时间初步设置为 3min，因此设置其额定容量 E_{rated}约束为

$$0 < E_{rated} < P_{fmax} \times 3\min \tag{6-22}$$

（3）实时充放电功率约束

在飞轮储能系统辅助火电机组参与调频控制过程中，其实时充放电功率 P_f 都在其额定功率范围内：

$$-P_{rated} \leqslant P_f \leqslant P_{rated} \tag{6-23}$$

6.2.3　仿真验证与讨论

取华北区域某 315MW 机组 1 天内的一次调频功率需求数据，如图 6-3 所示。数据采样间隔为 1s，共得到 86400 个实测数据。首先对所提控制策略下的飞轮储能系统功率开展仿真，得到实际调频功率需求下飞轮储能系统的功率指令。针对建立的飞轮储能辅助火电机组一次调频的经济评估模型，采用粒子群算法进行最佳功率和容量的寻优，并对不同控制策略下的容量配置结果和调频效果进行分析。最后进行不同单位投资成本和调频收益系数下的灵敏度分析。

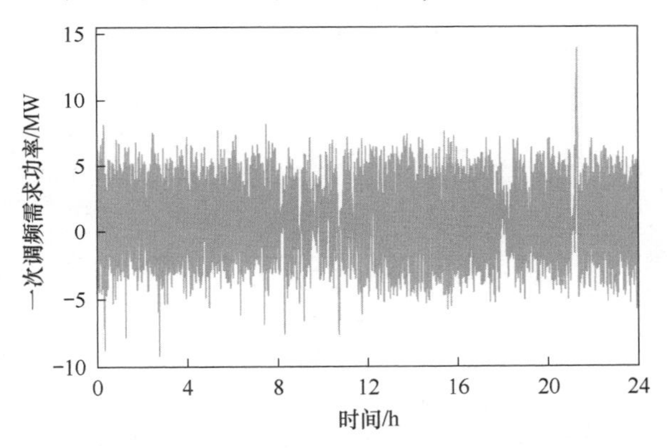

图 6-3　一次调频的功率指令信号

1. 参数设置

建立飞轮储能系统辅助火电机组一次调频的容量优化配置经济评估模型，该经济评估模型中所使用的相关参数设置见表 6-2。排放气体的环境成本参数见表 6-3。

表 6-2　容量优化配置经济评估模型参数

模 型 参 数	数　值
PCS 的单位功率成本 C_{pcs}/(万元/MW)	125
单位容量成本 C_{fess}/(万元/MWh)	2500
单位功率维护成本 $C_{PO,M}$/(万元/MW)	6
单位容量维护成本 $C_{EO,M}$/(万元/MWh)	1
常规机组煤耗水平 P_C/(t/MWh)	0.3

（续）

模型参数	数值
燃煤平均价格 C_C/(万元/t)	0.0562
贴现率 r	0.05
飞轮寿命周期 T_{LCC}/年	20
损失电量单价 P_{ef}/(元/kWh)	0.6
充、放电效率 η(%)	93
调频收益单价 A_f/(万元/MWh)	0.18

表 6-3 排放气体的环境成本参数

气体	单位排出量/(kg/MWh)	单位治理成本/(万元/kg)
SO_2	0.4278	0.0006
NO_x	3.803	0.0008

粒子群算法参数见表6-4，搜索空间的维度为自变量的个数，在本书中即为飞轮储能系统的功率与容量。

表 6-4 粒子群算法参数

参数	数值
学习因子1	1.4
学习因子2	1.4
惯性权重	0.8
种群粒子数	200
搜索空间维度	2
迭代次数	50

2. 飞轮储能系统功率指令

基于本书所述协同调频控制策略，飞轮储能系统的功率指令主要由下垂控制出力 P_s 和弥补火电机组出力 ΔP 组成，仿真得到图6-4所示1天的调频功率需求时飞轮储能系统的功率指令。

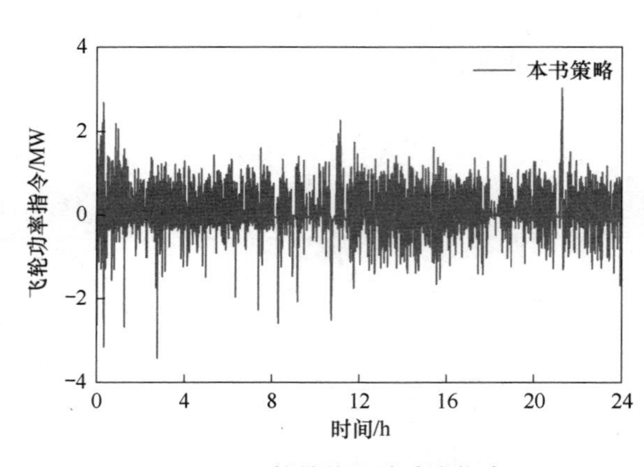

图 6-4 飞轮储能系统功率指令

为比较说明飞轮储能系统的运行控制策略对于容量配置结果的影响，本书选取常见的虚拟下垂控制策略和EMD分解策略作为对比。得到不同策略下飞轮储能系统的实际功率进行容量优化配置。

虚拟下垂控制策略是飞轮储能系统辅助一次调频最常用的控制策略，以固定下垂控制系数跟踪电网的频率偏差，产生飞轮储能系统的功率指令，虚拟下垂控制下飞轮储能系统的功率指令如图 6-5 所示，由图可见，功率指令幅值较小。

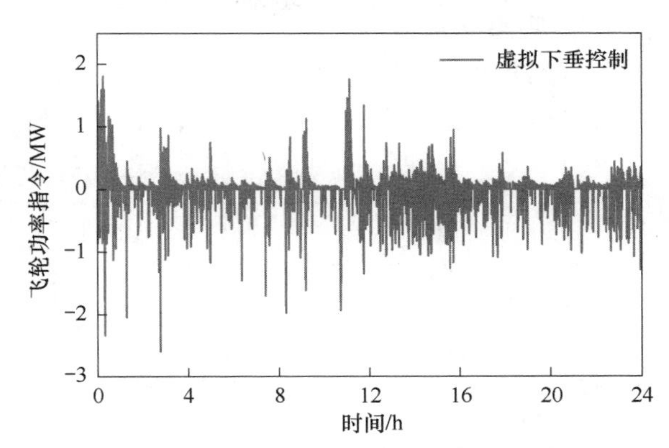

图 6-5　虚拟下垂控制下飞轮储能系统的功率指令

采用 EMD 分解算法对调频需求功率进行自适应分解，分解为不同频率的 IMF 信号分量，结果如图 6-6 所示。

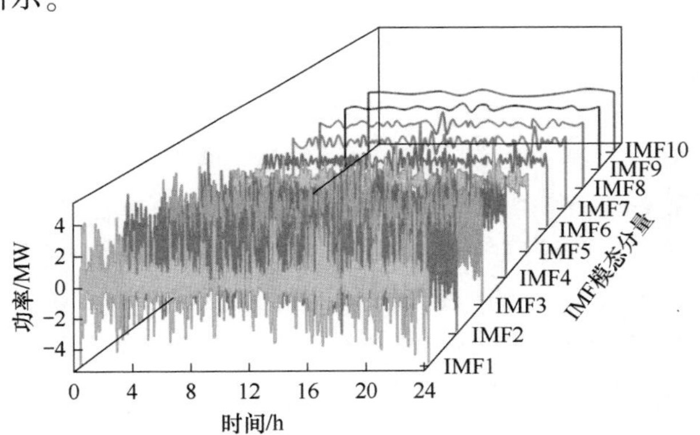

图 6-6　基于 EMD 分解的调频功率信号分量（见彩插）

飞轮储能系统具有可频繁充放电、寿命长和响应快的优势，适合响应高频信号；火电机组不适合频繁动作，且响应速度具有一定的限制，适合响应低频信号。因此将 EMD 分解后的 IMF 分量进行线性重构，得到高频分量 PH 和低频分量 PL，将其分别作为飞轮储能系统和火电机组的功率指令。重构后的高低频功率分量，即火电机组和飞轮储能系

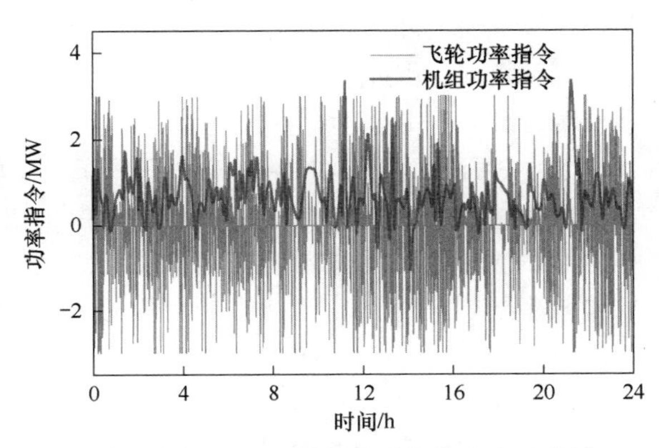

图 6-7　EMD 分解重构后的功率指令（见彩插）

统的功率指令如图 6-7 所示。

3. 容量配置结果

采用粒子群算法进行多次寻优后，得到各种控制策略下储能系统的平均容量配置结果、收益以及全生命周期成本，结果见表 6-5。

表 6-5　不同策略下容量优化配置结果

参　　数	虚拟下垂控制策略	EMD 分解策略	本 书 策 略
飞轮功率 P_r/MW	0. 845	2. 900	1. 179
飞轮容量 E_r/MWh	0. 022	0. 127	0. 053
全生命周期成本 C_{LCC}/万元	160. 70	679. 86	409. 78
一次调频收益 Y_S/万元	998. 13	5125. 77	2437. 98
总收益 C/万元	1015. 92	4475. 49	2295. 82
投资回报年限/年	4. 75	4. 40	3. 57

由表 6-5 可知，在本书控制策略下，飞轮储能系统的最优容量配置结果为 1. 179MW/0. 053MWh，在该配置下飞轮储能系统可以以额定功率充放电约 2. 7min。全生命周期内收益净现值为 2295. 82 万元，飞轮的投资回报年限为 3. 57 年。虚拟下垂控制策略下储能系统的容量配置结果为 0. 845MW/0. 022MWh，略小于本书策略，投资成本小，但是由于容量配置较小，系统的调频收益不高，约为本书控制策略下收益的 40. 94%，因此投资回报年限最长，为 4. 75 年。在 EMD 分解策略下飞轮储能系统的容量配置最大，结果为 2. 9MW/0. 127MWh，投资成本最大。分析其主要原因在于 EMD 分解算法只是对调频需求功率进行时频分解，分解后的火电机组和飞轮储能系统存在很多反向功率，反向叠加抵消后的总出力来满足调频需求，因此 EMD 分解策略下储能系统的出力幅值及波动频率都较大，从资源合理利用的角度并不合适。

图 6-8 所示为在本书控制策略下，配置飞轮储能系统的各项成本及收益占比。由图可以看出，在全生命周期成本中，初始投资成本占比最大，约占总成本的 68. 2%，损失电量成本最小，占比约为 10. 2%。随着飞轮技术发展及充放电效率的提高，飞轮储能系统可以进一步降低耗电成本。在储能系统 20 年的寿命内，系统参与一次调频的收益是配置储能系统辅助机组调频的最大收益来源，占比达到 90%。随着国家政策及电力市场对一次调频收益补贴政策的进一步完善，储能的市场机制会更加科学，飞轮储能系统的市场化应用将具有良好的前景。

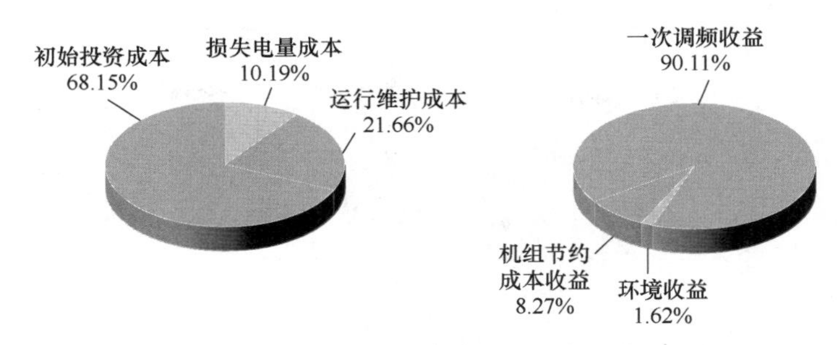

图 6-8　配置飞轮储能系统的各项成本及收益占比

4. 调频效果对比

在上述的容量配置结果下，将调频需求指令作为扰动功率进行不同策略的连续仿真，得到在不同控制策略下飞轮储能系统辅助火电机组参与调频的系统频差及机组出力情况。为了更直观地对数据进行分析，截取5000s 仿真数据进行展示，得到系统的频率偏差曲线如图 6-9 所示，火电机组的调频出力曲线如图 6-10 所示，在扰动下火电机组的主蒸汽压力变化曲线如图 6-11 所示，统计这段时间内系统的频率偏差和机组出力的峰值及标准差见表 6-6。

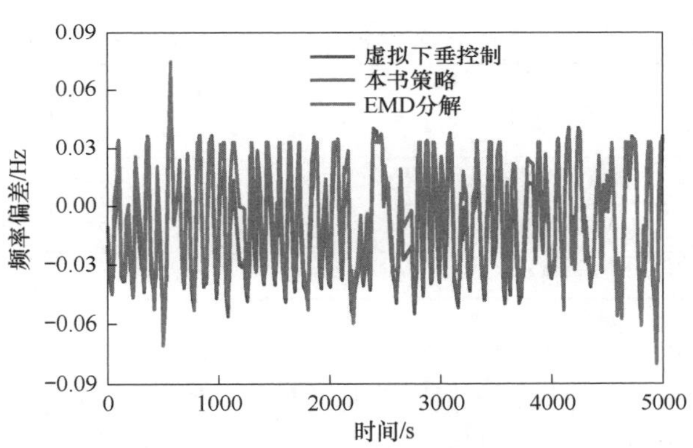

图 6-9　不同控制策略下系统的频率偏差曲线（见彩插）

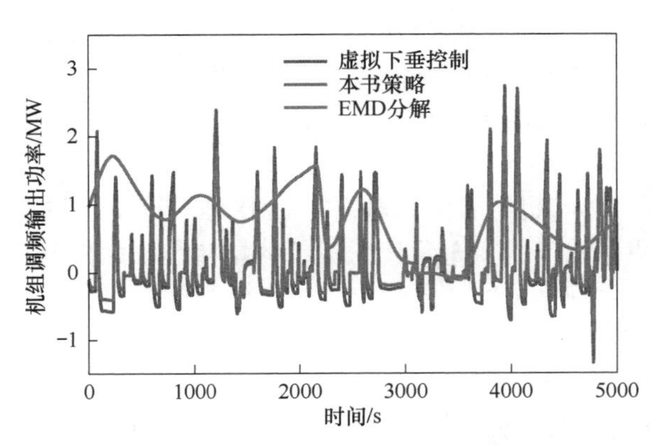

图 6-10　不同控制策略下火电机组的调频出力曲线（见彩插）

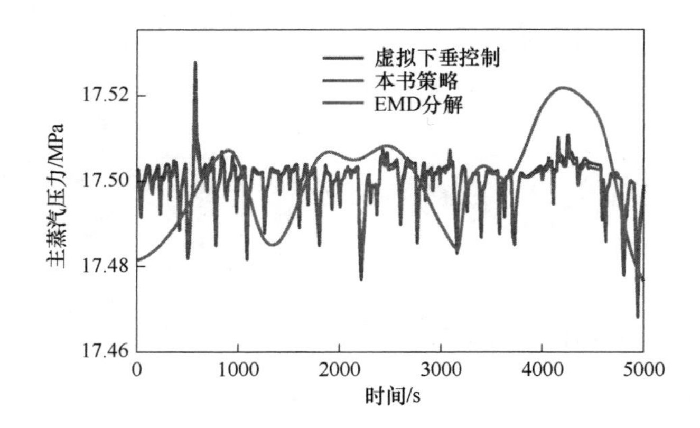

图 6-11　不同控制策略下火电机组的主蒸汽压力变化曲线（见彩插）

表 6-6　不同控制策略下系统的频率偏差和机组出力的峰值及标准差

控制策略	频率偏差/Hz		机组出力/MW	
	峰　值	标准差	峰　值	标准差
虚拟下垂控制	0.0626	0.0252	2.7329	0.5663
EMD 分解	0.0802	0.0258	1.7196	0.4350
本书策略	0.0593	0.0248	2.01838	0.4185

由图 6-9 和表 6-6 可以看出，在不同控制策略下，配置储能后的联合系统调频效果都有改善。相比于虚拟下垂控制和 EMD 分解的策略，本书策略在频率偏差的峰值和标准差上都明显下降，频率偏差峰值相比 EMD 分解策略下降了约 26.1%，相比虚拟下垂控制策略下降了约 5.3%。本书策略频率偏差的标准差最小，说明本书策略频率更加稳定，有效改善了频率波动，电网频率稳定性有效提升。

结合表 6-6 和图 6-10 可以看出，相比于虚拟下垂控制，本书策略下，火电机组的峰值出力更小，减少了约 0.71MW，出力波动更小，标准差降低了约 0.15MW。在 EMD 分解的控制策略下，火电机组出力更加平缓，机组峰值出力也减小到约 1.72MW，主要原因在于火电机组功率指令由 EMD 分解后的低频分量重构得到，波动范围小。

由图 6-11 可见，与机组出力相对应，EMD 分解策略下机组的主蒸汽压力变化最为平缓，本书策略下的主蒸汽压力波动的幅值小于虚拟下垂控制策略，机组运行更安全。

5. 敏感度分析

（1）初始投资成本系数

目前飞轮储能系统的成本仍然很高，由图 6-8 可知，在火储联合调频成本中，储能系统的初始投资成本占比较大，随着科技的进步和市场的成熟，飞轮储能系统的初始投资成本将会逐步降低。表 6-7 和图 6-12 给出了飞轮储能系统的初始投资成本在本书参数的基础上降低 10%～40% 情况下，对于储能系统容量配置结果、成本以及收益的影响。

表 6-7　不同储能成本下的容量配置结果

储能成本降低百分数（%）	功率/MW	容量/MWh	投资回报年限/年
0	1.179	0.053	3.570
10	1.206	0.053	3.333
20	1.230	0.053	3.088
30	1.248	0.101	3.550
40	1.272	0.100	3.179

由表 6-7 和图 6-12 可以看出，随着飞轮储能系统初始投资成本的下降，配置储能系统的功率和容量逐步增大，系统全生命周期成本受到储能容量和单位容量成本的影响，在储能成本降低 10%～20% 的区间，投资成本及全生命周期成本都有所下降。随着成本的进一步降低，储能系统配置容量增大，投资成本及全生命周期又有所回升。然而储能系统参与一次调频的收益随着储能容量的增大而增大，因此系统净收益随着成本的降低而逐步提高。储能系统的投资回报年限在储能成本下降 20% 的时候达到最低，约为 3.1 年。综上，随着储能技术及其市场的成熟，储能系统投资成本不断降低，有利于发电侧配置储能参与电网频率调节的应用推广。

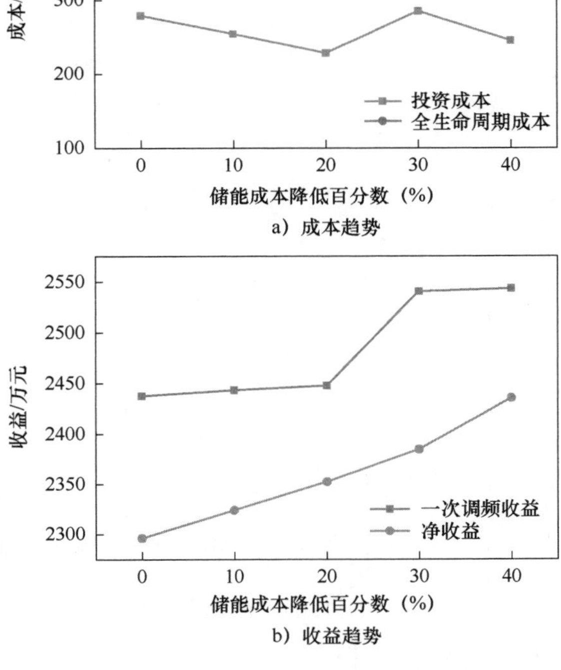

图 6-12　不同储能成本下成本和收益趋势

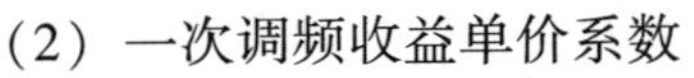
（2）一次调频收益单价系数

改变飞轮储能系统参与调频的收益单价系数 A_f，取表 6-8 中收益系数的0.8～1.2 倍，得到飞轮储能系统的容量配置结果和收益情况如表 6-8 和图 6-13 所示。

表 6-8　不同一次调频收益系数下的储能容量配置结果

调频收益系数倍数	功率/MW	容量/MWh	投资回报年限/年
0. 8	1. 103	0. 050	4. 275
0. 9	1. 149	0. 053	3. 933
1. 0	1. 179	0. 053	3. 570
1. 1	1. 212	0. 053	3. 281
1. 2	1. 241	0. 053	3. 034

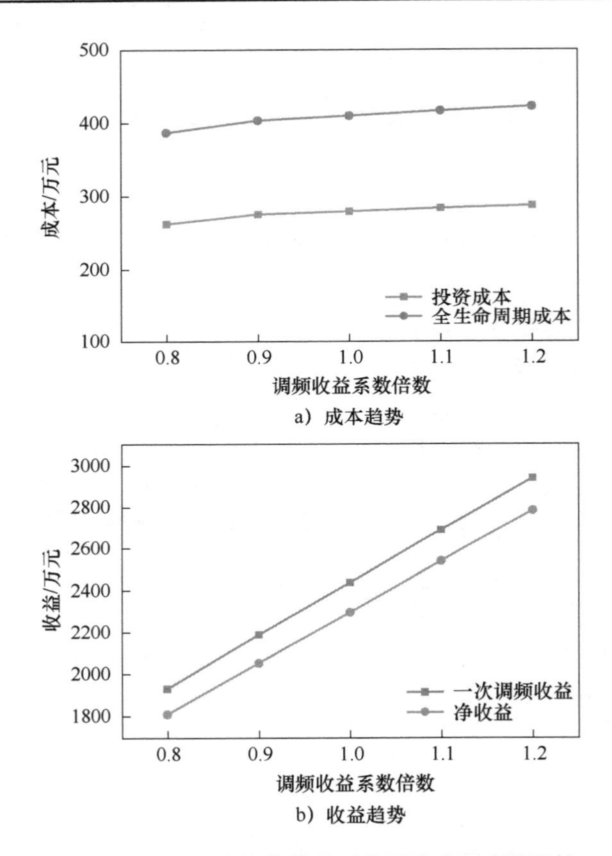

a）成本趋势

b）收益趋势

图 6-13　不同一次调频收益系数下成本和收益趋势

由表 6-8 可以看出，随着储能参与调频的收益单价升高，储能系统的容量配置结果有进一步增大的趋势，投资成本逐步增大，系统的总收益提高，系统投资回收年限逐步降低。当投资系数为 1. 2 倍时，只需要约 3. 03 年即可收回投资成本，相比原调频收益系数下，飞轮储能系统的功率配置增大了 5. 26%，投资回报年限减少了 15%，净收益提高了 21. 3%，配置储能系统的经济性进一步得到体现。从国家政策制定的方面来看，通过电力市场的机制激励，提高储能参与调频的辅助服务单价，有利于储能系统的推广应用。

火电机组合理地配置飞轮储能系统在改善电网频率安全的同时，可以提高电厂经济收益。本章针对储能参与调频的控制策略和容量配置优化问题，提出了一种火储联合调频控制策略与容量配置一体化设计方案，基于机组出力预测的协同控制策略得到储能功率指令，然后考虑一次调频收益和火电机组节约煤耗收益，开展了储能容量优化配置研究，并对经济效益和调频效果进行了分析。得到以下结论：

1）在协同调频控制策略下，飞轮储能系统的配置结果为 1.179MW/0.053MWh，储能系统可以按额定功率充放电约 2.7min，整体投资回收年限为 3.57 年，相比虚拟下垂控制和 EMD 分解分别减少了约 24.8% 和 18.9%。

2）火储协同调频控制策略下，储能系统的配置结果对于系统调频效果改善明显，频率更加稳定，火电机组出力波动平缓，有利于机组安全运行。

3）飞轮储能成本下降 20% 时，投资回报年限降低至约 3.1 年。随着储能技术及其市场的成熟，储能投资成本的不断降低，发电侧配置储能参与电网频率调节的应用推广将越来越有利。

4）当调频收益系数变为 1.2 倍时，系统投资回报年限减少了 15%，净收益提高了 21.3%，从政策制定方面，通过电力市场的激励机制，提高储能参与调频的辅助服务单价，飞轮储能系统的应用经济性将会进一步得到体现。

6.3　基于 EMD 分解的混合储能辅助火电机组一次调频容量规划

6.3.1　火电机组调频现状分析

在中国当前国情下，火电机组仍是主要的电力系统调频资源。然而，机组现有的功率控制方式受机组运行工况影响较大，同时伴随着大惯性、大迟延、反向调节、死区振荡等特性，严重制约了电网消纳清洁能源的能力。储能辅助火电机组参与一次调频不仅可以改善机组调频质量，降低机组被考核成本，提升机组运行经济性，还能在调频峰值处降低机组峰值出力波动，减轻机组磨损，保障机组安全运行。

混合储能系统可以综合发挥不同形式储能的特性优势来提升储能系统的性能，同时降低系统内部损耗，提升储能系统经济性[28]。对于火电机组调频过程中产生的高频分量，可以选择响应速度快、允许频繁充放电的功率型储能设备飞轮承担。较为平缓的中低频分量在能量上有更多的需求，可以选择能量型特征明显的蓄电池储能，同时中低频分量也减少了蓄电池充放电的次数，保持蓄电池荷电状态（SOC）在合理范围内，进一步提升了储能系统的寿命，降低了储能系统的全生命周期投资成本。因此，为火电机组配置合适容量的混合储能既能提升电力系统调频裕度，保障电网稳定运行，又能提升机组参与调频的经济效益，提升机组参与调频的积极性。

合适的混合储能容量可以有效提升机组参与调频经济效益，提升机组调频积极性，进而维护网侧频率稳定，保障电力系统安全。但当前研究对于机组一次调频过程中的储能容量配置方法还是比较单一，没有充分考虑功率高低频响应的特性，导致储能配置方案不够合理，不能充分利用不同形式的储能特性，造成储能投资成本高、储能系统收益低等。

6.3.2 容量规划基础原理

1. 火–储混合系统一次调频构架

在机组并网运行的过程中，混合储能系统通常以主动介入的方式参与电力系统的一次调频。混合储能系统作为辅助机组调频的重要手段，需要根据一次调频调度与预测进行储能容量规划[29]。混合储能辅助火电机组参与一次调频调度结构如图 6-14 所示。一次调频事件发生后，由火电机组和储能系统同时响应，在调频过程中火电机组不足份额中的高频分量由功率型的飞轮群组承担，中低频分量由能量型的蓄电池组实时响应。

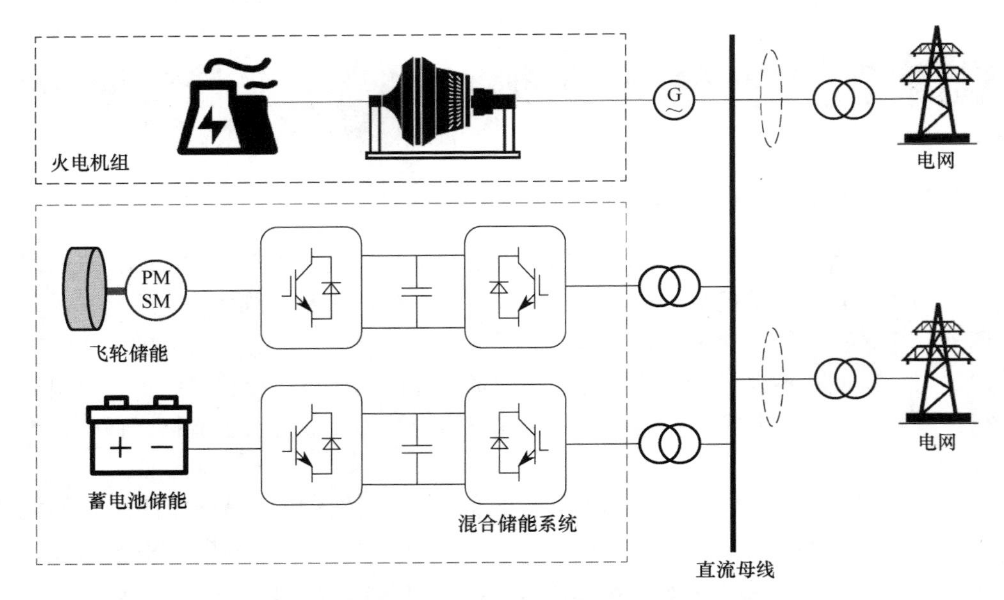

图 6-14　混合储能辅助火电机组参与一次调频调度结构

对于以火电机组为主的一次调频调度系统，基于调频周期内的一次调频指令与火电机组实时出力统计数据，得到调频过程中的叠加一次调频后的指令 $P_{load}(t)$ 与机组实际出力 $P_{output}(t)$，从而确定混合储能系统的目标功率 $P_{target}(t)$，三者之间应有如下关系：

$$P_{load}(t) = P_{output}(t) + P_{target}(t) \tag{6-24}$$

由于机组出力 $P_{output}(t)$ 实际情况复杂导致 $P_{target}(t)$ 既含有高频的功率分量又含有中低频的能量分量。针对 $P_{target}(t)$ 的实际特点，为实现满足调频功率与能量的双重效果，需要对 $P_{target}(t)$ 进行基于 EMD 的非线性分解，并对分解后的高低频分量进行重构。将重构后的高频分量 $P_H(t)$ 分配给飞轮系统响应，中低频分量 $P_{ML}(t)$ 分配给蓄电池系统响应。充分利用两种储能形式的特性优势，快速准确响应 $P_{target}(t)$ 的需求。

$$P_{target}(t) = P_H(t) + P_{ML}(t) \tag{6-25}$$

2. 基于 EMD 的混合储能分解与重构

在当前研究中，对于储能系统目标功率 $P_{target}(t)$ 的分解一般采用高通滤波、小波变换、短时傅里叶变换等方法。但是这些方法在处理非线性混合储能目标功率信号时无法准确提取原始信号的高、中、低频特征模态分量。因此，本书选择 EMD 方法对储能系统目标功率 $P_{target}(t)$ 进行基于频率特性的分解，避免了由于人为因素造成分解失衡的情况，根据设定的分解条件得到若干条（一般小于 10 条）本征模态函数（Intrinsic Mode Function，IMF）[30]。

本书以宿迁 660MW 机组为研究对象，选择机组一年内的调频出力数据，混合储能出力目标功率如图 6-15 所示。剔除机组不参与一次调频时间段，设定采样时间为 1s，一个调频周期为 60s（一次调频考核周期一般不超过 60s），通过公式计算混合储能系统的目标功率 $P_{target}(t)$。

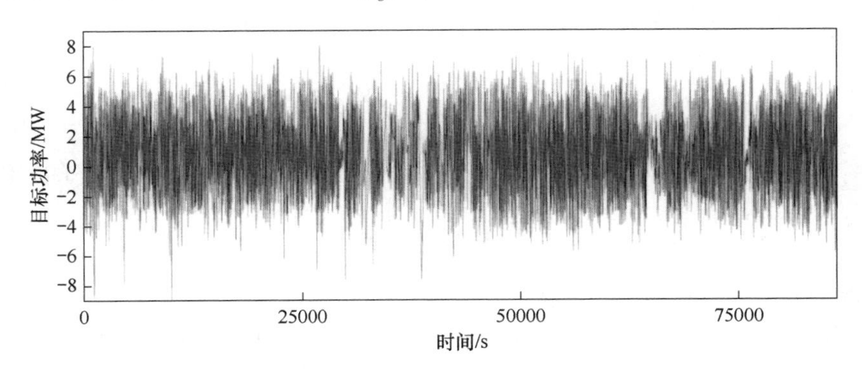

图 6-15　混合储能出力目标功率

对于主动储能系统目标功率 $P_{target}(t)$ 进行 EMD 分解重构。依据 EMD 算法的设计可以得到若干模态分量 $\mathrm{IMF}(t)$ 和余量 $R(t)$，原始信号与模态分量和余量之间的关系如下：

$$P_{\mathrm{target}}(t) = \mathrm{IMF}(t) + R(t) \tag{6-26}$$

在进行储能目标功率信号分解时需要找到目标函数 $P_{\mathrm{target}}(t)$ 的所有极大值点与极小值点，并通过三次样条函数拟合出目标函数的极大值包络线 $E_{\max}(t)$ 与极小值包络线 $E_{\min}(t)$，并保证所有极值点都被 $E_{\max}(t)$ 与 $E_{\min}(t)$ 所包含。

$$E_{\mathrm{m}}(t) = \frac{E_{\min}(t) + E_{\max}(t)}{2} \tag{6-27}$$

$$P_1^1(t) = P_{\mathrm{target}}(t) - E_{\mathrm{m}}(t) \tag{6-28}$$

使用中间信号 $P_1^1(t)$ 重复本操作 k 次直到中间信号 $P_1^k(t)$ 满足 $\mathrm{IMF}(t)$ 的定义，即：

1）整个数据长度中极值点和过零点的数目必须相等或至多相差一个。

2）三次样条拟合最大值和最小值点确定的上、下包络线的平均值是0。

此时即可获得 $P_{\mathrm{target}}(t)$ 的一阶模态分量 $\mathrm{IMF}_1(t)$。

$$\mathrm{IMF}_1(t) = P_1^k(t) \tag{6-29}$$

$$R_1(t) = P_{\mathrm{target}}(t) - \mathrm{IMF}_1(t) \tag{6-30}$$

使用 $R_1(t)$ 重复式（6-26）~式（6-30）得到 $\mathrm{IMF}_2(t)$，反复如此，一直到第 n 阶的IMF分量 $\mathrm{IMF}_n(t)$ 和其余量 $R_n(t)$，直到 $R_n(t)$ 为单调函数或者常量时停止分解。

分解结束后的EMD分量可以使用下式表示：

$$P_{\mathrm{target}}(t) = \sum_{i=1}^{n} \mathrm{IMF}_i(t) + R_n(t) \tag{6-31}$$

然而，在实际情况中，对于 $\mathrm{IMF}(t)$ 的上下包络线均值无法为0的情况下，我们认为当满足以下条件时即可认为 $\mathrm{IMF}(t)$ 的包络线均值为0。

$$0.2 \leqslant \frac{\sum \left| P_1^{k-1}(t) - P_1^k(t) \right|^2}{\sum \left| P_1^{k-1}(t) \right|^2} \leqslant 0.3 \tag{6-32}$$

对本章主动储能系统的目标功率 $P_{\mathrm{target}}(t)$ 进行EMD分解，得到如下的 $\mathrm{IMF}_i(t)$ 模态分量和余量 $R_{10}(t)$：

分解后的IMF模态分量如图6-16所示。由图可知，分解结果从高频递进转向低频，呈现从高频功率型分量向低频能量型分量转换的趋势。排序低的模态分量频率高、瞬时功率大呈现为功率型特征；排序高的模态分量频率低、功率周期长呈现为能量型特征。

EMD分解可以将 $P_{\mathrm{target}}(t)$ 原始信号在能量型特征与功率型特征之间进行转换。$\mathrm{IMF}_1(t)$ 模态分量呈现最强的功率型特征，因此默认分配给功率型的飞轮群组进行响应，$IMF_{10}(t)$模态分量呈现最强的能量型特征，因此默认分配给能量型蓄电池组进行响应。

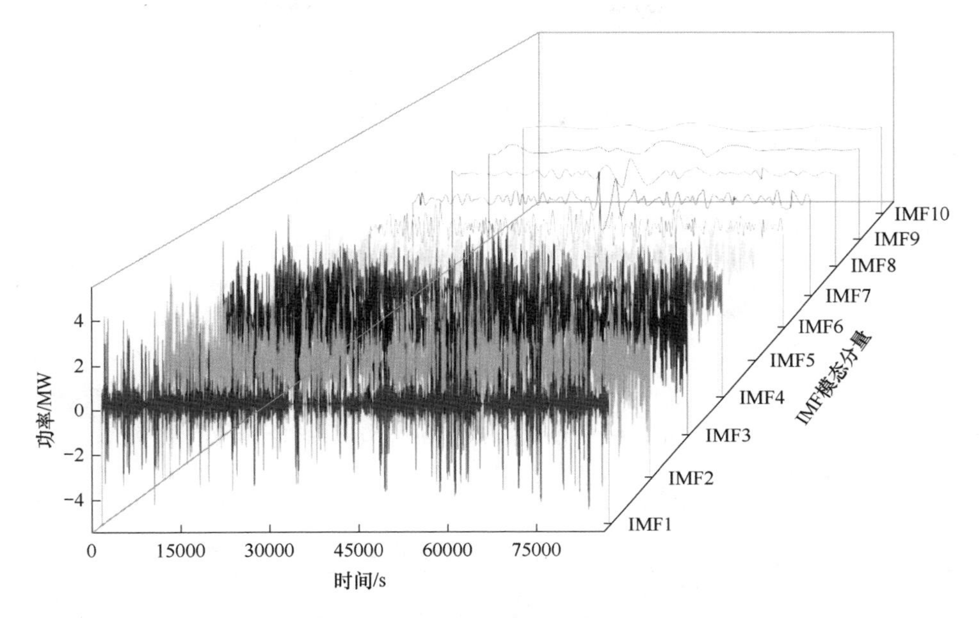

图 6-16　分解后的 IMF 模态分量（见彩插）

分解后模态分量的箱线统计图如图 6-17 所示。由图可知，排序越高，箱体越窄且异常值越少，体现在功率上就越集中，展现了很好的能量型特征。排序越低，异常值越多，体现在功率上就越离散，表现出了强烈的功率型特征。这也与前文的分析一致，排序低的离散分量分配给功率型的储能飞轮群组承担，排序高的集中分量分配给能量型的蓄电池组承担。

当分解结束后即可获得所有的 IMF 分量 $IMF_i(t)$ 与最后的残量 $R_n(t)$。可以通过下式对 IMF 的各个分量进行重构得到高频分量 $P_H(t)$ 和中低频分量 $P_{ML}(t)$。

$$P_H(t) = \sum_{i=1}^{a} IMF_i(t) \tag{6-33}$$

$$P_{ML}(t) = \sum_{i=a}^{n} IMF_i(t) + C_n(t) \tag{6-34}$$

在得知 IMF 重构方案后，本次模态分量的重构方案综合考虑各模态分量的具体信息。通过对 EMD 分解后的各模态分量进行重组，确定更合理的混合储能规划方案，在此基础上对 EMD 的重构进行一定改进。表 6-9 中 H 代表分配给飞轮群组的高频功率分量，L 代表分配给蓄电池组的中低频分量。

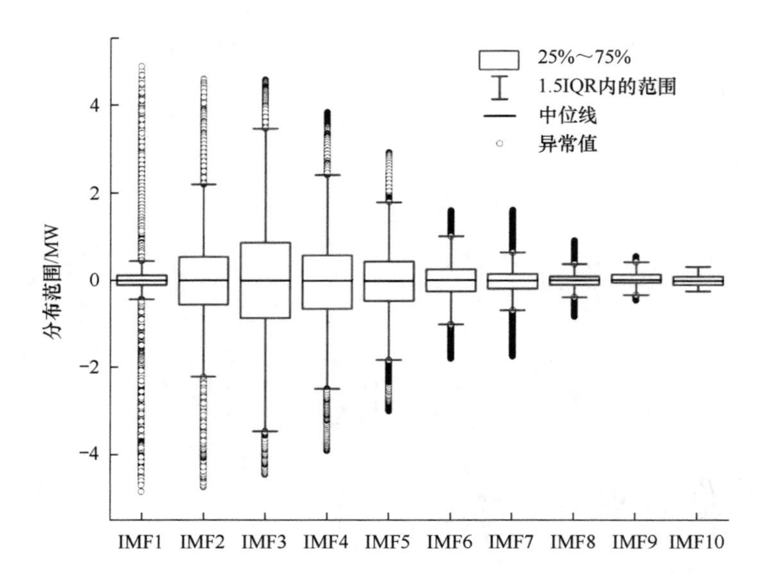

图 6-17　分解后模态分量的箱线统计图

表 6-9　IMF 重构方案表

序　　号	IMF_1	IMF_2	IMF_3	IMF_4	MF_5	IMF_6	IMF_7	IMF_8	IMF_9	IMF_{10}
1	H	L	L	L	L	L	L	L	L	L
2	H	H	L	L	L	L	L	L	L	L
3	H	H	H	L	L	L	L	L	L	L
4	H	H	H	H	L	L	L	L	L	L
5	H	H	H	H	H	L	L	L	L	L
6	H	H	H	H	H	H	L	L	L	L
7	H	H	H	H	H	H	H	L	L	L
8	H	H	H	H	H	H	H	H	L	L
9	H	H	H	H	H	H	H	H	H	L

按表 6-9 的重构方案 1 则有

$$P_{\mathrm{H}}(t) = \mathrm{IMF}_1(t) \tag{6-35}$$

$$P_{\mathrm{ML}}(t) = \sum_{i=2}^{10} \mathrm{IMF}_i(t) + C_{10}(t) \tag{6-36}$$

按重构方案 9 则有

$$P_{\mathrm{H}}(t) = \sum_{i=1}^{9} \mathrm{IMF}_i(t) \tag{6-37}$$

$$P_{\mathrm{ML}}(t) = \mathrm{IMF}_{10}(t) + C_{10}(t) \tag{6-38}$$

6.3.3　仿真验证与讨论

由于主动储能持续运行过程中存在自耗电的因素，在规划主动储能系统的额定功率时要求储能系统的额定功率不小于当前系统的目标功率，从而完成主动储能系统的功率规划。

$$P_{\mathrm{H}} = \max\left(\frac{P_{\mathrm{H}}(t)}{\beta_{\mathrm{H}}}, -P_{\mathrm{H}}(t)\beta_{\mathrm{H}}\right) \tag{6-39}$$

$$P_{\mathrm{ML}} = \max\left(\frac{P_{\mathrm{ML}}(t)}{\beta_{\mathrm{ML}}}, -P_{\mathrm{ML}}(t)\beta_{\mathrm{ML}}\right) \tag{6-40}$$

式中，P_{H}、P_{ML}分别为飞轮储能和蓄电池储能的额定规划功率；β_{H}、β_{ML}分别为飞轮储能和蓄电池储能的充放电效率（在 0 ~ 1 之间）。$P_{\mathrm{H}}(t)>0$，$P_{\mathrm{ML}}(t)>0$ 表示储能设备放电，$P_{\mathrm{H}}(t)<0$，$P_{\mathrm{ML}}(t)<0$ 表示储能设备充电。

电网规定一次调频的时间周期一般不超过 60s，以 60s 为一个周期分别计算飞轮储能和蓄电池储能的容量变化量。

$$E_{\mathrm{H}}(t) = \int_0^{60} P_{\mathrm{H}}(t)\,\mathrm{d}t \tag{6-41}$$

$$E_{\mathrm{ML}}(t) = \int_0^{60} P_{\mathrm{ML}}(t)\,\mathrm{d}t \tag{6-42}$$

式中，$E_{\mathrm{H}}(t)$、$E_{\mathrm{ML}}(t)$分别为飞轮储能和蓄电池储能在一个储能周期即 60s 内的累计运行容量。

为了提升储能效益，保障储能设备安全，储能设备应该运行在储能 SOC 界限内，以运行时间的调频周期内储能设备容量变化量最大值和最小值为基础完成储能容量规划。

$$E_{\mathrm{H}} = \frac{\max E_{\mathrm{H}}(t) - \min E_{\mathrm{H}}(t)}{\mathrm{SOC}_{\mathrm{H}}^{\max} - \mathrm{SOC}_{\mathrm{H}}^{\min}} \tag{6-43}$$

$$E_{\mathrm{ML}} = \frac{\max E_{\mathrm{ML}}(t) - \min E_{\mathrm{ML}}(t)}{\mathrm{SOC}_{\mathrm{ML}}^{\max} - \mathrm{SOC}_{\mathrm{ML}}^{\min}} \tag{6-44}$$

式中，E_{H}、E_{ML}分别为飞轮储能与蓄电池储能的额定容量；$\mathrm{SOC}_{\mathrm{H}}^{\max}$、$\mathrm{SOC}_{\mathrm{H}}^{\min}$ 分别为飞轮储能的 SOC 上下限；$\mathrm{SOC}_{\mathrm{ML}}^{\max}$、$\mathrm{SOC}_{\mathrm{ML}}^{\min}$分别为蓄电池储能的 SOC 上下限；为保障储能设备的安全，本书选择 $\mathrm{SOC}_{\mathrm{H}}^{\max}=0.9$，$\mathrm{SOC}_{\mathrm{H}}^{\min}=0.1$，$\mathrm{SOC}_{\mathrm{ML}}^{\max}=0.8$，$\mathrm{SOC}_{\mathrm{ML}}^{\min}=0.2$。

以本节理论为基础分别计算 6.3.2 节 9 种重构方案下飞轮储能与蓄电池储能各自的规划功率与规划容量，其结果见表 6-10。

表 6-10　不同重构方案下储能各自的规划功率与规划容量

序　　号	P_H/MW	P_{ML}/MW	E_H/(kW/h)	E_{ML}/(kW/h)
1	5. 42	9. 58	69. 80	167. 13
2	9. 36	9. 56	103. 47	163. 89
3	9. 36	7. 96	145. 57	154. 63
4	9. 38	7. 96	114. 93	154. 62
5	9. 32	5. 68	61. 23	121. 01
6	8. 96	5. 68	109. 03	125. 46
7	8. 83	3. 71	174. 57	82. 41
8	8. 92	2. 59	202. 44	57. 53
9	9. 07	2. 55	220. 98	42. 63

1. 混合储能容量优化

目前制约储能设备容量的因素主要有两个，即储能投资成本与储能寿命折旧成本。因此在考虑储能配备时需要考虑不同储能充放电对储能生命周期的影响。使用日均折算成本作为量化标准：

$$C_H = (1 + k_{och} + k_{mch} + k_{dch})k_{deh}(f_{eh}E_H + f_{ph}P_H) \tag{6-45}$$

$$C_{ML} = (1 + k_{ocml} + k_{mcml} + k_{dcml})k_{deml}(f_{eml}E_{ML} + f_{pml}P_{ML}) \tag{6-46}$$

$$C = C_H + C_{ML} \tag{6-47}$$

式中，k_{oc}、k_{mc}、k_{dc}分别为储能设备的运行、维护、处置成本系数；k_{de}为储能设备的折旧系数；f_e、f_p 分别为储能设备的容量单价和功率单价。

由于飞轮储能为物理性质的储能形式，有固定的设备迭代时间，其使用过程基本不受充放电次数和工作环境温度等影响，因此，本书定义飞轮储能的固定更换时间 T 的倒数为飞轮的折旧系数：

$$k_{deh} = \frac{1}{365 \times T} \tag{6-48}$$

电化学性质的蓄电池储能生命周期主要受充放电深度与充放电周期的影响，此外蓄电池的蓄能材料与工作温度也有一定的影响。本书选择 N 阶函数法拟合了蓄电池放电深度与循环次数之间的函数关系。得到如下拟合公式：

$$N = -3278D^4 - 5D^3 + 12823D^2 - 14122D + 5112 \tag{6-49}$$

蓄电池数据拟合如图 6-18 所示。

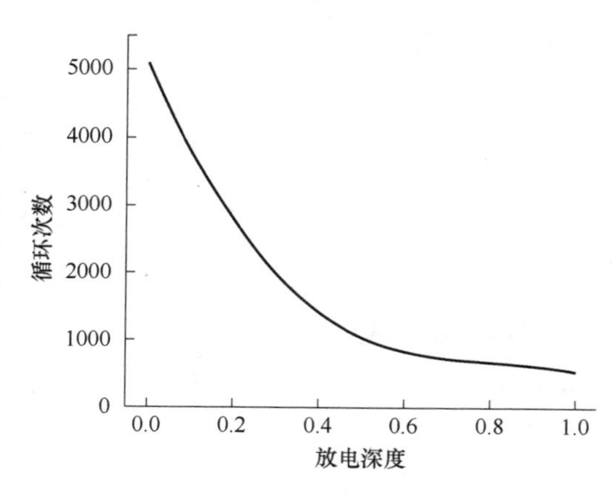

图 6-18　蓄电池数据拟合

由上述拟合可以计算蓄电池的等效循环寿命：

$$N_i = \frac{D_0}{D_i} \tag{6-50}$$

式中，N_i 为蓄电池第 i 个循环深度；D_0 为完全充放电时电池的循环寿命；D_i 为任意充放电深度时的循环寿命。

则蓄电池的日均折旧系数为

$$k_{\text{deml}} = \frac{\sum_{i=1}^{n} D_i}{D_0} \tag{6-51}$$

混合储能设备其他参数见表 6-11。

表 6-11　混合储能设备其他参数

参　　数	飞 轮 储 能	蓄电池储能
充放电效率	0. 90	0. 8
运行成本系数	0. 01	0. 1
维护成本系数	0	0. 02
处置成本系数	0. 04	0. 08
功率成本/(元/MW)	100000	150000
容量成本/(元/kWh)	25000	15000

2. 混合储能配置对比

确定混合储能目标规划后使用混合储能目标规划下的优化函数对重构后的储能策略进行混合储能全生命周期成本计算，在横向上对本书所有重构方案的经济性进行对比，选择经济性最高的一组作为本章混合储能最终优化容量。经济性对比图如图 6-19 所示。

由图 6-19 可知，方案 5 的重构策略折算为归一化成本最低为 4058. 91 元，基于成本最优考虑，选择方案 5 的重构策略为最终混合储能配置方案。在此方案下，飞轮储能系统的功率规划为 9. 32MW，容量规划为 61. 23kWh，蓄电池系统的功率规划为 5. 68MW，容量规划为 121. 01kWh。在此规划下，混合储能系统既满足了调频初始阶段中高频的功率需求，又

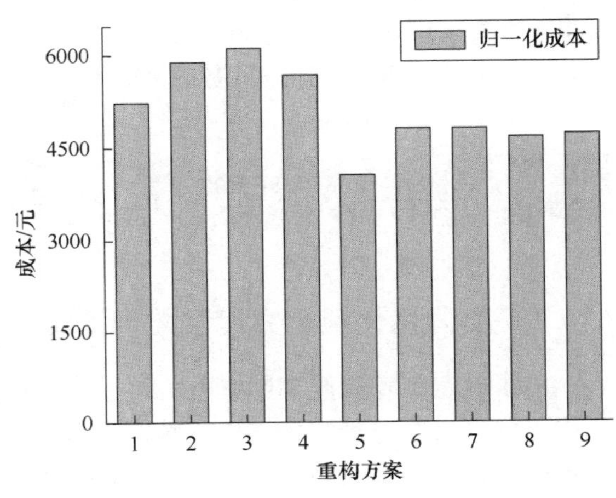

图 6-19　经济性对比图

满足了调频时间尺度下中低频的能量需求。

混合储能设备的出力情况如图 6-20 所示，由图可知，飞轮储能系统承担了波动频繁的功率信号处于频繁动作的状态下。蓄电池系统在时间尺度上承担了波动缓慢但时间尺度较长的能量信号。两种储能形式相互配合，共同作用，用以提升系统的经济效益。

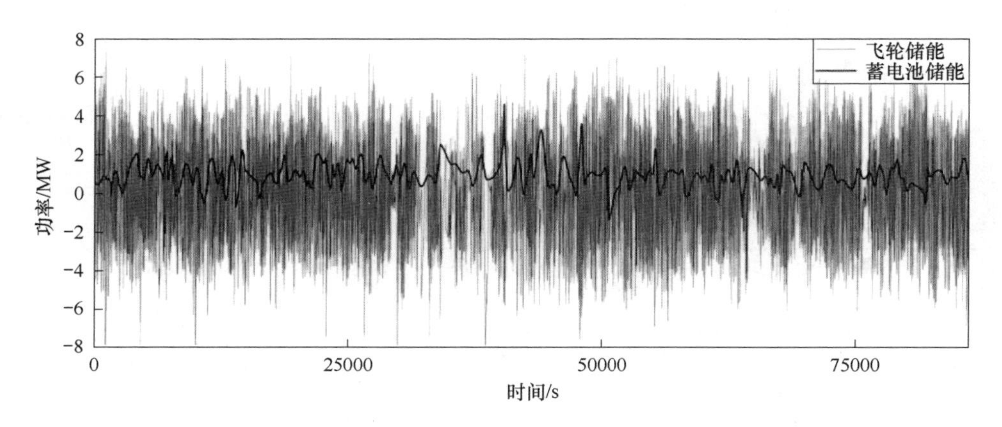

图 6-20　混合储能设备的出力情况

在策略指导下宿迁 660MW 机组电厂的最优混合储能容量规划结果为：飞轮储能系统的功率规划为 9. 32MW，容量规划为 61. 23kWh，蓄电池系统的功率规划为 5. 68MW，容量规划为 121. 01kWh。通过对不同重构方案的横向对比，验证了所提方案的可行性与经济性。

本策略充分考虑了混合储能系统中飞轮群组和蓄电池组的结构特性。对 EMD 分解后的模态分量进行合理的重构，在重构过程中充分考虑高频的功率分量和中低频的能量分量，在具体应用场景中对 EMD 重构方案进行了合理的规划。对后续的研究与应用具有一定的参考价值。

6. 4　飞轮储能系统控制策略与容量协同优化配置

6. 4. 1　协同优化配置方案及控制策略

为了确定飞轮储能辅助火电机组进行一次调频的最优容量，同时探究不同的储能控制策略对容量配置结果的影响，本节提出一种同时考虑联合调频系统经济性和储能控制策略的协同优化配置方法。控制策略与容量优化协同配置框架如图6-21 所示。

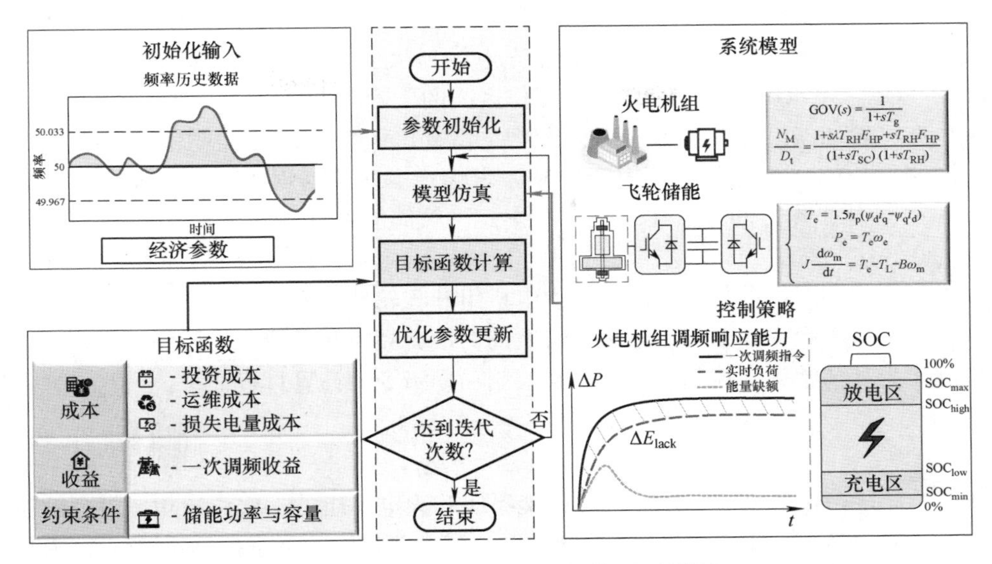

图 6-21　控制策略与容量优化协同配置框架

在容量配置层面，本节综合考虑了飞轮储能系统的全生命周期成本和一次调频收益，基于飞轮成本-效益最大化理念对飞轮储能系统容量进行优化配置，容量配置模型的目标函数与约束条件可参考 6.2.2 节设置。除此之外，本节提出了一种考虑机组调频能力的飞轮储能控制策略，储能的经济参数以及现场功率扰动数据作为初始值输入由火电机组模型和飞轮储能系统模型组成的区域动态调频模型中，在下文设计控制策略下运行得到实际运行数据，采用粒子群优化算法更新优化容量参数，经过多次迭代优化，最终确定飞轮储能的最优容量配置结果。

在电网实际运行过程中，系统频率大部分时间保持在调频死区内，这意味着大多数时间下电网发电和用户用电是平衡的。飞轮储能系统的荷电状态管理影响其连续运行过程中的调频能力，基于此，本节设计了相应的储能 SOC 恢复策略，当飞轮的 SOC 超出设定的最佳工作区间（例如 30%～70%）时，如果此时储能系统不参与调频，则可以通过适当的 SOC 恢复控制，保证飞轮储能在长期运行过程中的调频性能。飞轮在不同 SOC 范围内的自恢复功率命令 P_{rec} 可以表示如下：

$$P_{rec}=\begin{cases}-P_m, & SOC \leqslant SOC_{min}\\ -K_{rec}\times P_m, & SOC_{min}<SOC<SOC_{low}\\ 0, & SOC_{low}\leqslant SOC\leqslant SOC_{high}\\ K_{rec}\times P_m, & SOC_{high}<SOC<SOC_{max}\\ P_m, & SOC\geqslant SOC_{max}\end{cases} \tag{6-52}$$

式中，P_m 为飞轮的额定功率；K_{rec} 表示其恢复功率的比例系数；SOC_{min} 和 SOC_{max} 表示储能放电的最小安全阈值和储能充电的最大安全阈值，一般设置为 0.1 和 0.9；SOC_{low} 和 SOC_{high} 分别表示最佳工作区间的下限和上限。

在飞轮储能系统 SOC 恢复的过程中，恢复比例系数 K_{rec}、下限阈值 SOC_{low} 和上限阈值 SOC_{high} 会对调节过程产生显著影响。本书根据现场运行经验，将飞轮的 SOC 最佳工作区间定义在 30%～70%，飞轮储能系统的 SOC 恢复比例系数设置为 0.3。

当系统频率偏差超过死区时，火电机组和飞轮储能系统需要联合参与一次调频，减小系统频率偏差。参考火电机组的一次调频控制逻辑，飞轮同样采用下垂控制作为其初始频率控制命令。下垂控制功率指令的计算过程如下：

$$\begin{cases} P_{Fd} = -K_f \Delta f \\ P_{Gd} = -K_g \Delta f \end{cases} \tag{6-53}$$

式中，P_{Fd} 和 P_{Gd} 分别表示用于飞轮储能系统和火电机组的一次调频功率指令的初始值；K_f 和 K_g 分别表示用于飞轮储能系统和火电机组的下垂控制系数；Δf 为频率偏差。

为了应对可再生能源的波动性和间歇性带来的挑战，以及随之而来的火电机组调频压力增加的问题，本节提出了火-储联合调频系统集成控制方案。新型电力系统下，火电机组面临更加频繁的出力波动，动态工况下其一次调频能力会受到影响，飞轮储能系统可以通过快速协调出力为火电机组输出功率不足提供实时补偿。利用飞轮系统固有的瞬时大功率输出特性，可有效增强电网稳定性并确保可靠的电力供应。火电机组的实时功率输出偏差计算如下：

$$\Delta P_G = P_{Gd} - P_{Gactul} \tag{6-54}$$

式中，ΔP_G 表示火电机组的功率输出偏差；P_{Gactul} 表示火电机组的实时输出。

传统飞轮储能系统的运行过程分为两个阶段：频率调节阶段和 SOC 恢复阶段。这两个阶段相互独立，根据电网频率变化切换。若系统频率偏差超过我国规定的允许死区 0.033Hz 时，飞轮储能系统需要参与调频动作；若偏差在死区内，飞轮储能系统才允许进行 SOC 恢复。本节提出了一种考虑综合 SOC 恢复和调频需求的飞轮储能系统控制策略，在连续运行过程中，调频需求被赋予最高优先级。然而，当飞轮储能系统能够在不影响其调频性能的情况下进行 SOC 恢复时，飞轮的输出指令由调频功率指令和 SOC 恢复指令叠加组成。飞轮储能系统可以在部分时段同时进行 SOC 恢复和调频，从而进一步优化飞轮储能系统的运行效率。

当频率偏差小于 -0.033Hz 时，飞轮储能系统的功率指令（式中，放电为正值，充电为负值）如下：

$$P_f = \begin{cases} 0, & SOC \leqslant SOC_{min} \\ \min(P_{Fd} + \Delta P_G, P_m), & SOC_{min} < SOC < SOC_{high} \\ \min(P_{Fd} + \Delta P_G + P_{rec}, P_m), & SOC_{high} < SOC < SOC_{max} \\ P_m, & SOC \geqslant SOC_{max} \end{cases} \tag{6-55}$$

当频率偏差超过 0.033Hz 时，飞轮储能系统的功率指令如下：

$$P_f = \begin{cases} -P_m, & SOC \leqslant SOC_{min} \\ \max(P_{Fd} + \Delta P_G + P_{rec}, -P_m), & SOC_{min} < SOC < SOC_{high} \\ \max(P_{Fd} + \Delta P_G, -P_m), & SOC_{high} < SOC < SOC_{max} \\ 0, & SOC \geqslant SOC_{max} \end{cases} \tag{6-56}$$

6.4.2　仿真验证与讨论

1. 配置结果分析

为了验证本章所提出协同配置方法的有效性和适用性，采集 11 天的电网历史频率数据作为初始频率输入，通过优化飞轮储能系统配置，获取相应的一次调频收益。图 6-22 和图 6-23 所示分别为不同场景下飞轮储能系统的容量配置结果和储能配置的经济性结果，可以看出：在一次调频的应用场景下，飞轮储能系统配置的最佳功率为 2.89～7.6MW，充放电时长为 3.37～7.8min。因此，额定功率为 7.6MW 以及充放电倍率为 7.5C 的飞轮储能系统可以满足所有场景下的频率调节需求。在辅助火电机组一次调频时，相比电化学储能系统，飞轮储能系统具有快速响应能力和频繁充放电的优势，在分钟级的储能时长需求下，飞轮储能更适合用于电网的一次调频。电化学电池会因为其相对更长的响应时

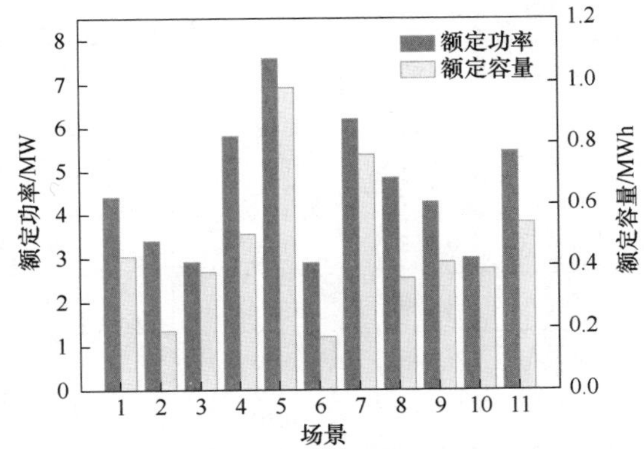

图 6-22　不同场景下飞轮储能系统的容量配置结果

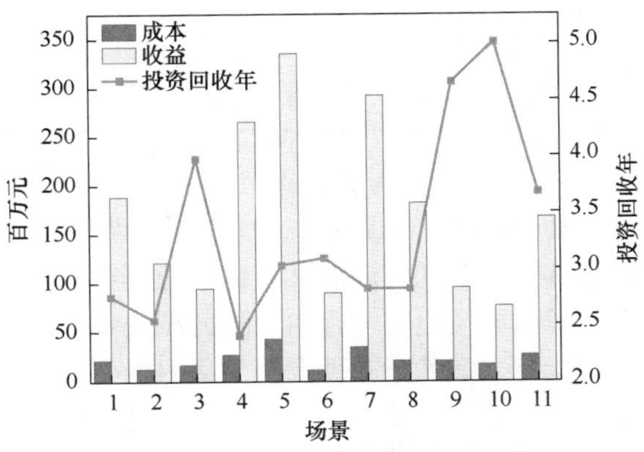

图 6-23　不同场景下储能配置的经济性结果

间和频繁充放电引起的容量退化问题，不适用于一次调频这样的短周期场景。

如图 6-23 所示，本章提出的容量优化配置方法可以从一次调频服务中获取相应的收益，储能系统能够实现平均 3.34 年的投资回收期，在电力调频领域具有竞争力。

为了进一步探讨飞轮储能系统的配置结果与系统频率之间的关系，本节提出三个指标来评估系统频差的分布情况，这些指标可以反映频率偏差的大小、频率随时间的变化以及系统响应频率变化的功率需求。不同场景下频率偏差的分布指标和相应的配置结果见表 6-12，与频率偏差相关的分布指数定义如下：Δf_{max} 为观测到的最大频率偏差；Δf_{Ed} 为频率偏差的平均欧式距离；Q_E 为理论电量贡献，这三个指标可以有效地表征频率分布情况。P_{rated} 为额定功率；E_{rated} 为额定容量；T_c 为额定充放电时间。

表 6-12　不同场景下频率偏差的分布指标和相应的配置结果

场　景	Δf_{max}/Hz	Δf_{Ed}/Hz	Q_E/MWh	P_{rated}/MW	E_{rated}/MWh	T_c/min
1	0.047	0.0349	1.005	4.41	0.43	5.85
2	0.047	0.0348	0.709	3.38	0.19	3.37
3	0.045	0.0347	0.763	2.92	0.38	7.81
4	0.052	0.0354	1.365	5.82	0.50	5.15
5	0.056	0.0359	2.028	7.60	0.98	7.73
6	0.048	0.0347	0.739	2.89	0.17	3.53
7	0.054	0.0353	1.544	6.2	0.76	7.35
8	0.054	0.0351	1.049	4.85	0.36	4.45
9	0.047	0.0349	0.818	4.29	0.41	5.73
10	0.044	0.0346	0.653	3.00	0.39	7.80
11	0.053	0.0351	0.889	5.47	0.54	5.92

图 6-24 所示为分布指数和配置结果之间的相关性系数热图，从热图可以看出，功率配置结果和系统频差的平均距离具有很强的相关性，这意味着系统频率偏离其平均值的程度对系统配置的额定功率有重要影响。同样地，在额定容量和理论贡献电量之间也存在较强的相关性。图 6-25 给出了系统的配置结果和频率评价指标之间的分布情况图，从图中可以看出，配置结果参数与频率偏差的分布指标基本成正比关系，频率偏差的平均距离可以有效衡量电网稳定性，平均距离越大，系统频率波动越大。为了缓解系统功率的不平衡和抑制系统频率波动，飞

轮储能系统需要执行瞬时充放电的操作，额定功率较大的飞轮储能系统可以具有更强的调频支撑能力，从而为电网频率的稳定性提供支持。理论贡献电量指标可以反映频率偏差的幅值和偏差超过死区的持续时间，飞轮储能系统单次可充放电电量取决于它们的额定容量，飞轮储能系统额定容量的配置结果与其理论贡献电量直接相关。

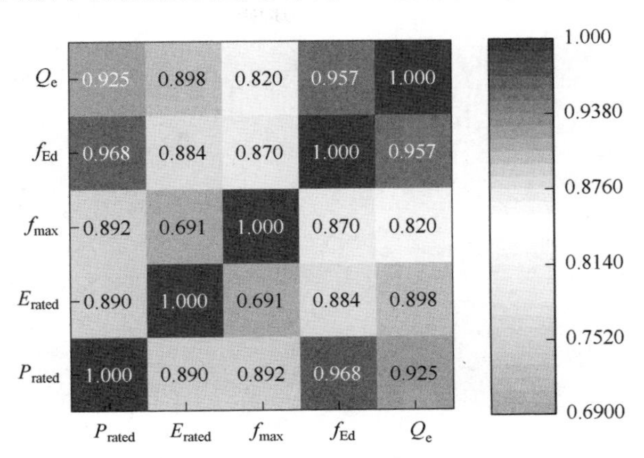

图 6-24　分布指数和配置结果之间的相关性系数热图

进一步探究优化配置结果与频差分布情况之间的关系，本节采用多元线性回归算法功率和容量配置结果与频差平均欧式距离和理论贡献电量进行分析，得到线性回归公式如下：

$$P_{rated} = -138.194 + 4081.122 \times \Delta f_{Ed} - 0.164 \times Q_E \tag{6-57}$$

$$E_{rated} = 0.973 - 30.092 \times \Delta f_{Ed} + 0.518 \times Q_E \tag{6-58}$$

采用回归模型的 F 检验来判断模型的回归效果是否显著，计算得到两个回归模型的 P 值均小于 0.002，说明模型的回归效果优秀。为了检验线性回归模型预测值的准确性，选取均方误差（MSE）和决定系数（R^2）两个指标进行评价。其中 MSE 可以评价预测结果的准确性。该值越小，模型精度越高。R^2 可以用于评价模型的拟合效果，该值越接近 1，代表拟合效果越好。图 6-26a 和图 6-26b 分别描述了回归公式的实际优化值与预测值的对比。R^2 值分别为 0.806 和 0.94，表明回归模型对额定功率和容量具有较高的准确性。

2. 控制策略对比

为了比较多种飞轮储能系统运行策略的性能，本节采用四种不同的控制策略构建配置场景，在相同的初始参数下进行仿真。控制策略 1 中，采用了 6.4.1 节所提出的飞轮储能系统协同控制策略；策略 2 设置为在频率死区期间，储能系统无自恢复策略，储能系统的 SOC 完全由系统频率偏差引起的功率变化决定；策略 3 中，提出一种不考虑火电机组实时调频能力的虚拟下垂控制策略，该策略采用了 6.4.1 节中所述的 SOC 恢复策略，允许在运行过程中自适应地恢复飞轮 SOC；策略 4 中，飞轮储能系统仅使用传统的下垂控制来参与调频。

不同控制策略下飞轮储能系统的配置结果见表 6-13，不同控制策略下飞轮储能系统的投资与收益如图 6-27 所示。图 6-28 所示为不同控制策略下飞轮储能系统的运行情况，对运行结果的分析如下：

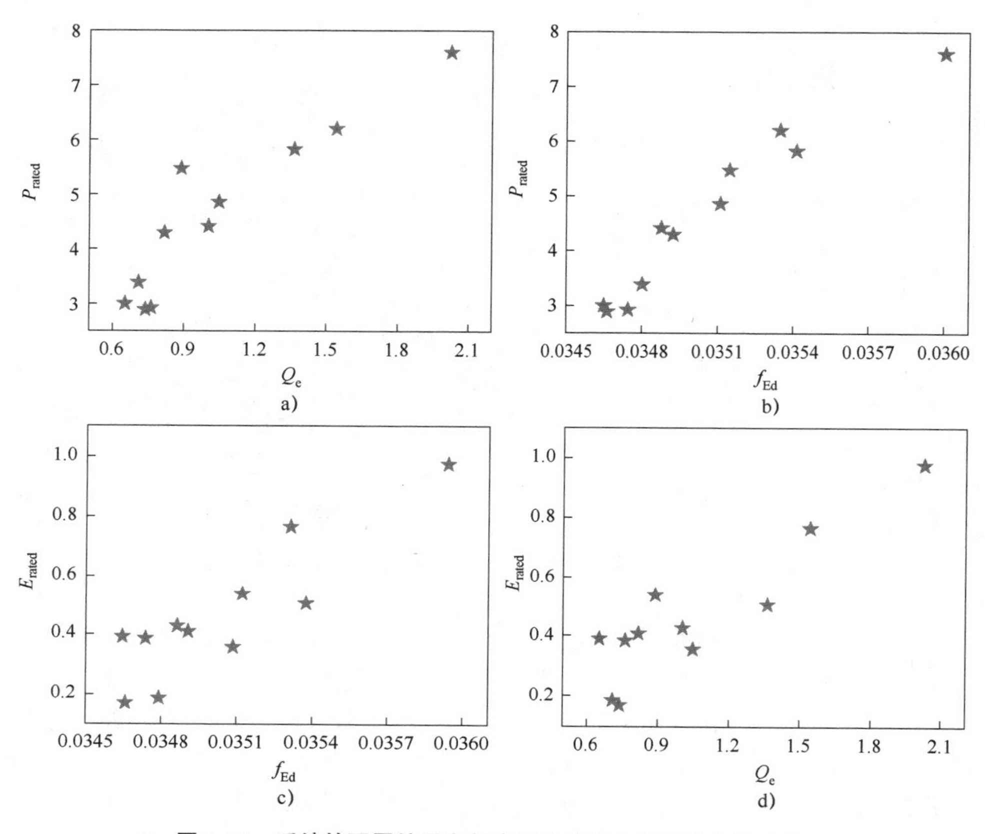

图 6-25　系统的配置结果和频率评价指标之间的分布情况图

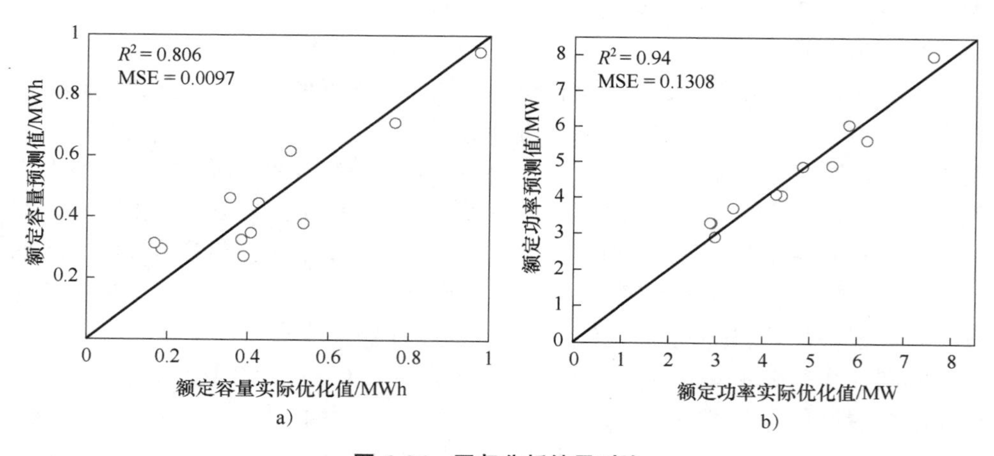

图 6-26　回归分析结果对比

表6-13　不同控制策略下飞轮储能系统的配置结果

场　景	额定功率/MW	额定容量/MWh	时间/min	全生命周期成本/百万元	收益/百万元
1	4.41	0.43	5.85	21.67	188.38
2	4.40	0.51	6.95	23.53	184.15
3	2.21	0.21	5.70	10.86	120.35
4	2.19	0.26	7.12	11.99	118.24

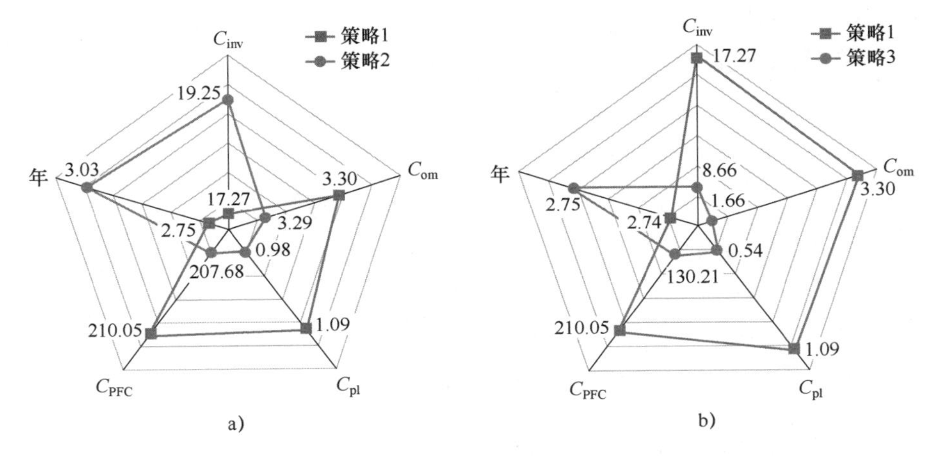

图6-27　不同控制策略下飞轮储能系统的投资与收益

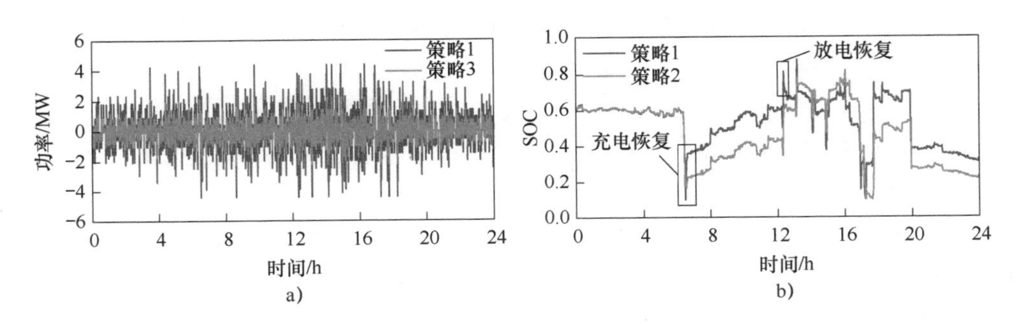

图6-28　不同控制策略下飞轮储能系统的运行情况（见彩插）

1）比较策略1和策略3的优化结果可以看出，由于本节提出的协同控制策略考虑了火电机组出力的不确定性，其配置的功率和容量更大。通过飞轮储能系统的快速参与，联合调频系统实现了更高的一次调频收益，从投资回收期来看，火电机组侧额外投资建设飞轮储能系统辅助调频具有经济可行性。

2）与策略2相比，策略1的容量减少了15.69%；与策略4相比，策略3的容量减少了19.23%。这是因为策略1和策略3都采用了飞轮SOC的自适应恢复策略，储能的自适应恢复可以有效降低储能的容量配置结果，节约配置成本。

3）策略 1 和策略 3 相比之下，由于策略 1 中考虑了火电机组的输出特性，飞轮储能系统需要更多的输出来弥补机组调频能力的不足，从而提高联合系统的频率调节性能。飞轮储能系统的自恢复控制也可以在适当的时间执行 SOC 恢复指令，使得 SOC 保持在最佳工作范围内。

3. 灵敏度分析

接下来将讨论飞轮储能系统恢复比例、最佳工作范围以及容量变化对系统全生命周期成本和收益的影响。图 6-29 ~ 图 6-31 分别表示不同恢复比例、不同最佳工作范围和不同储能容量下，飞轮系统的全生命周期成本和收益趋势。

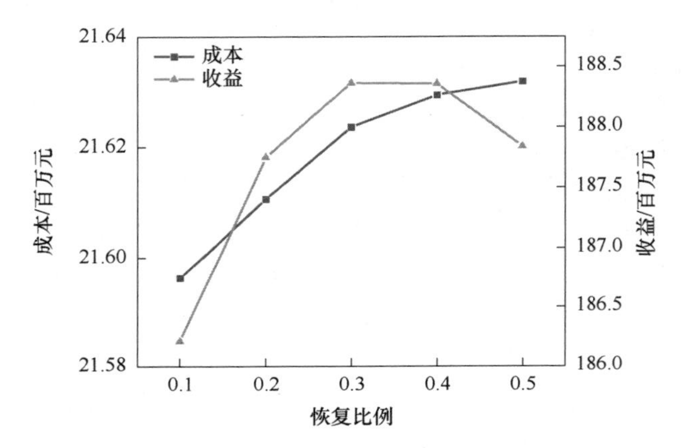

图 6-29　不同恢复比例下成本和收益趋势

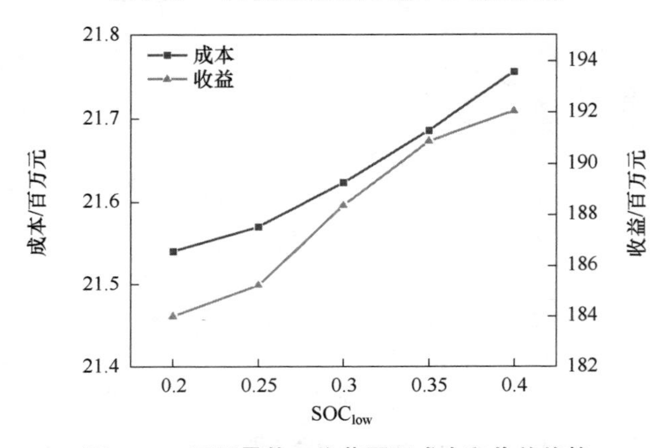

图 6-30　不同最佳工作范围下成本和收益趋势

由图 6-29 的趋势可以看出，随着飞轮储能系统恢复比例的增加，即储能系统回到设定工作范围的速度加快，储能系统的全生命周期成本增加。这主要是因为更快的恢复速率带来了更高的电量损失成本。然而，恢复比例的增加并没有带来系统调频收益的持续增加，结果表明系统频率调频服务的收入与储能系统的恢复速率没有直接关系，在某些特定时刻，较慢的储能系统的恢复速率可能会带来额外的充放电贡献电量，从而增加系统收益。

图 6-30 表明，随着系统最佳工作范围的缩小，飞轮储能系统的全生命周期成本和收益都在随之增加，最佳工作范围的缩小需要更频繁的充放电循环以实现飞轮储能系统自恢复，损失电量的成本相应增加。此外，缩小的工作范围增强了飞轮储能系统响应不同方向调频需求的能力，因此，连续运行过程中飞轮储能系统能够提供更大的功率和电量贡献，从而提高调频服务的总收益。

如图 6-31 所示，与预期一致，储能系统的全生命周期成本随着配置容量的增加而增加，储能系统收益在前文的配置下达到峰值。可以看出，在飞轮储能系统的配置过程中，必须考虑投资成本和经济收益之间的平衡。随着飞轮储能系统容量的扩大，全生命周期成本的增加与调频收益的增加并不成正比。本节所提的控制策略具有良好的适应性和鲁棒性，可以确保在不同的控制参数设置下，系统能够从一次调频中获得最高的经济收益。

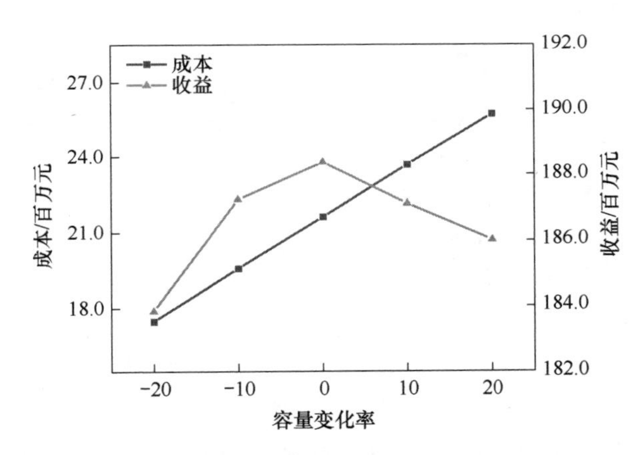

图 6-31　不同储能容量下成本和收益趋势

近年来，随着可再生能源技术的进步，飞轮储能系统在稳定电网频率和平衡电网功率方面的价值日益凸显。本节在飞轮储能容量配置过程中采用了考虑机组和储能动态特性的协同控制策略。提出了有效协调储能配置和控制策略的优化方案，有助于进一步提高联合系统的运行经济性。获得的结论如下：

1）在不同的一次调频数据场景下，本节所提方案都可以有效地对飞轮储能系统进行配置，联合系统收益得到有效提升，基本可以在 5 年内收回投资成本。多种场景的配置结果也从侧面证实了分钟级储能时长的飞轮储能系统更适合参与电网的一次调频，太大容量的飞轮储能系统应用于一次调频场景下可能会导致资源浪费。

2）储能系统配置结果与频率分布指标（频差平均欧式距离，理论贡献电量）具有较强的相关性，基于多种场景下的配置结果，构建了储能配置与频率分布之间的线性回归关系，回归预测结果准确。

3）不同控制策略下比较结果显示，本节提出的控制策略下的联合系统获得了最高的一次调频收益。SOC 的恢复策略可以在不影响调频收益的同时有效减少储能容量配置，从而减少投资成本；考虑机组特性的策略下虽然增加了一定的初始投资，但是联合系统调频收益增加可以有效覆盖这一支出，系统净收益提升。

4）联合系统的净收益受飞轮储能系统恢复比例和最优 SOC 工作区间的影响。飞轮储能系统的 SOC 保持在接近 0.5 的最佳工作范围，可以增强其对不同方向下频率调节需求的响应能力。此外，更大的恢复系数可能会导致更高的电量损失成本。未来的研究工作可以进一步研究不同的控制参数对系统调频能力和经济性的影响。

6.5 本章小结

相比于其他储能形式，飞轮储能系统初始投资成本较高，通过优化配置合理的容量可以兼顾投资成本和调频收益，给投资者带来可观的经济效益。储能系统的控制策略与容量配置问题一直是储能系统应用于电网领域的两个热点问题，合理的控制策略可以在保证飞轮 SOC 的基础上最大化调频效果，容量优化配置可以在满足调频需求的基础上最大化调频收益，直接影响飞轮储能系统的推广应用。

针对当前电网调频应用中飞轮储能系统容量配置过程忽略控制策略影响、优化配置目标单一等技术问题，本章创新性地提出了多种容量优化配置方案，在飞轮储能辅助火电机组调频场景下开展了研究与验证。基于前文提出的火-储耦合系统协同调频控制策略，建立了飞轮储能辅助火电机组一次调频的经济评估模型，模型包含飞轮参与一次调频带来的调频收益、环境收益以及节约煤耗收益；进一步地，为探究飞轮储能系统容量配置与控制策略的耦合特性，提出了一种飞轮储能系统控制策略与容量协同优化配置方案，在不同控制策略的基础上对飞轮储能系统的最佳容量进行选取，首次定义了飞轮储能适用于一次调频领域的最佳充放电倍率，推进了飞轮储能在电力级应用的标准化。

参考文献

[1] 黄际元，李欣然，黄继军，等．不同类型储能电源参与电网调频的效果比较研究［J］．电工电能新技术，2015（03）：49-53，71.

[2] 李欣然，黄际元，李培强，等. 考虑电池储能仿真模型的一次调频特性评估 [J]. 高电压技术，2015，41 (07)：2135-2141.

[3] 张立，牟法海，周中锋，等. 电池储能参与发电厂 AGc 调频技术与经济分析 [J]. 电工技术，2018 (08)：76-78.

[4] 杨水丽，李建林，李蓓，等. 电池储能系统参与电网调频的优势分析 [J]. 电网与清洁能源，2013，29 (02)：43-47.

[5] 丁冬，刘宗歧，杨水丽，等. 基于模糊控制的电池储能系统辅助 AGC 调频方法 [J]. 电力系统保护与控制，2015，43 (08)：81-87.

[6] 胡泽春，谢旭，张放，等. 含储能资源参与的自动发电控制策略研究 [J]. 中国电机工程学报，2014，34 (29)：5080-5087.

[7] 陈大宇，张粒子，王立国. 储能调频系统控制策略与投资收益评估研究 [J]. 现代电力，2016，33 (01)：80-86.

[8] 牛阳，张峰，张辉等. 提升火电机组 AGC 性能的混合储能优化控制与容量规划 [J]. 电力系统自动化，2016，40 (10)：38-45.

[9] 胡斌，黄一鸣，陈国璋. 考虑 SOC 一致性的锂电池储能系统功率分配策略 [J]. 华北电力技术，2017 (12)：20-25.

[10] 李欣然，邓涛，黄际元，等. 储能电池参与电网快速调频的自适应控制策略 [J]. 高电压技术，2017，43 (07)：2362-2369.

[11] 李若，李欣然，谭庄熙，等. 考虑储能电池参与二次调频的综合控制策略 [J]. 电力系统自动化，2018，42 (08)：74-82.

[12] 邓霞，孙威，肖海伟. 储能电池参与一次调频的综合控制方法 [J]. 高电压技术 2018，44 (04)：1157-1165.

[13] BORSCHE T，ULBIG A，KOLLER M，et al. Power and energy capacity requirements of storage sproviding frequency control reserves [C]. IEEE Power and Energy 58 Society General Metting. Vancouver，CA：2013：1-5.

[14] JOHNSTON L，DIAZ-GONZALEZ F，GOMISBELLMUNT O，et al. Methodology for the economic optimi zatbn of energy storage systems for frequency support in wind power plants [J]. Applined Energy，2015，137：660-669.

[15] 丁冬. 适用于调频的储能系统配置策略研究 [D]. 北京：华北电力大学，2015.

[16] 牛阳. 混合储能辅助机组参与调频的优化控制与容量配置 [D]. 济南：山东大学，2016.

[17] 陈丽娟，姜宇轩，汪春. 改善电厂调频性能的储能策略研究和容量配置 [J]. 电力自动化设备，2017 (08)：1-7.

[18] 涂伟超，李文艳，张强，等. 飞轮储能在电力系统的工程应用 [J]. 储能科学与技术，2020，9 (03)：869-877.

[19] 牟春华，兀鹏越，孙钢虎，等. 火电机组与储能系统联合自动发电控制调频技术及应用 [J]. 热力发电，2018，47 (05)：29-34.

[20] 丁宁，廖金龙，陈波，等．大功率火电机组一次调频能力仿真与试验［J］．热力发电，2018，47（06）：85-90.

[21] HONG F，JI W，LIANG L，et al．A new assessment mechanism of primary frequency regulation capability for a supercritical thermal power plant in deep peaking［J］．Energy science & engineering，2023.

[22] 曾德良，刘吉臻．汽包锅炉的动态模型结构与负荷/压力增量预测模型［J］．中国电机工程学报，2000（12）：76-80.

[23] 田云峰，郭嘉阳，刘永奇，等．用于电网稳定性计算的再热凝汽式汽轮机数学模型［J］．电网技术，2007（05）：39-44.

[24] 洪烽，梁璐，逄亚蕾，等．基于机组实时出力增量预测的火电-飞轮储能系统协同调频控制研究［J］．中国电机工程学报，2023（21）：8366-8378.

[25] 洪烽，梁璐，逄亚蕾，等．基于自适应协同下垂的飞轮储能联合火电机组一次调频控制策略［J］．热力发电，2023，52（01）：36-44.

[26] 陈崇德，郭强，宋子秋，等．计及碳收益的风电场混合储能容量优化配置［J］．中国电力，2022，55（12）：22-33.

[27] 刘鑫，李欣然，谭庄熙，等．基于不同种类储能电池参与一次调频的最优策略经济性对比［J］．高电压技术，2022，48（04）：1403-1410.

[28] 牛阳，张峰，张辉，等．提升火电机组 AGC 性能的混合储能优化控制与容量规划［J］．电力系统自动化，2016，40（10）：38-45+83.

[29] 何林轩，李文艳．飞轮储能辅助火电机组一次调频过程仿真分析［J］．储能科学与技术，2021，10（05）：1679-1686.

[30] 韩中合，张策，高明非．基于 EMD 分解的孤岛型综合能源系统混合储能规划［J］．热力发电，2022，51（09）：72-78.

[31] 隋云任，梁双印，黄登超，等．飞轮储能辅助燃煤机组调频动态过程仿真研究［J］．中国电机工程学报，2020，40（08）：2597-2606.

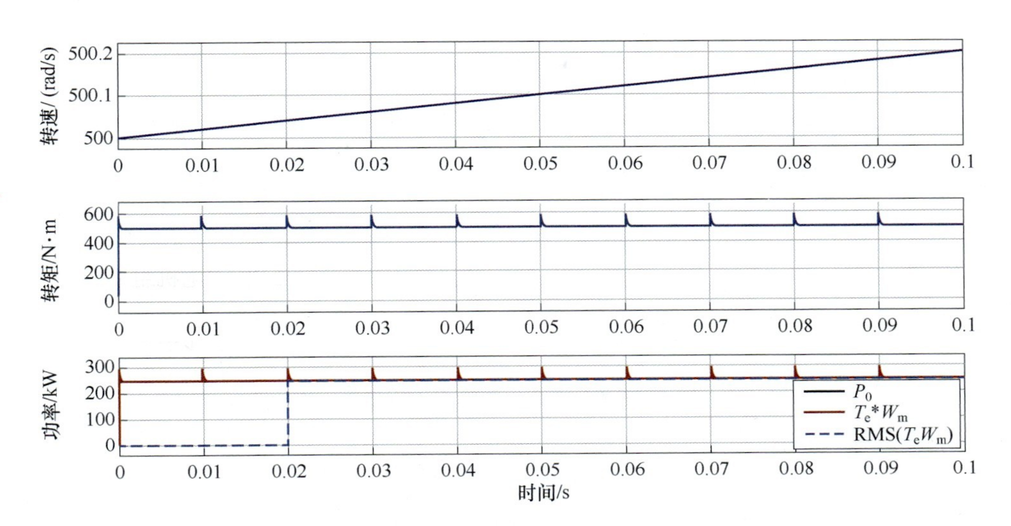

图 2-27　策略一改进后的转速、转矩和功率曲线

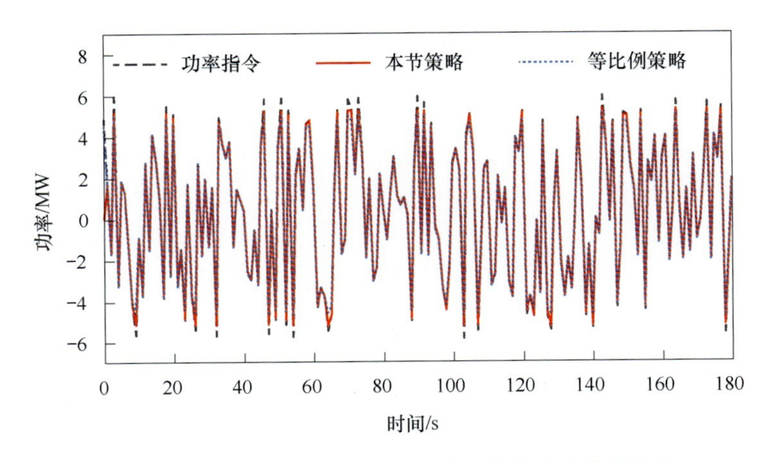

图 3-16　连续功率指令下飞轮储能系统的功率跟踪曲线

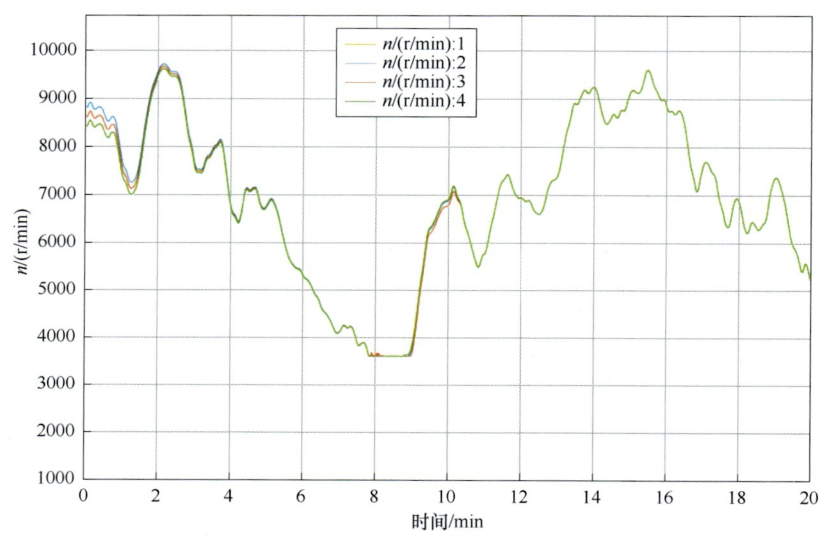

图 3-28　转速一致性控制曲线图

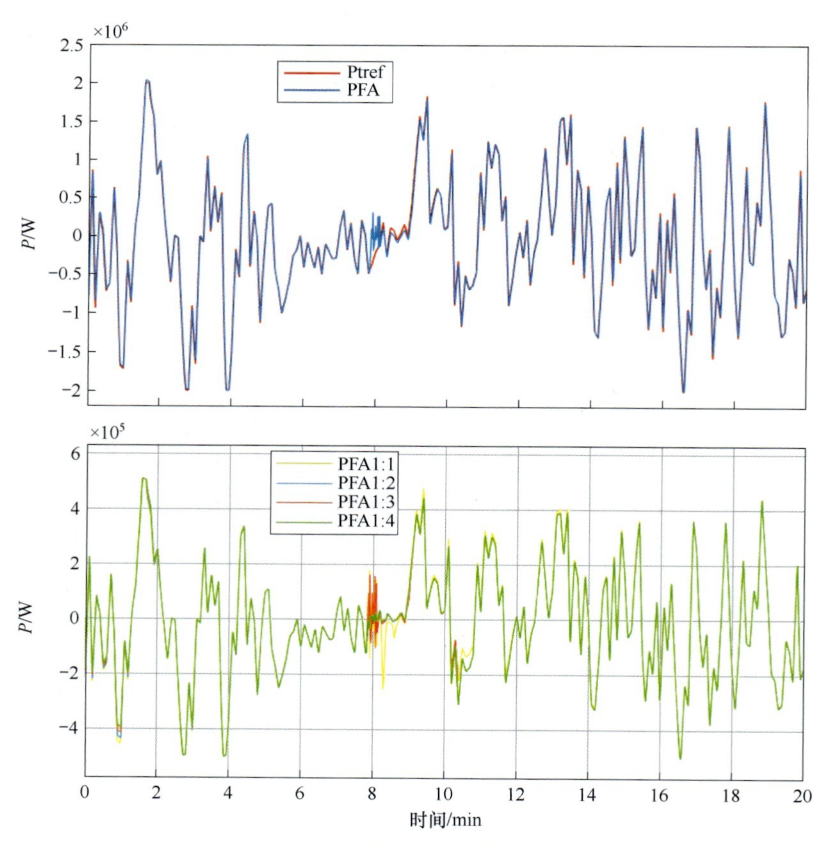

图 3-29　连续工况飞轮阵列跟踪指令示意图

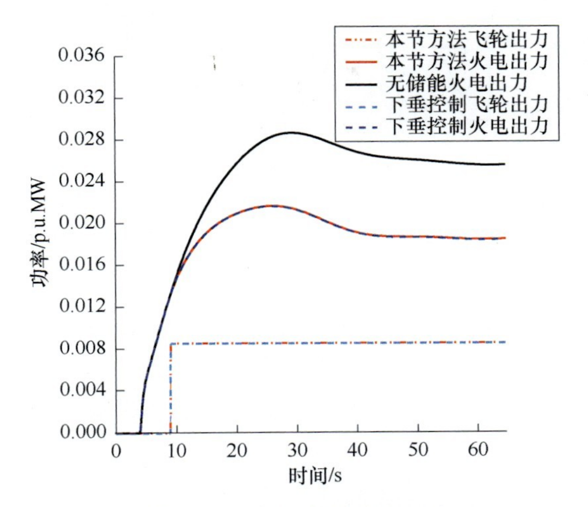

图 4-17　输出功率变化曲线

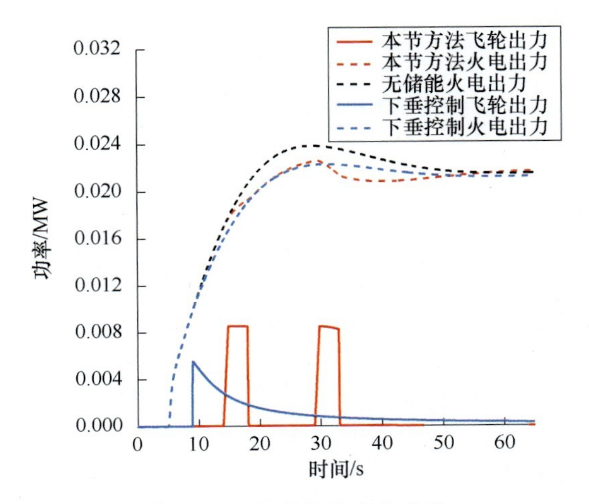

图 4-21　输出功率变化曲线

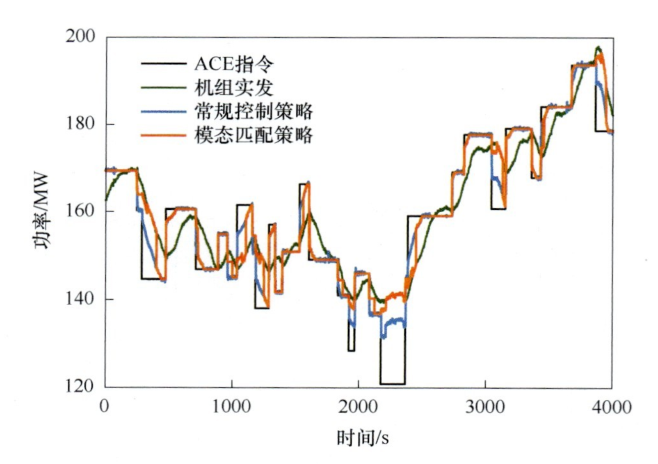

图 5-20　联合储能跟踪 ACE 指令变化曲线

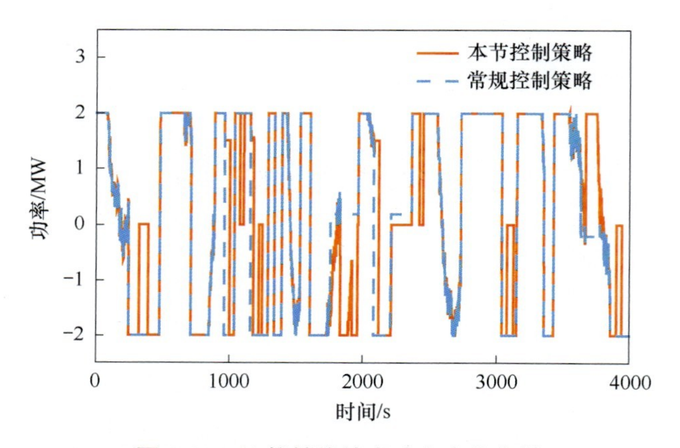

图 5-21　飞轮储能输出功率变化曲线

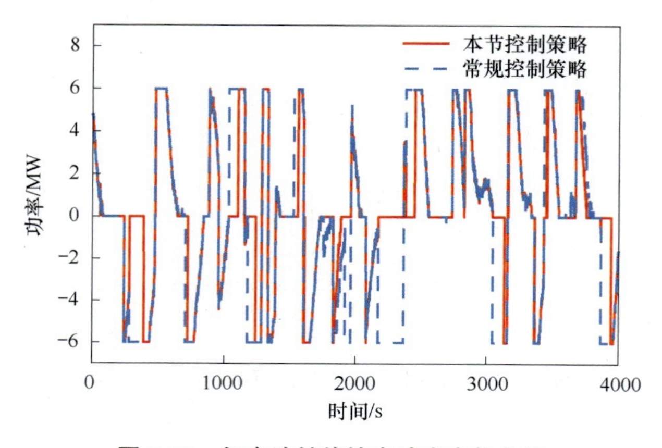

图 5-22　锂电池储能输出功率变化曲线

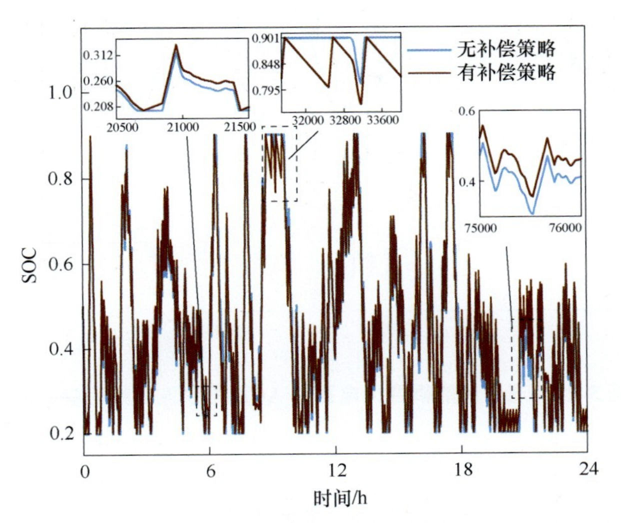

图 5-23　飞轮储能 SOC 变化曲线

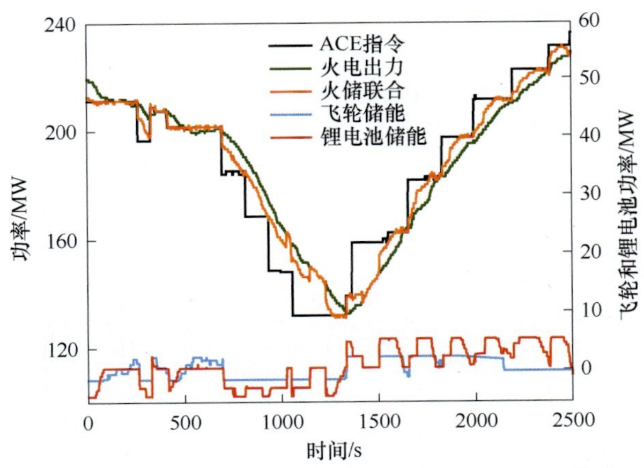

图 5-26　储能耦合火电跟踪 ACE 指令连升连降曲线

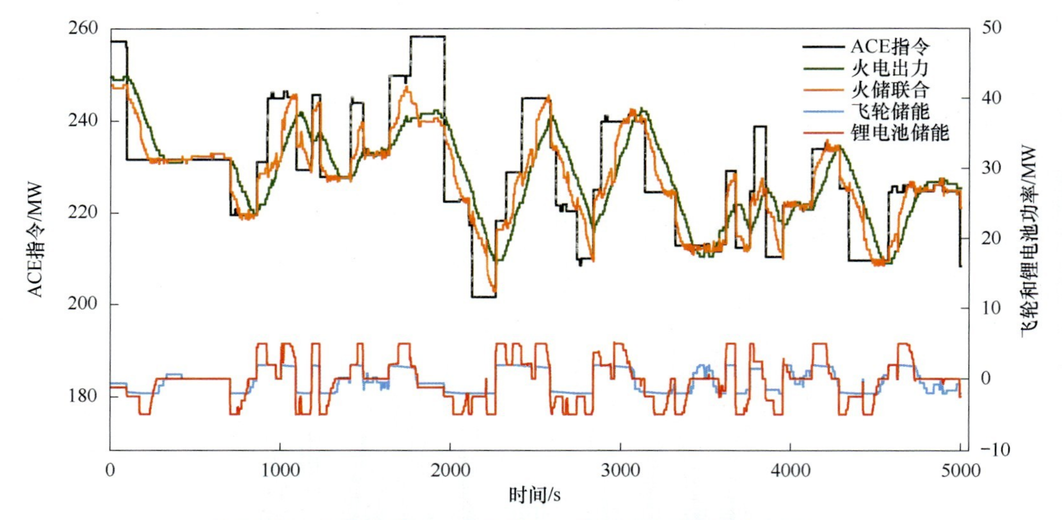

图 5-27　混合储能耦合火电跟踪 ACE 指令连续折返响应曲线

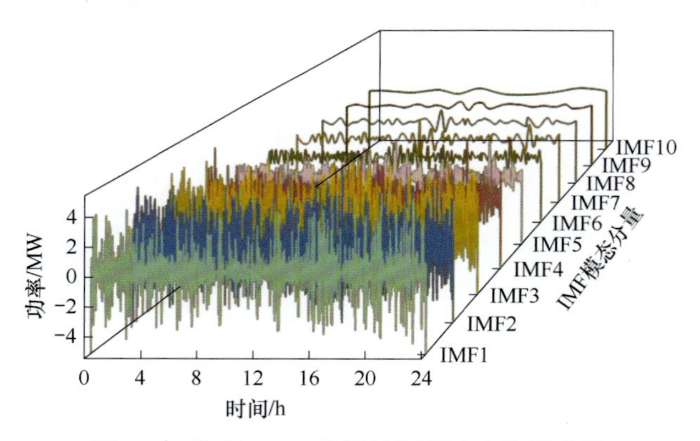

图 6-6　基于 EMD 分解的调频功率信号分量

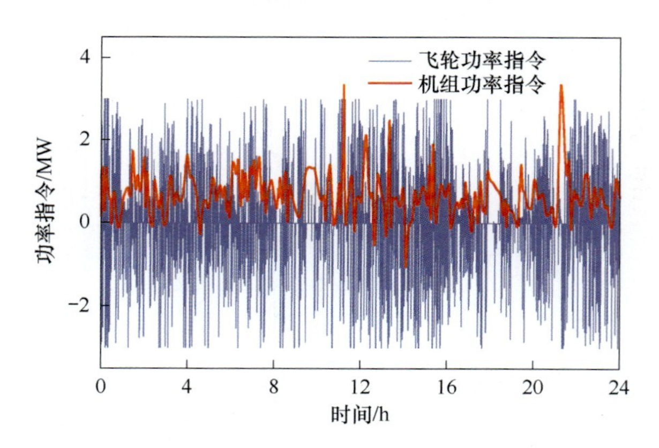

图 6-7　EMD 分解重构后的功率指令

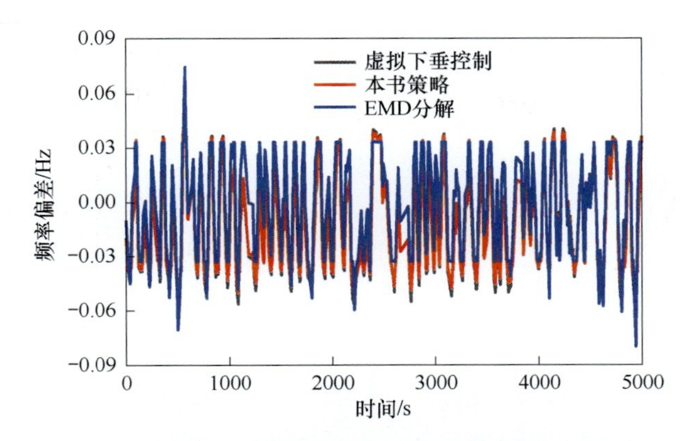

图 6-9　不同控制策略下系统的频率偏差曲线

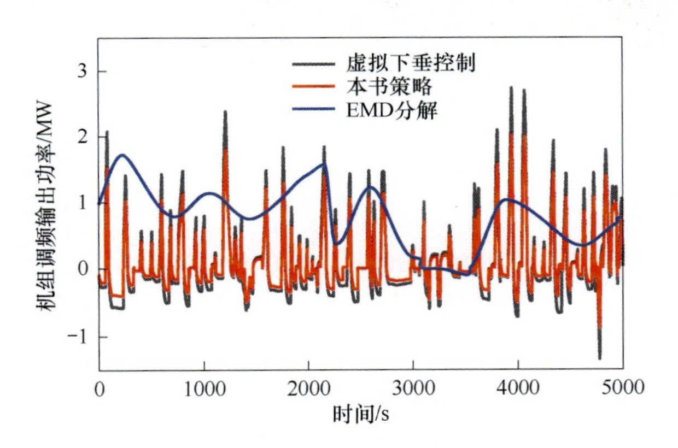

图 6-10　不同控制策略下火电机组的调频出力曲线

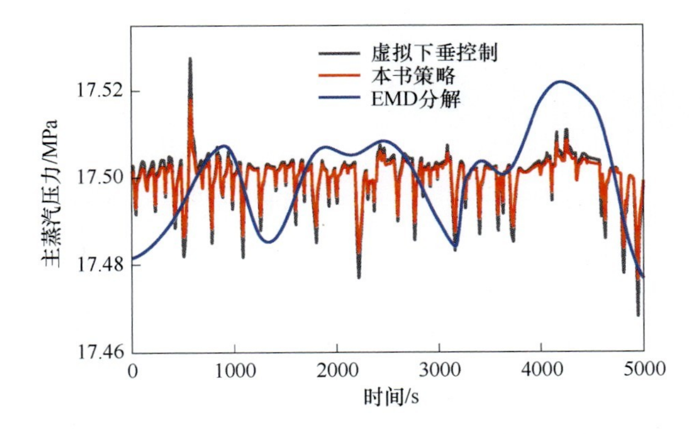

图 6-11　不同控制策略下火电机组的主蒸汽压力变化曲线

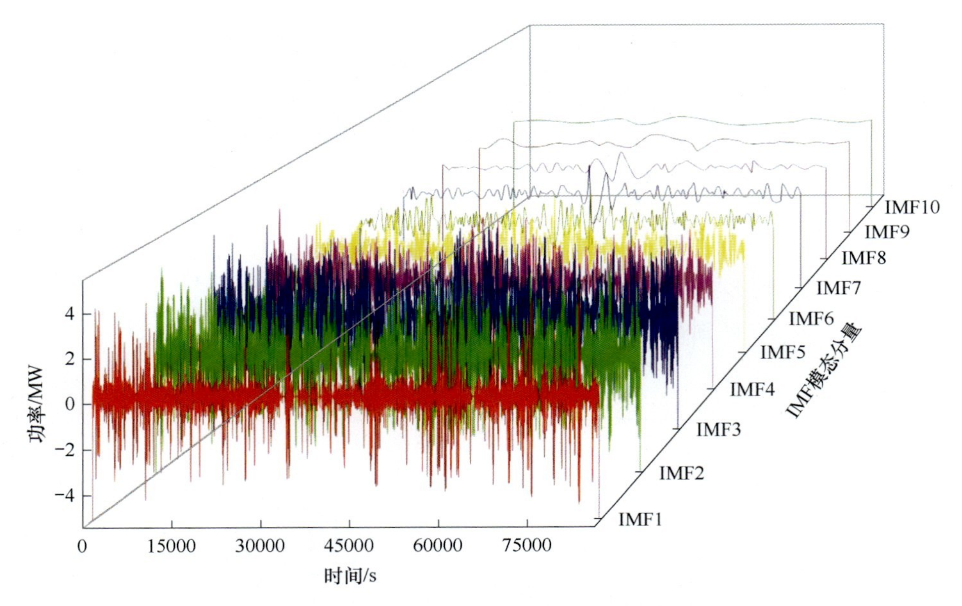

图 6-16　分解后的 IMF 模态分量

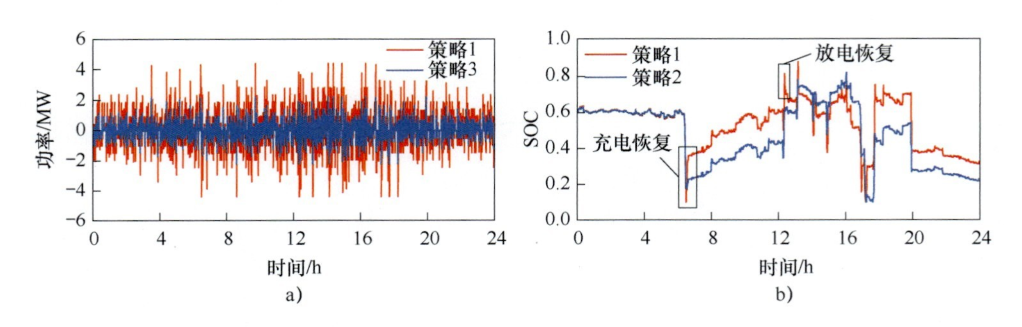

图 6-28　不同控制策略下飞轮储能系统的运行情况